כתבי האקדמיה הלאומית הישראלית למדעים

חיים וייצמן - המדען, המדינאי ומדינאי־המדע

מנהיגות ומדע בישראל

חיים וייצמן - המדען, המדינאי ומדינאי־המדע

בעריכת

ב"ז קדר

ירושלים תשע"ה

האקדמיה הלאומית הישראלית למדעים

עריכת הלשון: נועה שליטין

התמונות באדיבות
יד חיים ויצמן, גנזך ויצמן, רחובות
ארכיון מכון ויצמן למדע
ארכיון האוניברסיטה העברית בירושלים
גנזך האוניברסיטה העברית בירושלים

מסת"ב 978-965-208-210-7

סדר: ורוניקה מוסטוסלבסקי
הדפסה: דפוס העיר העתיקה, ירושלים

תוכן העניינים

יהושע יורטנר

דברי פתיחה

האקדמיה הלאומית הישראלית למדעים מביעה את הוקרתה העמוקה לתרומתו המרכזית והייחודית של המדען ומדינאי המדע ד"ר חיים וייצמן (1874–1952) – מגדולי המנהיגים שקמו לעם היהודי – לעיצוב התכנים והמסגרות של הפעילות המדעית של מדינת ישראל, להקמתם ולמימושם.

בנאום ההשבעה שלו בכנסת אמר נשיאה הראשון של מדינת ישראל חיים וייצמן: 'כל חיי עמלתי וחתרתי לעשות את המדע והמחקר יסוד למפעלנו הלאומי'. דברים אלה משקפים נאמנה כי מדינת ישראל חייבת להישען בראש ובראשונה על עצמתה הרוחנית, התרבותית, המדעית והטכנולוגית. זאת היא מורשת הרואה במדע ממד מרכזי בחיינו ומקור לעצמתנו, ואותה אנו חייבים לטפח ולפתח, ברוח חזונו של חיים וייצמן.

קובץ זה מבוסס על הרצאות שנישאו בכינוס לציון שישים שנה למותו של וייצמן שקיימה האקדמיה בכ"ו בטבת תשע"ג (8 בינואר 2013). זה הספר השני בסדרה 'מנהיגות ומדע בישראל'. הספר הראשון עסק בדוד בן־גוריון, והוא יצא לאור בשנת תשמ"ט (1989) ונדפס שנית בשנת תשע"ג (2013).

* * *

אנו מבקשים להודות לאנשי הארכיונים השונים שעזרו הן באיתורם ובניתוחם של שלל התמונות והמסמכים שעיטרו את כרזות הכינוס והן בהפקת הכרזות: לגב' מרב סגל, מנהלת גנזך ויצמן; לגב' קרן רז, בעת הכינוס אחראית קשרי מחקר ופרויקטים בגנזך ויצמן; לגב' אורנה זלצר, בעת הכינוס ראש תחום ארכיון במכון ויצמן למדע; למר עופר צמח, מנהל ארכיון האוניברסיטה העברית

בירושלים. תודה לד"ר שאול כ"ץ על הכנת החומרים הארכיוניים לתצוגה בכינוס ולגב' אביטל בר, דוברת האקדמיה, על הסיוע בהבאתם לתצוגה ולדפוס. תודה גם לגב' טלי אמיר, מנהלת ההוצאה לאור של האקדמיה, אשר לא חסכה מחשבה, מאמץ וזמן כדי להתקין את הספר לדפוס על הצד הטוב ביותר, ולמר יהודה גרינבאום, אשר טיפל במסירות בהפקת הספר.

רשימת הקיצורים

א"א = ארכיון אלברט איינשטיין, האוניברסיטה העברית בירושלים

א"ו = כתבי חיים וייצמן: אגרות, סדרה בעריכת מאיר ו' וייסגל ובארנט ליטבינוב, א-יא, ירושלים: מוסד ביאליק, תש"ל-תשל"ט

אמ"ו = ארכיון מכון ויצמן, רחובות

ג"ו = גנזך חיים ויצמן, מכון וייצמן למדע, רחובות

מח"ו = Meyer W. Weisgal et al. (eds.), *The Letters and Papers of Chaim Weizmann*, Series A, I–III, London: Oxford University Press, and Rehovot: Yad Chaim Weizmann, 1968–1972; IV–VII, London: Oxford University Press, and Jerusalem: Israel Universities Press, 1973–1975; VIII–XXIII, New Brunswick, NJ: Transactions Books, and Jerusalem: Israel Universities Press, 1977–1980

נח"ו = Barnet Litvinoff (ed.), *The Letters and Papers of Chaim Weizmann*, Series B, I–II, New Brunswick, NJ: Transactions Books, and Jerusalem: Israel Universities Press, 1983–1984

Trial and Error = Chaim Weizmann, Trial and Error, London: Hamish Hamilton, 1949

מסה ומעש = חיים וייצמן, מסה ומעש: זכרונות חייו של נשיא ישראל, תרגם מאנגלית אשר ברש, ירושלים - תל אביב: שוקן, תש"ט

ב"ז קדר

מבוא: חיים וייצמן - המדען והמדינאי

מי שעושה שימוש במטבע הלשון 'חיים וייצמן - המדען והמדינאי' לרוב אינו נותן את דעתו על כך שמדובר בצירוף נדיר. מעטים הם האקדמאים בני זמנו של וייצמן שהיו למנהיגים פוליטיים, ואף מעטים אלה באו מתחום לימודי האדם, כמו נשיא ארצות הברית וודרו וילסון, איש מדעי המדינה, וטומש מסריק נשיא צ'כוסלובקיה, הסוציולוג והפילוסוף. בימינו אלה הייתה ד"ר לפיסיקה, אנגלה מרקל, לקאנצלרית גרמניה, אלא שהיא קטעה באחת את פעילותה המדעית עם כניסתה לזירה הפוליטית. וייצמן, שבמשך שנים רבות פעל במקביל הן ככימאי והן כמדינאי ציוני, הנו אפוא יוצא דופן, וייתכן שצריך להרחיק אחורה עד בנג'מין פרנקלין כדי למצוא צירוף הדומה לשלו; אלא שארגון המחקר המדעי בדורו של פרנקלין שונה היה בתכלית מזה שבימיו של וייצמן. אפשר שההכשרה במדעים המדויקים, התובעת התנסחות עניינית וחסרת פתוס, אינה נקודת מוצא נוחה לפעילות במערבולת הפוליטית, בה הרטוריקה כה מרכזית. מצד שני, אפשר שבמקרהו של וייצמן מדע ופעילות פוליטית ירדו - ונותרו - כרוכים גם משום שהוא היה מדינאי־ללא־מדינה.

הקורא באוטוביוגרפיה של וייצמן - שהתרגום הנכון של כותרתה, 'ניסוי וטעייה', מכַוון אותנו לעולם המדע - למֵד שהמתח בין פעילות מדעית לפעילות ציונית משמש בה מוטיב מרכזי. וייצמן מציג את המתח הזה כ'פילוג העמוק של חיי, או שמא עליי לומר: השנִיוּת האורגנית שלהם'; מסביר ש'מאבק האיתנים בין נטיותיי המדעיות לבין דבֵקוּתי בתנועה הציונית נמשך כל ימי חיי'; ומבליט את השינויים שחלו באיזון שבין שני כוחות אלה לאורך השנים. בימי לימודיו בברלין ובפְרִיבּוּר הוא הצליח לשמור על שיווי משקל בין השניים, ואילו כאקדמאי מתחיל בז'נווה הקדיש את רוב זמנו לפעילות ציונית, ועל כן לא

עלה בידו להתרכז בעבודתו המדעית ולמצותה.[1] עקירתו לאנגלייה בשנת 1904 הייתה בגדר בריחה שנועדה לחלצו משקיעה בפעילות פוליטית ולקדם את הקריירה המדעית שלו. הדבר עלה בידו, אף כי לא הצליח להדחיק את פעילותו הציונית לחלוטין, ונוכח לדעת שהתנזרות גמורה ממנה אינה אפשרית עבורו.[2] השניות בין הפעילות הציונית לפעילות המדעית באה לידי ביטוי גם בכפילות שמותיו הפרטיים בתקופה זו: בעוד שבפעילותו הציונית הוא נודע כחיים וייצמן, הרי שבפרסומיו המדעיים מן השנים 1904–1920 הוא העדיף להופיע כ־Charles Weizmann.[3] בשנותיה הראשונות של מלחמת העולם הראשונה הוא התרכז בעבודה מדעית שנועדה לסייע למאמץ המלחמתי הבריטי, אבל בשנותיה המאוחרות 'שוב זז מרכז הכובד של חיי לעבר האינטרסים הציוניים שלי' - ושם גם נותר, שכן עד להתפטרותו מנשיאות ההסתדרות הציונית בשנת 1931 הוא זנח את עבודתו המדעית.[4] אחר כך, ובעיקר מאז ייסודו של מכון זיו ברחובות בשנת 1934, הוא מצא דרך למזג את פעילותו המדעית בזו הציונית, כשהמחקר המדעי משרת את בניין ארץ ישראל; עם זאת, לחץ המאורעות הכריח אותו פעם אחר פעם להתנתק מן המעבדה.[5] בימי מלחמת העולם השנייה, כאשר פעל באנגלייה ובארצות הברית בשירות המאמץ המלחמתי של בנות הברית, הוא חילק זמנו כמעט שווה בשווה בין המדע לציונות,[6] וכך חזר לשיווי המשקל שאפיין את ראשית דרכו. כללו של דבר - כפי שוייצמן ניסח

1 *Trial and Error*, pp. 76–77, 91. אשר ברש תרגם 'my absorption in the Zionist movement' כ'עסקנותי בתנועה הציונית' (מסה ומעש, עמ' 62). באחת מטיוטות הספר השמורות בגנזך ויצמן מחק וייצמן את המילים organic duality והחליפן ב־conflicting dualism.

2 *Trial and Error*, pp. 123, 135, 137

3 ראו ברשימת פרסומיו המדעיים של וייצמן בכרך זה. גם בשני מאמרים מן השנים 1937 ו־1938 הוא מופיע כצ'רלס, ואילו במאמר משנת 1908 הוא קרוי Carl. כמו כן ראו את רשימת הפטנטים שלו בכרך זה.

4 *Trial and Error*, pp. 222, 421. אשתו ורה סיפרה לימים שכאשר הוא חזר מארץ ישראל באוקטובר 1918, אמר לה: 'אינני יכול לשרת שתי גבירות - המדע והציונות', וסבר שכעבור כשנה ישוב אל המדע: Vera Weizmann, *The Impossible Takes Longer*, New York – Evanston: Harper & Row, 1967, p. 89.

5 *Trial and Error*, pp. 78, 422, 424–425

6 שם, עמ' 520–521, 524.

זאת בנאום ב־1945 - 'שתי הפעילויות הללו אינן מתיישבות לעתים זו עם זו לגמרי, או, אם להשתמש במינוח כימאי, לא ניתן להביאן להתמזגות גמורה'. הוא, מכל מקום, עשה כמיטב יכולתו לפעול בשני התחומים גם יחד, אך הדבר היה קשה עד מאוד.[7]

כבר בימי לימודיו בברלין היה וייצמן מודע לכך שהוא יצא דופן בין חבריו הציונים, שלמדו פילוסופיה, היסטוריה, כלכלה או משפטים, בעוד שהוא היה 'רק סטודנט לכימיה';[8] ומן הסתם היה גם מודע לכך שיכולותיו כנואם נפלו מיכולותיו כפולמסן.[9] ברם, וייצמן למד חיש מהר למנף את מקצועו ככימאי בפעילותו הציונית. קורט בלומנפלד, מנהיגם של ציוני גרמניה ששמע לראשונה את וייצמן מדבר באספה בברלין בשנת 1906, מעיד שדרך דיבורו שונה הייתה בתכלית מזו של נואמים ציונים אחרים. 'אני כימאי', אמר וייצמן, 'על כן אני מעדיף להציג את הציונות ושאלת היהודים במונחים המדעיים שאני בקי בהם. כל אחד מכם אוהב לאכול מרק בשר טוב [...] אם אין בו מספיק מלח, מוסיפים לו מלח; אם הוא מלוח מדי, שופכים אותו. זהו בעיניי המשל לכל שאלת היהודים בארצות אירופה. לא־יהודים מבשלים את המרק, ואנחנו המלח שהם צריכים. הם מחליטים לגבי כמות המלח; ואוי לנו אם מרגישים אותנו יותר מדי! ועכשיו עולה השאלה: האם רוצה היהודי להיות רק המלח במרק של האחרים, או האם רוצה הוא להוות מהות משל עצמו?'. בתום האספה העיר וייצמן בחיוך לבלומנפלד (שעמד לשמוע משל זה בהזדמנויות רבות): 'טוב שאיש מדעי הטבע מעמיד את דרכו הפשוטה מול התסבוכות המפותלות של הפילוסופים שלנו'.[10] ארבעים

7 נאום בסעודה של הוועד האמריקני של מכון ויצמן למדע, ניו יורק, 27.11.1945, נח"ו, 2, מספר 83, עמ' 571.

8 *Trial and Error*, p. 54

9 ראו Dorothy Thompson, 'The Mark of the Chosen', in *Chaim Weizmann: Statesman, Scientist, Builder of the Jewish Commonwealth*, ed. Meyer W. Weisgal, New York: Dial Press, 1944, pp. 29–30; Israel Goldstein, 'Leaves from a Diary', *ibid.*, p. 237; Leonard Stein, *The Balfour Declaration*, London: Valentine Mitchell, 1961, p. 130; Abba Eban, 'Tragedy and Triumph', in *Chaim Weizmann: A Biography by Several Hands*, ed. Meyer W. Weisgal & Joel Carmichael, London: Weidenfeld & Nicolson, 1962, p. 250.

10 Kurt Blumenfeld, *Erlebte Judenfrage: Ein Vierteljahrhundert deutscher Zionismus*, Stuttgart: Deutsche Verlags-Anstalt, 1962, p. 40

שנה אחר כך, בדיון המדיני המתוח בקונגרס הציוני הכ"ב בבאזל, ניסה וייצמן לשכנע את שומעיו - בדברו ביידיש - בכדאיות הניסוי בתחום המדיני, כשהוא מסתמך על ניסיונו כמדען: 'ידידיי! העבודה שאנחנו עושים, העבודה המדינית, היא עבודה אמפירית, עבודה אקספרימנטלית. היא איננה מדע; היא איננה מדע מדויק. היא, כמו שאומרים באנגלית, "ע טרייעל ענד עראר".[11] מנסים איזה דבר: לפעמים עושים טעות, לפעמים זה מצליח. אני יודע מה הן עבודות אקספרימנטליות ואני יודע שאפשר לעשות מאות אקספרימנטים והם מסתיימים בכישלון, ואחד מצליח, אז האחד שמצליח שקול כנגד[12] כל המאה שמסתיימים בכישלון, אבל כשלא עושים אקספרימנטים, לא קורה דבר. ולכן אנחנו חייבים תמיד להמשיך ולנסות, ולהתחיל שוב, ולא להיבהל כשמשהו לא מצליח'.[13] אבל וייצמן גם ידע שהמדען שבו מסייע לו לבחון בצורה עניינית את המציאות הציונית, ועל כן האיץ בעצמו, לקראת ביקורו הראשון בארץ בשנת 1907, לראותה בעיני כימאי יותר מאשר בעיני ציוני, אף כי האמין שהקשר ההיסטורי והנפשי יסייע לציונות לגבור על המכשולים שהכימאי מזהיר מפניהם.[14] כמו כן, המדען שבוייצמן העניק משקל סגולי יוצא דופן להתבטאויותיו בענייני ציונות. למשל, במרס 1946 בירושלים שאל אחד מחברי הוועדה האנגלו־אמריקנית את וייצמן אם הוא כאיש מדע מוביל סבור שאפשר להביא ארצה מאה אלף עולים תוך שנה. וייצמן השיב בפרוטרוט תוך שהוא שוקל את תשומתם הצפויה של גורמים שונים, והגיע למסקנה שעליית המאה אלף אפשרית תוך שנה, אף כי ייתכן שתצריך שנתיים.[15] ריצ'רד קרוסמן, שהיה חבר בוועדה, התרשם עד מאוד מתשובה זו, שגילמה בעיניו את 'האובייקטיביות המדעית המפתיעה' של וייצמן;

11 a trial and error

12 שקול כנגד - מילים אלו נאמרו בעברית.

13 דברי ד"ר ח. וייצמן, פרוטוקול הקונגרס הציוני הכ"ב, ישיבה י"ז, 16.12.1946, הארכיון הציוני המרכזי, LK 11/63, עמ' 3. תרגום עברי מליצי נדפס בתוך הקונגרס הציוני הכ"ב, באזל, ט"ז בכסלו - א' בטבת תש"ז, 9–24 בדצמבר 1946: דין וחשבון סטינוגרפי, ירושלים: הוצאת ההנהלה של ההסתדרות הציונית, [ללא תאריך], עמ' 340–341. תודתי לפרופ' חוה טורניאנסקי על סיועה בתרגום הדברים לעברית.

14 *Trial and Error*, p. 160

15 *We warned you, Gentlemen: Testimony of Dr. Chaim Weizmann before the Anglo-American Committee of Inquiry on Palestine*, Jerusalem: The Jewish Agency for Palestine, 1946, pp. 48–50

התשובה טלטלה את הפוליטיקאים היהודים שנכחו באולם, אך הרשימה את חברי הוועדה הרבה יותר מכל נאומי התעמולה הציוניים.[16]

ומהו הקשר בין עבודתו של וייצמן כמדען לבין אחד מהישגיו המדיניים הגדולים ביותר, הצהרת בלפור? כידוע, דייוויד לויד ג'ורג', שעמד בראשות הממשלה אשר פרסמה את ההצהרה, טען שכאשר שאל את וייצמן איזה תגמול הוא מבקש עבור עבודתו המדעית שכה הועילה לבריטניה בזמן המלחמה, השיב וייצמן שבעבור עצמו אין הוא דורש דבר, וכל בקשתו היא שיתאפשר לו להציג את שאיפת עמו לשוב לארצו - ובקשה זאת היא שהוליכה להצהרת בלפור. לויד ג'ורג' אמר דברים אלה לראשונה ב־1925 באירוע של אגודה יהודית בלונדון[17] - וראוי לציין שהוא אמר זאת בנוכחותו של וייצמן[18] - ואחר כך חזר על הסיפור בזיכרונותיו שהתפרסמו ב־1933 וכן בהזדמנויות אחרות, ומחברים רבים הסתמכו על דבריו.[19] ואולם, מתברר עכשיו שהקישור בין עבודתו של וייצמן ככימאי לתמיכתה של בריטניה בציונות הופיע בכתובים כבר חודשיים לפני פרסומה של הצהרת בלפור. ויליאם ייל, שליח של משרד החוץ האמריקני שעצר בלונדון בדרכו לקאהיר, רשם ב־12 בספטמבר 1917 ביומנו שבעיתונים

16 Richard Crossman, *Palestine Mission: A Personal Record*, New York – London: Harper & Brothers, 1947, pp. 123–124. ארבעה ימים אחרי עדותו לפני הוועדה ראה וייצמן צורך לשגר לה מכתב הבהרה ובו הדגיש שכוונתו הייתה שבכל מקרה יש להבטיח שהמאה אלף יוכלו לעלות מיד.

17 Philip Guedalla, *Napoleon and Palestine*, London: George Allen & Unwin, 1925, pp. 49–51

18 דבריו של וייצמן מופיעים שם, עמ' 61-62. וייצמן לא התייחס לסיפורו של לויד ג'ורג', אך הגיב על דבריו על יחסי יהודים וערבים בארץ ישראל וקבע: 'Mr. Lloyd George has touched upon the most important problem with which we are confronted. He will believe me when I say that the Jews are the last people in the world to begin to build their home on the back of somebody else. The Jews have suffered so much from injustice that they have learnt their lesson, and I can assure you that the Arabs will not suffer at our hands'.

19 David Lloyd George, *War Memoirs*, II, London: Ivor Nicholson & Watson, 1933, pp. 584–587; שטיין (לעיל, הערה 9), עמ' 119-120; Jehuda Reinharz, *Chaim Weizmann*, II: The Making of a Statesman, New York – Oxford: Oxford University Press, 1993, p. 433 n. 207

יהודיים התפרסמה ידיעה שכימאי יהודי מסר לממשלת בריטניה סודות רבי ערך בקשר לייצור חומרי נפץ. כאשר בלפור היה באמריקה,[20] הוא נועד עם הכימאי, וכששְאָלוֹ איזו תמורה הוא מבקש, השיב לו שבאופן אישי אין הוא רוצה דבר, אך מבקש הוא שבוועידת השלום יגלו בעלות הברית התחשבות מיוחדת לגבי שאלת היהודים בפלשתינה - והדבר הובטח לו. ייל הוסיף שהידיעה לא הוכחשה על ידי הממשלה, ובכך רמז שלדעתו היא נכונה.[21] ואילו בשנת 1922 - שלוש שנים לפני דבריו של לויד ג'ורג' באירוע האמור בלונדון - כתב יעקב יערי־פולסקין שבהיותו בארצות הברית שמע גרסאות שונות של 'אגדה יפה על ההכרזה הבלפורית', לפיה הציעה ממשלת אנגלייה לוייצמן מיליונים רבים עבור המצאותיו החשובות, 'אבל הפרופסור ויצמן משך את ידו מהמליונים ורק שאל כי יתנו לו בשכרו את ארץ ישראל בעד העם העברי'.[22] מן הסתם היו אלה פעילים ציונים אשר הפיצו את הסיפור.

20 מסעו של בלפור לאמריקה נמשך מ־10 באפריל עד 9 ביוני 1917. ראו Kenneth Young, *Arthur James Balfour: The Happy Life of the Politician, Prime Minister, Statesman and Philosopher, 1848–1930*, London: G. Bell and Sons, 1963, pp. 380–384.

21 'peculiar story recounted in Jewish papers of a chemist who gave certain secrets to the Government re. manufacture of explosives which was of great value, when Balflour [*sic*] was in America an interview was arrranged [*sic*] with this Jewish chemist who when asked what reward he desired replied that presonally [*sic*] he wished nothing but that he was a Jew and that he wished that in a Peace Conference the Allies would give special consideration to the question of the Jews in Palestine, which it was stated was promised, this article was never denied by the Government'. Yale University Library, Manuscripts and Archives, William Yale Papers [M 658], Box 2, Folder 2 (Diary Notes, July–Sept. 1917). תודתי למייקל פרוסט (Frost) ולאוניברסיטת ייל על שהעמידו לרשותי סריקה של רישום זה. תשומת לבי אליו הופנתה על ידי ציטוטו החלקי בתוך Scott Anderson, *Lawrence in Arabia: War, Deceit, Imperial Folly and the Making of the Modern Middle East*, New York: Doubleday, 2013, p. 365. ספר זה עוסק בהרחבה בפעילותו המגוונת של ייל בזמן המלחמה. לא מצאתי את הידיעה שייל מביאה בעיתונים היהודיים האנגליים שעלה בידי לבדקם.

22 יעקב יערי־פולסקין, חולמים ולוחמים, פתח תקווה: ש.ז. גיסין, תרפ"ב, עמ' 183. המחבר שהה בארצות הברית בשנים 1915-1920.

המסד העובדתי שלו רעוע. באפריל 1915, כאשר הוצע לוייצמן לראשונה לעבוד בשירות האדמירליות הבריטית, הוא אכן הודיע שהוא מוותר על תמלוגים עד לאחר המלחמה; אבל שנה אחר כך הוא כבר ציפה לתגמול על עבודתו, ומאוחר יותר התאכזב ממִמדיו.[23] אשר לשיחה בינו לבין לויד ג׳ורג׳, ורה וייצמן העירה שנים רבות אחר כך שהיא אכן כללה את חילופי הדברים כפי שזה מסרם.[24] ואולם, וייצמן צדק ללא כל ספק כאשר דחה באוטוביוגרפיה שלו את טענתו של לויד ג׳ורג׳ כאילו הייתה הצהרת בלפור תגמול אישי על שירותיו המדעיים, וקבע ש׳ההיסטוריה אינה עוסקת במנורותיו של עלאדין׳,[25] דהיינו באותה מנורת קסם אגדית שהנגיעה בה מבטיחה את הגשמת השאיפות. יחד עם זאת, אין ספק שתרומתו של וייצמן למאמץ המלחמתי הבריטי סייעה לו בהשגת התמיכה הבריטית במטרות הציונות, שכן בזכות עבודתו המדעית בשירותה של בריטניה הוא בא במגע הדוק עם לויד ג׳ורג׳ כאשר זה כיהן כשר החימוש, רכש את אמונו כמו גם את אמונם של אישי מפתח אחרים, והיה במובן מסוים לחלק מן הממסד הבריטי. כל אלה סייעו לו אחר כך במגעים עם אותם אישים עצמם שהובילו לפרסומה של הצהרת בלפור.[26] בדומה לזאת, בימי מלחמת העולם השנייה סייעה לו עבודתו המדעית בשירות בנות הברית לשם קידום מטרות הציונות.[27]

וייצמן תפס את הנחת היסודות למחקר מדעי בארץ כפעולה מדינית מובהקת. אם בקונגרס הציוני הי״א, שהתקיים בווינה בספטמבר 1913, הוא הצהיר ש׳יש רגעים בחיי העמים, וגם בחיי העם היהודי, בהם [הקמת] בית ספר היא גם פעולה

23 Jehuda Reinharz, ‘Science in the Service of Politics: The Case of Chaim Weizmann during the First World War’, *English Historical Review*, 100 (1985), pp. 582, 597–599. תרגום עברי חלקי של המאמר הופיע בתוך זמנים, 20 (חורף 1986), עמ׳ 5-17. וראו ביתר פירוט ריינהרץ, עלייתו של מדינאי (לעיל, הערה 19), עמ׳ 48, 61-67.

24 שטיין (לעיל, הערה 9), עמ׳ 120 הערה 15.

25 *Trial and Error*, pp. 191–192. בהזדמנות אחרת הגדיר וייצמן את סיפורו של לויד ג׳ורג׳ ׳שטויות׳ ואסר על השימוש בו בתעמולה הציונית. ‘Epilogue’, בתוך וייסגל, וייצמן: מדינאי (לעיל, הערה 9), עמ׳ 339.

26 שטיין (לעיל, הערה 9), עמ׳ 120; ריינהרץ, מדע בשירות המדיניות (לעיל, הערה 23), עמ׳ 601-603; ריינהרץ, עלייתו של מדינאי (לעיל, הערה 19), עמ׳ 68-72.

27 *Trial and Error*, pp. 519–520, 524, 527–531

פוליטית',[28] הרי שבינואר 1918 הוא קבע שקיימת 'סיבה פוליטית דחופה' לקניית השטח על הר הצופים עבור האוניברסיטה העברית המתוכננת;[29] הציב את ייסוד האוניברסיטה כאחת ממטרותיה של המשלחת הציונית ('ועד הצירים') שעמדה לצאת ארצה בחסות ממשלת בריטניה כדי לקדם את מימושה של הצהרת בלפור;[30] ובמאמר על האוניברסיטה שהופיע באותה שנה בירושלים הוא הסביר (בעברית) ש'בתנאי הגלות כל עבודה תרבותית היא גם פוליטית ואולי היא גם האמצעי העיקרי של העבודה הפוליטית'.[31] בנאומו בטקס הנחת אבני הפינה לאוניברסיטה ב־24 ביולי 1918, ט"ו באב תרע"ח - אחד הנאומים המזהירים, אף כי היותר נשכחים בתולדות הציונות - הוא הנגיד את החורבן בתשעה באב עם החיים החדשים שיבקעו מטקס ט"ו באב, וצפה שהמחקר המדעי באוניברסיטה ידביר את מחלותיה של הארץ, יחזיר את הפריון לאדמתה, ויפגין את 'ערכה הגדול של האוניברסיטה לבניין ביתנו הלאומי'.[32] כעבור שנות דור הוא דיבר בלשון דומה על מכון זיו ועל מכון ויצמן שצמח ממנו.[33]

ומהו המקום שהועיד וייצמן למדע בבניינה של מדינת ישראל ומה היה לדעתו היחס הראוי בין המדע לערכי־העל בהם הוא דגל? בנאומו בישיבת הפתיחה של האספה המכוננת ב־14 בפברואר 1949 - שהתקיימה בבית הסוכנות היהודית בירושלים והייתה לישיבתה הראשונה של הכנסת - הוא ניסח זאת כך:

> הבה ונשקוד קודם־כל להגדיל את כוח יצירתנו ע"י הרמת קרן המדע והמחקר במדינת־ישראל. מדע ומחקר הם יסודות היצירה האנושית כולה.

28 *Stenographisches Protokoll der Verhandlungen des. XI. Zionisten-Kongresses in Wien, vom 2. bis 9. September 1913*, Berlin–Leipzig: Jüdischer Verlag, 1914, p. 158

29 וייצמן אל יעקובוס קאן, 20.1.1918, מח"ו, 8, מספר 76, עמ' 68.

30 ראו ב"ז קדר, 'טקס הנחת אבני הפינה לאוניברסיטה העברית בט"ו באב תרע"ח (24 ביולי 1918)', בתוך תולדות האוניברסיטה העברית בירושלים, א: שורשים והתחלות, בעריכת שאול כ"ץ ומיכאל הד, ירושלים: מאגנס, תשנ"ז, עמ' 90 והערה 1.

31 חיים וייצמן, 'על האוניברסיטה העברית', בתוך על הסף: קבץ לעניני החיים והספרות, ירושלים: דפוס אחדות, תרע"ח, עמ' 16–17.

32 ראו את תצלום הנוסח המקורי של הנאום המובא אצל קדר, טקס (לעיל, הערה 30), עמ' 110, 116–117.

33 *Trial and Error*, pp. 545–553

> את כל החיל שעשינו במדע ובמחקר בקרב אומות העולם עלינו לגייס עכשיו לבנין מולדתנו. אך עם כל החשיבות המכרעת של המדע לא בו בלבד ניוושע. עלינו לבנות גשר חדש בין המדע לבין רוח האדם. 'באין חזון ייפרע עם', ועדים אנו לאן מובילה ההתקדמות המדעית שאין חופף עליה חזון מוסרי: אל הפצצה האטומית המאיימת להחריב תבל ויושבי בה. כל ימי עמלתי והתרתי לעשות את המדע והמחקר יסוד למפעלנו הלאומי. אבל ידעתי גם ידעתי כי מעל למדע יש ערכים נשגבים אשר רק בהם מרפא לנגעי האנושות - ערכי צדק ויושר, שלום ואחוה. 'צִיּוֹן בְּמִשְׁפָּט תִּפָּדֶה וְשָׁבֶיהָ בִּצְדָקָה'.[34]

בשנותיו האחרונות ידע וייצמן מפח נפש הן בתחום המדיני והן בתחום המדעי. מן המפורסמות הוא ש'האסיר מרחובות' לא רווה נחת מתפקידו כנשיא מדינה חסר סמכויות, הנאלץ לצפות מן הצד במהלכים מדיניים שחלקם היו מוטעים בעיניו. והוא גם נחרד לנוכח המגמה, אותה זיהה במכון שעמד לשאת את שמו, להזניח את המחקר המדעי לטובת עבודה יישומית־צבאית. זה היה ככל הנראה הרקע לקריאתו בטקס חנוכת מכון ויצמן למדע ב־2 בנובמבר 1949 לשמור על המדע 'טהור ולא מוכתם'.[35]

ימים ספורים לפני מותו, בשיחה עם מאיר וייסגל בה התלונן על חוסר האונים שלו נוכח המשגים שנעשים בארץ והביע את חרדתו מפני הבאות, הוא חזר ועמד על הדמיון בין ההתנהלות המדינית לזו המדעית. 'בעקשנותם, היהודים יעברו דרך קיר, אבל החור שבקיר (לוֹך אין דֶר וַנט) נשאר תמיד פעור מנגד. אלה שמתאמצים באופן מודע להגיע אל ראש ההר, נותרים כפותים אל מרגלותיו בשלשלאות'. ואז הוסיף: 'אלה שיוצאים להשיג דבר־מה מסוים במדע אינם משיגים אותו אף פעם. אבל אלה שעובדים "לִשְמָהּ", מגיעים בדרך כלל אל ראש ההר'.[36]

34 דברי הכנסת, א, עמ' 7. וייצמן נהג לצטט לעתים קרובות את ישעיהו א, כז.

35 Richard Crossman, 'The Prisoner of Rehovoth', בתוך וייסגל וקרמייקל, וייצמן: ביוגרפיה (לעיל, הערה 9), עמ' 325-356; William B. Jensen, Henry Fenichel & Milton Orchin, *Scientist in the Service of Israel: The Life and Times of Ernst David Bergmann (1903–1975)*, Jerusalem: Magnes Press, 2011, pp. 155–156, 166–169

36 Meyer Weisgal, *So Far: An Autobiography*, New York: Random House, 1971, p. 278

יהושע יורטנר

הכימיה האורגנית של וייצמן באקדמיה ובתעשייה בראשית המאה העשרים

דוד בן־גוריון כתב בשנת 1963: 'וייצמן [...] היה איש הרוח והמדע, שלא רק הבין ערכו של המדע בתקומת ישראל ובבניין חיינו החדשים, אלא גם תרם בעצמו בכוחות אדירים להתעצמותו של המדע, והניח יסוד בארץ למוסדות־המדע העליונים - האוניברסיטה העברית ומכון־וייצמן ברחובות'.[1] דברים אלה מבטאים נאמנה את החזון הציוני לגבי התפקיד המרכזי של המחקר המדעי וההצטיינות הרוחנית כרכיב חיוני בתקומת ישראל בארצו. משנתו של חיים וייצמן הייתה שרק באמצעות פיתוח תכונותיו הרוחניות והאינטלקטואליות של עמנו הוא יוכל להגשים את צרכיו החומריים.

מקומו של וייצמן בהיסטוריה של הציונות והקמת מדינת ישראל שמור עם גדולי המנהיגים שקמו לעם היהודי. עם זה, וייצמן היה 'איש הרוח והמדע', ובהיותו איש מדע מובהק בעל הישגים ניכרים בתחומי הכימיה האורגנית, הביוכימיה והביוטכנולוגיה תרם תרומות חשובות ומהותיות להקמת מערכת המדע הבסיסי והיישומי של מדינת ישראל, לקביעת מסמרותיה ולגיבוש ערכיה ורמתה.

על עריסתה של הציונות עמדו אנשי מדע ואקדמיה - צבי הרמן שפירא ותאודור מוצקין המתמטיקאים, אוטו ורבורג הבוטנאי, מקס נורדאו הפסיכיאטר ומרטין בובר איש מדעי הרוח והיהדות. אולם וייצמן הכימאי הוא הדמות המרכזית שאפשר וראוי לראות בחזונה ובפעילותה את הבסיס לגיבוש ערכיה של מערכת המדע הישראלית, רמתה, דמותה ותדמיתה ובעיקר הקמת איי

1 דוד בן־גוריון, 'גדול השליחים והמגשימים', בתוך חיים וייצמן: ילקוט פרקי חיים, בעריכת מאיר ו. וייסגל ויואל כרמיכאל, ירושלים: הספריה הציונית, תשכ"ו, עמ' 34. הספר תורגם על ידי צוות המתרגמים של ההוצאה. המקור האנגלי הופיע בשנת 1963.

המצוינות שבה, וזאת לפי אמות המידה הבין־לאומיות הגבוהות ביותר. היחס בין ציונות למדע היה נושא מרכזי בתודעה הציונית של וייצמן, והעיסוק במדע היה לו רכיב הכרחי בעיצוב זהותו, וכן בבניית יוקרתו כמדען־מדינאי הבולט ביותר של העם היהודי אשר עבודתו המדעית שירתה את עבודתו המדינית.

מן הראוי לפתוח סקירה זאת בראשית דרכו של וייצמן בתחום מדעי הכימיה, אשר עיצבה את הקשר בין מדע, ציונות ומדינאות כפי שהתבטאו באישיותו ובפועלו.

צעדים ראשונים בעולם הכימיה

כאשר דנים בביוגרפיות של אנשי מדע, נהוג לעתים קרובות לשאול כיצד החלה התעניינותו של תלמיד בית ספר תיכון בשטח המדעי אשר בחר לעסוק בו בעתיד. וייצמן הצעיר התחנך ב'חדר' במוטול ולאחר מכן בבית הספר התיכון בפינסק, אליו נכנס בגיל 11 בשנת 1886. לפי דבריו היה בית ספר זה מוסד ברמה נמוכה, ומוריו לא התמנו על בסיס כישוריהם הפדגוגיים והאינטלקטואליים אלא על בסיס קשריהם עם הביורוקרטיה הממשלתית הרוסית. לא הייתה זאת אווירה אינטלקטואלית לימודית ראויה לוייצמן ולתלמידים (בעיקר יהודים) מוכשרים אחרים.

ואולם היה תחום אחד שבו חרג בית הספר מהרמה הנמוכה. המורה לכימיה קורניינקו (Kornienko) היה אדם אינטליגנטי, איש הוראה מחונן ובעל ידע רב במדעים, ואבן שואבת לתלמידיו. וייצמן ראה בו את האדם אשר גילה לו את עולם הכימיה, ושנים לאחר מכן ציין: 'חייב אני לו את כל אשר הייתי מסוגל להגשים במדע'.[2] ייתכן שהייתה הגזמה מסוימת בדברי שבח אלה, משום שכאשר נכנס וייצמן לאוניברסיטה גרמנית היה עליו לעבוד קשה כדי להגיע לרמתם של חבריו ללימודים.

2 *Trial and Error*, p. 34

מדעי הכימיה בסוף המאה התשע־עשרה ובראשית המאה העשרים

מה הייתה מהותו של עולם הכימיה אשר אליו התוודע וייצמן בהיותו תלמיד הגימנסיה בפינסק ואשר כה קסם לו?

מדעי הכימיה המודרניים כיום מייצגים את המסגרת הניסיונית והמושגית לחקר ההכנה (הסינתזה), ההרכב, התכונות, המבנה, הפונקצייה והשינוי בחומר, כפי שהם נחקרים ברמה המולקולרית. הספר הראשון בשפה העברית על מדעי הכימיה מאת צבי בן מאיר הכהן ראבינאוויץ, שנושא את השם הארוך והמליצי 'אוצר החכמה והמדע, כולל יסודי חכמת הטבע הכללית וגם ידיעות חרושת המעשה וידיעות מדעים שונים', פורסם בשנת 1876,[3] שנתיים לאחר הולדתו של וייצמן. ספר זה סוקר סוגיות של הכנה, הרכב אטומי ותכונות של חומרים, וכן יישומים של חומרים אלה לתעשייה כימית. מדעי הכימיה בסוף המאה התשע־עשרה נשענו כמעט בלעדית על הכימיה האורגנית והאי־אורגנית. רק ברבע הראשון של המאה העשרים החל החקר המודרני של מבנה החומר, פעילותו והשינוי בו, והוא הבסיס לכימיה הפיסיקלית, ואילו פיתוח תורת הקוואנטים בשנת 1925 נתן את הבסיס לכימיה התאורטית. עולם הכימיה שאליו התוודע וייצמן על ידי מורו בגימנסיה בפינסק הוגבל לעיסוק בסינתזה ובתכונות של חומרים אורגניים ואי־אורגניים וביישומיהם התעשייתיים. זה היה עולם המדע העיוני והיישומי אשר אליו שאף וייצמן להצטרף. שאיפות אלה נשענו במידה רבה על הרצון לשפר את מצבו הכלכלי ומעמדו החברתי של צעיר יהודי ברוסיה של סוף המאה התשע־עשרה.

לימודים וראשית מחקר בברלין

עם סיום לימודיו בגימנסיה בהצטיינות יתרה (פרט למקצוע הציור), לא פנה וייצמן ללימודים באוניברסיטה רוסית, וזאת בגלל מגבלות ה'נוּמֶרוּס קלאוּזוּס', אלא בחר באוניברסיטה גרמנית - תחילה בבית הספר הטכני בדַרמשטט, שבו למד שנה אחת, ואחר כך בברלין. בשנת 1893 החל בלימודים בתחום הכימיה בפוליטכניון של שרלוטֶנבורג בברלין במעבדתו של פרופ' קארל תאודור ליבֶּרמן (1914-1842), כימאי אורגני ידוע בתחום חקר מולקולות הצבע. הכוונתו של

3 וילנה: הוצאת האלמנה והאחים ראם, תרל"ו.

וייצמן הצעיר לתחום הכימיה האורגנית הייתה במידה רבה מקרית, ונקבעה בהתאם לדיסציפלינה שבה עסק הפרופסור. יש לזכור כי באותה תקופה לא היו קיימות באוניברסיטאות מחלקות לכימיה שהקיפו את כל התחומים. וייצמן החל לעבוד בהדרכתו של ד"ר קארל אנטון אוגוסטין ביסטז'יצקי (Bistrzycki), כימאי ממוצא פולני שהיה תלמידו של ליברמן. וייצמן וביסטז'יצקי עבדו על הנושא, כפי שהוגדר על ידם: 'חקר אבק פחם כמקור לצבע אורגני אָלִיזָרִין אשר היווה בסיס למבנה המולקולרי של צבעים בעלי חשיבות תעשייתית ניכרת'. וייצמן החל לעבוד עם סטודנט אחר, כריסטיאן דייכלר (Deichler), על הכנת צבעים סינתטיים לאריגי טקסטיל. באותה תקופת לימודים וראשית מחקר בשנים 1897-1893 החל וייצמן לראות בכימיה תחום פעילות חשוב ומלהיב.

עבודת הדוקטור

בסתיו 1897, עם סיום לימודיו בברלין, עבר וייצמן לאוניברסיטה הקתולית בפריבור שבשווייץ. הוא הצטרף למדריך המוערך שלו ביסטז'יצקי אשר נתמנה פרופסור באוניברסיטה זאת. היה זה טבעי שוייצמן יצטרף למדריך שלו להמשך עבודתו המדעית לקראת תואר הדוקטור. ביסטז'יצקי חלק עם וייצמן את שטחי המחקר שלו והציע את נושאי המחקר לדוקטורט שביצע וייצמן בהדרכתו. ב־1899 הגיש וייצמן לסנאט של אוניברסיטת פריבור את התזה לקבלת תואר הדוקטור, אשר עסקה בשני נושאים:

1. חיזור אלקטרוכימי של anthraquinone. הייתה זאת ראשית יישומו של שטח האלקטרוכימיה, תחום מוקדם של כימיה פיסיקלית, לחקר חומרים אורגניים שפיתח מיכאל פרדיי (Faraday) באנגלייה.
2. תגובות עיבוי (condensation) של phenanthraquinone ונגזרותיו עם פֵּנוֹלים. חלק זה של העבודה התמקד בכימיה אורגנית מובהקת, בתחומי מחקרו של המנחה.

על שער התזה נכתב שם המחבר Chaim Weizmann aus Pinsk. 'הגנת התזה' לפני מועצת הבוחנים נערכה ב־17 בינואר 1899, ותואר הדוקטור ניתן בציון Magna cum laude, כלומר 'עם שבח גדול'.[4] באולם הסנאט של אוניברסיטת

4 [בזיכרונותיו כתב וייצמן שציונו היה Summa cum laude, שזו הרמה הגבוהה ביותר (*Trial and Error*, p. 76). ואולם במסמך הרשמי של אוניברסיטת פריבור נכתב

פריבור מוצגות שתי טבלאות זיכרון. האחת מציינת את התזה של חיים וייצמן והאחרת את זכרו של כומר קתולי שלמד באוניברסיטה ונרצח על ידי הנאצים בשנות השלושים.

מחקר ופעילות ציונית באוניברסיטת ז'נווה

בשנים 1904-1901 כיהן וייצמן במשרה אקדמית של דוצנט פרטי באוניברסיטת ז'נווה. מחקרו הראשון אשר פורסם (במאמר מדעי וארבעה פטנטים) בוצע בשיתוף פעולה עם כריסטיאן דייכלר, שאותו הכיר מעבודתם המשותפת בברלין. עבודה זאת, אשר משקפת את השפעתו של ביסטז'יצקי, עסקה בסינתזה של Naphthacene quinone (תרכובת המכילה ארבע טבעות פחמן ארומטיות עם שני חמצנים) ונגזרותיו באמצעות תהליכי עיבוי של phthalic anhydride עם naphthol בתיווך של חומצה בורית. תגובה זאת נודעה בשם 'ריאקציית וייצמן' והייתה חשובה לתעשייה הכימית, משום שהורידה בכשלושים אחוז את מחירי הצבעים האורגניים. היה זה השילוב המשמעותי הראשון של כימיה טהורה ושימושית בעבודתו המדעית של וייצמן.

באותה תקופה עלתה אל פני השטח הדיכוטומיה בין פעילותו של וייצמן בתנועה הציונית לבין עבודתו המדעית. במרס 1902 נתן וייצמן, אולי פעם יחידה בחייו, עדיפות לעבודה המדעית בכימיה על פני עיסוקיו בתנועה הציונית, כאשר דחה ביקור בלונדון לצורך הסדרת היחסים בין הקבוצה הגרמנית לקבוצת ז'נווה בתנועה הציונית, הואיל והיה שקוע בעבודה המדעית ורצה להדגים את הישגיו לפני התעשייה הכימית הגרמנית. כאשר כתב וייצמן בשנת 1902 עם מרטין בובר וברתולד פייבל את המסמך המפורסם על הקמת

Magna cum laude (Mathematisch-Naturwissenschaftliche Fakultät der Universität Freiburg [Schweiz], Doktoratsregister 1899, pp. 14–15, No. 33). תודה לפרופ' צבי רפופורט מן האוניברסיטה העברית על שמסר לי תצלום של רישום זה ולגב' מרי קְלֵיר ברז'ה (Berger) מאוניברסיטת פריבור שהואילה לספק את פרטיו הביבליוגרפיים. ראוי לציין שבטיוטה גנוזה של הספר מחק וייצמן את הקביעה האמורה לגבי ציון העבודה, והחליפה במילים: 'I managed to pass my degree with high marks'. ראו תמונה 2 בכרך זה, וכן קטע ה בפרק 'קטעים גנוזים', המופיע בחלקו בתמונה 32. הערת העורך.]

אוניברסיטה יהודית בארץ ישראל,[5] התנגשה פעולה חשובה זאת בתחום מדיניות המדע של התנועה הציונית עם עבודתו המדעית. דיכוטומיה זאת ליוותה את וייצמן כל חייו.

חבר סגל אקדמי באוניברסיטת מנצ׳סטר

הישגיו המדעיים המרשימים של וייצמן (תזה בולטת, חמישה פרסומים וארבעה פטנטים) הביאו את ויליאם הנרי פֶּרקין, ראש הקתדרה לכימיה אורגנית באוניברסיטת מנצ׳סטר, להציע לו משרה אקדמית במחלקתו. בשנים 1904-1911 היה וייצמן עוזר מחקר, מדגים, ולבסוף Reader לכימיה. נוסף לתפקידו במחקר ובהוראה הוא נתן הרצאות בשירות המדע בתפקידו כמזכיר האיגוד הפיסיקלי של מנצ׳סטר - וכל זאת בד בבד עם פעילותו הציונית. בתקופת מנצ׳סטר רכש וייצמן ידידים, שברבות הימים היו לפורצי דרך במדע. הבולט בהם היה רוברט רובינסון (1886-1975), שהיה לאחד הכימאים האורגניים הדגולים של המאה העשרים, חתן פרס נובל ונשיא החברה המלכותית הבריטית. הוא הגיע אז למנצ׳סטר כפוסט־דוקטורנט והיה לידיד קרוב של וייצמן. קשרים אישיים אלה הביאו שנים אחר כך את רובינסון לחברות פעילה בחבר הנאמנות של מכון זיו ואחר כך של מכון ויצמן. היה זה מרכיב מרכזי במדיניות המדע שעיצב וייצמן: לנצל את קשריו המדעיים והאישיים לקידום היעד של בניית תשתית המחקר הלאומית.

עבודתו המדעית של וייצמן באוניברסיטת מנצ׳סטר תידון להלן.[6] אסתפק בהערות קצרות על תחומי העניין ופעילותו של וייצמן בכימיה אורגנית ובשטחי מדע אחרים. וייצמן היה ניסיונאי מוכשר בכימיה האורגנית, אשר גילה עניין בשלושה תחומים חשובים נוספים: תאוריה כימית (שנמצאה אז בשלבי התהוות), ביוכימיה ומדע יישומי. בתאוריה כימית ראשונית השתמש וייצמן להבנת הצבעים של תרכובות הקִינוֹנים. זה נעשה בשנת 1907 באמצעות חקר ספֶּקטרום הבליעה של חומרים אורגניים בשיתוף עם הכימאי הפיסיקלי ביילי (E.E.C. Baly) מהאימפיריאל קולג׳ בלונדון. הייתה זאת עבודה חלוצית בתחום הידוע כיום ככימיה אורגנית־פיסיקלית. בתחומי המדע היישומי תרם וייצמן

5 Martin Buber, Berthold Feiwel & Dr. Ch. Weizmann, *Eine Jüdische Hochschule*, Berlin: Jüdischer Verlag, 1902

6 [ראו מאמרו של שאול כ״ץ בכרך זה. הערת העורך.]

תרומות חשובות בחקר ההכנה והתכונות של הגומי הסינתטי בשנת 1910 (בשיתוף פעולה של מכון קירי בפריז ואוניברסיטת מנצ׳סטר), וכן בפיתוח שטח התסיסה בביוטכנולוגיה.

בשנות פעילותו המדעית במנצ׳סטר היה וייצמן למנהיג בחקר הכימיה האורגנית של קינונים פוליציקליים (תרכובות רבות טבעות פחמן ארומטיות המכילות חמצנים) וחומרי צבע, הבנויים מתרכובות פחמן ואטומים אחרים. עם מינויו ל־Reader בכימיה ביולוגית הרחיב וייצמן את תחומי מחקריו מכימיה אורגנית ארומטית לכימיה של תרכובות אֱליפטיות. תחום מחקרו החדש התמקד בחומרים שיש בהם עניין ביולוגי, כגון חומצות אמיניות ופרוטאינים. בשנת 1911 פרסם, יחד עם ארתור הופווד (Hopwood), מאמר על סינתזה של נגזרות של חומצות אמיניות ובו נקבע: ׳תרכובות מסוג זה הן בעלות חשיבות רבה בתחום הפיסיולוגיה׳.[7] רעיון חדשני אחר, שחקר בשנת 1911, היה שחומצות אמיניות יכולות להיות מרכיבים של פרוטאינים צמחיים. בשנת 1913 חקר פירוק הידרוליטי של פרוטאינים והפרדת חומצות אמיניות. עשרים שנה לאחר מכן, בשנת 1934, המשיך וייצמן במחקר של חומצות אמיניות, כאשר גילה יחד עם הכימאי הצרפתי המפורסם ויקטור אנרי (Henri, 1872-1940) את הפירוק הפוטוכימי הראשון של החומצה האמינית גְליצין. היו אלה עבודות חלוציות בתחום הביוכימיה.

מחקר מדעי ומדיניות מדע

וייצמן ביצע מחקרים חשובים של הפירוק הפוטוכימי של חומצות אמיניות בשנות השלושים של המאה העשרים. בתקופה אפלה זו לעם היהודי הוא הקדיש את מיטב מרצו למצוא מקלט למדענים יהודים שנאלצו לעזוב את גרמניה אחרי עליית הנאצים לשלטון. ביניהם היו ענקי המדע ריכרד וילשטטר, חתן פרס נובל בכימיה על גילוי מבנה מולקולות הכלורופיל וההמוגלובין, אשר מהוות בסיס כימי לחיים על כדור הארץ; פריץ האבר, חתן פרס נובל בכימיה על גילוי קיבוע החנקן מהאטמוספרה ליצירת אמוניה, שהיווה תהליך מרכזי בתחום

7 Arthur Hopwood & Charles Weizmann, 'Synthesis of Dipeptides of α-Aminolauric Acid with Glycine, Alanine, Valine, Leucine and Asparagine', *Journal of the Chemical Society*, 99 (1911), pp. 571–576

הכנת דשנים כימיים לחקלאות; אוטו שטרן, חתן בעתיד של פרס נובל בפיסיקה על גילוי קרניים מולקולריות; יוג׳ין ויגְנֶר, לימים חתן פרס נובל בפיסיקה על גילוי מבנה הגרעין; לדיסלאוס פרקש, כימאי פיסיקלי חשוב, מגלה הדינמיקה הפנים־מולקולרית; פריץ לונדון, פיסיקאי חשוב, מגלה תכונות חומרים על־קרים ומייסד התאוריה של הקשר הכימי; ארנסט דויד ברגמן, מדען מבטיח ביותר בתחום הכימיה האורגנית. מבין אישים בולטים אלה רק שניים השתקעו בארץ ישראל והקימו מסגרות ומערכות מחקר הישגיות בתחום מדעי הכימיה: פרקש הקים מחלקה מפוארת לכימיה פיסיקלית באוניברסיטה העברית, וברגמן הניח את היסודות למחקר הכימיה האורגנית במכון זיו ולאחר מכן באוניברסיטה העברית, וכן ייסד את המחקר והפיתוח הביטחוניים.

עבודותיו של וייצמן בתחום הביוכימיה הניחו את היסוד לתגלית בשנת 1913 של התהליך החשוב של הסינתזה הביוטכנולוגית של האצֵטון, אשר עיצב את מעמדו כחלוץ הביוטכנולוגיה המודרנית, ואשר שימש אבן יסוד לפועלו כמדען־מדינאי. באותה תקופה עסק בהוראה באוניברסיטת מנצ׳סטר. בגנזך ויצמן נשמר ספר הרצאותיו בכימיה אורגנית לסטודנטים בשנים 1908/9–1912, שכולל הרצאות רשומות באנגלית עם הערות שוליים בגרמנית,[8] וכן דפי בחינה ובהם שאלות בכימיה אורגנית ובביוכימיה (למשל: ׳תאר תכונות פרוטאין המוכר לך מחיי יום־יום׳).

שלושים ושמונה מאמריו של וייצמן בכימיה באותה תקופת ראשית של פועלו המדעי, שפורסמו בעיתונות המקצועית עד שנת 1915, כתובים לפי מיטב המסורת המדעית של בהירות, תמציתיות ואובייקטיביות. מאפיין אחר, אשר שיקף את אופיו הנדיב של וייצמן, בא לידי ביטוי בהתייחסותו לשגיאות שנפלו בעבודותיהם של חוקרים שקדמו לו. מדענים רבים נוטים במצבים כאלה לעשות שימוש בביטויים ביקורתיים בוטים. לא כך וייצמן, שתמיד מצא את הדרך להעיר בנועם הליכות שתוצאות מסוימות דורשות בדיקה נוספת. הכימאי האורגני הידוע לואי פיזר (1899–1977) מאוניברסיטת הרווארד כתב: ׳אפילו במאמריו המדעיים [של וייצמן] אפשר לגלות עקבותיהם של התכונות האנושיות החמות והקסם שכה תרמו להצלחותיו בתחומי פעילותו האחרים׳.[9]

8 ראו תמונה 6 בכרך זה.

9 Louis F. Fieser, ‘Investigations of Polycyclic Compounds’, in *Chaim Weizmann: Statesman, Scientist, Builder of the Jewish Commonwealth*, ed. Meyer W. Weisgal, New York: Dial Press, 1944, p. 288

שאול כ״ץ

מדיניות המדע של וייצמן כמסד הביקוש המתמשך למצוינות מדעית במערך המחקר הישראלי

1. וייצמן המדען - תקופות המחקר הראשונות שלו

ראשית דרכו של וייצמן במדע ובמחקר הייתה בכימיה האורגנית. התוודעותו לתחום זה, בהקשרו האקדמי־אוניברסיטאי, הייתה בשנים 1897-1893,[1]

* מבקש אני להודות למי שסייעו בידי בעצה ובמסמכי ארכיון, הלוא הם גב׳ אורנה זלצר ראש תחום ארכיון מכון ויצמן למדע; גב׳ מרב סגל מנהלת גנזך ויצמן ביד חיים ויצמן, ועמה גב׳ קרן רז; מר עופר צמח, מנהל ארכיון האוניברסיטה העברית בירושלים. כמו כן מבקש אני להודות לרעייתי שפרה כ״ץ ולבני אריאל כ״ץ על הסיוע שסייעוני בהבנת המקורות המוזכרים כאן - הראשונה בהבנת מסמכי הכימיה האורגנית והמיקרוביולוגיה, והשני בהבנת מסמכי הפטנטים.

1 מהלכי חייו העיקריים של וייצמן מצוינים כאן על פי ליאונרד שטיין, ׳נספח שני: חיים וייצמן, לוח תאריכים׳, המצורף ל׳מבוא הכללי׳ שלו, המובא בראש הכרך הראשון של איגרות וייצמן. ראו א״ו, א, עמ׳ כט-לא. הדיווח לגבי תעסוקתו האקדמית של וייצמן בשנים 1916-1904 באוניברסיטת מנצ׳סטר מסתייע במסמך שהפנה וינסנט ווולס (Knowels), המזכיר האקדמי של אוניברסיטת מנצ׳סטר, אל ד״ר גדליה יוגב, 9.1.1967, והוא נמצא בתוך ג״ו, חטיבה מדעית, קופסה 26, תיק מנצ׳סטר. מסמך זה מפרט את מינוייו האקדמיים של וייצמן, את תפקידיו הנלווים ואת משכורתו. ועוד: במכתב שכתב וייצמן ב־1 ביולי 1906 לארוסתו ורה קאצמאן הוא מודיע לה שקיבל את התואר M.Sc. ממנצ׳סטר ושסמוך לחג המולד יוענק לו הדוקטורט, D.Sc. א״ו, ד, איגרת 279, עמ׳ 307-308. התואר D.Sc. הוענק לוייצמן (Charles Weizmann) ב־1907. כך לפי מכתבו של ג׳יימס פיטרס (Peters), ארכיונאי בארכיון אוניברסיטת מנצ׳סטר מ־29 באוגוסט 2014. תודתי לד״ר ערן טל מגנזך ויצמן על מידע זה. בארכיון האוניברסיטה העברית נמצא מענה של המזכיר האקדמי של המוסד החדש לשאלון שהופנה לאוניברסיטה החדשה ובו מידע על ראשי האוניברסיטה ומלומדיה הראשיים. לגבי וייצמן נכתב שם כך:

בבית הספר המלכותי הטכני הגבוה ברלין־שרלוטנבורג, שבמונחי ימינו היה אוניברסיטה טכנולוגית.[2] בעקבות מוריו הלכו כיווני התמחותו אל הכימיה האורגנית הסינתטית ואל יישומיה התעשייתיים. מדריכו העיקרי שם היה קארל אנטון אוגוסטין ביסטז'יצקי (Bistrzycki, 6391-2681).[3] ביסטז'יצקי היה

Chaim Weizmann Sc.D. (Freiburg) D.Sc. (Manchester). ראו S. Ginzberg, Registrar to Universities Bureau of the British Empire, 18.11.26, ארכיון האוניברסיטה העברית, 1, אוניברסיטאות בחו"ל, 1925-1930.

2 Königliche Technische Hochschule zu Berlin. היום: Technische Universität Berlin. סקירה קצרה על תולדותיו של מוסד זה וגלגוליו מובאת בדברי נשיא המוסד ובהקדמת המביא לבית הדפוס לכרך Eberhard Knobloch (ed.), *'The shoulders on which we stand': Wegbereiter der Wissenschaft, 125 Jahre Technische Universität Berlin*, Berlin–Heidelberg: Springer, 2004, pp. v–xii. אוניברסיטאות טכנולוגיות היו תופעה חדשה בזירה האקדמית של המחצית השנייה של המאה התשע־עשרה. לסקירה קצרה על התפתחות זו ראו Christophe Charle, 'Patterns', in *Universities in the Nineteenth and Early Twentieth Centuries (1800–1945)*, III: *A History of the University in Europe*, ed. Walter Rüegg, Cambridge: Cambridge University Press, 2004, pp. 57–58. אין לטעות ולערב בין מוסד מטיפוס זה ובין פוליטכניון, Polytechnic, כפי שלמשל עשה שטיין (לעיל, הערה 1). להגדרת תחומיו של הפוליטכניון בהיותו מוסד להשכלה על־תיכונית המיועד בעיקר להכשרה לעבודה בתעשייה ראו ברשימת ביאורי המילים: Asa S. Knowles et al. (eds.), *The International Encyclopedia of Higher Education*, I, San Francisco – Washington – London: Jossey-Bass Publishers, 1977, p. 484a.

3 למאמר הספד על ביסטז'יצקי, ובו גם רשימת עבודותיו, ראו Constantin Gyr, 'Augustin Bistrzycki (1862–1936)', *Helvetica Chimica Acta*, 20 /1, pp. 477–489, http://onlinelibrary.wiley.com/doi/10.1002/hlca.19370200174/pdf. קארל תאודור ליברמן היה מורה וחוקר מוערך ביותר בבית הספר הטכני הגבוה. ראו *Die Technische Hochschule zu Berlin, 1799–1924: Festschrift*, Berlin: Georg Stikle, 1925, pp. 92, 94. עם זאת, בעלי הקובץ העוסק בגדולי המדענים שפעלו במסגרת אותו מוסד לא מצאו לנכון לכלול בו את ליברמן. הפרופ' ליברמן עמד בראש המחלקה לכימיה ולמטלורגייה ולימד קורסים בכימיה אורגנית. *Königliche Technische Hochschule zu Berlin, Program für das Studienjahr 1895–96*, Berlin 1895, pp. 6, 66. הדוצנט הפרטי הד"ר ביסטז'יצקי היה אחראי על ההכשרה המעשית המעבדתית בכימיה אורגנית. שם, עמ' 68, http://ubsrvgoobi2.ub.tu-berlin.de/viewer/search/. על פי המובא

מתלמידיו של קארל תאודור ליברמן (Liebermann, 1842–1914), וליברמן היה מתלמידיו של יוהן פרידריך וילהלם אדולף פון באייר (Baeyer, 1835–1917, פרס נובל 1905). פון באייר נמנה עם מייסדי הכימיה האורגנית הסינתטית, והוא מן הראשונים לייצר באורח 'מלאכותי', או 'סינתטי', 'חומרי טבע', ובהם האינדיגו הסינתטי. ייצור האינדיגו הסינתטי בשנת 1878 נחשב להישג מופתי במסורת הכימיה האורגנית הסינתטית, ובדומה לכך ייצור אליזרין סינתטי מאנתרצֶן, שפיתחו קארל גְרֵיבּה (Graebe, 1841–1927, והוא יוזכר להלן) וליברמן באותה תקופה.[4] פון באייר, נוסף על תרומתו למחקר האקדמי, היה מעורב בהקמה של תעשיית הכימיה האורגנית המודרנית, וכך גם אנשי חוגו ותלמידיו.[5]

ראוי לציין שלעומת חוגי הכימיה האורגנית הסינתטית האקדמית הנדונים כאן, שבהם מעורבות אישית בפעילות תעשייתית עסקית נחשבה התנהגות אקדמית ראויה, הנה בחוגי מחקר אחרים בני הזמן, כגון אלה שפעלו במחקר המתמטי באוניברסיטת ברלין, היו מי שטיפחו את האידאל של מחקר טהור, שלא רק שלל כל זיקה לעניינים חוץ־אקדמיים אלא אף בז לעוסקים בהם. עם זאת, במה שהיינו רואים היום מתח בין 'מחקר בסיסי' ל'מחקר שימושי', רבים מן הנמנים על העילית המדעית, לפחות של ברלין, בתקופה הנדונה ראו במחקר הבסיסי קרן שפע למחקר הבסיסי ולפיתוח התעשייתי.[6] וייצמן, כפי שיוצג להלן, אימץ עמדה זו וטרח למַסדה.

בגנאלוגיה של ליברמן, הוא היה קרוב משפחה של הצייר מקס ליברמן ושל שר החוץ הגרמני שנרצח ולטר רתֶנאו. http://www.deutsche-biographie.de/sfz51145.html. אני מודה לדנה ברוהלר על הפניה למקור זה ולדומיו. כמו כן מובא ערך מיוחד לקארל ליברמן בתוך *Jüdisches Lexikon*, כרך 3. ראו http://sammlungen.ub.uni-frankfurt.de/freimann/content/pageview/364760

4 J[ames] R[iddick] Parkington, *A History of Chemistry*, IV, London: Macmillan, 1964, pp. 775–788 (Baeyer), 788–790 (Graebe), 790–793 (Liebermann). לעניין הגנאלוגיה הכימית של באייר ותלמידיו, הלוא הוא 'העץ של באייר', ראו http://careerchem.com/NAMED/TREES-IDEAS/Baeyer1.pdf.

5 עוד על פון באייר וכן על ליברמן בהקשר זה ראו Carsten Reinhardt & Anthony S. Travis, *Heinrich Caro and the Creation of Modern Chemical Industry*, Dordrecht: Kluwer Academic Publishers, 2000, pp. 179–186.

6 מסורת זו של 'המתמטיקה הטהורה' הובאה לאוניברסיטה העברית בירושלים עם היווסדה וטופחה בה לאורך שנים רבות. על מקורותיה בברלין ועל נְשׂיאה לירושלים

בבית הספר המלכותי הטכני הגבוה הוכתר וייצמן בתואר Technischer Chemiker.[7] אך וייצמן מן הסתם ביקש קריירה אקדמית. לְשמה הוא נלווה למורו ביסטז'יצקי, כאשר זה 'נקרא' למשרת פרופסור באוניברסיטת פריבור. שם בשנת 1899 הגיש את הדיסרטציה שלו, ותואר הדוקטור הוענק לו 'עם שבח גדול'.[8] או אז, כשהוא מצטרף לגריבה,[9] פנה וייצמן לאוניברסיטה של ז'נווה. שם

ראו Shaul Katz, 'Berlin Roots – Zionist Incarnation: The Ethos of Pure Mathematics and the Beginnings of the Einstein Institute of Mathematics at the Hebrew University of Jerusalem', *Science in Context*, 17, nos. 1–2 (March–June 2004), pp. 199–234. אך נראה שעמדותיה של מסורת זו של המתמטיקה הטהורה לא הייתה נפוצה. הנה, Physikalisch-Technische Reichsanstalt in Charlottenburg, שנבנה במתחם הגובל למתחם של בית הספר המלכותי הטכני הגבוה ברלין־שרלוטנבורג, הנדון כאן, הציג הֶסדר ארגוני אחר וחדשני לקשר בין מדע אקדמי ובין מחקר המכוון לצורכי הייצור התעשייתי. ייסדוהו בשנת 1887 הפיסיקאי המהולל הרמן פון הלמהולץ והתעשיין והיזם המהולל אף הוא, וֶרנר פון סימנס. בהנהלת המוסד, שבמונחי היום תִפקד כ'מעבדה ממשלתית לפיסיקה', 'מכון תקנים' וספק שירותים מקצועיים לתעשייה, כיהנו פיסיקאים תאורטיים, בהם אלברט איינשטיין ומקס פלאנק, ובמעבדותיו פעלו פיסיקאים ניסויים, ובהם אמיל ורבורג. ראו David Cahan, 'An Institute for an Empire', in *The Physikalisch-Technische Reichsanstalt, 1871–1918*, Cambridge: Cambridge University Press, 1989, pp. 59–125, 180–185, 200–212. מפה המצביעה על קרבת מקום בין שני מוסדות אלה, ואף אוניברסיטת ברלין מצוינת בה, מובאת שם, עמ' 90.

7 מסמך נוולס (לעיל, הערה 1).

8 ראו תמונה 2 בכרך זה. באוניברסיטת מנצ'סטר צוין התואר מפריבור בתור Sc.D. ראו מסמך נוולס (שם). עם כל זאת, כעבור שנים רבות כתב וייצמן: 'עד היום אני רואה צורך למלא פגימות שבחינוכי, שזמן תיקונן היה לפני ארבעים או חמישים שנה. ואני מסתכל מתוך קנאה בחברים צעירים, שחינוכם המדעי שלם הרבה יותר משלי'. מסה ומעש, עמ' 73. לנושא עבודת הדוקטור ראו תמונה 1 ופריט 1 ברשימת פרסומיו המדעיים של וייצמן בכרך זה. הנושא מצוין גם בפרסומי ביסטז'יצקי לשנת 1899 (לעיל, הערה 3), עמ' 485.

9 אף גריבה היה מתלמידי פון באייר, וכמצוין לעיל, הצלחתו לסנתז אליזרין נחשבת בתולדות הכימיה האורגנית הסינתטית הצלחה דומה להצלחתו של פון באייר לסנתז אינדיגו. על כן את הצטרפות וייצמן לגריבה נראה לפרש כעדות לראשית עשיית החיל של וייצמן במעלות האקדמיות של הכימיה האורגנית הסינתטית בת הזמן. וראו גם להלן, הערה 10.

בשנים 1904-1899 עבד בתור עוזר לגריבה,[10] אך גם נתמנה להיות דוֹצֶנט פרטי, כלומר החל ללמד באוניברסיטה במעמד של מורה עצמאי, שהכנסתו תלויה במספר תלמידיו. מינוי מסוג זה היה השלב הראשון במסלול המינויים האקדמיים, כמקובל במרחב האקדמי הגרמני של אותה תקופה.[11] ואולם משהתברר לוייצמן שככל הנראה בז'נווה לא צפוי לו קידום אקדמי נוסף הוא פנה בשנת 1904 לאנגלייה, ובהמלצת גריבה[12] התקבל למחלקתו של ויליאם הנרי פֶּרקין הבן (Perkin, Jr., 1929-1860) שבאוניברסיטת ויקטוריה במנצ'סטר.[13] ב־1904 נפתחת, אם כן, תקופה בת כתריסר שנים שבמהלכה היה וייצמן איש אוניברסיטת מנצ'סטר, ובה ניהל מחקר והוראה אקדמיים, טיפס במעלות הסולם האקדמי, ובמקביל גם עבד בשביל התעשייה הכימית. ואולם, בשנותיו הראשונות באוניברסיטת מנצ'סטר, למרות המעמד האקדמי שזכה לו בשווייץ - הדוקטורט ותפקיד הדוֹצֶנט הפרטי - היה עליו לרכוש מחדש את התארים המתאימים: תואר מוסמך במדעים ותואר דוקטור במדעים, מטעם

10 המקורות המוזכרים לעיל, הערה 1. מעניין שעדיין ב־1911, כשוייצמן חיפש מדען מכובד שימליץ עליו, הוא העלה את שמו של גריבה. ראו וייצמן אל ורה וייצמן, 8.4.1911, א"ו, ה, איגרת 236, עמ' 285.

11 לגבי מעמד הדוצנט הפרטי ראו Joseph Ben-David, 'The Profession of Science and its Powers', in *Scientific Growth: Essays on the Social Organization and Ethos of Science by Joseph Ben-David*, ed. Gad Freudenthal, Berkeley: University of California Press, 1991, pp. 196–197.

12 ראו יהודה ריינהרץ, חיים וייצמן, א: בדרך אל המנהיגות, תרגם מאנגלית משה רוזן, ירושלים: הספריה הציונית, תשמ"ז, עמ' 244-243.

13 אף פרקין היה מתלמידיו של פון באייר, ועבד בחברתו בשנים 1886-1882. ראו Jack Morrell, 'W.H. Perkin, Jr., at Manchester and Oxford', *Osiris*, 8 (1993), pp. 104–126. את פגישתם הראשונה של פרקין ווייצמן תיאר לימים רוברט רובינסון, שהיה שם: '[פרופ' פרקין עבד במעבדתו הפרטית. למורת רוחו קראו לו משם] לריאיון עם ג'נטלמן מארצות זרות, שציפה למשרת הוראה במחלקה. כחצי שעה מאוחר יותר, הוא [פרקין] חזר במצב רוח מרומם, ואמר: רובינסון, אני סובר שיש לנו [קיבלנו] אדם טוב'. Robert Robinson, *Memoirs of a Minor Prophet, 70 Years of Organic Chemistry*, I, Amsterdam: Elsevier, 1976, p. 46. לימים גייס וייצמן את רובינסון להיות חבר בחבר הנאמנים של מכון ויצמן למדע וחבר המכון. עוד על רובינסון להלן.

אוניברסיטת מנצ׳סטר עצמה.[14] מכל מקום, פנייתו לאוניברסיטת מנצ׳סטר הייתה במונחי היום פנייה ל׳מרכז של מצוינות מדעית׳.

מנצ׳סטר 1916-1904

[1] תקופת הכימיה האורגנית הסינתטית

מאז סוף המאה התשע־עשרה הייתה אוניברסיטת מנצ׳סטר, לכאורה ׳אוניברסיטת פריפריה׳ בריטית, בתנופת התרחבות ושימשה בית גידול לאחדים מגדולי המדענים של ראשית המאה העשרים בתחומי הפיסיקה, הכימיה, הכימיה הפיסיקלית והכימיה האורגנית.[15] במנצ׳סטר, בעשור הראשון של המאה, פעלו פיסיקאים מן המעלה הראשונה, בהם ארתור שוסטר

14 תחילה הוענק לוייצמן מעמד של תלמיד מחקר (Research Student), ובינואר 1905 נעשה חבר מחקר (Research Fellow), ובהמשך עבודתו שם שימש בתפקידים אחרים וזכה לטפס במעלות הסולם האקדמי, כגון שמונה למדריך מעבדה (demonstrator). באוקטובר 1910 מונה להיות מרצה בביוכימיה, וכעבור שנה מונה למרצה בכיר בכימיה. מסמך נוולס (לעיל, הערה 1). עם זאת, באוניברסיטת מנצ׳סטר, ככל הנראה לאחר הליך מתאים, העניקו לוייצמן תארים משלהם. תחילה .M.Sc ובהמשך .D.Sc. ׳באוניברסיטה נסתיים אתמול הכול. קיבלתי תואר חדש של (.Master of Science (M.Sc. סמוך לחג־המולד אקבל גם .D.Sc׳. וייצמן אל ורה קאצמאן, 1.7.1906, א״ו, ד, איגרת 279, עמ׳ 330-329. המקור ברוסית: ג״ו, 135-1. אני מודה לגבריאל שפירא על בדיקת הטקסט המקורי. ברשימת הסגל של המחלקה לכימיה לשנת 1909 מוצג וייצמן בתואר ‘Charles Weizmann, D.Sc.’ ובתפקיד ‘Senior Lecturer and Assistant Director of the Organic Laboratories’. מקור: 1909 ,‘Staff of the Chemical Department’, ג״ו, החטיבה המדעית, קופסה 26, תיק מנצ׳סטר.

15 Robert H. Kargon, *Science in Victorian Manchester: Enterprise and Expertise*, Manchester: Manchester University Press & The Johns Hopkins University Press, 1977, esp. pp. 153–257; Mary Jo Nye, *From Chemical Philosophy to Theoretical Chemistry: Dynamics of Matter and Dynamics of Disciplines: 1800–1950*, Berkeley: University of California Press, 1993, esp. pp. 177–182. וייצמן ומעבדתו מוזכרים שם אזכור אגבי בעמ׳ 180.

(Schuster, 1851-1934)[16] וארנסט רתרפורד (Rutherford, 1871-1937, פרס נובל 1908), שבין השאר עשו לביטול המחיצות בין הכימיה לפיסיקה הן מבחינה תאורטית הן בהוראה האקדמית.[17] במחלקתו של פרקין היו כימאים שהגדירו כימיה אורגנית מטיפוס חדש. בהם ארתור לאפוורת (Lapworth, 1872-1941) ורוברט רובינסון (Robinson, 1886-1975, פרס נובל 1947). לאפוורת היה ממייסדי הכימיה האורגנית הפיסיקלית ולימים מילא את מקומו של פרקין בראש המחלקה[18] - תפקיד שוייצמן, שראה עצמו מועמד טבעי לו, התאכזב מאוד שלא זכה בו.[19] ראשית דרכו המדעית של רובינסון הייתה בכימיה האורגנית הסינתטית, בסינתזות המורכבות של אלקלואידים, אולם עם הזמן, בדומה ללאפוורת, פנה רובינסון לחקירת מנגנוני הריאקצייה של מולקולות אורגניות ולפיתוח תאוריה אלקטרונית של ריאקציות אורגניות, ולעוד היבטים של הכימיה האורגנית התאורטית.[20] אלא שלתכניות המחקר החדשניות שלהם, ושל אחרים שפעלו במנצ׳סטר, לא היה הד בתכניות המחקר של וייצמן. חדשנותו העיקרית במחקר באה לוייצמן בזכות הרעיון להביא אל

16 G.C. Simpson, ‘Sir Arthur Schuster, 1851–1934’, *Biographical Memoirs of Fellows of the Royal Society*, 1 (4), p. 408, doi:10.1098/rsbm.1935.0006; מסה ומעש, עמ׳ 118, 121-123.

17 קרגון (לעיל, הערה 15), עמ׳ 214-237; נאי (לעיל, הערה 15), עמ׳ 163-195.

18 באוניברסיטת מנצ׳סטר החזיק לאפוורת הן בקתדרה לכימיה פיסיקלית והן בקתדרה לכימיה אורגנית. Robert Robinson, ‘Arthur Lapworth, 1872–1941’, *Obituary Notices of Fellows of The Royal Society*, 5, no. 15 (February 1947), pp. 555–572, http://www.jstor.org/stable/769101.

19 ריינהרץ עוסק בהרחבה בעניין זה מנקודת הראות של וייצמן, וגם בציפיותיו של וייצמן להיבחר לחברה המלכותית ובאכזבתו מאי־היבחרו. ריינהרץ, בדרך אל ההנהגות (לעיל, הערה 12), עמ׳ 373-403. ורה וייצמן, שסביר להניח שהשמיעה את עמדת אישה חיים וייצמן, כתבה: ׳הפרופסורה שקיווה לרשתה עם פרישתו של פרופיסור פרקין, ניתנה לגיסו של פרקין, פרופיסור לאפוורת, שהיה מומחה לכימיה **אנאורגאנית**׳ (ההדגשה במקור). ראו ורה וייצמן, חיי עם וייצמן, נכתב באנגלית על ידי דוד טוטאיב, תרגם ש׳ גילאי, תל אביב: מעריב, 1967, עמ׳ 43. הקרבה המשפחתית ודאי אינה מסבירה את אי־היבחרותו של וייצמן לחברה המלכותית. לאפוורת נבחר לחברה המלכותית בשנת 1910.

20 הביוגרפיה המדעית של רובינסון, כמו של כל הזוכים בפרס נובל, נמצאת באתר של קרן נובל: http://www.nobelprize.org/nobel_prizes/chemistry/laureates/1947/robinson-bio.html. לאוטוביוגרפיה שלו ראו לעיל, הערה 13.

חצר הכימיה האורגנית הסינתטית חומרי מוצא מטיפוס חדש: במקום מוצרי הפיצוח והפירוק של הפחם, זפת הפחם (coal tar) והנפט, או בצדם, הציע וייצמן להביא שמה את מוצריהם של תהליכי התסיסה הביולוגית, וחומרי המוצא הם גידולי חקלאות. לא פחות מכך, לזכות וייצמן עומדת גם ההצלחה בהעברת התהליך מן המעבדה אל התעשייה, כפי שיפורט להלן.

מזווית ראייה אחרת, המגע האישי עם מדעני מנצ׳סטר זימן לוייצמן היכרות בלתי אמצעית עם גדולה מדעית, מעבר למה שהכיר בברלין, בפריבור ובז׳נווה. יותר מכך: במנצ׳סטר מצא עצמו וייצמן מצורף למעגל החברתי של העילית המדעית המקומית שכבר הייתה, או שתהיה לימים, רכיב בעילית המדעית העולמית. רתרפורד, למשל, עשה את וייצמן אחד מבאי ביתו לסעודות צהריים חודשיות, שאליהן הוזמנו מן המובחרים במדעני מנצ׳סטר ומלומדיה.[21] כך בוודאי התרחבו השקפותיו של וייצמן על טיבו של המחקר המדעי לגווניו, והוא נחשף ל׳רוח המאה החדשה׳, כלומר לאמונה ב׳יחסים הסימביוטיים בין המדע ובין החברה המודרנית [...] כמקור לאופטימיות׳.[22] ודאי שהייתה זו תחילת קשריו של וייצמן עם העילית המדעית בבריטניה. לימים הסתייע וייצמן בקשרים אלה

21 ׳פרופסור רתרפורד הזמין את נילס בוהר הצעיר להצטרף אליו לסעודת הצהריים החודשית, שאליה היו מוזמנים היסטוריון אחד [...], אנתרופולוג אחד וכימאי אורגני, חיים וייצמן, שהיה מכין בושם למרי רתרפורד, ולימים יהיה נשיא ישראל. לעתים קרובות, ארה [=ארנסט רתרפורד] היה מקנטרו בעניין הציונות, אך הם המשיכו בידידותם, ולימים ארה היה דובר בסעודות החגיגיות שנועדו לסייע לוייצמן בייסוד האוניברסיטה העברית בירושלים׳. Joseph Campbell, *Rutherford, Scientist Superman*, Christchurch, N.Z.: AAS Publications, 1999, p. 342, library.utoronto.ca/details?3586553&uuid=4a76a726-4dc8-45ba-96c6-ec6b9630bb71. וראו גם David Wilson, *Rutherford: Simple Genius*, London: Hadder and Stoug, 1983, pp. 225–227, 482. וייצמן בזיכרונותיו אינו מזכיר התכנסויות אלה. לעומת זאת, על התוודעות לאחדים מן העילית המדעית הצרפתית הוא מדווח לרעייתו שנים אחדות לאחר הסתפחותו אל גדולי מנצ׳סטר: ׳אני מלא התפעלות מן האסכולה הצרפתית בפיסיקה וכימיה. הם בעלי שאר־רוח ומעניינים לאין־שיעור. אין להשוותם אל הבינוניים והמגושמים שלנו, או אף אל הגרמנים׳. וייצמן אל ורה וייצמן, 4.4.1914, א״ו, ו, איגרת 293, עמ׳ 340.

22 קרגון מדגים מאפיין זה במאמר מערכת עם פתיחת המאה העשרים. Robert H. Kargon, *Nature*, 63, no. 1627 (January 1900), pp. 236–237.

למען מפעלי המחקר המדעי בארץ ישראל שהיה מעורב בהקמתם.[23] במנצ'סטר, ובכך עסקו הביוגרפים של וייצמן, התבסס מעמדו כמנהיג של ציוני בריטניה.

כאמור, וייצמן בראשית דרכו באוניברסיטת מנצ'סטר הוצב בתפקיד זוטר ושימש עוזר של פרקין. אך בהדרגה זכה למידה גדלה והולכת של אחריות אוניברסיטאית, לעצמאות בתפקידי ההוראה שהוטלו עליו ולעלייה הדרגתית בסולם המינויים האקדמיים.[24] וייצמן זכה להערכת תלמידיו,[25] ולאחר שעשה עצמו בקטריולוג פעל לשילוב הבקטריולוגיה בהוראת התלמידים לכימיה האורגנית, ובכך היה חידוש של ממש בהגדרת תחומיה של זו. ב־1913 נמסרה לידיו מעבדה משלו, והרי זו עדות לעצמאותו האקדמית המוחלטת.[26] ב־1913 הוא זכה למעמד של Reader בביוכימיה.[27]

במהלך השנים ניתן לוייצמן להמשיך ולפתח את תכנית המחקר שעִמה הגיע למנצ'סטר, ועבודותיו במסגרתה זכו לעניין ולהערכה, הן בזמנו ממש, ועל כך מעידים ציטוטי חוקרים בתחומו,[28] והן לאחר שנים רבות יחסית.[29]

23 כגון שהפרופ' שוסטר 'הניח חלק מספרייתו המפוארת לאוניברסיטה העברית'. מסה ומעש, עמ' 122.

24 ראו לעיל, הערה 14.

25 הורס ב' ספיקמן, 'תרומתו של ד"ר וייצמן למיקרוביולוגיה', בתוך חיים וייצמן: בונה־ציון המדינאי ואיש־המדע, בעריכת מאיר ו' וייסגל, ירושלים: האוניברסיטה העברית, תש"ו, עמ' 167–170. ספר זה, בגרסה קרובה, התפרסם תחילה באנגלית: Meyer W. Weisgal (ed.), *Chaim Weizmann: Statesman, Scientist, Builder of The Jewish Commonwealth*, New York: Dial Press, 1944. ספיקמן מתאר בהערצה את הרצאות וייצמן. כן ראו את דיווחי וייצמן עצמו על הערכת תלמידיו במכתבו אל ורה קאצמאן (לעיל, הערה 14).

26 ב־1913, עם עזיבת פרקין את אוניברסיטת מנצ'סטר, נעשה וייצמן אחראי על המעבדות שהיו ברשות פרקין, וכן היו באחריותו משרד פרטי וחדר מכשירים. למעבדות בביוכימיה הוענק מעמד של תת־מחלקה, ווייצמן היה הממונה עליהן. ראו Jehuda Reinharz, 'Science in the Service of Politics: The Case of Chaim Weizmann during the First World War', *English Historical Review*, 100 (1985), p. 576.

27 בתקופה הנדונה היה המדרג האקדמי באוניברסיטת מנצ'סטר כדלקמן: Professor, Reader, Senior Lecturer, Lecturer, Assistant Lecturer. ראו מסמך נוולס (לעיל, הערה 1).

28 ראו לדוגמה Edward de Barry Barnett, *Anthracene and Anthraquinone*, New York: Van Nostrand, 1921.

29 בשנת 1944 כתב פיזר: 'מחקרו הכימי הראשון של וייצמן נכבד עד כדי כך, שבמשך

עוד התאפשר לווייצמן לטפח תכניות מחקר חדשות, שאינן קשורות ישירות בתכניות המחקר מבית המדרש של ליברמן־פרקין. מתקבל על הדעת שהאתגר של הוראת הכימיה לתלמידי רפואה הוא שהוליך אותו לפנות למה שיכול היה להיחשב בתקופה זו לביוכימיה.[30] לפיכך ב־1911 הוא החל לחקור חומצות אמיניות וחלבונים. זה היה מַעבר ממחקר שעיקרו סינתזות של חומרי מוצא לחומרי צבע, אל מחקר בחומרים בעלי ערך ביולוגי; אך גיחתו של וייצמן לביוכימיה הייתה קצרת ימים, ומן הסתם הניבה מאמר יחיד, ולא כיוון מחקר חדש, לפחות מבחינתו.[31]

כאמור, במנצ׳סטר פגש וייצמן בעלי ׳גנאלוגיה כימית׳ דומה לשלו. בזיכרונותיו כתב: ׳המקרה אָבָה, שעבודתי אשר עשיתי בהשגחת גריבה היתה לפי קוים דומים שנקט אביו של פרופיסור פרקין, סיר ויליאם הנרי פרקין, כמעט לפני חמישים שנה׳.[32] האם הרהור זה של וייצמן בתולדותיו שלו אפשר לפָרשו גם כעדות לכך שמסורת המחקר של הכימיה האורגנית הסינתטית שבה פעל הייתה מסורת שכבר חלפה תקופת החדשנות המחקרית המהפכנית שלו?[33]

ארבעים השנים האחרונות המשיכו ווייצמן וחוקרים אחרים להרחיב ולפתח תגלית ראשונה זו, ומצאו לה שימושים פוריים רבים, מבלי שמיצו עדיין את כל האפשרויות הגנוזות בה׳. לואיס פ׳ פיזר, ׳מחקר תרכובות פוליציקליות׳, בתוך וייסגל, בונה ציון (לעיל, הערה 25), עמ׳ 171.

30 ספיקמן לגבי מעבדתו של וייצמן: ׳היו עוסקים שם בחקירות על מבניהם של חלבונים והשתמשו בשיטות הקלאסיות של אמיל פישר׳. ספיקמן, ׳תרומתו של ד״ר ווייצמן למיקרוביולוגיה׳ (לעיל, הערה 25), עמ׳ 167. פיזר עסק גם הוא בזיקה של עבודות וייצמן לביוכימיה. פיזר (לעיל, הערה 29), עמ׳ 171–184.

31 על מעבר זמני זה אל הביוכימיה מעיד המאמר Charles Weizmann & Ganesh Sakharam Agashe, ‘Hydrolysis of Proteins with an Alcoholic Solution of Hydrogen Chloride, Part I’, *Biochemical Journal*, 7, no. 5 (October 1913), pp. 437–440. מספר הכרך מעיד על כך שהתחום היה בראשיתו.

32 מסה ומעש, עמ׳ 101. משמע, אם ליברמן וגריבה, מוריו של וייצמן, נמנים עם בני הדור השני למסורת זו, שפון באייר וסר ויליאם הנרי פרקין האב (1838–1907, הראשון לייצר אנילין סינתטי) הם מבני הדור הראשון לה, הרי שוייצמן, הכימאי האורגני הסינתטי, הוא בן הדור השלישי, או הרביעי לה.

33 ספרות המחקר העוסקת ב׳שינוי מדעי׳ (scientific change), כגון שינויים בפרדיגמות, מבית מדרשו של תומס קוהן (Kuhn), ובשינויים ב׳תכניות מחקר׳, על פי אימרה לקטוש (Lakatos), ובמערכותיהן המושגיות נראית כבלתי שייכת למקרה הנדון כאן, שהוא ככל

[2] אל הבקטריולוגיה

חדשנותו המחקרית העיקרית של וייצמן במנצ'סטר הייתה כרוכה ביציאה מהמעגל של מסורת ליברמן־פרקין. הוא היה הראשון להדגים את האפשרות לשילוב, התָכה, של ידע בקטריולוגי בידע מן הכימיה האורגנית הסינתטית.[34] בהקשר זה יש לציין שבראשית הדברים וייצמן לא התיימר ליצור מעגל מחקר אינטרדיסציפלינרי חדש. לוייצמן אף לא הייתה איזו תכנית מחקר מקיפה - זו התגבשה בהמשך. לימים אמר: 'התעניינותי בכימיה ביאולוגית ובבאקטריולוגיה [הייתה] כענף מיוחד של כימיה אורגנית', ולגבי המועד של תחילת התעניינותו זו הוא קבע שהיה זה שנים אחדות לאחר בואו למנצ'סטר.[35] את חזונו הביוטכנולוגי הוא הציע רק כעשרים שנים לאחר מכן, בתחילת שנות השלושים, לקראת כינונו של מכון המחקר ע"ש דניאל זיף (להלן מכון זיו), והוא יידון להלן.

כיצד נעשה וייצמן בקטריולוג? לכל המאוחר במרס 1909 החל לפקוד את מכון פסטר בפריז ולהכשיר את עצמו שם בשיטות המחקר של הבקטריולוגיה, ובמיוחד בתהליכי תסיסה.[36] פנייה זו לבקטריולוגיה ותוצאותיה הן שהביאו לו את הישגו המחקרי החשוב ביותר, וכדברי לואיס פיזר ב־1944: 'שיא הישגיו של

הנראה מקרה של מיצוי פוטנציאל החדשנות האקדמית של תכנית המחקר. בכל אופן, המשָׂגה של הסיפור המקצועי של וייצמן וחליפותיו מצריכה חריגה רבה מן הנדון כאן.

34 ידע זימוטכני (zymotechnic) במונחי התקופה ההיא, וביוטכנולוגי היום. ראו Robert Bud, *The Uses of Life: A History of Biotechnology*, Cambridge: Cambridge University Press, 1994. וייצמן לא השתמש במונח 'זימוטכני', ולא נראה שהוא ראה את עצמו משתייך למסורת זו. לא כן ספיקמן, תלמידו, שותפו לעבודה במחקר התסיסות במנצ'סטר ומי שהביא את מחקר התסיסות לטורונטו, למפעלי הפקת האצטון שם (על כך ראו להלן). מתחילת שנות העשרים, ובשנות עבודתו של ספיקמן באוניברסיטת טורונטו, מינויו האקדמי היה בתחום הזימולוגיה - פרופסור לזימוטכנולוגיה. מבקש אני להודות להרולד אווריל (Averil), עוזר ארכיונאי בארכיון של אוניברסיטת טורונטו, על שהעמיד לרשותי חומר ארכיוני הנוגע לספיקמן.

35 מסה ומעש, עמ' 137.

36 וייצמן אל ורה וייצמן, 23.3.1910, א"ו, ה, איגרת 188, עמ' 239; 25.3.1910, איגרת 189, עמ' 240; 27.3.1910, איגרת 190, עמ' 241; 29.3.1910, איגרת 191, עמ' 241-242; 31.3.1910, איגרת 192, עמ' 243. וייצמן התחיל להתוודע גם אל הבקטריולוגיה

וייצמן בקריירה הכימית שלו הוא גילוי השיטה המיקרוביאלית היעילה לייצור אצטון ובוטאנול בקנה־מידה תעשייתי.׳[37] לימים, עם תחיית העניין המחקרי בביוטכנולוגיה ובנגזרותיה, כגון העניין בדלק ביולוגי, יזוהה וייצמן בתור חלוץ התחום הזה.[38]

וייצמן לא הותיר הסברים של ממש לאופן שבו נתגלו לו העניין בבקטריולוגיה וזיקתה האפשרית לכימיה האורגנית הסינתטית. באוטוביוגרפיה שלו הוא כורך את פנייתו לבקטריולוגיה בייצור גומי סינתטי: ׳באותה תקופה עצמה התחלתי גם בלימוד עניין התסיסות. הגעתי לנושא בגלל יחסו אל ייצור גומי סינתיטי׳.[39] ואולם, מכיוון שמעורבותו בפרויקט ייצור גומי סינתטי החלה ב־1910, בעוד ביטוייו המעשיים בבקטריולוגיה - לימודיו במכון פסטר שיוזכרו להלן - החלו בחורף 1909, קשה לקבוע לפי עדויות אלה מה קדם למה, או שהשניים עלו במחשבתו כרוכים זה בזה, ואולי עוד שנים אחדות קודם לכן. ורה וייצמן, כשישים שנה לאחר הדברים, כשהיא מייחסת אותם לזמן בואה למנצ׳סטר, כלומר ל־1906, מצטטת ניסוח תמציתי זה מפי וייצמן: ׳יעבדו הטבע והחיידקים למעני, וייצרו גומי סינתטי!׳.[40] כימאים אורגניים והיסטוריונים של התחום העלו השערות שונות לגבי מקורו של רעיון זה - למן השפעה מחקרית שבאה לו אגב היכרות אישית והשפעה של ספרות מקצועית,[41] ועד לנסיבות

הרפואית. ראו גם וייצמן אל ורה וייצמן, 5.4.1910, א״ו, ה, איגרת 193, עמ׳ 244. וראו מסה ומעש, עמ׳ 136-137.

37 פיזר (לעיל, הערה 29), עמ׳ 171.

38 ראו D.T. Jones & D.R. Woods, ‘Acetone-butanol Fermentation Revisited’, *Microbiological Reviews*, 50 (Dec. 1986), pp. 484–524, http://www.ncbi.nlm.nih.gov/pmc/articles/PMC373084/; Pazhamalai Anbarasan et al., ‘Integration of Chemical Catalysis with Extractive Fermentation to Produce Puels’, *Nature*, 491 (8.11.2012), pp. 235-239. [וראו את מאמרם של למד ובאייר בכרך זה. הערת העורך.]

39 מסה ומעש, עמ׳ 137. בעת התרחשות הדברים וייצמן, פרט לפטנט המתאים משנת 1915 על התססה וייצור אצטון (ראו להלן), לא כתב שום מסמך מדעי פומבי שאפשר ללמוד ממנו על התייחסותו למטרימיו. למסמך הקרוב ביותר מבחינת מועד כתיבתו ל־1915 ראו ג״ו, 983-15. על כך ראו להלן, הערה 44.

40 ראו ורה וייצמן (לעיל, הערה 19), עמ׳ 38.

41 ארנסט דוד ברגמן סבר שוייצמן הושפע ממחקריו של איש מנצ׳סטר הביוכימאי ארתור

מזדמנות, הקשורות בוייצמן הציוני, המתעניין באפשרויות פיתוח כלכלי של ארץ ישראל.[42] לעומת אלה ואלה, או במקביל להם, אין להוציא מכלל אפשרות גם שיחה מזדמנת, כגון שהיחשפות וייצמן לרעיונות הבקטריולוגיה וההתססה

הרדן (Harden) על תסיסת שמרים. ראו E.D. Bergmann, 'Obituary Notice: Chaim Weizmann, 1874–1952', *Journal of the Chemical Society* (1953), pp. 2840–2844. בשנת 1929 זכה הרדן בפרס נובל על מחקריו בתחום זה ובנושאים אחרים. הרדן אינו מוזכר במקורות כגון אלה המצוטטים לעיל, הערה 38, ואף בביוגרפיה של הרדן אין אזכור לזיקה מחקרית כזו. ראו http://www.nobelprize.org/nobel_prizes/chemistry/laureates/1929/harden-bio.html.

42 Robert Bud, 'The Zymotechnic Roots of Biotechnology', *The British Journal for the History of Science*, 5, no. 1 (March 1992), http://www.jstor.org/stable/4027008?seq=2. באד התוודע באמצעות ריינהרץ למסמכים הקשורים במסע סקר קצר של וייצמן בארץ ישראל בסוף קיץ שנת 1907, בשליחות התעשיין היהודי יוהן קרמנצקי, זאת כדי לבדוק היתכנות וכדאיות של הקמת תעשיות המבוססות על תוצרת חקלאית בארץ ישראל. באד קושר בין מסע זה ובין פניית וייצמן למיקרוביולוגיה כתחום השייך לפרמנטציה. אמנם המכתבים ששלח וייצמן לקרמנצקי עוסקים בתעשייה מן הטיפוס המתבסס על עיבוד תעשייתי של מוצרי חקלאות, אלא שקריאה פשוטה במכתבים אלה מעלה שאין בהם שום אזכור להפקת מוצרי תעשייה בסיוע תסיסה באופנים השונים מן הנהוג באורח מסורתי, אם בכלל. וייצמן אל קרמנצקי, 19.4.1907, א"ו, ה, איגרת 28, עמ' 67–68; 26.9.1907, איגרת 60, עמ' 97–100, ועוד איגרות שם. הצעת וייצמן 'ליטול כנקודת־מוצא ייצור שמן־זית וייצור סבון [כפי הדוגמה של מפעלי "עתיד"]', אין כמותה עדות ברורה לכך שוייצמן לא רק שלא העלה שום רעיונות ביוטכנולוגיים בפני קרמנצקי, אלא בחר כדוגמה לתעשייה המבוקשת בארץ ישראל מפעל שהתבסס על טכנולוגיה מודרנית. וייצמן אל קרמנצקי, 17.11.1907, א"ו, ה, איגרת 64, עמ' 104. עדות אחרת להיעדר רעיונות ביוטכנולוגיים בתכנית שהגיש וייצמן לקרמנצקי היא רשימת הרעיונות לייצור חומרים בשיטת ההתססה שפירט וייצמן כשש שנים לאחר מכן במכתבו לידידו יוליוס סימון, מציוני בריטניה הבולטים. בלא קשר דווקא לעתיד התעשייה של ארץ ישראל, מציע שם וייצמן ייצור של חומצת חלב, חומצת חמאה, שמן פוזל ומיני כוהל אחרים 'בטכניקה של ההתססה'. ראו וייצמן אל יוליוס סימון, 14.6.1913, א"ו, ו, איגרת 83, עמ' 124. להיסטוריה טכנולוגית של בית החרושת 'עתיד' [שמן] ראו שאול כ"ץ, 'לתולדות ההיסטוריה הטכנולוגית של ארץ־ישראל בשלהי התקופה העות'מאנית - שלושה חקרי־מקרה', בתוך העלייה השנייה, מחקרים, בעריכת ישראל ברטל, ירושלים: יד יצחק בן־צבי, תשנ"ח, עמ' 189–212.

התרחשה הודות להיכרותו עם מואיז ורחל שן (Schoen), ידידי משפחתה של רחל (אחותה של ורה) ויוסף בלומנפלד, שהתגוררו בפריז. שן היה מעובדי מכון פסטר ועוזרו־שותפו של אוגוסט פרנבך (Fernbach, 1860-1939).[43] בכל אופן, וייצמן באזכור מאוחר יחסית ציין ספרות מחקר סגולית בבקטריולוגיה כמקור שממנו שאב את התעניינותו בבקטריולוגיה.[44] כך או כך, בשנת 1910

43 זו דעתו של הכימאי האורגני ג'ון פולניי (Polanyi, נולד 1929, פרס נובל 1986). בהרצאתו מ־1998, 'The Instructive Tale of "Weizmann's Bacterium"', המסתמכת בוודאי על 'מסורת בעל פה', שהגיעה אליו כשהיה סטודנט במנצ'סטר, אמר פולניי: 'Through this [his marriage to Vera] he acquired a scientist brother-in-law in Paris, with a professional interest in fermentation. His imagination stimulated, Mr. Weizmann, a synthetic organic chemist, decided to find out how good bacteria might be at synthetic organic chemistry. He soon found that they were a lot more skillful than him. They were able to make something called butyl alcohol out of sugar'. ראו http://www.utoronto.ca/jpolanyi/public_affairs/public_affairs4j.html. פולניי מפנה גם אל Lionel Davidson, *The Sun Chemist*, London: J. Cape, 1976. מקור זה הוא סיפור ביוגרפי דמיוני המשקף את מה ששמע המחבר בעת שהותו ברחובות. וראו את הערת המחבר שם, בעמוד האחרון, שאינו ממוספר.

44 הנסיבות המתוארות להלן לגבי פיתוח תהליך הפקת האצטון הביאו את וייצמן לרשום פטנט, ופטנט מטיבו נועד להדגיש את ייחוד בעלותו של רושם הפטנט על התהליך הנרשם. עם זאת, וייצמן לא ליווה את רישום הפטנט הזה במאמר הכתוב בסוגת הכתיבה המדעית, שבה מקובל שהתביעה לחידוש המחקרי מלווה בסקירה של מטרימי התגלית המדווחת כחידוש. נראה שבנסיבות של פיתוח התהליך המעבדתי לטכנולוגיה תעשייתית, עזיבת וייצמן את האוניברסיטה וכניסתו בעצמה רבה לחיים הפוליטיים, וייצמן לא התפנה לכתוב מאמר מטיפוס זה. דיווח על אודות מטרימיו ועל אודות מקורות הידע הבקטריולוגי שמהם שאב את רעיונותיו נמצא בתוך 'Dr. Weizmann Technical Statement Dated 2nd February 1925 (supplemental to brochure)', ג"ו, 983-15. האזכור של תגלית פסטר משנת 1861 ומחקרי פיץ (Fitz) מן השנים 1879-1882 הן דוגמות להתייחסות וייצמן למטרימיו ההיסטוריים. והשוו ג'ונס וודס (לעיל, הערה 38). הספר שוייצמן מציינו 'Les Anaérobies by [M.] Jungano & [A.] Distaso, Paris, 1910, p. 25' הוא דוגמה להתייחסות וייצמן לספרות המחקר המתאימה. אלא שעדויות אלה של וייצמן לגבי עצמו בעייתיות. מדובר בתזכיר הגנה בהקשר של תביעה משפטית שהוגשה נגד וייצמן ואחרים עם הצלחת פרויקט האצטון שלו (בסופה השופט הכיר ב'חיידק וייצמן' כרכושו האינטלקטואלי של וייצמן). רייגהרץ דן בהרחבה בתביעה משפטית זו. יהודה ריינהרץ,

כבר הכיר וייצמן היכרות מעבדתית של תהליכי התסיסה הבקטריאלית וגם נוכח במומחיותו של פרנבך בתחום זה. בזכות מומחיות זו וביזמת וייצמן גויס פרנבך לפרויקט הגומי הסינתטי של פרקין. ועל כך להלן.

מפרויקט ייצור גומי סינתטי לפרויקט האצטון

בראשית המאה העשרים, עם צמיחת הביקוש למכוניות ולצמיגיהן, נוצר מחסור עולמי בקאוצ'וק, גומי, שהוא משאב מן הטבע, ומחסור זה עורר יזמות לייצור תעשייתי של גומי מלאכותי. ידוע היה שהגומי הטבעי מבחינת הרכבו הכימי הוא מולקולה גדולה מאוד (פּוֹלִימֶר) העשויה מיחידות של איזופרן - מולקולה קטנה (מוֹנוֹמֶר) בת חמישה פחמנים. הצלחת ייצורו של גומי סינתטי, גומי מלאכותי, הייתה מותנית בפתרון שתי בעיות: הראשונה, יצירת איזופרן, או חומר דומה לו, בתור היחידה, המונומר, שתשמש חומר המוצא לייצור התעשייתי של הפולימר; השנייה, ייצור הפולימר עצמו, הוא הגומי הסינתטי. החברה האנגלית סטריינג' וגראהם (Strange and Graham Ltd.) הייתה אחת מהחברות שנענו לאתגר לייצר גומי מלאכותי.[45] בשנת 1910 היא הזמינה את הכימאי האורגני פרקין להצטרף לפרויקט החדש כדי שימצא פתרון לבעיה הראשונה - ייצור של תרכובות איזופרן, או מולקולה בת חמישה פחמנים דומה.

כמקובל במסורת הכימיה האורגנית הסינתטית, תחילה חשבו פרקין ובני קבוצתו להחליף את מוצר הטבע שבמחסור במוצרים מלאכותיים יצירי מעבדה, כלומר לזהות את השיטה הכימית היעילה לייצור יחידות (מונומרים) של איזופרן.[46] ואולם, וייצמן, בזכות היכרותו את מסורת המחקר הבקטריולוגי,

חיים וייצמן, ב: עלייתו של מדינאי, תרגמה מאנגלית דבורה ברזילי־יגר, ירושלים: הספריה הציונית, תשנ"ו, עמ' 52-81, 427.

45 באד, בסמיכות לדיונו בוייצמן וב'Weizmann Process', עוסק גם במשבר הגומי וביחידים ובחברות התעשייתיות שניסו לפתרו. ראו באד, שימושים (לעיל, הערה 34), עמ' 37-48.

46 על כך מעיד הרולד דייוויס, איש מעבדה בפרויקט. Harold Davies, 'A Review of the Development of Butyl Alcohol-Acetone Fermentation and Early Work on Synthetic Rubber', in *Papers Collected to Commemorate the 70th Anniversary of Dr. Chaim Weizmann*, ed. Israel M. Sieff, [n.p. 1944], pp. 5–12. דייוויס עתיד

הציע לשלב את פרנבך הפריזאי בפרויקט הגומי הסינתטי, משמע להשיג ייצור תעשייתי של גומי סינתטי באמצעות חומרי מוצא שמקורם בתסיסה בקטריאלית. המלצתו של וייצמן לצרף את פרנבך לפרויקט היא תחילתו של המהלך שהביא לידי וייצמן את 'גילוי השיטה המיקרוביאלית היעילה לייצור אצטון ובוטאנול בקנה־מידה תעשייתי', שהיא כדברי פיזר המובאים למעלה 'שיא הישגיו של וייצמן בקריירה הכימית שלו'.[47]

מה היה החידוש ברעיון השילוב של וייצמן? תכלית השימוש המסורתי בסגולות ההתססה של חיידקים ומיקרואורגניזמים אחרים הייתה הפקת מזונות, כמו לחם, בירה, יינות וגבינות, ממוצרי חקלאות שבצורת הגלם שלהם אינם יפים למאכל אדם, או שהתסיסה משפרת את איכותם או מאפשרת את שימורם. עם זאת, ידוע היה שבתהליכי התסיסה נוצרים גם חומרי לוואי, אלא שהם נתפסו על ידי העושים במלאכה כחסרי עניין, ואף כפסולת. כזה היה מעמדם של הבּוּטָנוֹל והאצטון בגילוים הראשון, בהקשרו של המחקר הבקטריולוגי. גילוי הבוטנול כמוצר של תסיסה בקטריאלית מיוחס ללואי פסטר בשנת 1861. גילוי האצטון (עם חומצה אצטית ואתנול) כמוצר של תסיסה בקטריאלית מיוחס לפראנץ שרדינגר (Schardinger) בשנת 1904. שני גילויים אלה נחשבים לשניים מהאירועים החשובים ביותר בתולדות המיקרוביולוגיה כתחום מדעי. אלא ששני המגלים האלה, פסטר ושרדינגר, לא התעניינו בבוטנול ובאצטון כבמוצרים כימיים בעלי ערך, היפים לניצול בחקלאות או בתעשייה. לא כן וייצמן: פטנט 4,845, שרשם בשנת 1915 כפטנט בריטי בשם 'Improvements in the Bacterial Fermentation of Carbohydrates and in Bacterial Cultures for the same',[48] עיקרו הוא זיהוי חיידק שמחולל תסיסת עמילנים ויצירת אצטון וכהלים. כמו הכימאי האורגני פיזר, גם נכבדי החברה האמריקנית למיקרוביולוגיה, שהעמידו את רשימת 'אירועי המיקרוביולוגיה המשמעותיים 1999-1861', מוקירים ביותר את תגליתו־המצאתו זו של וייצמן, ועל כן כללו אותה ברשימתם, בצד תגליותיהם הנזכרות לעיל של פסטר ושל שרדינגר.[49]

ללוות את וייצמן ללונדון, ולימים גם לרחובות. ביוגרפיה קצרה של דייוויס מובאת במדור 'ציונים ביוגראפיים', א"ו, ה, עמ' 445.

47 פיזר (לעיל, הערה 29), עמ' 171.

48 [ראו פריט 23 ברשימת הפטנטים של וייצמן בכרך זה. הערת העורך.]

49 http://www.asm.org/index.php/choma3/71-membership/archives/7852-

כיצד התרחש שינוי זה בסדר היום המחקרי של וייצמן? תנאי העבודה שהוגדרו לוייצמן באוניברסיטת מנצ׳סטר אפשרו לו עבודת מחקר וייעוץ מחוץ לה.[50] פעילויות ייעוץ אלה אפשרו לו רישום פטנטים ומכירתם.[51] אם כי לימים יהיה מי שימצא בוייצמן פגם בכך שהוא מקדיש לעבודה זו מחוץ לאוניברסיטה זמן רב מדי, הנה עצם העבודה בשביל תעשייה הייתה לגיטימית במנצ׳סטר, כפי שהייתה גם באוניברסיטאות אחרות שוייצמן פעל במסגרתן קודם לכן. וראיה לכך הם הפטנטים שרשם עם פרקין.[52] שיתוף פעולה זה בין השניים ודאי היה הרקע להזמנת פרקין את וייצמן לקחת חלק בפרויקט השאפתני לייצור גומי מלאכותי.

משקיבל פרקין את רעיונו של וייצמן להסתייע בתסיסה בקטריאלית לשם קבלת מולקולה בת חמישה פחמנים, היא הבוטנול, להשתמש בה כחומר המוצא לבוטדין (הדומה לאיזופרן) ולהפיק ממנה את הגומי הסינתטי, הציע וייצמן, כאמור למעלה, לצרף לפרויקט את פרנבך ממכון פסטר בפריז, ואת עוזרו־שותפו מואיז שן. פרנבך, שהיה מומחה לתסיסה בקטריאלית, ניהל אז את שירות הפרמנטציות (Service des fermentations) במכון פסטר, ושם מן הסתם הכיר וייצמן את עבודתו.[53] בוודאי הייתה כוונת וייצמן להשתית את הפרויקט לייצור

significant-events-in-microbiology-since-1861. הרשימה אינה כוללת שום פטנט לבד מזה של וייצמן.

50 מסמך נוולס (לעיל, הערה 1).

51 לדוגמה, פריט 21 ברשימת הפטנטים של וייצמן אצל פיזר (לעיל, הערה 29), Preparation of *iso*-Bornyl Esters from Pinene Hydrochloride, הוא פטנט גרמני משנת 1909 המשותף לוייצמן ולחברת .Clayton Aniline Co.

52 [ראו פריטים 18–22 ברשימת הפטנטים של וייצמן בכרך זה, הערה העורך.]

53 על פרנבך ראו Albert Delaunay, *L'Institut Pasteur: des origines à aujourd'hui*, Paris: Editions France Empire, 1962. פרנבך מוזכר שם כתריסר פעמים, ושן כמחצית התריסר. שם, עמ׳ 113–114, 185, 298, מוזכרים השניים ביחד. כן ראו 'Auguste Fernbach, 1860–1939', *Annales de L'Institut Pasteur*, 62, no. 3 (mars 1939), pp. 249–252. בחיבור זה מובאת רשימת הפרסומים של פרנבך. החל בשנת 1910 שן שותף למחצית מהם. העסקת פרנבך בפרויקט הגומי הסינתטי והעסקת וייצמן במעבדת פרנבך בשנת 1912 ממלאות כשליש מן המובא ברשימה הכרונולוגית הקצרה על אודות פרנבך, רשימה הנכללת באוסף רשימות קצרות על אודות עובדי מכון פסטר. ראו Auguste Fernbach (1860–1939), http://www.pasteur.fr/infosci/archives/f-bio.html.

גומי סינתטי על ההתססה של חומר ביולוגי כאמצעי לקבלת אותה מולקולה בת חמישה פחמנים הנדרשת להפקת הגומי המלאכותי.

מבלי שוייצמן התכוון לכך, צירוף פרנבך לפרויקט היה חוליה ראשונה בשרשרת מהלכים שהביאה את וייצמן שנים אחדות לאחר מכן לפרויקט האצטון. כשנה לאחר צירופו של פרנבך לפרויקט, ב־1911, הצליח פרנבך לבודד חיידק המסוגל לייצר בוטנול על ידי התססת עמילן של תפוחי אדמה. היה זה הישג ניכר, אך אנשי קבוצתו של פרקין לא היו מרוצים: תפוח אדמה היה חומר גלם בעייתי בגלל מחירי ההובלה ודרישות האחסון שלו, ואף שיעורי התפוקה של התהליך לא היו משביעי רצון. הקבוצה חפצה בחיידק בעל טווח פעולה רחב המסוגל לייצר בוטנול ממגוון רחב של מקורות צמחיים המכילים עמילן.

אי־שביעות רצון זו ממוגבלות הישגו של פרנבך לוותה בחשדות הדדיים, בתככים ובמחלוקות גוברות והולכות בקרב החוקרים, ובכלל אלה גם מריבה קשה בין וייצמן לפרקין. המריבה לגבי חלקו של כל אחד מהם ברכוש האינטלקטואלי וברווחים העתידיים מצד אחד, ובינם ובין סטריינג' וגראהם והמפעלים שגויסו לפיתוח התהליך מצד אחר, הביאה לפירוק השותפות ולפרישת וייצמן מפרויקט הגומי הסינתטי.[54] ואולם וייצמן המשיך ללמוד את תהליכי התסיסה הבקטריאלית, גם ללא קשר לפרויקט ייצור הגומי הסינתטי,[55] ולאחר זמן מה הצליח לבודד חיידק ממין חדש, או זן חדש של חיידק מוכר, שתחילה זכה להיקרא *Clostridium acetobutylicum Weizmann*. בעוד החיידק של פרנבך מסוגל היה להתסיס עמילן מתפוחי אדמה, החיידק של וייצמן מסוגל היה להתסיס עמילנים ממקורות צמחיים מגוונים, שתירס נחשב המועדף בהם,[56]

54 ריינהרץ עסק בהרחבה בפרשה זו ובמשתתפיה. ראו ריינהרץ, עלייתו של מדינאי (לעיל, הערה 44), עמ' 52–81.

55 ידידו של וייצמן, יוליוס סימון, השתתף במימון פרויקט זה. על מטרות הפרויקט החדש ראו וייצמן אל יוליוס סימון, 14.6.1913, א"ו, ו, איגרת 83, עמ' 123–124. לענייני המימון ראו וייצמן אל יוליוס סימון, 20.6.1913, א"ו, ו, איגרת 90, עמ' 130.

56 וייצמן זיהה את החיידק על תירס. עצם החיפוש של החיידק על צמח הרצוי להתססה מלמד על הלך מחשבה ביולוגי. הלך מחשבה זה ונוהלי המעבדה שפיתח כמשתלשלים ממנו עתידים ללוות את וייצמן ולהדריכו עוד שנים רבות. מאמרו משנת 1938, שפרסמו ב־*Journal of the Society of Chemical Industry* מדגים את אלה בתמציתם, בבחינת שיעור למתחילים. [וראו פריט 53 ברשימת פרסומיו המדעיים של וייצמן בכרך זה. הערת העורך.]

ומוצר התסיסה העיקרי היה בוטנול. אצטון אף הוא היה במוצרי ההתססה שוייצמן הצליח להפיק במעבדתו - אך תחילה הדבר לא נחשב להצלחה.

לאחר פרוץ מלחמת העולם באוגוסט 1914 התברר שבבריטניה נוצר מחסור חמור באצטון. האצטון היה דרוש לייצור קורדיט (cordite), ששימש חומר הדף בפגזים ונחשב למשפר את איכותם.[57] בנסיבות אלה עלה הרעיון לנסות לייצר אצטון בתהליכי תסיסה בקטריאלית, בעזרת 'חיידק וייצמן'. לשם בדיקת היתכנותו של ייצור האצטון בדרך זאת נוצר קשר בין וייצמן ובין אישים מרכזיים בתעשיית חומרי הנפץ הבריטית והאחראים על אספקתם לאדמירליות.[58] באותה התקופה, בשנת 1915, רשם וייצמן את הפטנט הבריטי 4,845 הנזכר למעלה, והוא יידון שוב להלן.

רעיונו של וייצמן הודגם יפה במעבדתו במנצ'סטר, ואף מומחי האוניברסיטה חזו בו, אישרו אותו ובירכו עליו. הצלחת וייצמן הוצגה כהצלחת האוניברסיטה וכעדות להשתתפות אנשיה במאמץ המלחמתי.[59] עתה נדרש תהליך של התאמה

57 ירי פגזי קורדיט מיעט להעלות עשן ועל כן הצטמצמה האפשרות לגילוי מקור הירי. ראו D.H. Killeffer, 'Butanol and Acetone from Corn: A Description of the Fermentation Process', *Industrial and Engineering Chemistry*, 19 (1927), pp. 46–50.

58 וייצמן אל פרדריק נתן, 25.4.1915, מח"ו, 7, מספר 157, עמ' 219-220. נתן היה באותה תקופה יועץ לענייני קורדיט באדמירליות הבריטית. עוד ראו וייצמן אל ויליאם רינטול, 2.5.1915, א"ו, ז, איגרת 159, עמ' 220-221. ד"ר רינטול היה ראש מחלקת המחקר של חברת נובל לחומרי נפץ. על כך ראו מסה ומעש, עמ' 173-176, שם מוזכר גם תפקידו של ספיקמן בהעברת הטכנולוגיה לייצור האצטון לקנדה.

59 ראו 'G.N, Burkhardt, 'Weizmann and the University of Manchester, ו"ו, תיק 65, (101) 79-20. זהו מסמך בן שני עמודים מודפסים [illegible] מסכמים את הרצאת המחבר, המוצג כאיש המחלקה בתקופה הנדונה. המחבר מצטט דוח בחתימת Professor Dixon מטעם המחלקה לכימיה של האוניברסיטה. מדוח זה משתמע שכימאים מן האוניברסיטה בחנו את 'תהליך וייצמן' והמליצו עליו לאדמירליות, ובעקבות זאת שחררה האוניברסיטה את וייצמן כדי שיעבור ללונדון למכון ליסטר. 'Report of Professor H.B. Dixon on Department of Chemistry: In the Bio-Chemical Laboratories Dr. Weizmann had worked out a method of fermenting starch into butyl alcohol and acetone. The latter product being required for the manufacture of cordite and similar smokeless powders. […] Dr. Weizmann improved the process, and at my suggestion it was tested by chemists of […] and offered to

להיקפים של ייצור תעשייתי.[60] תחילה סבר וייצמן שמעורבותו בתהליך תתנהל אגב המשך מגוריו במנצ׳סטר ופעילותו באוניברסיטה, אך הדבר לא הסתייע, והיה עליו לעבור ללונדון, שם הועמדו לרשותו מתקנים במכון ליסטֶר לרפואה מונעת בצ׳לסי, המקבילה הבריטית של מכון פסטר הצרפתי. אגב כך וייצמן נעשה עובד של האדמירליות הבריטית ומעורב במהלכים בתחום שקודם לכן לא התנסה בו.

בתהליך התאמת הייצור הבקטריאלי של האצטון להיקפים תעשייתיים היו שני שלבים. תחילה גויסה מבשלת הג׳ין של ניקולסון במזרח לונדון, ובה הוכח שאפשר להפיק אצטון בכמויות תעשייתיות, אלא שהתפוקה הייתה מצומצמת. או אז הועבר הייצור למתקנים של מפעל הקורדיט של חיל הים הבריטי שבהולטון הית׳, דורסט,[61] ולמקומות אחרים בבריטניה. וייצמן מצא עצמו עוסק גם בהכשרת מפעילים לתהליך הייצור. ואולם, כעבור זמן התברר שאין בבריטניה די חומר גלם צמחי, ועל כן הועבר תהליך הייצור אל מעבר לים, למתקנים שנמצא בהם ציוד להתססה ולזיקוק - מבשלות השכר בטורונטו ובמקומות אחרים שבהם נמצא שפע של תוצרת חקלאית. תלמידיו של וייצמן ועוזרי המחקר שלו עסקו בהעברת טכנולוגיה זו ובהנחלתה.[62]

the Admiralty'. תצלומים מדוח זה נמצאים בתוך ג״ו, מסמכי מנצ׳סטר. וראוי לציין כי הביוגרפיות של וייצמן מציעות עלילה שבה קשריו של וייצמן עם גורמים שמחוץ לאוניברסיטה (למשל, עם צ׳רלס פ׳ סקוט עורך ׳מנצ׳סטר גרדיאן׳, וסר פרדריק נתן ממשרד הצי הבריטי) הם שסייעו לו להביא את דבר תגליתו־המצאתו לגורמי הממשלה הבריטית. ראו לדוגמה ריינהרץ, עלייתו של מדינאי (לעיל, הערה 44), עמ׳ 52-81; נורמן רוז, חיים וייצמן: קורות חיים, תרגמה מאנגלית כרמית גיא, ירושלים: דומינו, 1990, עמ׳ 97-98. מן המובא כאן מסתבר שאוניברסיטת מנצ׳סטר הייתה מעורבת ביצירת הקשר בין מעבדת המחקר של וייצמן באוניברסיטה ובין הממשלה ותעשיית חומרי הנפץ וראתה בכך הדגמה לתרומת האוניברסיטה למאמץ המלחמתי.

60 ראו מסה ומעש, עמ׳ 174-175.

61 לאזכור וייצמן בעניין זה ראו http://en.wikipedia.org/wiki/Royal_Navy_Cordite_Factory,_Holton_Heath. לסרט תיעודי קצר על תולדות המפעל והיקפו ועל חלקו של וייצמן בהקמתו ראו http://www.greenacre.info/RNCF/; http://www.greenacre.info/RNCF/page12.html.

62 דיווח של המפעל בטורונטו מלמד על העברת הטכנולוגיה שמה ועל גאוות אנשי טורונטו בהצלחתם בה. ראו Col. A.E. Gooderham, 'Report of the British

כך היה וייצמן לא רק הראשון לייצר אצטון בקנה מידה מעבדתי - בתהליכי התססה שחיידקים שימשו בהם תחליף לריאגנטים כימיים - אלא גם הראשון להציע תהליך בקטריולוגי שאפשר להפעילו בקנה מידה תעשייתי לשם ייצור כזה. בהמשך הדברים מחקרו של וייצמן שימש נקודת מוצא לשני מהלכים שהוא עצמו לא היה מעורב בהם. האחד היה הבירור המחקרי הביוכימי של שלבי הביניים של 'תהליך וייצמן', בירור שהוכלל, למשל, במהדורות ראשונות עוקבות של ספר הלימוד בכימיה אורגנית מאת לואיס ומרי פיזר.[63] השני התרחש בתעשיית הממסים (solvents) ובתעשיית המכוניות. עם תום העניין המלחמתי באצטון חזר ועלה העניין בבוטנול, ו'חיידק וייצמן' והבוטנול שייצר בתהליכי התססה סיפקו מענה לביקוש למכוניות הצבועות בצבעי לכה.[64] אולם

Acetones Toronto, Limited, Toronto, Canada', May 1916 – November 1918. בפתחו של דוח זה, המופנה אל Sir Frederick Nathan, Director of Propellant Supplies, London, נאמר בעניין 'תהליך וייצמן': 'I have the honor to submit herewith a report on the work done by the British Acetones Toronto, under the Weizmann Process'. מסמכים אלה נמצאים בספריית רוברטס של אוניברסיטת טורונטו. ראו http://www.distilleryheritage.com/PDFs/documents/BAcontents.pdf. ספיקמן היה בין המעורבים בהעברת הטכנולוגיה לייצור האצטון מבריטניה למפעלים שמעבר לים. הוא שכתב את הפרק 'Fermentation Department' בדוח זה. עוד ראו H[orace] B. Speakman, 'The Production of Acetone and Butyl Alcohol by a Bacteriological Process', *Journal of the Society of Chemical Industry*, 38 (1919), pp. 155–161. פרשת ייצור האצטון במזקקות של טורונטו מוצגת בגאווה כרכיב של היסטוריה הקנדית. על כך ראו http://.distilleryheritage.com/snippets/38.pdf

63 על כך ראו Louis F. Fieser & Mary Fieser, *Organic Chemistry*, Boston: D.C. Heath and Company, 1944, pp. 457–462. זוהי עדות מוקדמת לשילוב ידע מן הבקטריולוגיה בכימיה האורגנית בתוך ספר לימוד למתחילים.

64 ראו את סדרת המאמרים שהתפרסמה בכתב העת *Industrial Engineering Chemistry* בסוף שנות העשרים, העוסקים ב'תהליך וייצמן', כגון C.L. Gabriel, 'Butanol Fermentation Process', *Industrial and Engineering Chemistry*, 20 (1928), pp. 1063–1067, http://pubs.acs.org/doi/pdf/10.1021/ie50226a020. המקורות הכספיים לעצמאותו הכלכלית של וייצמן ואמידותו, או עושרו, לא נבדקו, אך מתקבל על הדעת שמקור נכבד להם בהכנסותיו מן השימוש הנרחב של תעשיות אלה ב'תהליך וייצמן'.

למהלכים אלה לא הייתה זיקה ל'חזונו הביוטכנולוגי של וייצמן' ולמדיניות המחקר שלו; חזון ומדיניות שהציע רק כעבור כ־15 שנה, לקראת הקמתו של מכון זיו ברחובות, כפי שיתואר להלן, בפרק השלישי. וייצמן בשנות השלושים והארבעים לא הצליח במאמציו לקדם את חזון התעשייה המבוססת על התססת חומרים שמקורם בצמחי חקלאות. אבל הנה, בעשרים-שלושים השנים האחרונות של המאה העשרים, עם עליית העניין במחקר ביוטכנולוגי, מתברר שוייצמן מוצב כראשון לעוסקים בכך. וייצמן אמנם לא זיהה עצמו כעוסק בביוטכנולוגיה (המושג הושגר בשנות השבעים), אך הן העוסקים בכך מצד המחקר ממש והן העוסקים בהיסטוריה של התחום, אלה כן אלה, רואים בו את חלוץ התחום.[65] ודאי שכך לפי רשימת 'אירועי המיקרוביולוגיה המשמעותיים 1861-1999', המוזכרת למעלה.

כך או כך, פנייתו של וייצמן לפרויקט האצטון, שמחירה היה עזיבת האוניברסיטה, בוודאי בתחילתה נראתה לו מועילה לענייניו הציוניים. לונדון הייתה מרכז לפעילות ציונית ולניהול קשרי הציונים עם חוגי ציבור וגורמי ממשלה, ולאלה הייתה חשיבות לקראת הצהרת בלפור, ולמשתלשל ממנה ומהשתלשלות בריטניה על פלשתינה העות'מאנית. פעילותו הציונית המוגברת של וייצמן לקראת סיום המלחמה ואחריה פגעה במה שהוא ראה כשילוב 'אורגני' בין מדע ובין ציונות. וייצמן לא חזר עוד למנצ'סטר אלא בשנת 1919, כדי להתכבד בטקס שבו האוניברסיטה של מנצ'סטר העניקה לו תואר לשם כבוד.[66]

65 דוגמה לחוקרים בתחום הרואים בוייצמן את הראשון בהם נמצאת במאמר הסקירה של ג'ונס ווודס (לעיל, הערה 38). עוד ראו Mark M. Green & Harold A. Wittcoff, *Organic Chemistry Principles and Industrial Practices*, Weinheim: WILEY-VCH, 2003, pp. 223-224. דוגמה לעוסקים בהיסטוריה של התחום הם באד, שימושים (לעיל, הערה 34). ראו במיוחד שם, עמ' 37-45, הפרק 'The "Weizmann" process'. עם זאת, באד מדגיש את הזיקה שבין פרנבך ובין וייצמן. עוד להיבט ההיסטורי של הביוטכנולוגיה ראו http://en.wikipedia.org/wiki/Biotechnology. עוד ראו Anthony S. Travis, 'Chaim Weizmann: Chemist, Biochemist, and Father of Biotechnology', *The Biochemist* (Aug. / Sept. 1992), pp. 15–19.

66 LLD honoris causa (1919). ראו http://www.manchesterjewishstudies.org/weizmann-manchester-university. כן ראו בורקהרד (לעיל, הערה 59).

לא מעט בזכות מעורבותו בפרויקט האצטון חיזק וייצמן והרחיב את קשריו עם העילית השלטונית הבריטית, וכשדרומה של ארץ ישראל בא תחת שלטון בריטניה ופורסמה הצהרת בלפור הוצב וייצמן בראש המשלחת הציונית (ועד הצירים) - הגוף הציוני שנועד לסייע ביישום ההצהרה. עתה היה וייצמן מופקד בין השאר על המדיניות האקדמית של ההסתדרות הציונית ועל המימוש של אחת מתכניותיה המרכזיות של ההסתדרות הציונית - התכנית להקמת האוניברסיטה העברית בירושלים.

2. המדיניות האקדמית של וייצמן - תכניות האוניברסיטה, 1925-1902

התכניות שוייצמן היה מעורב בהן לכינון מוסד יהודי להשכלה גבוהה, בתחילה, ואוניברסיטה עברית ומכוני מחקר, בהמשך, וגלגוליהן, מ־1902 ואילך ובמהלך רוב שנות חייו, משקפים את היכרותו המתרחבת והולכת עם ארגונים אקדמיים וארגוני מחקר מטיפוסים שונים: עם בתי ספר טכניים גבוהים בגרמניה,[1] ואוניברסיטאות בשווייץ, ובהמשך עם אוניברסיטת מנצ'סטר האנגלית, עם מכונים למחקר ברפואה כמו מכון פסטר בפריז, ואף עם מעבדות למחקר תעשייתי ומתקנים למחקר צבאי.

השינויים במדיניות האקדמית ובמדיניות המחקר של וייצמן - ומוצע כאן להבחין בין שתיים אלה, כבשני ענפים במדיניות המדע של וייצמן - הם בבואה לתמורות במיצובו ובמעמדו האקדמי, והם מבטאים את התנסותו המחקרית המתגוונת והולכת ואת ההיכרות הבלתי אמצעית שלו עם דמויות מן העילית המחקרית ועם מנהיגי מדיניות המדע של התקופה, תחילה באירופה, ומאוחר יותר בארצות הברית. ומשולבת בכל אלה תשוקתו הציונית למעבדת מחקר בתחום התמחותו, שתעמוד לרשותו בארץ ישראל.

תכניותיו של וייצמן הנדונות כאן כללו מבחינת תוכנן יסודות שונים שמשקלם השתנה מתכנית לתכנית[2] - העמדת מענה לביקוש להכשרה אקדמית בשביל סטודנטים יהודים שהתקשו להתקבל לאוניברסיטאות אירופה (ובתי ספר גבוהים טכניים בכללם), ובדומה לכך הקמת בית אקדמי למדענים ומלומדים יהודיים שנדחו מהן, אך גם יצירת מסגרות ארגוניות למחקר מדעי אקדמי שמטרתו לקדם את תחיית התרבות העברית ולבסס את היבטיו הגשמיים של מפעל ההתיישבות הציונית על ידי השתתפות במחקר ברפואה, בחקלאות ובתעשייה.[3] אך בחזונות וייצמן ובתכניותיו נמצא עוד יסוד בעל משקל גדל

1 למען הדיוק ראוי לציין שקודם בואו לברלין למד וייצמן בשנה בבית הספר הטכני הגבוה בדרמשטט. ריינהרץ, בדרך אל המנהיגות (לעיל, פרק 1, הערה 12), עמ' 37.

2 וייצמן ניסה להיות מעורב גם בתכניות הטכניון, בתחילתן, אך מנקודת ראותו הפרטית בלבד, כי היה מעוניין במשרה אקדמית ובמעבדת מחקר. ראו שם, עמ' 365-367, ובעוד מקומות שם. כאן נדונות תכניות וייצמן שבָּשלו להתנסח כתכנית שלמה בעלת ממדים תפעוליים.

3 הזיקה בין אוניברסיטאות ובין לאומיות היא תופעה רבת פנים. לדוגמאות לאוניברסיטאות

והולך: השאיפה לטיפוח מחקר טהור ולהצטיינות בו בתור מטרת תרבות אוניברסליסטית נעלה לעצמה: ׳גמרנו אמר, כי מוסדנו ישיג את גדולתו ותהלתו בפרי שישא לעץ הדעת אשר לעולם כלו׳.[4] ככל שהתגבר אצל וייצמן יסוד

שצמחו בזיקה הדוקה ל׳בינוי אומה׳ ראו John E. Craig, *Scholarship and Nation Building: The Universities of Strasbourg and Alsatian Society, 1870–1939*, Chicago: University of Chicago Press, 1984; J. Gwynn Williams, *The University College of North Wales: Foundations 1884–1927*, Cardiff: University of Wales Press, 1985. לסקירה קצרה על הקשר בין לאומיות לבין מדע ראו Paul T. Durbin (ed.), A *Guide to the Culture of Science, Technology and Medicine*, New York – London: The Free Press, 1980, pp. 31–33. רונלד טובי מבחין בין ניהול מרכזי של המחקר המדעי לשם רתימתו לצרכים לאומיים, למשל בעת מלחמה, לבין השפעת המערכת המדעית על ביסוס של ערכי המדע ועל שילובם בערכי התרבות של החברה הסובבת. ראו Ronald C. Tobey, *The American Ideology of National Science, 1919–1930*, Pittsburgh: University of Pittsburgh Press, 1971, pp. 3–61. נראה שאצל וייצמן והתנועה הציונית שני יסודות אלה כרוכים האחד בשני. לגבי המאבק על הלשון הדומיננטית, הלאומית, באוניברסיטה הלאומית, נושא זה נזכר פעמים רבות אצל רואג (לעיל, פרק 1, הערה 2). לגבי האוניברסיטה העברית בירושלים, האחריות על טיפוח העברית מובלט באופן סמלי בשמה של האוניברסיטה, והמחקר בה והמעשים להפצתה ממלאים מקום מרכזי ביותר בתכניותיה. ראו ׳חגיגת הפתיחה, ז׳ ניסן תרפ״ה׳ בתבנית גדולה, הפרק ׳תחית השפה העברית׳, עמ׳ טו-יז. קיימים שני פרסומים שכותרתם ׳חגיגת הפתיחה, ז׳ ניסן תרפ״ה׳. (א) חוברת בשלוש שפות - עברית, ערבית ואנגלית - בתבנית גדולה, ובספרייה הלאומית היא רשומה כך: האוניברסיטה העברית, ירושלים - חגיגת הפתיחה, ז׳ ניסן, תרפ״ה, ירושלים: דפוס המדפיס, תרפ״ה, 1925. נראה שחוברת זו חולקה לבאי טקס פתיחת האוניברסיטה. (ב) חוברת בתבנית קטנה, בעברית ובאנגלית, ולפי המצוין בה היא נדפסה בחשוון תרפ״ו. היא רשומה בספרייה הלאומית: חגיגת הפתיחה, ז׳ ניסן תרפ״ה, ירושלים: דפוס המדפיס, תרפ״ה, 1925.

4 חגיגת הפתיחה בתבנית קטנה (שם), עמ׳ ט. הציטוטים מדברי וייצמן בפרק זה מקורם בתוך חיים וייצמן על האוניברסיטה העברית, ירושלים: הועד הארצי של אגודת שוחרי האוניברסיטה בארץ-ישראל [תש״ה], אלא אם כן צוין אחרת. נאומו של וייצמן בחגיגת הפתיחה לא נכלל בחוברת זו. והשוו דברי וייצמן ב־1914: ׳יותר מכל דבר בעולם חשובה בעיני המטרה המדעית והתרבותית של האוניברסיטה [ובכך במקביל] להיות לכוח מדיני ע״י הבלטת היסוד האוניברסלי והנצחי של מפעלנו התרבותי׳. ׳דבר אל הסטודנטים

המחויבות למחקר הטהור, גדל עניינו לא רק במוסד מחקר שהוא אכסניה למחקר מטיפוס זה, אלא במוסד מחקר המתייחד לתחומי 'חזית המחקר'. בהתאמה, פחת עניינו בתפקידה של האוניברסיטה היהודית במתן הכשרה אקדמית ליהודים צעירים.

תכנית לבית ספר גבוה יהודי, 1902

הקונטרס *Eine Jüdische Hochschule* משנת 1902, שפרסמו חיים וייצמן - אז דוצנט פרטי באוניברסיטת ז'נווה - מרטין בובר וברתולד פייבל, מציג את הראשונה בתכניות וייצמן למוסד יהודי להוראה אקדמית.[5] הקונטרס היה פרי יזמותיה של חבורת הפְרַקציה הדמוקרטית בתנועה הציונית, שהדגישה את חשיבות הפעילות בתחומי התרבות.[6] תכניתם של שלושת הכותבים מתבססת על ידע כָּמוּתָנִי ועומדת בסימן 'שיח הנתונים' החדש, המאפיין חוגים יהודיים אקדמיים בסוף המאה התשע־עשרה. אלה השתמשו במדעי החברה ובמיוחד בסטטיסטיקה כאמצעי להגדרת הזהות היהודית, ועליהם הושתתו בתנועה

היהודים', היידלברג, י' בסיוון תרע"ד, בתוך וייצמן על האוניברסיטה העברית (לעיל), עמ' 20.

5 [Martin Buber, Berthold Feiwel & Dr. Ch. Weizmann], *Eine Jüdische Hochschule*, Berlin: Jüdischer Verlag, 1902. בשנת 1968 פרסמה הוצאת מאגנס את הקונטרס בן 37 העמודים בהוצאת צילום, ומול כל עמוד גרמנית מובא תרגומו לעברית בידי שאול אש: מארטין בובר, ברטולד פייבל, חיים וייצמן, בית־ספר־גבוה יהודי, ירושלים: מאגנס, תשכ"ח. ישנם הבדלים זעירים בין גרסת הוצאת מאגנס ובין הגרסה הנמצאת באוניברסיטת גתה, בפרנקפורט דמיין, המצוינת כמהדורה שנייה ומובאת בתוך http://sammlungen.ub.uni-frankfurt.de/freimann/content/titleinfo/1141634?lang=de. מודה אני לאלכסנדר אלון על ההפניה למקור זה.

6 בראש הקונטרס נכתב, כמוטו: 'תן לי יבנה וחכמיה' - עדות לזיקת הכותבים לחזון המרכז הרוחני. על הכנת הקונטרס כפעולת הפרקצייה הדמוקרטית ראו מסה ומעש, עמ' 73-74. לדיון בו ראו ריינהרץ, בדרך אל המנהיגות (לעיל, פרק 1, הערה 12), עמ' 130-132; ישראל קולת, 'רעיון האוניברסיטה העברית בתנועה הלאומית היהודית', בתוך תולדות האוניברסיטה העברית בירושלים, א: שורשים והתחלות, בעריכת שאול כ"ץ ומיכאל הד, ירושלים: מאגנס, תשנ"ז, עמ' 3-74.

הציונית הרבה מן התקוות הלאומיות, הטיעונים הפוליטיים והתכניות המעשיות.[7] קו היכר זה, ההסתייעות בעובדות נצפות ומדידות, בנתונים ובהשוואות, יאפיין גם את התכניות המאוחרות יותר של וייצמן.[8]

7 ראו Mitchell B. Hart, *Social Science and Politics of Modern Jewish Identity*, Stanford: Stanford University Press, 2000. על הזיקה בין פרויקט הסטטיסטיקה של היהודים ובין הפרקצייה הדמוקרטית ראו שם, עמ' 36-39. אמונת הציונים במדעי החברה ובסטטיסטיקה כאמצעים לביסוס רעיונות השחרור הלאומי במובנם הציוני נדונה במקומות רבים שם, למשל עמ' 53-55, 214-216. תודתי לארי בראל על ההפניה לספרו של הארט. אורן סופר עוסק אף הוא בעניין היהודי־לאומי בסטטיסטיקה. ראו אורן סופר, אין לפלפל! עיתון 'הצפירה' והמודרניזציה של השיח החברתי הפוליטי, ירושלים: מוסד ביאליק והאוניברסיטה העברית בירושלים, תשס"ז, למשל עמ' 118-120. אך נראה שזירת ההתיישבות החקלאית בארץ ישראל ותומכיה קדמה לזירת מחקר החברה בביסוס הטיעונים והתכניות שהובאו במסגרתה על תצפיות שיטתיות ונתונים כמותיים, אך ללא יומרות למדעיות. דוגמה לכך נמצאת בפרוטוקולים של החברה לתמיכת בני ישראל עובדי אדמה ובעלי מלאכה בסוריה ובארץ הקדושה (הועד האודיסאי) משנת תר"ס. אשר גינצבורג, הוא אחד העם, והאגרונום אברהם זוסמן, בעקבות ביקורם במושבות היהודיות בארץ ישראל, הביאו לפני שולחיהם ממצאים כמותיים והשוואות מספריות. ראו דברי הבקורת: לעניני המושבות באה"ק, בשנת תר"ס [1900], http://web.nli.org.il/sites/NLI/Hebrew/library/Pages/BookReader.aspx?pid=2688929#.

8 ולו בזכות שיח הנתונים בלבד שנוקט הקונטרס של בובר, פייבל וייצמן, בית ספר גבוה יהודי (לעיל, הערה 5), אין לראות בו חוליה אחרונה בשרשרת ארוכה של הצעות להקמת אוניברסיטה יהודית, ובעיקר אין לראות בו המשך לתכניתו של צבי הרמן שפירא (1840-1898) לכונן 'בית־מדרש תחכמני' ב'מרכז המושבות' בארץ ישראל. ואולם, אף שוייצמן הזכיר בשנת 1913 ששפירא תמך בייסודה של אוניברסיטה יהודית, הרי קריאה מדוקדקת בדברי שפירא עצמו מלמדת שלא למוסד כזה הייתה כוונתו. ואלה דברי שפירא בקונגרס הציוני הראשון: 'אני הכנסתי הצעה על יסוד בית ספר גבוה (לא אוניברסיטה) בארץ ישראל [...] יוקם מרכז מיוחד בשביל כל השאיפות המכוונות לחנוכם הדתי והמוסרי וכן להשתלמותם הרוחנית של היהודים. מרכז זה יוָסד ע"י הקמת בי"ס גבוה לשם רכישת כל הידיעות הדתיות[!] המדעיות והמעשיות עם מחלקה אחת כללית משותפת ושלש בנות מחלקות מיוחדות: א) מחלקה תיאולוגית, ב) מחלקה למדעים עיוניים, ג) מחלקה לידיעות טכניות ואגרונומיות. [...] לא לקחתי לי לדוגמא ולמופת את המוסדות הקימים עכשו עם חלוקתם המקודשת של גימנסיה ואוניברסיטה והפרוגראמה שלהן [...] לפני מרחפת דמות אחרת לגמרי של בית הספר גבוה, שיכין לחקירה ולעבודה עצמית במדע ובחיים המעשיים'. חיים אורלן (עורך

בתכנית זו משנת 1902 בית הספר הגבוה היהודי מוצג כשילוב של 'אוניברסיטה (לפי דוגמת גרמניה או שווייץ), ושל פוליטכניון'.[9] כלומר, אוניברסיטת הוראה רב־תחומית, במונחי זמננו. תכליתו היא הענקת הכשרה לנוער היהודי: 'א) בדיסציפלינות הכלליות הגבוהות, בתשומת לב מיוחדת למדעי היהדות; ב) במקצועות הטכניים'.[10] משמע מוסד זה נועד להיות מה שמכנים היום 'אוניברסיטת הוראה',[11] שמכילה גם תחומי פוליטכניון. אשר למחקר, המוסד המוצע היה אמור לתאום את המקובל באוניברסיטאות במרחב הגרמני, שבהן עצם כינונם של מכוני המחקר והפעלתם היו תלויים ביזמה של כל פרופסור בתחומו, להוציא מדעי היהדות - להם מלכתחילה הוקצה מקום ל'מחקר המדעי החופשי'.[12]

מצד ההיבט הלאומי, תכליתו המרכזית של המוסד הייתה לתת מענה למצוקתם של הסטודנטים היהודים הנדחים בשל אפליה מרבות מהאוניברסיטאות באירופה, בעיקר ברוסיה, אך גם למצוקתם של מלומדים יהודים בולטים, המופלים עקב מוצאם ו'אינם רוצים לפנות עורף לעמם' (כלומר להתנצר). מעבר לכך, המוסד יהיה סמל מתנוסס של הרוח היהודית היוצרת ומרכז רוחני (geistiges Zentrum) עבור מי שמחייבים את קיומו של העם היהודי.[13] ואם

ומתרגם), הפרוטוקול של הקונגרס הציוני הראשון בבאזל, א-ג באלול תרנ"ז - 29-31 באוגוסט 1897, ירושלים: ראובן מס, 1997, עמ' 160 -161. כיצד נעשה שפירא לדמות החוזה הגדול של האוניברסיטה העברית בירושלים, המוצב ככזה, שוב ושוב, כמעט בכל חיבור העוסק בתולדות האוניברסיטה ובתולדות המדע הישראלי, ובאחרונה אף בקיר המייסדים בכניסה למתחמי האוניברסיטה בהר הצופים ובגבעת רם - זוהי שאלה שהניסיון להשיב עליה חורג ממשימתו של המאמר הנוכחי.

9 בית ספר גבוה יהודי (לעיל, הערה 5), עמ' 32.

10 שם, עמ' 31. עוד נקבע בה כי בצד 'לימודים כלליים, לפילוסופיה, למדע המדינה, לפדגוגיה ולמדעי היהדות [ו]מחלקה למתמטיקה ולמדעי הטבע' יקומו גם בתי ספר להכשרת אדריכלים, מהנדסים אזרחיים ומהנדסי מכונות וחשמל, וכן בית ספר כימי־טכני ובית ספר ליערנות ולחקלאות. שם, עמ' 32.

11 במפורש על פי המודל הגרמני, כפי שמעיד ההרכב של סגל העובדים המתוכנן, ובו '60 פרופסורים מקבלי משכורת, 25 מורים־עוזרים ואסיסטנטים, 50 דוצֶנטים פרטיים, 20 עובדי מנהל, שרתים וכו''. שם, עמ' 35.

12 שם, עמ' 20.

13 שם, עמ' 19-20.

המוסד יקום בארץ ישראל, הוא לא רק יִקנה זכות מוסרית לבעלות על הארץ, אלא גם יתרום ל׳פיתוחה הטכני של הארץ וחינוך העם מן הבחינה הכלכלית׳.[14]

תכנית לאוניברסיטה העברית בירושלים, 1913

תכנית למוסד אוניברסיטאי שונה בתכלית מן המוסד שהוצג ב־1902 הציג וייצמן בקונגרס הציוני הי״א שהתקיים בווינה בשנת 1913. עתה הציג וייצמן תכנית לאוניברסיטת מחקר לאומית־יהודית בירושלים.[15] לאומיותה מתבטאת בשמה, בשפתה, במיקומה ובתפקידה ביצירת ׳המרכז היהודי־תרבותי הגבוה ביותר׳.[16] גם מבחינת תוכנָהּ האקדמי המוצע, תכנית 1913 שונה מתכנית 1902 בעניין מרכזי ביותר: תחומי הפוליטכניון לא נכללו בו.[17]

בתכנית 1913 פתרון מצוקתם של הסטודנטים היהודים במזרח אירופה הנדחים מאוניברסיטאות אירופה ושל מלומדים יהודיים המתקשים להתקבל בהן כעילה להקמת המוסד נותר בעינו, כבתכנית 1902. אך כדי שצעירים

14 שם, עמ׳ 21.

15 *Stenographisches Protokoll der Verhandlungen des XI. Zionisten-Kongresses in Wien*, vom 2. bis 9. September 1913, Berlin–Leipzig: Jüdischer Verlag, 1914, pp. 300–309. לתרגום עברי ראו ׳על רעיון האוניברסיטה העברית ועל דרכי הגשמתו: הרצאה בקונגרס הציוני האחד־עשר בוינה, אור ליום ז׳ באלול תרע״ג׳, בתוך וייצמן על האוניברסיטה העברית (לעיל, הערה 4), עמ׳ 7–18. וייצמן דיבר על ׳אוניברסיטה יהודית׳, אולם גסטר, כשהציג את וייצמן כיושב ראש, הקדים ואמר שוייצמן ירצה על die hebräische Universität in Jerusalem. ראו פרוטוקול בגרמנית (לעיל), עמ׳ 300. גם בהחלטות הקונגרס מדובר על hebräische Universität in Jerusalem. ראו שם, עמ׳ 368. וייצמן, לימים, בהרצאתו ׳היכל תפארה לרוח ישראל׳ בי״ט בשבט תר״ף, אמר: ׳אני מבטל היום את ההשקפה שהבעתי בשנת 1913 על השלטה הדרגתית של השפה העברית באוניברסיטה שלנו׳. וייצמן על האוניברסיטה העברית (לעיל, הערה 4), עמ׳ 31.

16 על רעיון האוניברסיטה העברית (לעיל, הערה 15), עמ׳ 13.

17 מתקבל על הדעת שהמעבר מהתכנית ׳בית־ספר־גבוה יהודי׳, שהוא ׳צירוף של אוניברסיטה (לפי דוגמת גרמניה או שווייץ) ושל פוליטכניון׳, לחזון של ׳אוניברסיטה׳ בלבד הוא תוצאת היזמה המתממשת בשנים ההן להקמת הטכניון בחיפה. וייצמן ניסה לערב את עצמו גם בתכניות הטכניון. ראו ריינהרץ, בדרך אל המנהיגות (לעיל, פרק 1, הערה 12), עמ׳ 365–367 ובמקומות אחרים. אך עניין זה דורש בירור לעצמו.

יהודים ישוכנעו שהאוניברסיטה בירושלים תצייד אותם בתעודה שתתחרה בתעודות של מוסדות אירופיים קובעת תכנית 1913 שיש לגייס למוסד החדש מורים בעלי מוניטין במקצועם. ומניין יבואו אלה? הנה, בתמצית, יסוד מרכזי במדיניות האקדמית של וייצמן: 'יש להשתדל ולקרב כוחות צעירים, מנבאי־גדולות [...] חייבים המורים להיות גם חוקרים טובים ולחקירה חופשית צריך להקצות מקום מתאים'.[18] המחקר, אם כן, מוצג כזכותם של המורים וכעניינו של המוסד.

עיקר תפקידה של האוניברסיטה הוא הכשרת בעלי מקצוע והפצת ידע מקצועי והשכלתי בקרב כל תושבי הארץ ובמזרח כולו.[19] עם זאת, מודגש תפקיד האוניברסיטה בתור 'מרכז אינטלקטואלי שבו יוכלו יהודים ללמוד, ללמד ולחקור בתוך אוירה נוחה',[20] משמע תכנית אוניברסיטת ההוראה רבת התחומים של 1902 הוחלפה בתכנית לאוניברסיטת מחקר.

את ההיתכנות של הקמת אוניברסיטה בירושלים השתית וייצמן על 'דוגמאות אחדות מן ההיסטוריה של ייסודי האוניברסיטאות', ובמיוחד על נתוני תקציב, תפעול וכוח אדם של הפקולטה לרפואה בביירות, שנוסדה בשנת 1883, ושל האוניברסיטה החופשית בבריסל, 'הנמנית עתה על האוניברסיטאות היותר יפות שבאירופה'.[21] בצד אלה, ומן הסתם כדי להעצים את סבירות מימושה של תכנית האוניברסיטה, הוסיף וייצמן מידע על כך שבירושלים קיימות כבר התחלותיו של מכון לבקטריולוגיה ולפתולוגיה. אלה עשויות להוות גרעין, שמתוכו יתפתח בעתיד בית ספר לרפואה.[22] ושוב, בהבדל מן התכנית הראשונה, תכנית 1902 לא כללה הקמת פקולטה לרפואה.[23] וייצמן דיווח שהצעת תקציב לפקולטה לרפואה כבר הוכנה ושלדעתו הקמת פקולטה למקצועות המשפט ומדע המדינה תהיה עניין קל יותר.[24]

אלא שוייצמן גם העלה חלופה לייסוד הפקולטות. אמר וייצמן, והדבר ראוי לתשומת לב מיוחדת: 'ייתכן שאחרי בדיקה מדוקדקת יותר יתברר, שמוטב

18 פרוטוקול בגרמנית (לעיל, הערה 15), עמ' 306; תרגום לעברית, עמ' 13.

19 שם.

20 שם, עמ' 302; תרגום לעברית, עמ' 8.

21 שם, עמ' 306–307; תרגום לעברית, עמ' 14.

22 שם, עמ' 307; תרגום לעברית, עמ' 15.

23 בית ספר גבוה יהודי (לעיל, הערה 5), עמ' 32.

24 פרוטוקול בגרמנית (לעיל, הערה 15), עמ' 307; תרגום לעברית, עמ' 15.

לבנות מכונים נפרדים מאשר להקים פקולטות נפרדות בבת אחת׳. למשל, אפשר לייסד מכון כימי כ׳השלמה הכרחית׳ למכון הסֵרולוגי ולתחנת הניסיונות הקיימת.[25] כפי שיתברר להלן, הקמת מכוני מחקר אכן הייתה המתווה המועדף על וייצמן בדרך להקמת האוניברסיטה בירושלים. כבר ב־1912 הוא סבר שבנייה מודולרית, הנסמכת על מכוני מחקר קטנים קיימים או העתידים להיווסד, והטכניון בכללם, היא הדרך הראויה.[26] עם זה, טיפוח המחקר המדעי איננו מוצג בתכנית 1913 כמטרה לאומית העומדת בזכות עצמה. ומעל לכול, מצד היבטי ההסתדרות הציונית והמדיניות האקדמית של וייצמן, את תכנית 1902 ניסתה לקדם קבוצת צעירי הפרקצייה הדמוקרטית. לעומתה, את תכנית 1913 אימץ כלל הקונגרס הציוני, ובכך נעשתה האוניברסיטה העברית בירושלים לרכיב מרכזי ביותר בפרויקט הציוני,[27] שוייצמן הוא גם נַשָׂאו וגם הנישא בזכותו.

25 שם. ׳המכון הסרולוגי׳ הוא מכון פסטר בירושלים שייסד ד״ר אריה בעהם. ראו ד״ר א׳ בעהם, ׳תולדות מכון פסטיר וקורותיו במשך 15 שנות קיומו׳, מכון פסטיר בא״י, לעניני הבריאות, הרפואה והביולוגיה, א, חוברת א (תשרי תרפ״ט), עמ׳ 29–39. וראו גם מאמרים אחרים בגיליון זה ה׳מקדש ליום חג היובל של 15 שנים לקיום מכון פסטיר בא״י׳. תומכי מוסד זה מצוינים שם. עוד על מכון פסטר הירושלמי ראו Nadav Davidovitch & Rakefet Zalashik, ‘Pasteur in Palestine: The Politics of the Laboratory’, *Science in Context*, 23, Special Issue 4 (Dec. 2010), pp. 393–399, http://www.ncbi.nlm.nih.gov/pubmed/21560596. תחנת הניסיונות היא ׳התחנה היהודית לנסיונות חקלאיים׳ שבהנהלת אהרן אהרנסון בעתלית. מתקבל על הדעת שב׳מכון לבקטריולוגיה ולפתולוגיה׳ התכוון וייצמן ל׳תחנת הבריאות העברית׳ מייסודו של הנדבן נתן שטרויס, שפעלו בה הבקטריולוג ד״ר אריה גולדברג ורופא העיניים ד״ר אריה פייגנבוים. ראו שאול כ״ץ, ׳אהרן אהרנסון, ראשית המדע וראשית המחקר החקלאי בארץ־ישראל׳, קתדרה, 3 (פברואר 1977), עמ׳ 3–29, בעיקר לוח 2 וההערות הנלוות לו בעמ׳ 7. כשוייצמן ביקר בארץ ישראל בשנת 1907 מוסדות אלה עדיין לא פעלו, ובמבט לאחור נראה שוייצמן, שכנזכר בפרק 1 הכיר יפה את מכון פסטר בפריז, הִפריז ביכולות המחקר של מוסדות אלה בירושלים.

26 ראו וייצמן אל מאגנס, 5.5.1912, א״ו, ה, איגרת 278, עמ׳ 334.

27 פרוטוקול בגרמנית (לעיל, הערה 15), עמ׳ 368.

מתכנית האוניברסיטה לתכנית למוסד מחקר ברפואה ובמדעי הטבע בירושלים, 1914

ב־1902 קיוו וייצמן ושני שותפיו שתכניתם תמומש באמצעות התרמה עממית, ואילו ב־1913 העדיף וייצמן לפנות אל נדבנים יחידים רבי־יכולת. אחרי שהקונגרס הי"א אימץ את תכניתו שלח וייצמן לוועד הפועל הציוני המצומצם תכנית עבודה לייסוד האוניברסיטה והפקולטות שלה,[28] והובן שלצורך זה ייוועד וייצמן עם הברון רוטשילד בפריז. אגב בירורים מקדימים הסתבר לוייצמן שבתור התחלה רוטשילד אינו תומך בהקמת אוניברסיטה, ולעומת זאת הוא מוכן להשתתף במימון מכון מחקר בירושלים. וייצמן דיווח: 'האידיאל שלו הוא משהו מעין מכון רוקֶפלר, או מכון פאסטר, שבו יעסקו 30 או 40 אנשים טובים במחקר מדעי, יפרסמוהו מירושלים ובהדרגה ימשוך תלמידים, וכך, במרוצת הזמן, תיווצר אוניברסיטה. [...] הוא מייחס חשיבות רבה מאוד לדעתו של ארליך'.[29]

התכנית לייסד מכון מחקר בירושלים בוודאי לא פגעה בתכניותיו של וייצמן, שהרי הוא כבר צידד באפשרות כזאת. והנה גם רבים מחבריו הציוניים מוכנים היו לוותר, ולו לזמן מה, על ההוראה באוניברסיטה ולקבל את התנאי של רוטשילד, ובלבד שתהיה התחלה של מכון מחקר יהודי בירושלים.[30] כדי לכוון לרוחו של 'הנדיב הידוע' הכין וייצמן תזכיר השונה לחלוטין מהצעתו הקודמת, בסיועו של פרופ' פאול ארליך (Ehrlich, 1854–1915, פרס נובל 1908), חוקר הרפואה ומנהל המכון המלכותי לתרפיה ניסויית בפרנקפורט.[31] על פי התזכיר יוקם בירושלים Jüdisches medizinisch-naturwissenschaftlisches Institut (מכון יהודי לרפואה ולמדעי הטבע), מוסד־גג לקבוצה של מכוני מחקר, שבצד

28 וייצמן אל הוועד הפועל הציוני המצומצם, 15.11.1913, א"ו, ו, איגרת 156, עמ' 194–196.

29 וייצמן אל מאגנס, 12.1.1914, א"ו, ו, איגרת 192, עמ' 227.

30 לאחר שהתבררה עמדת רוטשילד אמר סוקולוב: 'אם הבארון יחזיק בדעה, שיש להתחיל במצפה־כוכבים, יהיה עלינו לקבל את השקפתו'. מובא משמו של סוקולוב אצל וייצמן אל הארי סאקר, 17.1.1914, א"ו, ו, איגרת 201, עמ' 237–238.

31 ראו 'Das Königliche Institut für experimentelle Therapie zu Frankfurt a.M.' לשנת 1907, http://www.pei.de/SharedDocs/Downloads/institut/veroeffentlichungen-von-paul-ehrlich/1906-1914/1907-koenigl-institut-exp-therapie.pdf?_blob=publicationFile&v=1.

המחקר הרפואי - פיסיולוגיה, בקטריולוגיה וסרולוגיה - יהיו בו גם המקצועות הניסויים של מדעי הטבע, הקרובים למחקר הרפואי: כימיה אי־אורגנית, כימיה אורגנית וביולוגית וכימיה חקלאית, וגם פיסיקה ניסויית, כימיה פיסיקלית ועוד.[32] מקצועות אלה לא טופחו במכון פסטר, אך במכון של ארליך בפרנקפורט הייתה מעבדה למחקר כימי־פיסיקלי, וצירופם למכון הירושלמי נועד לאפשר יכולות מחקר מקומיות עצמאיות. המכון אמור היה לכלול גם מחלקה לחולים בת עשרים מיטות, מן הסתם לצורך משימות הניסוי שלו. במכון פסטר המקורי הוקם בשנת 1900 בית חולים לאשפוז חולים בבידוד.[33]

וייצמן היה אופטימי לגבי עתיד המכון, המתוכנן להיות מאויש בחוקרים מן המדרגה הראשונה. לגבי גיוס מדענים צעירים ומבטיחים הוא קיווה שאלה יבואו לירושלים בזכות המלצה של אישי מדע כמו ארליך, לנדאו ווסרמן. המדובר ב'כוחות צעירים המבטיחים רבות, אשר יצטרכו לקנות לעצמם שם במכון'. ראשי המחלקות היו אמורים להיות מדענים שכבר קנו לעצמם שם, כמו האימונולוג בסרדקה (Besredka) ממכון פסטר, והפיסיקאי לאונרד אורנשטיין מאוניברסיטת אוטריכט. וייצמן העלה את האפשרות שהוא עצמו יעמוד בראש המחלקה לכימיה. כן שאף וייצמן שמלומדים יהודים בולטים שלא יוכלו להשתקע בירושלים דרך קבע יְלַמדו במכון קורסים קצרים, או יעבדו בו במשך זמן מה.[34] הוא גם שאף לכונן קשרי קבע עם מכוני מחקר

32 תזכיר שכותרתו (המוטעית) היא 'The University's Preliminary Structure' מובא בתוך נח"ו, 1, מספר 23, עמ' 113-115. בגנזך ויצמן נמצאת גרסה מוקדמת של תזכיר זה ועליה חתום לאופולד לנדאו בצד ארליך ווייצמן. לנדאו היה הגינקולוג של חצר המלוכה הפרוסית וידיד לוייצמן מהתקופה שבה חי בברלין. בנו אדמונד לנדאו (עליו ראו להלן) היה נשוי לבתו של ארליך. לאופולד לנדאו הוא שהשתדל אצל חותנו הדגול לקרל לריאיון זות וייצמן. ראו מסה ומעש, עמ' 143-145. לגרסה של התזכיר הנמצאת בארכיון הציוני המרכזי, וסימנה Z3/525, מצורף מכתב לוואי שאף עליו חתום לאופולד לנדאו, בצד ארליך ווייצמן, ומצוין שם שהוא נחתם ב־24.3.1914 בפרנקפורט דמיין. וראו שפרה קולת, 'מבוא לכרך השישי', א"ו, ו, עמ' 3-18; ריינהרץ, בדרך אל המנהיגות (לעיל, פרק 1, הערה 12), עמ' 404-433.

33 ראו דֶלוֹנֶה (לעיל, פרק 1, הערה 53). Hospital Pasteur נוסד בשנת 1900 והוא מוזכר בתור מקבץ של חדרי בידוד: שם, עמ' 101-103. אין שם אזכור למחלקה לכימיה ולמחלקה לפיסיקה במכון פסטר.

34 וייצמן אל מאגנס, 25.5.1914, א"ו, ו, איגרת 350, עמ' 413-418. בתקציב המכון המתוכנן היה סעיף מכובד למימון נסיעות השתלמות כאלה.

נחשבים באירופה ובארצות הברית, ואף העלה על דעתו 'אפשרות אחת, אשר בהחלט אינה אוטופית: אחד מעובדינו מקבל פרס נובל'.[35]

אלא שהתכנית להקמתו של מכון יהודי לרפואה ולמדעי הטבע בירושלים לא יצאה אל הפועל. פרוץ המלחמה באוגוסט 1914 קָטע את היזמה. ואולם, עצם העלאתה מלמדת שמבחינת וייצמן ייסוד מכון שמתרכז במחקר הרפואי במובנו הרחב ושאינו עוסק כלל בהוראה אקדמית גם הוא מטרה ציונית חשובה - כל שכן אם המכון יכלול מחלקה לכימיה ביולוגית, משמע מחלקה שהוא, וייצמן, יוכל לעמוד בראשה. השתתפותו של ארליך בהכנת התזכיר ונכונותו לעמוד בראש הוועדה האקדמית היו הצלחתו הראשונה של וייצמן לגייס מדען בעל מוניטין מן המעלה הראשונה לתמיכה בפרויקט אקדמי ציוני. הצלחות מאוחרות יותר, שתוזכרנה להלן, היו גיוסו של אלברט איינשטיין (1879-1955, פרס נובל 1921) ליזמת האוניברסיטה העברית,[36] ושל ריכרד וילשטטר (Willstätter, 1872-1942, פרס נובל 1915) ליזמת מכון זיו. תפקידם של השניים האחרונים שונה מאוד מתפקידו של ארליך בסיועו לוייצמן. כמובא למעלה, לוייצמן כבר הזדמן להכיר מדענים מהוללים ולקשור עמם קשרי ידידות, אך בשונה מהם, ארליך התנסה בהקמת מכון מחקר ובניהולו, והיה מוכן לחלוק עם וייצמן את ניסיונו באלה. על כן נראה שלא רחוק אף לראות בארליך את מי שתפקד כחונכו של וייצמן בהפעלת המהלכים הראויים לשם הקמת 'מרכז של מצוינות מדעית'.[37]

35 וייצמן אל הוועד הפועל הציוני המצומצם, 26.4.1914, א"ו, ו, איגרת 310, עמ' 364.

36 על איינשטיין ומפעל האוניברסיטה העברית ראו זאב רוזנקרנץ, '"מרכז רוחני נעלה" או "בית שורץ מקקים"? מעורבותו של אלברט איינשטיין בענייני האוניברסיטה העברית 1919-1935', בתוך שורשים והתחלות (לעיל, הערה 6), עמ' 386-394; Ze'ev Rosenkranz, *Einstein before Israel: Zionist Icon or Iconoclast?*, Princeton: Princeton University Press, 2011, Chap. 3, pp. 99–138, ובעוד מקומות שם. עוד ראו וולטר אייזקסון, איינשטיין: חייו והיקום שלו, תרגם מאנגלית דוד מדר, תל אביב: ספרי עליית הגג וידיעות אחרונות, 2011, פרק 13; חנוך גוטפרוינד, 'אלברט איינשטיין: האדם, היהודי והציוני', http://lib.cet.ac.il/pages/item.asp?item=11349.

37 לימים אף יוצג הרעיון של התחלת האוניברסיטה במכוני המחקר כרעיון של ארליך, בתפקידו כיועץ לוועדת האוניברסיטה של ההסתדרות הציונית. ראו הפרק הבלתי־חתום 'The University', in *Keren Ha-Yesod Book*, London: Leonard Parsons, 1921, p. 137.

המוסד שהוצע בתכנית 1914 לא זכה לשם בעברית, ואף לא הוזכר ברַבּות מן ההיסטוריוגרפיות של האוניברסיטה העברית. עם זאת, מבחינתו של וייצמן, יסודות מרכזיים במדיניות המדע שלו, ובראשם התשוקה למצוינות מדעית, אשר מופיעים בהכנות להקמתו, ישובו ויעלו ביזמותיו לגבי האוניברסיטה העברית בירושלים מ־1920 ואילך, כמובא להלן, לגבי מכון זיו בשנת 1933 ומכון ויצמן למדע, בשנים 1944-1946. בשני האחרונים אפשר לראות את מימוש הדגם של מכון המחקר שמעוצב לראשונה בתכנית 1914.[38]

התכנית ל׳אוניברסיטה שלמה׳, 1918

לאחר הצהרת בלפור והשתלטות בריטניה על דרום הארץ ועל ירושלים הגיעה ארצה המשלחת הציונית (ועד הצירים) בראשותו של וייצמן, ואחת ממטרותיה המוצהרות הייתה לקדם את ייסוד האוניברסיטה בירושלים. ואכן, לאחר משא־ומתן עם שלטונות הצבא הבריטי נתקבלה הרשות לחגוג בהר הצופים בט״ו במנחם אב תרע״ח (24.7.1918) את ׳הנחת אבן הפנה לבנין האוניברסיטה העברית בירושלם׳, והונחו בה תריסר ויותר ׳אבני פינה׳.[39] וייצמן בנאומו באנגלית בטקס על הר הצופים, ובמאמרו בעברית שפורסם זמן מה אחר כך בקובץ מטעם מפלגת פועלי ציון, חזר לעיקריה של תכנית 1913, הן מצד המבנה הארגוני והאקדמי של האוניברסיטה, והן מצד תפקידה בהמצאת בית לצעירי היהודים התאבים להשכלה גבוהה.[40] הוא תיאר את האוניברסיטה העתידה ואת

38 והשוו תכנית העוסקת בהיבטים התפעוליים של מכון זיו ותכניות המחקר שלו: ‘Scheme for Daniel Sieff Research Institute’, לונדון, 15.12.1933, בתוך נח״ו, 2, מספר 8, עמ׳ 33–38. וייצמן הוא החתום עליה.

39 ׳יום חגנו, פרטי החגיגה הנחת אבן הפנה לבנין האוניברסיטה העברית בירושלם, בט״ו מנחם־אב תרע״ח׳, ירושלים: דפוס עזריאל, תרע״ח. ב״ז קדר מעמיד על כך שלמרות כינוי הטקס לא היה מדובר שם ב׳אבן פנה׳ יחידה, אלא באבני פינה רבות. ראו ב״ז קדר, ׳טקס הנחת אבני הפינה לאוניברסיטה העברית בט״ו באב תרע״ח (24 ביולי 1918)׳, בתוך שורשים והתחלות (לעיל, הערה 6), עמ׳ 107–119. לתרגום עברי של נאום ווייצמן בטקס זה ראו ׳עם ירית אבן־הפנה, נאום על הר הצופים ביום ט״ו באב תרע״ח׳, בתוך וייצמן על האוניברסיטה העברית (לעיל, הערה 4), עמ׳ 25–30.

40 לנוסח האנגלי המקורי של הנאום ראו קדר (לעיל, הערה 39), עמ׳ 110–119. וראו גם

הפקולטות בה: ׳פקולטה ללימודי־הרפואה עם כל מחלקותיה ועל כל מוסדותיה התלויים בה: המעבדות והקליניקות׳; סמוכה לה ׳פקולטה מיוחדת ללימודי־הטבע׳; וכן ׳מחלקה ללימודי הפילוסופיה, או אם תרצו בשם אחר - ללימודי היהדות - מין Faculté de Lettres׳, ובה, לפי הגדרות ימינו, ממדעי הרוח, ממדעי החברה, ובעיקר ממדעי היהדות.[41]

כך, בצד תחומי המחקר וההוראה ׳הכלליים׳, המטופחים באוניברסיטה האירופית הטיפוסית, ובצד הקצאת מקום מרכזי למדעי היהדות ולעברית בכללם, בבחינת מענה לביקוש למחקר המוגדר כמורשת הלאומית היהודית, בעיקר המורשת הטקסטואלית, מתייחס וייצמן גם למתבקש מן המקומיות, מן הארץ־ישראליות של האוניברסיטה העתידה: ׳מראשית היוסדה של האוניברסיטה העברית צריך לתפוס מקום חשוב ייסודה של תחנת־נסיונות לחקלאות [...] שבנקל אפשר להרחיב ולהפכה למחלקה מיוחדת ללמודי החקלאות׳.[42]

וייצמן גם הדגיש שישנם נושאים שמתאימים במיוחד להיחקר ׳באוניברסיטה העברית שלנו׳: הארכאולוגיה, שחשפה כה הרבה במצרים וביוון, ושעשויה להביא לתגליות גם בארץ ישראל; הכימיה והבקטריולוגיה, הגאולוגיה וחקר האקלים, שיפעלו במשולב כדי להגביר את פריונה של הארץ. את המלריה והגרענת, שתי המכות של הארץ, יש להדביר באמצעות מחקר מדעי ויישומו. כך תתרום האוניברסיטה להקמת הבית הלאומי.[43]

בעוד האוניברסיטה תחתור ל׳רמה המדעית הגבוהה ביותר׳ (בנוסח העברי: ׳להגיע לשיא־הגובה המדעי׳[44]), היא, כפי שכבר מובא בתכנית 1913, תעסוק בהפצת ידע מקצועי ובהשכלת מבוגרים.[45] כך ׳בעל־המלאכה והפועל החקלאי

וייצמן, ׳על האוניברסיטה העברית׳, בתוך על הסף: קבץ לענייני החיים ולספרות, ירושלים תרע״ח, עמ׳ 16-20. המאמר נכלל בתוך וייצמן על האוניברסיטה העברית (לעיל, הערה 4), עמ׳ 21-24.

41 שם, עמ׳ 23.

42 שם, עמ׳ 24.

43 קדר (לעיל, הערה 39), עמ׳ 116-117; וייצמן, עם יריית אבן הפינה (לעיל, הערה 39), עמ׳ 25-30; וייצמן, על הסף (לעיל, הערה 40).

44 שם, עמ׳ 29.

45 ׳היא תצטרך לשמש [...] מוסד להשכלת העם ע״י שעורים אוניברסיטאיים לעם, שעורים בחודשי החופש וכדומה׳. שם, עמ׳ 17.

היהודי' יוכלו להשלים בה את השכלתם בשעות הפנאי שלהם.[46] משמע, וייצמן תיאר מוסד שבני אותו דור כינוהו 'אוניברסיטה שלמה'. על כך שמדובר ב'אוניברסיטת מחקר' מעידה בנאומו הַכריכה של טיפוח המחקר בהמצאת פתרון לצעירים יהודים צמאי לימוד ומחקר:

> בימינו, שום הוראה לא תשא פרי אלא אם כן היא תהיה מחוזקת על ידי רוח בוחנת וחוקרת, ואוניברסיטה מודרנית לא רק תגדל בעלי־מקצוע מיומנים, אלא גם תאפשר לאלה, המסוגלים ומוכנים להקדיש את עצמם למחקר מדעי, לעשות כן ללא מעצור והפרעה. כך תהיה האוניברסיטה שלנו בית למאות צעירים יהודים מוכשרים, שהצמא ללימוד ולעיון ביקורתי - ירושת אבות מדור דור - טבוע בהם, ושבמקרים רבים מאוד נאלצים עתה להביא צורך לוהט זה על סיפוקו בסביבה לא־יהודית ולעתים קרובות גם לא־ידידותית.[47]

בחזרה לתכנית מכוני המחקר, 1925-1919

כשנה לאחר הנאום בהר הצופים צומצמו לגמרי התכניות לאוניברסיטה רבת פקולטות. בספטמבר 1919 הוכנה במשרדי ההסתדרות הציונית בלונדון 'טיוטת החלטה המוגשת לוועדת האוניברסיטה', וזו התוותה תכנית שהיא הד לתכנית 1914: מוסד־גג למספר קטן של מכוני מחקר. היעד הקרוב אינו עוד פקולטות הוראה - כינונן נדחה למועד בלתי מוגדר - אלא מכוני מחקר, והם: 'פיסיקה, כימיה, ביולוגיה, גיאולוגיה, מינראלוגיה, חקלאות'. מהם תקום בעתיד הפקולטה למדעי הטבע והפקולטה לרפואה.[48]

46 וייצמן, עם ירִיית אבן הפינה (לעיל, הערה 39), עמ' 29.

47 שם, עמ' 26. המובא כאן הוא תרגומו של ב"ז קדר לטקסט המקורי באנגלית שהוא מביא במאמרו (לעיל, הערה 39), עמ' 113.

48 הפרוטוקולים של הוועד־הפועל הציוני, א: פברואר 1919 - ינואר 1920, בעריכת יהושע פרוינדליך וגדליה יוגב, תל אביב: אוניברסיטת תל־אביב והוצאת הקיבוץ המאוחד, תשל"ה, עמ' 229-230. לגבי מדעי היהדות בפרט, ומדעי הרוח בכלל, נאמר שם: 'התחום

בראשית שנת 1920 צומצמה התכנית עוד יותר, כפי שמעיד 'דוח הכנות', שהדפסתו בשעווית (סטנסיל) מלמדת על הכוונה להביאו לידיעת הרבים.[49] תזכיר זה מדגיש את מחויבות המוסד המתוכנן למחקר אקדמי מן המדרגה הראשונה ומעמיד את האוניברסיטה, לפחות בתחילתה, על ארבעה מכוני מחקר בלבד: פיסיקה, כימיה, מיקרוביולוגיה, וגם 'מכון עברי ומחלקה למדעי היהדות'. שתי הצדקות ניתנו לצמצום זה. ראשית, לפי שעה לא היו בידיהם של מייסדי האוניברסיטה האמצעים להקמת הבניינים הדרושים להוראה. שנית, הצמצום התחייב מהמדיניות האקדמית - המשקפת בוודאי את עמדתו של וייצמן - והמנוסחת כך:

> הפרינציפיון שלנו, בתור אמת המדה, צריך להיות שנדגיש את האיכות גם על חשבון הכמות. [...] הוסכם שיותר נכון להתחיל במחלקה המדעית [במדעי הטבע] בצורת מוסדי חקירה ולא בתור פקולטות של הוראה. מוסדים כאלה, אפילו כשאינם גדולים, יכולים להגיע למדרגה גבוהה למרות סכומי הכסף המוגבלים [...] אלה ירימו את נִסה של האוניברסיטה. מה שישמור עליה מסכנת מדרגה מדעית נמוכה וחזקת שם גרוע שממנה

המתאים למחקר מקורי, בעל ערך מדעי כללי, ולפעילות רוחנית, בעלת חשיבות יהודית כללית, באוניברסיטה העברית בארץ־ישראל, יימצא בלימוד הציוויליזאציה העברית והשמית ובלימודי המזרח־הקרוב. לתכלית זו יש לכונן אקדמיה ללימודים עבריים, שמיים וללימודי המזרח־הקרוב, שתהווה חלק מן הפאקולטה של מדעי־הרוח, העתידה לקום'. עד כמה התכנית לעסוק 'בלימוד הציוויליזאציה העברית והשמית ובלימודי המזרח־הקרוב' באה במקום 'מכון עברי ומחלקה למדעי היהדות' ראו להלן. עד כמה היא מציעה עמדה 'פרוטו־כנענית'? עניין זה ראוי לבדיקה מצד עצמו.

49 'דו"ח: הכנות לאוניברסיטה בירושלים (להגיש לפני הועידה השנתית של ההסתדרות הציונית)', [לשכת החנוך והתרבות של ההסתדרות הציונית, לונדון], מכפלת, עברית ואנגלית. לא מצוינת שם שנת הדפסה, אולם לפי המובא שם - לאחר חודש מרס 1920. בספרייה הלאומית סימונו 2998 34 °2. לדיון מפורט בהכנת הדוח ראו חגית לבסקי, 'בין הנחת אבן הפינה לפתיחה: ייסוד האוניברסיטה העברית, 1918-1925', בתוך שורשים והתחלות (לעיל, הערה 6), עמ' 120-159. לנוסח קרוב למובא בדוח ההכנות ראו הפרק הבלתי־חתום 'האוניברסיטה' (לעיל, הערה 37), עמ' 136-143.

סובלות בדרך כלל האוניברסיטאות בארצות בלתי מפותחות, ביחוד במזרח.[50]

אם כן, בתכנית 1920 ויתרו, לפחות באורח זמני, על תפקיד ההוראה במוסד, וההצטיינות במדע היא מטרתו. כבר בגרסאות קודמות של תכנית האוניברסיטה, ובוודאי בזו משנת 1914, קיימת השאיפה לאיכות במחקר, אך כאן מוצבת לראשונה תכלית המוסד כהדגשת 'האיכות גם על חשבון הכמות'. בתכנית 1913 תכלית הרמה המדעית הגבוהה הייתה למשוך תלמידים שיישאו עיניהם לתעודה בעלת ערך באירופה, ואילו בתכנית 1920 הרמה המחקרית הגבוהה היא מטרה לעצמה. אין כאן הצעה לפתרון מצוקתם של הסטודנטים והמלומדים היהודים הנדחים ממוסדות אירופה, ואף לא כינון 'מרכז רוחני', אלא השתתפות במפעל המדע העולמי באמצעות הצטיינות ביצירה המדעית, כיאה לאוניברסיטה של בני העם היהודי.

לתכנית מכוני־המחקר־תחילה ישנן שתי הצדקות. ראשית, ברוחו של 'הפרינציפיון' האמור, מכוני מחקר הם האמצעי להשיג שם טוב לאוניברסיטה. שנית, הואיל ובכוונתם של מייסדי האוניברסיטה לכונן, באיזה עתיד, פקולטה לרפואה, פקולטה לחקלאות, וכמובן פקולטה למדעי הטבע, הרי שמכוני מחקר בתחומים המוצעים יפים הם לבנייה מודולרית של האוניברסיטה. האפשרות שיתברר 'שמוטב לבנות מכונים נפרדים מאשר להקים פקולטות נפרדות בבת אחת' מועלית כבר בתכנית 1913, ועומדת במרכזה של תכנית 1914, אך בשתיהן מדובר על אמצעי זמני בדרך לכינון האוניברסיטה השלמה. לעומת זאת בתכנית 1920 מכוני מחקר הם תכלית לעצמה, והשאיפה היא - במונחינו שלנו - לייסד מרכז של מצוינות אקדמית.

ההחלטה להקים תחילה את מכוני המחקר הֶעמידה את מייסדי האוניברסיטה במצב היעדר של דגם ארגוני לזיקתן של יחידות המשנה - מכוני המחקר לכלל המוסד. באוניברסיטאות גרמניה, למשל, הפקולטות היו יחידות המשנה של כלל המוסד - אך הפקולטות היו בראש ובראשונה ארגוני הוראה, ובארגוני מחקר כמו המוסד הפיסיקלי־טכני הממלכתי בברלין מכוני המחקר נועדו לשרת את תכליות המחקר שהגדירה הנהלת כלל המוסד. ואילו בירושלים זיקתם של מכוני המחקר לכלל האוניברסיטה הייתה חלקית, שכן מימונם בא מגורמים חיצוניים לאוניברסיטה. לפיכך הפנו מייסדי האוניברסיטה העברית עורף לדוגמאות ידועות והתקינו מבנה ארגוני חדש, אשר כנאמר בדוח ההכנות נועד

50 דוח הכנות (לעיל, הערה 49), עמ' 1-2.

'לאחר בהתאם לתנאי א"י את היסודות שבשיטה הקונטיננטלית של אוניברסיטת המדינה עם אלה שבשיטה האנגלית של אוניברסיטאות בלתי־תלויות המנוהלות ע"י נאמנים'.[51] על פי וייצמן 'השיטה האנגלית' תצמיח אוניברסיטה המתפקדת כמערכת מנהלית מרכזית למכונים שכל אחד מהם ינוהל באופן עצמאי על ידי מועצתו המיוחדת.[52]

השאיפה להצטיינות במדע התקבלה על דעת מייסדי האוניברסיטה האחרים. ברוח מדיניות אקדמית זאת של וייצמן, 'שיותר נכון להתחיל במחלקה המדעית בצורת מוסדי חקירה ולא בתור פקולטות של הוראה', הכריז וייצמן בחגיגת הפתיחה של האוניברסיטה העברית בירושלים ב־1925: 'מוסדנו ישיג את גדולתו ותהלתו בַּפרי שֶׁישא לעץ הדעת אשר לעולם כלו'.[53] ואכן, מה שנחנך באותו אירוע היה מוסד שלמרות שמו - אוניברסיטה - היה מוסד־גג למכוני מחקר שלפחות להלכה אין בו הוראה ושהאידאל שלו הוא הצטיינות במחקר המדעי.[54] בזכות תפקידו המרכזי של וייצמן בעיצוב המדיניות האקדמית של

51 שם, עמ' 4.

52 וייצמן אל וורמסר, 5.12.1921, א"ו, י, איגרת 301, עמ' 317-319. וראו Edward Shils & John Roberts, 'The Diffusion of European Models outside Europe', בתוך רואג (לעיל, הערה 3), עמ' 190-191.

53 'נאום הד"ר חיים וייצמן', בתוך חגיגת הפתיחה בתבנית קטנה (לעיל, הערה 3), עמ' יט-כא. המובא כאן מוייצמן מתפרש כדברים בזכות המחקר־לשמו ובזכות השאיפה להצטיין בו. זו אף הייתה עמדת אחרים מן העומדים על ערש המוסד החדש, כגון ביאליק, מאגנס ואיינשטיין. לדיון בנושא זה ראו שאול כ"ץ, '"מדע טהור" באוניברסיטה לאומית: מכון איינשטיין למתמטיקה ומכונים אחרים באוניברסיטה העברית בתקופת התהוותה', בתוך שורשים והתחלות (לעיל, הערה 6), עמ' 425-427. אריה גורן מעמיד על כך ש'חגיגת פתיחה' זו הייתה הרביעית בסדרת עצרות על הר הצופים שנחשבו בציבור הרחב לאירועי פתיחת האוניברסיטה. קָדם לה טקס פתיחת המכון למדעי היהדות בחנוכה תרפ"ד (דצמבר 1924), עליו ניצח מאגנס, ולזה קדמה הרצאת איינשטיין על הר הצופים בפברואר 1923. העצרת הראשונה בסדרה היא טקס הנחת אבני הפינה בקיץ 1918, המוזכר לעיל. ראו אריה גורן, 'מבט מהר הצופים: י"ל מאגנס והשנים הראשונות של האוניברסיטה העברית', בתוך שורשים והתחלות (לעיל, הערה 6), עמ' 368-369.

54 בכל זאת התנהלה שם הוראה בשנים הראשונות של אחדים מן המכונים, אך הוראה ללא תעודה אוניברסיטאית. ראו הלוח 'התפתחותה האקדמית של האוניברסיטה, תרפ"ה-תרצ"ז', בתוך [שלמה זלמן שוקן], האוניברסיטה העברית בירושלים, התהוותה ומצבה, ירושלים: האוניברסיטה העברית, תרצ"ט, עמ' 79.

עוד מוסדות מחקר בארץ, כמובא בהמשך הדברים, אידאל אקדמי זה יוכתר גם על הווייתם של אלה.

בדרך ל'אוניברסיטה שלמה', 1935-1925

מכוני המחקר שהרכיבו את האוניברסיטה העברית בראשיתה היו המכון לכימיה (1924), שתי מחלקות למחקר רפואי שנועדו להיכלל בפקולטה לרפואה (המחלקה לפרזיטולוגיה [1924] ומחלקה לבקטריולוגיה ולהיגיינה [1926]) והמכון למדעי היהדות, שפתיחתו בחנוכה תרפ"ה (סוף 1924) אף נחשבה, כמוזכר למעלה, לטקס חנוכת האוניברסיטה. בשנת 1926 נוספו לאוניברסיטה עוד שני מכונים: המכון למדעי המזרח והמכון לחקירת טבע א"י, וכעבור עוד כשנה נחנך מכון איינשטיין למתמטיקה (1927).[55] במרוצת שנת 1928, משכוננו 'הקורסים לפילוסופיה, היסטוריה וספרות' - מסגרת הוראה שתחילה לא היה לה מעמד של מכון מחקר - סברו יהודה לייב מאגנס ואחרים מראשי האוניברסיטה שהמוסד מוכשר להתחיל בהוראה מסודרת. או אז, לקראת שנת הלימודים תרפ"ט (1929-1928) החלה לפעול הפקולטה הראשונה באוניברסיטה - 'הפקולטה למדעי הרוח', מתוך התפשרות־מה עם המשאלה שבראשם של כל מכוני האוניברסיטה ומחלקותיה יעמדו מלומדים בעלי שם עולמי.[56]

ב־1914 העריך וייצמן שרק מדענים בודדים מן המעלה הראשונה יבואו לירושלים 'מתוך מניעים ארץ־ישראליים', ועל כן יש לגייס מדענים צעירים ומבטיחים אשר 'יצטרכו לקנות להם שם במכון'.[57] בשנות העשרים אמנם הצטרפו אחדים מגדולי המדע למפעל האוניברסיטה העברית, אך רובם עשו כן משהתמנו להיות חברים במועצה האקדמית או בחבר הנאמנים שלה, ופעלו בחו"ל, ולא העמידו עצמם כמנהלים של מכוני המחקר של האוניברסיטה

55 כך בעיקר לפי הלוח המוזכר שם, ולפי הפרק 'תולדות האוניברסיטה העברית', שם, עמ' 1-7.

56 ראו מיכאל הד, 'בין לאומיות ואוניברסליות, בין מחקר והוראה: קווים לתולדות ראשיתה של האוניברסיטה העברית', בתוך חינוך והיסטוריה, בעריכת רבקה פלדחי ועמנואל אטקס, ירושלים: מרכז זלמן שזר, תשנ"ט, עמ' 355-376.

57 וייצמן אל מאגנס, 25.5.1914, א"ו, ו, איגרת 350.

בירושלים. כך איינשטיין,[58] וכך הפיסיקאי אורנשטיין. אך לא כך המתמטיקאי אדמונד לנדאו מגטינגן, שהיה מגדולי המתמטיקאים של דורו ובנו של לאופולד לנדאו שנזכר למעלה. לנדאו בא לירושלים ו'פתח' על הר הצופים את מכון איינשטיין למתמטיקה. כעבור כמחצית השנה הוא חזר לגטינגן, אולם קודם לכך גייס למכון החדש את אברהם הלוי פרנקל, מחשובי המתמטיקאים בגרמניה דאז, ואת מיכאל פקטה (Fekete), אף הוא מתמטיקאי נחשב.[59] אחרי השלטת חוקי הגזע בשנת 1938 באיטליה הצליח וייצמן להביא לאוניברסיטה את ג'וליו־יואל רקח, פיסיקאי תאורטי מן השורה הראשונה.[60] לעומת הצלחות ספורות אלה בגיוס מדענים שכבר עשו לעצמם שם, הצליח וייצמן לגייס מספר ניכר של מדענים צעירים ומבטיחים - ובהם הפרזיטולוג שאול אדלר, אותו גייס ב־1924,[61] הכימאי האורגני מקס פרנקל, ב־1926,[62] וכן לדיסלאוס פרקש, מפליטי גרמניה, שנחשב מדען מבטיח ביותר בתחום הכימיה הפיסיקלית, ואותו גייס וייצמן לאוניברסיטה העברית ב־1934.[63]

58 על איינשטיין ומפעל האוניברסיטה העברית ראו לעיל, הערה 36.

59 כ"ץ, שורשי ברלין (לעיל, פרק 1, הערה 6).

60 ראו יששכר אונא, 'ראשיתה של הפיסיקה באוניברסיטה העברית', בתוך שורשים והתחלות (לעיל, הערה 6), עמ' 589-624.

61 Shaul Katz, 'The Scion and Its Tree: The Hebrew University of Jerusalem and Its German Epistemological and Organizational Origins', in *The Institution of Science and the Science of Institutions: The Legacy of Joseph Ben-David*, ed. Marcel Herbst (Boston Studies in the Philosophy and History of Science, 302), Dordrecht – Heidelberg – New York – London: Springer, 2014, pp. 121–123

62 גיוס פרנקל מוזכר בתוך וייצמן אל מאגנס, 5.10.1926, מח"ו, 13, מספר 94, עמ' 106-108. כדי לאפשר את העסקתו של פרנקל, וכן את העסקת נתנאל טהון, הודיע וייצמן למאגנס שהוא, וייצמן, מוכן לממן את משרתם. אהרן קציר ואפרים קציר עשו את צעדיהם הראשונים בחקר מולקולות גדולות אצל פרנקל. ראו אפרים קציר, סיפור חיים, ירושלים: כרמל, תשס"ח, עמ' 55-62, ובמקומות אחרים שם. עוד על פרנקל ראו אסף זלצר, ספר האישים: מייסדים, מעצבים וראשוני הפרופסורים לפני קום המדינה, ירושלים: מאגנס, תשע"ג, עמ' 279-282.

63 Michael Chayut, 'From Berlin to Jerusalem: Ladislaus Farkas and the Founding of Physical Chemistry in Israel', *Historical Studies of Physical and Biological Sciences*, 24 (2) (1994), pp. 237–263. המוזכרים כאן הם אחדים בלבד ממי שניסה וייצמן לגייס לאוניברסיטה העברית, ובהמשך, או באותה העת, לגייסם למכון

מינויו של אנדור פודור לראש המכון לכימיה היה שונה. פודור היה דוֹצֶנט, ובהמשך אף פרופסור שלא מן המניין, באוניברסיטת האלֶה כאשר נענה להצעת וייצמן להגיע להר הצופים ולעסוק בהקמת המכון לכימיה. בתחילה ראה בו וייצמן בן ברית ושותף, ומהתכתבותו עמו ועם אחרים בעניין המכון לכימיה עולה בבירור שוייצמן תכנן לבוא לירושלים, לקחת חלק בבניין המעבדות, לחדש שם את פעילות המחקר שלו ולעמוד בראש המכון הנבנה והולך. כן ברור שוייצמן קשר את כינון המכון לכימיה בהקמת המכון למיקרוביולוגיה, רמז לכיוון המחקרי שתכנן ללכת בו.[64] אלא ששתי תכניות אלה לא יצאו אל הפועל. פודור היה מראשוני הפרופסורים מן המניין שמינתה האוניברסיטה

זיו, שידובר בו להלן בפרק 3. שניים מגדולי הדור שלוייצמן הייתה התכתבות ישירה, או עקיפה, אתם הם הפיסיולוג־ביוכימאי הנס קרבס (Krebs, 1900–1981, פרס נובל 1953) והכימאי הפיסיקלי מייקל פולניי (Polanyi, 1891–1976). דוגמאות להתכתבות בעניינם הן - בעניין קרבס: סלמן אל וייצמן, 17.4.1934, ג"ו, 1736–23; בעניין פולניי: וייצמן אל שמאלץ, 14.4.1935, ג"ו, התכתבות עם פולניי, 1813–14. תודתי למר ערן טל מגנזך ויצמן על זיהוי התכתבויות אלה. אף בארכיון האוניברסיטה העברית נמצאת התכתבות עם קרבס. קרבס ופולניי לא נענו להזמנה לארץ ישראל. בגנזך האוניברסיטה העברית נמצא תיק התכתבויות עם הביוכימאי קארל נויברג (Neuberg, 1877–1956), שנחשב לאבי הביוכימיה. וייצמן הפציר בו שיצטרף לאוניברסיטה העברית. אחרי משא־ומתן ארוך הגיע נויברג לירושלים, אך שהה בה זמן קצר בלבד. סופו שדרך המזרח הרחוק עבר לארצות הברית. ראו תיק נויברג בארכיון האוניברסיטה העברית. במדור הציונים הביוגרפיים לסגל האקדמי של האוניברסיטה העברית בשנתון 1942 מובא ערך מכובד ביותר על אודות נויברג. נויברג הוא היחיד מהנמנים שם ששימש בתפקיד של מנהל מכון במוסד מכוני הקייזר וילהלם בברלין־דאהלם, וברוב התקופה שימש גם מנהל המכון לרפואה ניסויית במוסד זה *The Hebrew University, Jerusalem: Its History and Development*, Jerusalem 1942, p. 138. עוד על פעילותו של וייצמן בעניין שיקומם של פליטי גרמניה, כגון הצטרפותו לקרן הבריטית המרכזית למען יהודי גרמניה, ראו רוז (לעיל, פרק 1, הערה 59), עמ' 192–193. [וראו את מאמרה של שולמית וולקוב בכרך זה. הערת העורך.]

64 האיגרת הראשונה של וייצמן אל פודור היא מ־24 באוקטובר 1921. ראו א"ו, י, איגרת 263, עמ' 279–280. באיגרת זו הגיב וייצמן בחמימות על התכניות להקמת מכוני מחקר בירושלים שפודור הפנה לוייצמן (והן נמצאות בגנזך ויצמן). כן הוא ציין שם כי הוא קרא באחרונה אחת מעבודותיו והוסיף: 'אשמח לשמוע ממך על אפשרות השתתפותך בהקמת המכונים'. עוד איגרות נמצאות בכרך זה ובבאים אחריו. וראו גם ריינהרץ, עלייתו של מדינאי (לעיל, פרק 1, הערה 44), עמ' 366–367; כ"ץ, נצר (לעיל, הערה 61),

העברית, ומשנעשה פודור לראש המכון לכימיה נתמלאה בירושלים אותה משרה אקדמית שוייצמן ציפה לשמש בה מאז ימי מנצ׳סטר שלו.

כשנה לאחר הפתיחה החגיגית של האוניברסיטה ב־1925 נבחר וייצמן לנשיא האוניברסיטה העברית וליושב ראש חבר הנאמנים שלה, איינשטיין נבחר ליושב ראש המועצה האקדמית, ומאגנס לקאנצלר האוניברסיטה, האחראי על ניהול המוסד. באופן זה נוצרו בראש האוניברסיטה שלושה מוקדי סמכות. ואולם, מן הדיון שמאגנס, וייצמן ואיינשטיין ניהלו ביניהם על דבר הרעיון להציע לפרופ׳ אדמונד לנדאו, עתה בירושלים, להתמנות לתפקיד ׳הראש האקדמי׳ של האוניברסיטה ניתן ללמוד שהשלושה ביקשו להוסיף עוד מוקד סמכות לראשות האוניברסיטה, מוקד שיפעל בירושלים. לנדאו לא קיבל על עצמו תפקיד זה. שנים אחדות לאחר מכן, כפי שמובא להלן בפרק 3, הציע וייצמן את עצמו לתפקיד הראש האקדמי. סוף הדיון היה ב־1935, משכּוּנן סנאט האוניברסיטה, והסנאט בחר את אחד מחבריו, פרופ׳ שמואל הוגו ברגמן, לרקטור, כלומר לראש אקדמי נבחר הפועל בסמכות חבר הפרופסורים של האוניברסיטה. במקביל בטל תפקידה של המועצה האקדמית הממונה ובטל תפקידו של איינשטיין העומד בראשה. כך הושלם כינון גוף הניהול האקדמי האוטונומי והמרכזי של המוסד החדש.

עוד קודם לכן, בשנותיה הראשונות של האוניברסיטה, בין וייצמן שהתגורר בלונדון, איינשטיין שהתגורר בברלין (ולא טרח להגיע לירושלים אפילו לחגיגת הפתיחה) ומאגנס שהתגורר בירושלים - שלאיש מהם לא היה ניסיון בניהול מוסד אוניברסיטאי - שררה הסכמה לגבי אידאל ההצטיינות המדעית שראוי להיות מדריכָהּ של האוניברסיטה, אך לא לגבי הצעדים המעשיים למימושו. המחלוקות בין השלושה לא איחרו להתפרץ.[65] דוגמה בולטת לאלה היא עניין

עמ׳ 126–130. פודור, בוודאי על פי דרישתו, מונה כבר בתרפ״ג (1923) לתפקיד מנהל המחלקה הכימית. חגיגת הפתיחה בתבנית גדולה (לעיל, הערה 3), עמ׳ ח.

65 על יחסי איינשטיין וּוייצמן ועל המחלוקת בין איינשטיין למאגנס ראו לעיל, הערה 36 [וכן במאמריהם של חדוה בן־ישראל וישׂשכר אונא בכרך זה. הערת העורך]. אחת מהתוצאות של מחלוקות אלה הייתה כינון ועדת הסקר (Survey Committee), המכונה ׳ועדת הרטוג׳ על שם סר פיליפ הרטוג (Hartog) שעמד בראשה. הדוח של ועדה זו (Report of the Survey Committee of the Hebrew University of Jerusalem, 1934) תבע שינויים מרחיקי לכת במבנה האוניברסיטה, ובין השאר חולל את כינון הסנאט ובחירת הרקטור, כמובא לעיל. הרברט פרזן היה הראשון לכתוב דבר מחקר על כינון ועדת הרטוג

הנהגת ההוראה. מאגנס, ראש האוניברסיטה בפועל, קידם את הנהגת ההוראה המסודרת במוסד. לעומתו, בשנותיה הראשונות של האוניברסיטה ביקש וייצמן לשַמר אותה כמוסד של מכוני מחקר. כמובא למעלה, וייצמן הועיד לעצמו השתלבות בפעילות המחקר באוניברסיטה שהקים, בצד תפקיד מרכזי בהנהלתה, תפקיד בעל נראות אקדמית וסמלית. אלא שלאורך שנות העשרים היה וייצמן נתון כל כולו לענייני התנועה הציונית, ולמגינת לבו הניח לעבודתו המדעית ולמעורבות בעיצוב המוסד שכונן על הר הצופים.[66] כך, וייצמן, שהקים את האוניברסיטה העברית כמפעל של תחייה לאומית שיביא מענה גם למאווייו האישיים, כמדען מצא עצמו ללא מוסד שיוכל לבטא בו הן את תשוקתו למעבדה ולמחקר והן את יסודות מדיניותו האקדמית.

בתחילת שנות השלושים, משהסתבר לו שמעמדו בהסתדרות הציונית נחלש, הוא נמנע מלהגיש שוב את מועמדותו לנשיאות התנועה. או אז ראה וייצמן אפשרות לחדש את פעילותו האקדמית והמחקרית באוניברסיטה. כ־15 שנים חלפו מאז עזב את אוניברסיטת מנצ'סטר, ובוודאי מאז שסיים את תפקידיו במפעלי האצטון לא היה לו קשר קבוע לפעילות מחקרית אקדמית. אך הביקוש הנמרץ לחידושה של פעילות כזו הוליך את וייצמן מירושלים לרחובות.

והמלצותיה. ראו Herbert Parzen, *The Hebrew University, 1925–1935*, New York: Ktav, 1974. על הרטוג וועדתו נכתב הרבה בשלושת הכרכיה של תולדות האוניברסיטה העברית (הראשון בהם מוזכר לעיל, הערה 6). עוד עליהם ראו אורי כהן, ההר והגבעה: האוניברסיטה העברית בירושלים בתקופת טרום העצמאות וראשית המדינה, תל אביב: עם עובד, תשס"ז, עמ' 76–80 ובמקומות אחרים שם.

66 וייצמן אל מאגנס, 5.10.1926, מח"ו, 13, מספר 94, עמ' 106–108. ככל שוייצמן משיא למאגנס עצות אקדמיות בעניין המכון לכימיה, כביכול שהוא ראש המכון, ברור שוייצמן איננו מתכוון להשתלב בו. עם זאת, ההכללה שבשנים אלה וייצמן לא עסק בעבודה מחקרית איננה מדויקת. בשנים 1922–1925 רשם וייצמן, יחד עם גיסו יוסף בלומנפלד, עשרה פטנטים שבוודאי היו פרי מחקר. [ראו פריטים 35–44 ברשימת הפטנטים של וייצמן בעריכת יגאל בורשטיין המופיעה בכרך זה. כן ראו מאמרו של רפאל משולם בכרך זה. הערת העורך.]

3. מירושלים לרחובות ומאוניברסיטת מחקר והוראה למכוני מחקר - מכון זיו ומכון ויצמן למדע

כיצד אירע הדבר שמייסדה הנלהב של האוניברסיטה העברית בירושלים, הלוא הוא ד"ר חיים וייצמן, האוחז בתפקיד יושב ראש חבר הנאמנים שלה, פנה למושבה רחובות והקים בה מכון מחקר, מעין מכון פרטי לעצמו: 'מכון המחקר ע"ש דניאל זיף' (להלן מכון זיו), שרבים, ולעתים אף וייצמן עצמו, ראו בו יריב ומתחרה לאוניברסיטה? וממכון זיו יתד ופינה למכון ויצמן למדע.[1]

לשם מענה על שאלה זו יש לתת את הדעת על חמישה אלה: א) עבודת וייצמן בחברת פאול ארליך ב־1914 והשפעתה על עיצוב מדיניותו האקדמית ובעיקר על האידאלים האקדמיים שלו; ב) לקחי וייצמן הכימאי והבקטריולוג מפרויקט האצטון, ההשלכות של הצלחת פרויקט זה על מדיניות המחקר שלו,

1 העמדה היסטוריוגרפית הרואה במכון ויצמן למדע את המשכו של מכון זיו מתוקפת יפה בחיבור החשוב Sylvia Flowers, 'The History and Development of the Weizmann Institute of Science', M.A. Thesis, University of London, 1975. המובא כאן לגבי ייסוד מכון זיו ושנות הפעילות המחקרית הראשונות בו מסתייע במסמכים הנמצאים בגנזך ויצמן ובמובא בסדרת מח"ו והערות העורכים להן. הכרכים XI-I בסדרה זו התפרסמו גם בעברית: ראו א"ו, א-יא. לכרכים שתחילתם בכרך XII אין מקבילה בעברית. לגבי הנושאים הנדונים כאן, המבחר המובא בכרכים אלה מציב קושי גדול. מערכת כתבי חיים וייצמן ועורכיה בחרו עם תחילת המפעל שלא לכלול בהם את מה שהוגדר 'עניינים טכניים' השייכים לעבודתו המדעית של וייצמן. ראו [מאיר ו' וייסגל,] 'הקדמה כללית', א"ו, א, עמ' xxi. כך גם לא נכללו באינדקס האיגרות מושגים הקשורים במחקרי וייצמן, אפילו הם מוזכרים באיגרות עצמן, למשל וייצמן אל וילשטטר, 15.12.1935, מח"ו, 17, מספר 102, עמ' 93-94. באיגרת זו וייצמן מדווח לוילשטטר על מחקריו החדשים ב־butyl-alcohol fermentation. והנה, לא butyl-alcohol ולא fermentation מצוינים באינדקס של כרך זה. נראה שעם הזמן שינתה המערכת את דעתה והוחלט שהנראה כשייך לעבודה המדעית ייכלל בסדרה מיוחדת, היא 'הסדרה השלישית'. משימת הטיפול במסמכים שזוהו כשייכים בראש ובראשונה לענייניו המדעיים של וייצמן הופקדה בידי פרופ' ארנסט דוד ברגמן. למפעל 'הסדרה השלישית' ראו מאיר ו' וייסגל, 'הקדמה', א"ו, ו, עמ' יא-יב. ואולם, ברגמן כמעט שלא נתפנה למשימה זו, והיא עדיין מונחת לפתחם של אנשי יד חיים ויצמן. סיום התקופה הנדונה בפרק זה נקבע לפי מכתבו האחרון של וייצמן בענייני מכון ויצמן למדע: וייצמן אל דיואי סטון, 29.11.1951, מח"ו, 23, מספר 353, עמ' 308.

וזיקתו למדיניותו הציונית; ג) היחסים הבלתי מוגדרים בין תחנת הניסיונות החקלאית ובין האוניברסיטה העברית בשנותיהן הראשונות, ובעיקר התפקיד שהוקצה לכל אחד מארגונים אלה בהקמת הקולג' החקלאי, שנועד להיות מסגרת ארגונית ומשימתית משותפת לשניהם; ד) קשריו של וייצמן, העומד בראש האוניברסיטה והמופקד מטעמה על הקולג' החקלאי, עם האגרונום יצחק אלעזרי-וולקני (וילקנסקי, 1880-1955, להלן וולקני), העומד בראש תחנת הניסיונות החקלאית. מעורבותו של וייצמן בפרויקט הקולג' החקלאי התגלגלה, בברכת וולקני, להיות יסוד ארגוני למכון זיו; ה) מאוויי וייצמן לעמוד בראש מוסד מדעי אקדמי ומעבדת מחקר בתחומו ולממש בהם את חזונותיו האקדמיים, את רעיונותיו המדעיים ואת מרצו המחקרי.[2]

אחדים מכותבי תולדות וייצמן ומכותבי תולדות מכון זיו ראו את מקור פנייתו של וייצמן לרחובות בעלבון שחש כאשר בשנת 1931 התברר לו שראשי האוניברסיטה דחו את הצעתו שיתמנה לראש האקדמי של האוניברסיטה ובמקביל יעמוד בראש מעבדה משלו בהר הצופים.[3] אך נראה שאימוץ נקודת

2 'היו שני גורמים שדחקו בי בתמורה זו [חזרה לפעילות מחקרית]. ראשית יחסי הפנימי למדע, שהיה חלק מחיי מיום שעמדתי על דעתי; שנית, הרגשתי, שהמדע יש לו איזו שייכות לבנינה של ארץ-ישראל. כבר אז חשבתי על מכון מחקר, שיעבוד שכם אחד עם תחנת-הנסיונות החקלאית ברחובות - וגם על משהו גדול ומקיף מזה. ובאותו פרק זמן שלא כיהנתי בהסתדרות הציונית נוסד מכון דניאל זיו, שקדם בכמה שנים למכון וייצמן'. מסה ומעש, עמ' 335.

3 לימים, על פרשה זו, פרשת 'התפטרותי מנשיאות ההסתדרות הציונית [בקונגרס] שנתקיים ביולי 1931', כתב וייצמן בזיכרונותיו וציין שהוא עושה כך 'בבחילה משהו'. שם, עמ' 331-333. בעצם ימיה של הפרשה, אגב התכתבות עם איינשטיין בענייני האוניברסיטה, [illegible] רעיון למנות את המתמטיקאי אברהם הלוי פרנקל לראש האקדמי של האוניברסיטה, במכתב שוייצמן כתב לאיינשטיין כחודשיים לפני אותה התפטרות, העלה וייצמן בהיסוס את הרעיון שהוא, וייצמן, יתמנה לתפקיד הראש האקדמי. הוא כרך מינוי זה בחזרתו למחקר: 'ב־1 ביולי [1931] אשתחרר מן ההתחייבויות שכה מעיקות עליי עכשיו [נשיאות ההסתדרות הציונית], וארצה להפנות עצמי למדע שוב. בכל השנים האלה התאמצתי - בקושי רב - להיות מעודכן בהתפתחויות ככל האפשר. כפי הידוע לך האידאל שלי היה תמיד לבוא לירושלים. [...] מן החודש הבא ואילך [אוכל] לשהות בירושלים, ברוב סמסטר החורף, להתחיל לעבוד שם [...]. אנו נוכל לעבור לירושלים, לצמיתות, כשבני יתחיל את לימודיו באוניברסיטה. [...] באופן זה אתחיל בכמה פרויקטים חדשים במעבדת הכימיה ואפשר שאעמוד בראש המחלקה לביוכימיה של

מבט המצמצמת את משקלם של הדחפים הרגשיים לבחינת מהלכיו של וייצמן יאפשר את הבנתם על רקע היסודות הקבועים והחולפים במאמציו לממש את מדיניות המדע שלו - מדיניות אקדמית ומדיניות מחקר כאחת. ואלה הם היסודות:

(1) וייצמן ומודל מכון המחקר הנשאף. מאז חורף 1914 והעבודה במחיצת ארליך על הכנת המתווה לפרויקט המכון היהודי לרפואה ולמדעי הטבע בירושלים החזיק וייצמן באידאל של מכון מחקר רב־תחומי, שהוא במונחינו 'מרכז של מצוינות מחקרית'. ונראים הדברים שארליך אף צייד את וייצמן במרשם האמצעים הארגוניים היפים לכינון מכון כזה, כך שבתוך שנים אחדות יתפוס מקום בין מוסדות המחקר שהם מופת להצטיינות מחקרית מן המעלה הראשונה, ואולי אף יצמיח בעל פרס נובל. לפיכך וייצמן ביקש לעשות את האוניברסיטה העברית, לפחות בשנותיה הראשונות, ארגון־גג למכוני מחקר אחדים, אך הדבר לא עלה בידו. עם זאת, למרות כישלון זה לא דעכה שאיפתו לכונן מסגרת אקדמית המורכבת ממכוני מחקר משובחי הישגים, ובוודאי אף מסגרת שהוא יעמוד בראשה.[4]

תחנת הניסיונות המשובחת שלנו (הדבר הוצע לי!)'. וייצמן אל איינשטיין, 21.5.1931, מח"ו, 15, מספר 152, עמ' 154–155. והשוו וייצמן אל וולקני, 2.10.1926, מח"ו, 13, מספר 90, עמ' 102–104. מחברים אחדים הסתמכו על מקור זה ודומיו, משל וייצמן ומשל ורה וייצמן רעייתו, באופן הרואה את הקמת מכון זיו כתגובת וייצמן לדחיית הצעתו זו לאוניברסיטה. הם לא נתנו דעתם לריבוי הפנים של וייצמן, המנדב עצמו לעוד ועוד עמדות קדקוד בתנועה הציונית, ולכוונתו בתקופה הנדונה כאן לחדש את מעורבותו האישית במחקר מעבדתי. ראוי לשים לב לכך שבמכתבו זה לאיינשטיין ציין וייצמן הצעה שכבר הופנתה אליו - לעמוד 'בראש המחלקה לביוכימיה של תחנת הניסיונות המשובחת שלנו'. כלומר, בלא קשר לתפקידו בהסתדרות הציונית או להתפטרות ממנו כבר קשר וייצמן את עצמו בפרויקט מחקר ובמעבדה ברחובות. על כן, בלא להמעיט מתחושת העלבון של וייצמן - קשה לראות בעלבון זה בלבד את המניע להקמת מכון זיו. עוד על תקופה זו ופרשה זו בחיי וייצמן ועל הקמת מכון זיו וימיו הראשונים ראו רוז (לעיל, פרק 1, הערה 59), עמ' 187–190.

4 בדבריו באוניברסיטה העברית, באירוע שנועד לציין עשור לה, התפייס וייצמן עם הנהגת ההוראה, בוודאי בשל הביקוש להוראה אוניברסיטאית שנוצר אצל 'צעירי ישראל הצמאים לתורה והמקורות סגורים בפניהם' עם עליית הנאצים לשלטון. ראו 'נאום הד"ר חיים וייצמן' בכתבה 'חג העשור לאוניברסיטה העברית', דאר היום, 11.4.1935, עמ' 1.

(2) חזון הבקטריולוגיה הטכנית של וייצמן.[5] אמרתו הכוללנית של וייצמן 'יעבדו הטבע והחיידקים למעני' קדמה, ככל הנראה, לפרויקט הגומי הסינתטי (1910 ואילך), כמובא לעיל בפרק 1. גם אם פרויקט זה, שהתכוון להתבסס על מוצרי תסיסה חיידקית, היווה הצלחה עקרונית לרעיון 'הביוטכנולוגי' של וייצמן, וכל שכן הצלחה של פרויקט האצטון עצמו,[6] הרי שהצלחות אלה לא נכרכו אצלו בתכניות מחקר חדשות, או אף בחזון בקטריולוגי (או בלשוננו: ביוטכנולוגי). מתקבל על הדעת שההסבר להיעדר זה הוא בסדר יומו החדש של וייצמן, שנכבש כולו לענייני הציונות. עם זאת, סביר להניח שבזיקה להצלחת פרויקט האצטון, ובוודאי עם האימוץ הנרחב של רעיון השימוש בתסיסה חיידקית כמקור לחומרים כימיים מבוקשים גם בתעשיות אחרות בשנות העשרים, התנסחו אצל וייצמן רעיונות מחקר חדשים, ולימים הם הביאוהו להעמדת חזון ביוטכנולוגי וביוטכנולוגי־פוליטי.[7] אך לשם

5 לשימוש במונח זה, 'בקטריולוגיה טכנית', Technical Bacteriology, ראו 'המכון למחקר על שם דניאל זיו ברחובות', טכניקה ומדע, שנה שנייה, חוברת ח (13) (אלול תרצ"ח / ספטמבר 1938), עמ' 1-3. המקור לכתבה זו הוא החוברת *The Daniel Sieff Research Institute*, Rehovoth: Palestine Publishing Company, 1938, שם מופיע המונח למשל בעמ' 20, כשנמנים נושאי עבודת המחקר במכון זיו. נראה שחוברת זו הודפסה פעמיים. בראשונה עם חגיגת הפתיחה, ושוב לאחר ארבע שנים, כשהיא מביאה את רשימת הפרסומים של עובדי המכון בשנות פעולתו הראשונות. בארכיון מכון ויצמן נמצא טופס שמסומן בו בכתב יד published autumn of 1938. כעשור לאחר מכן העמיד ארנסט ברגמן על המושג 'כימורגייה', בהקשר זה: 'מהרעיון הזה [של וייצמן] התפתח כיוון של מחקר ותעשיה שקוראים לו באמריקה בשם כימורגיה, ז.א. המדע החוקר את השימוש בתוצרת חקלאית כחמר גלמי לתעשיה הכימית'. ד"ר ארנסט ד' ברגמן, 'ד"ר חיים וייצמן ומכון וייצמן למדע', ידיעות כלכליות, ב (3 בשבט תש"י - פברואר 1950), עמ' 80-82. רוברט באד דן בהתפתחות התנועה הכימורגית בשנות השלושים של המאה העשרים. ראו באד (לעיל, פרק 1, הערה 34), עמ' 46-50. המונח Technical Bacteriology אינו מובא אצל באד.

6 על כך ראו להלן, הערה 64.

7 ואפשר שעדויות לתכניות מחקר כאלה ואולי גם לניסוח של חזון כזה נמצאות בין 'עניינים טכניים'. ראו וייסגל, הקדמה כללית (לעיל, הערה 1), עמ' xxi. מכתבו של וייצמן אל המתמטיקאי פרנקל מסוף 1932 הוא עדות לכך שוייצמן עוסק, או מתכוון לעסוק, בפרויקט מחקרי שלשמו הוא נזקק ל'שמרים, בתרביות נקיות' ולעוד תרביות, משמע פרויקט בקטריולוגי, והוא מבקש מפרנקל, הנמצא בקיל, שיסייע בידו להשיג אותן ממכון מחקר

מימושו, במלואו או בחלקו, נזקק וייצמן למעבדה גדולה, בבחינת מכון מחקר משלו.[8]

(3) תכנית הקולג' החקלאי של האוניברסיטה. 'מכון לחקלאות ולמדע־הטבע, תחנת הנסיון החקלאית' היה ארגון המחקר הראשון שהוקם בארץ ישראל מטעמה של ההסתדרות הציונית.[9] ארגון זה החל לפעול בתל אביב בשנת 1921-1922, בהנהלתם של פרופ' אוטו ורבורג (1859-1938), מנהל כלל המכון, והאגרונום וולקני, מנהל תחנת הניסיונות החקלאית. בחמש השנים לפעולתו עלה בהדרגה מספרם של אנשי המקצוע שהועסקו בו לכארבעים.[10] את הקמת המסגרת המיוחדת ללימודי החקלאות העלה וייצמן במפורש ב־1918, בתכנית 'האוניברסיטה השלמה', שהתפרסמה בקובץ המאמרים 'על הסף', כמובא לעיל. עם פתיחת האוניברסיטה ב־1925 נכלל גם המכון לחקלאות בהצגת מכוני האוניברסיטה, בצד המכון למדעי היהדות, מכון לכימיה, מחלקת רפואה ומכון למיקרוביולוגיה.[11] אלא שבשנת 1925 המכון לחקלאות כמכון אוניברסיטאי

שנמצא שם המתמחה בתסיסות: 'אני מנסה לייסד מוזאון בקטריולוגי בשביל תחנת הניסיונות [...] סליחה שאני מטריח אותך, אך זה למען ארץ ישראל. אני עוסק בקולג' החקלאי שלמעשה אני עומד להיות מנהלו, ברצות האל'. וייצמן אל פרנקל, 5.12.1932, מח"ו, 15, מספר 322, עמ' 367-368.

8 כנטען לעיל, פרק 2, הערה 66, מרשימת הפטנטים של וייצמן עולה שהוא רשם פטנטים בשנות העשרים. מתחילת שנות השלושים החזיק וייצמן מעבדה פרטית, בלונדון. 'פתחתי מעבדה צנועה בפידרסטון בילדינגס 6, הולבורן [...] המעבדה לא היתה מצוידת כל צרכה, אבל במידה מספיקה לתכליתי, לפחות בזמן הראשון. התקשרתי שוב עם ידיד עוזר ישן, שעבד עמי בשנים הראשונות של מלחמת העולם הראשונה [הרולד דייוויס]. רב מאד היה תענוגי בלכתי יום ביומו אל המעבדה ובשובי בערב הביתה. הדבר הזכירני הרבה את השנים שעשיתי באוניברסיטת מנצ'סטר'. מסה ומעש, עמ' 335. ראו גם רשימה של נושאי המחקר שטופלו שם, שמות העובדים והוצאות תפעול המעבדה מפורטים לרואי החשבון שלו מאוגוסט 1940. וייצמן אל קמרון, 22.8.1940, מח"ו, 20, מספר 30, עמ' 33-34. מעבדה אחרת שעמדה לרשות וייצמן מתחילת שנות הארבעים מוזכרת להלן, בהערה 64.

9 שאול כ"ץ, 'אספקטים סוציולוגיים של צמיחת הידע (ותחלופתו) בחקלאות בישראל: הופעתן של מערכות חוץ־מדעיות להפקת ידע חקלאי, 1880-1940', עבודת דוקטור, האוניברסיטה העברית בירושלים, תשמ"ו, עמ' 248-262.

10 'ההסתדרות הציונית, מכון לחקלאות ולמדע־הטבע, תחנת־הנסיון החקלאית', דין וחשבון ראשון לתקופת חמש שנות פעולה, תרפ"ב-תרפ"ו, תל אביב: חשוון תרפ"ז, עמ' א.

11 חגיגת הפתיחה בתבנית גדולה (לעיל, פרק 2, הערה 3), עמ' יא-יב. אך נכתב שם תחת

לא היה ישות ארגונית, אלא משאלה. נדרשו כ־15 שנים עד שהמכון ללימודי החקלאות, בתור מסגרת משותפת לתחנה ולאוניברסיטה, יתחיל בפעולה.[12] וייצמן וולקני היו מראשי המעורבים בכינונה של מסגרת משותפת זו, לפחות בשלביה הראשונים.

(4) קשרי וייצמן־וולקני. מאז בואו ארצה בראש ועד הצירים באביב 1918 היה לוייצמן קשר הדוק עם האגרונום וולקני, שנמנה - בוודאי לאחר מות אהרן אהרנסון - עם ראשי המומחים המקומיים לענייני התיישבות וחקלאות,[13] ווייצמן העריך את דעותיו המקצועיות בנושאים אלה. כאחראי על כלל ארגוני המחקר וההשכלה הגבוהה בארץ היה וייצמן בין הדואגים גם לענייני תחנת הניסיונות החקלאית.[14] ושייך להזכיר שבחודשי שהותו של וייצמן בארץ נוצרה ברית פוליטית בין אנשי מפלגת הפועל הצעיר, שוולקני היה מראשי דובריה,

הכותרת ׳יחס המכון לאוניברסיטה׳: ׳עד היום הזה קבל המכון את תקציבו מאת המחלקה להתישבות, אשר ע״י ההנהלה הציונית. אומרים לצרף את המכון לאוניברסיטה בתור בית־מדרש לחקלאות׳. כותרת הגרסה באנגלית שונה מהכותרת בעברית והיא מבליטה את יסוד ׳מדע הטבע׳. שם, עמ׳ 13-14. הגרסה בערבית לא נבדקה.

12 ׳סקירה היסטורית׳, בתוך האוניברסיטה העברית בירושלים, הפקולטה לחקלאות, רחובות תשי״ט, עמ׳ 17-37; משה י׳ פינטוס, ׳לימודי החקלאות: מחזון למציאות׳, בתוך תולדות האוניברסיטה העברית בירושלים, ג: התעצמות אקדמית תוך מאבק לאומי, בעריכת חגית לבסקי, ירושלים: מאגנס, תשס״ט, עמ׳ 217-251. יצוין כי המכון לחקירת טבע א״י כונן באוניברסיטה העברית לאחר שיחידת המחקר במדעי הטבע ורוב חוקריה, ואוטו ורבורג בראשם, עברו לירושלים כבר ב־1926.

13 איש מידות ומורה דרך: לפרופ׳ אלעזרי־וולקני בהגיעו לשיבה, רחובות: תחנה לחקר החקלאות, תש״י; נתן ביסטריצקי (עורך), מורה הדרך: לכבוד יצחק וולקני ליובלו השבעים, ירושלים: ההנהלה הציונית והקרן הקימת לישראל, תמוז תש״י; י׳ רייכרט, ׳מפעלו של וולקני׳, בתוך הפקולטה לחקלאות (לעיל, הערה 12), עמ׳ 263-265.

14 דוח ורבורג־וולקני הוגש לוייצמן, נשיא ההסתדרות הציונית. ראו לעיל, הערה 10, עמ׳ 1. דוגמה לדאגת וייצמן לתחנה נמצאת בדיווח לוולקני על האפשרות להסתייע במקורות הכספיים של Imperial Research Committee לשם פיתוח התחנה. וייצמן אל וולקני, 2.10.1926, מח״ו, 13, מספר 90, עמ׳ 102-104. דוגמה אחרת נמצאת בדיון ביניהם על תכניתו של וולקני מנובמבר 1931 לייסד מכון מחקר הנושא את שמו של וייצמן והמוקדש לחקירת חומרי טבע, במסגרת התחנה ברחובות. והשוו למובא (לעיל, הערה 3) במכתב וייצמן אל איינשטיין, 21.5.1931, מח״ו, 15, מספר 152. וייצמן מצהיר שאינו מעוניין עוד בקשרים עם האוניברסיטה, אך מפקפק אם אפשר לכונן ברחובות משהו שיכול להיות

ובין וייצמן ומעגליו בתנועה הציונית, ברית שביסודה עמדה תפיסת ה'מתינות' הפוליטית שהם חלקו אז ובשנים רבות שתבואנה לאחר מכן.[15]

(5) שאיפת וייצמן לעמוד בראש מכון מחקר בארץ ישראל. בישיבה הראשונה של חבר הנאמנים של האוניברסיטה, באפריל 1925, נדון עניין הקולג' החקלאי והוחלט לדחות את העיסוק בהקמתו עד שתחנת הניסיונות החקלאית תעבור מתל אביב למתחם הקבע שלה ברחובות.[16] ואולם, עוד לפני שהתחנה השלימה את העברתה שמה ב־1932,[17] במושב של חבר הנאמנים ב־1929 שוב עלה הדיון בהקמת הקולג' החקלאי. באוגוסט 1932 החליט חבר הנאמנים להקים קולג' לחקלאות ולהעמיד את וייצמן בראשו. אך יש רגליים לסברה שהרעיון להעמיד את וייצמן בראש הקולג', לכרוך מינוי זה בהעמדת מעבדה לרשותו ולצפות שהוא יגייס את הכספים הנחוצים - רעיון זה עלה עוד ב־1929, אם לא קודם לכן.[18] בכל

מכון מחקר גדול. הוא העביר עניין זה לבדיקתם של אידר ושטיין. וייצמן אל וילקנסקי, 2.2.1932, מח"ו, 15, מספר 251, עמ' 278–280.

15 מאיר חזן, מתינות: הגישה המתונה בהפועל הצעיר ובמפא"י 1905–1945, תל אביב: עם עובד והמכון לחקר הציונות וישראל ע"ש חיים וייצמן באוניברסיטת תל־אביב, תשס"ט.

16 בחוברת חגיגת הפתיחה בתבנית גדולה (לעיל, הערה 11), עמ' יב, נכתב ש'אומרים לצרף את המכון לאוניברסיטה בתור בית־מדרש לחקלאות'. עם זאת, בישיבה הראשונה של ועד הנהלת האוניברסיטה העברית (לימים חבר הנאמנים שלה), בקשר לדיון ב'מכון לידיעות הטבע' יעץ פרופ' ורבורג לד"ר מאגנס 'לדחות את הקמתו של ה"קוליג' לחקלאות" עד אשר תחנת הנסיונות, אשר מקומה יהיה ברחובות, תתפתח ותובטח לה התמיכה הנחוצה'. פרטי־כל הישיבה הראשונה של ועד הנהלת האוניברסיטה העברית, 12.4.1925, אוסף הפרוטוקולים של חבר הנאמנים בארכיון האוניברסיטה העברית. ככל הנראה ישנן גם גרסאות אחרות לפרוטוקולים אלה. לדוגמה, המובא להלן בהערה 18 לגבי הוועידה החמישית באוגוסט 1929 אינו מוזכר בטופס שבארכיון האוניברסיטה. ונראה שכותבי סקירה היסטורית (לעיל, הערה 12) כתבו על סמך מסמכים מקוריים, ובאופן הנאמן למקור.

17 'מבנה התחנה ומקומות פעולותיה', בתוך דין וחשבון שלישי לתקופת חמש שנות פעולה, תרצ"א-תרצ"ה, רחובות מנחם אב תרצ"ה, עמ' 14. אני מודה לגב' עמליה ברזילי ממנהל המחקר החקלאי על שמסרה לי מסמך זה ועוד מסמכים הנוגעים לתחנה ולמכון זיו. כל זאת לגבי תחנת הניסיונות החקלאית שבהנהלת וולקני. לעומת זאת, אנשי המחקר הביולוגי בראשות ורבורג צורפו לאוניברסיטה העברית אל המכון לחקירת טבע א"י, שכמוזכר לעיל בפרק 2 נוסד בשנת 1926.

18 'בוועידה החמישית של חבר הנאמנים, שנתכנסה באוגוסט 1929, הוחלט לייפות את

אופן, גם הפעם החל וייצמן את תכנון הקמתו של המוסד החדש על ידי איסוף נתונים על התוכן האקדמי הרצוי ובירור מקורות המימון עבורו, ולשם כך פגש מומחים בין־לאומיים למחקר חקלאי ולהוראה אקדמית.[19] והנה, תוך כדי חיפוש אחר מקורות מימון התברר לו שמשפחת זיו וקרובותיה, משפחות מארקס וסאקר, כולם ידידיו עוד מתקופת מנצ'סטר, מוכנים לממן הקמת מכון מחקר לזכר בנם הצעיר דניאל. מכון זה יישא את השם 'מכון המחקר ע"ש דניאל זיף', معهد أبحاث دانيال سيف, The Daniel Sieff Research Institute, ווייצמן יעמוד בראשו.[20]

כוחה של מועצת האוניברסיטה לעיון בשאלת היחסים בין האוניברסיטה לבין תחנת־הנסיונות החקלאית מתוך כוונה להקים מכון ללימודי החקלאות. בעקבות החלטה זו התנהלו ב־1929 שיחות בלתי־רשמיות בין אנשי האוניברסיטה והתחנה'. סקירה היסטורית (לעיל, הערה 12), עמ' 18. בוועידת חבר הנאמנים באוגוסט 1932 'החבר החליט, שיש לגשת להקמתו של המכון ללימודי־החקלאות. [...] בראש בית הספר יעמוד ח. וייצמן, שייכנס, לפי המקווה, לתפקידו באוקטובר 1933. ממקורות מיוחדים יושגו כספים לייסודו של המכון [...] יושגו כספים נוספים בסך 2,000 לא"י לשנה לבניית מעבדות חדשות וציודן וכן 1,000 לא"י לשנה, למשך ארבע שנים, להתקנת מעבדה חימית לח. וייצמן'. שם, עמ' 19–20. וכך במקור בסעיף 'קולג' (בית־ספר גבוה) לחקלאות', בתוך החלטות המועצה האקדמית וחבר הנאמנים של האוניברסיטה העברית בועידה שנתקימה בלונדון, ב־14 ו־15 באוגוסט 1932, עמ' 2. וראו גם פינטוס, 'לימודי החקלאות: מחזון למציאות' (לעיל, הערה 12), עמ' 217–251.

19 לדוגמה, וייצמן התראה עם סר ג'ון ראסל (Russell), מומחה למדעי הקרקע ומנהלה של תחנת רותמסטאד (Rothamstead), הראשונה לתחנות המחקר החקלאי באנגלייה ומי ששנים אחדות קודם לכן סייר בארץ ודיווח על חקלאותה, ועם סר פיליפ הרטוג, שוייצמן עתיד לגייסו לעמוד בראש ועדת הרטוג. ראו לעיל, פרק 2, הערה 65. בנאומו עם סיום המחזור השני, ב־22 בדצמבר 1932, מציין מאגנס זאת 'המכון לחקלאות, שהאוניברסיטה ותחנת הנסיונות של הסוכנות היהודית מתכנים את תכניתו לשנה הבאה'. מאגנס אינו מזכיר את התפקיד המיועד לוייצמן. ראו נאומי הקנצלר של האוניברסיטה העברית, ירושלים: האוניברסיטה העברית, תרצ"ו, עמ' 144.

20 כך, כמובא בכותרת נייר המכתבים של המכון. כך גם נחקק מעל לכניסה הראשית לבניינו. לגבי שם המוסד, מתחילה בבניינו ובנייר המכתבים שלו שם המכון באנגלית הוא The Daniel Sieff Research Institute ושמו בעברית 'מכון למחקר ע"ש דניאל זיף'. בתזכיר המשפטי מ־1.5.1941 נכתב כי שמו בעברית הוא 'מכון למחקר ע"ש דניאל זיו'. ראו The Companies Ordinance, Memorandum of Association of The Daniel Sieff Research Institute, 1.5.1941, ג"ו, מכל מכון זיו. לסיפור נסיבות העלאת הרעיון

בתחילת 1933, ואולי עוד קודם לכן, החל וייצמן במהלכיו להקמת המבנים המיועדים למכון זיו ומעבדותיו, בתוך המתחם של תחנת הניסיונות החקלאית הנבנית והולכת ברחובות, ובתור איבר מגופה. וולקני פעל כאחד משושביניו הראשיים של המכון ומְמַשַּׁבְּחֵי וייצמן ויזמותיו.[21] וייצמן צירף את הכימאי ד"ר יצחק מגזניק, מנהל המחלקה לכימיה של התחנה, לצוות ההקמה של המכון, ואף זו עדות להבנה בחוגו של וולקני שהמכון החדש 'של וייצמן' נועד להיות חלק מן התחנה.[22] סוף סוף התאפשר לוייצמן לכונן מכון מחקר כרוחו.

עם ההכנות לבניין המכון ברחובות פתח וייצמן בבירורים לגבי גיוס מועמדים לתפקידי המחקר בו. בשל אסון יהודי גרמניה לא התקשה וייצמן לגייס עובדי מחקר מקרב פליטי גרמניה שימצאו במכון החדש מקלט מדעי. עם זאת, את הצלחתו בגיוס אלה ראוי לראות במסגרת כלל מאמציו להביא ל'תוספת כוח רוחני' ו'דעת טכנית לארץ ישראל'. וייצמן הצליח בגיוס מדענים זוטרים, 'כוחות מבטיחים' למכונו החדש, כמתואר להלן, אך הוא נחל אכזבה גדולה במשיכת גדולי מדע מן המעלה הראשונה - כמו אלברט איינשטיין, ג'יימס פראנק (1882-1964, נובל 1925), ריכרד וילשטטר וגאורג פלאצ'ק (Placzek, 1905-1955)[23] - 'אל עבודתנו בארץ־ישראל, לטובתם ולטובתנו',

להנצחת דניאל זיף בשמו של מכון מחקר ראו: Israel Sieff, *Memoirs*, London: Weidenfeld and Nicolson, 1970, pp. 131–133.

21 דברי וולקני בטקס הפתיחה של מכון זיו, המופיעים בתוך מכון זיו, חוברת ח (לעיל, הערה 5), עמ' 17-19. וראו גם יצחק אלעזרי־וולקני (א' ציוני), 'עם האנך' (ניסן תרצ"ז), בתוך הנ"ל, אספקלריות, תל אביב: טברסקי, תשי"ד, עמ' 148-161. מאמר זה, שכולו שבח לוייצמן, מנתח את מנהיגותו של וייצמן וסוקר את ביטוייה. נראה שוולקני הוא הראשון לתהות על זיקת ציוניותו של וייצמן למַדָּעוֹ: '[וייצמן] הוא רק כימאי. ומהמעבדה העביר את מדותיה למעבדת־החיים: הכרת החוקיות האורגנית, אמנות הסינון, תורת הסינתיזה, ודעת השימוש בה למעשה ועל כולן - חוש־המדה'. שם, עמ' 148.

22 על מגזניק ראו אהרן בונדי, 'ד"ר יצחק מגזניק ז"ל', השדה, כא (תש"א), עמ' 353. אני מודה לגב' עמליה ברזילי על ההפניה למקור זה.

23 *James Franck, 1882–1964: A Biographical Memoir by Stuart A. Rice and Joshua Jortner*, Washington: The National Academy of Science, 2010, http://jfi.uchicago.edu/aboutinstitute/documents/jfranck-memoir.pdf. על פלאצ'ק ראו אונא (לעיל, פרק 2, הערה 60); חיות (לעיל, פרק 2, הערה 63).

ולהצטרף לאוניברסיטה העברית, או למכון זיו.[24] עם זאת, אחדים מגדולי מדע אלה היו מוכנים לסייע לוייצמן בהקמת מכון זיו, ובעיקר בגיוס חוקרים למכון החדש. ראשון המדענים שוייצמן גייסו לשורות מכון זיו בתור מנהלו המדעי היה ד״ר ארנסט דוד ברגמן (1975-1903).[25] אך כפי שיתברר להלן בפרק זה,

24 מסה ומעש, עמ׳ 335-334, 348-347. אך מן המובא לעיל בעניין הצלחת וייצמן לגייס לאוניברסיטה העברית את פרקש ואת רקח, ולהביא את קארל נויברג ארצה למשך תקופה קצרה (ראו לעיל, פרק 2, הערה 63), עולה שלא כל מאמציו עלו בתוהו. כל שכן אם בין הצלחותיו תיכלל גם כוונת פריץ האבר לבוא לרחובות. [על כך ראו במאמרה של שולמית וולקוב בכרך זה. הערת העורך.] בכל אופן, נראה שרשימת המוזכרים כאן איננה ממצה את כל אלה שוייצמן עסק בגיוסם. גירוש המדענים היהודיים של גרמניה נדון בשני הקשרים: Ute Deichmann, ‘The Expulsion of Jewish Chemists and Biochemists from Academia in Nazi Germany’, *Perspectives on Science*, 7, 1 (1999), pp. 1–86, https://muse.jhu.edu/journals/perspectives_on_science/v007/7.1deichmann.html#tab03; יואב גלבר, מולדת חדשה: עליית יהודי מרכז אירופה וקליטתם - 1948-1933, ירושלים: יד יצחק בן־צבי ומכון ליאו בק, 1990, עמ׳ 454-462.

25 הראשון במכתבי וייצמן אל ברגמן הוא מתאריך 7.5.1933. מח״ו, 11, מספר 370, עמ׳ 410-411. נויברג היה מעורב בהפניית תשומת לבו של וייצמן לברגמן. ראו וייצמן אל נויברג, 9.5.1933, מח״ו, 15, מספר 378, עמ׳ 418-419. התכתבות זו היא הדגמה יפה לאופנים שבהם הסתייע וייצמן במדענים אנשי מעלה בעלי קשר קודם עִמו כממליצים על הזוטרים. לגבי ברגמן, בצד המלצת נויברג ביקש וייצמן גם את המלצת וילשטטר והמלצת וילהלם שלנק (Schlenk, 1879-1943). שלנק היה יורשו של אמיל פישר באוניברסיטת ברלין וראש המכון לכימיה שם. Thomas T. Tidwell, ‘Wilhelm Schlenk: The Man behind the Flask’, *Angewandte Chemie*, International Edition, 40, Issue 2 (19.1.2001), pp. 331–337, http://onlinelibrary.wiley.com/doi/10.1002/1521-3773(20010119)40:2%3C331:AID-ANIE331%3E3.0.CO;2-E/full. עם שלנק עשה ברגמן את מהלכיו הראשונים בכימיה אורגנית ובקריירה האקדמית שלו בתחום זה. הערך על אודות שלנק בוויקיפדיה מציין את הרמן מארק, את פריץ פייגל (Feigl) ואת ברגמן כתלמידי הדוקטור שלו. וייצמן דיווח לאיינשטיין על גיוס ברגמן ועל ממליציו. וייצמן אל איינשטיין, 8.6.1933, מח״ו, 15, מספר 409, עמ׳ 439. בהזדמנות זו מפציר וייצמן באיינשטיין לעשות בדומה לכך לגבי גיוס כימאים ופיסיקאים לאוניברסיטה. לחליפת מכתבים ראשונה זו בין ברגמן ובין וייצמן ולהקשריה ראו William B. Jensen, Henry Fenichel & Milton Orchin, *Scientist in the Service of Israel: The Life and Times of Ernst David Bergman*

להצלחת וייצמן בגיוס ברגמן למכון זיו היו השלכות בעלות משקל רב, הרבה מעבר לניהול מכון זיו, ובעקבותיו להקמת מכון ויצמן למדע - השלכות על כלל מערך המחקר המדעי הישראלי.

מכון זיו - הקמתו, טבעו, מחקריו

להלכה מכון זיו נוצר בתור רכיב בפרויקט בית הספר, הקולג׳, ללימודי החקלאות מייסודן של האוניברסיטה העברית (מוסד המביא תועלת לציבור במושגי הזמן, ואוניברסיטה ציבורית במושגי היום) ותחנת הניסיונות החקלאית (מוסד מחקר ממשלתי במושגי היום). למעשה, בנוף הארץ־ישראלי של שנות השלושים, מכון זיו היה טיפוס חדש של ארגון מחקר: מכון מחקר עצמאי ופרטי.[26]

מכון זיו נועד לממש את מאוויי וייצמן לעמוד בראש מוסד מחקר שישלב בין שאיפה להצטיינות מחקרית, הצטיינות הנקנית בזכות מחקר־לשמו מן המעלה הראשונה, ובין הוצאתן לפועל של תכניות מחקר בעלות זיקה לחקלאות ולתעשייה, ובעיקר תכניות מחקר ביוטכנולוגי.[27] מכון זיו נועד לשכן

(1903–1975), Jerusalem: Magnes, 2011, pp. 34–43. במסמך ׳תולדות חיי׳ משנת 1952 מציין ברגמן: ׳בזמן פטורי [מאוניברסיטת ברלין], הייתי המועמד הראשון לפרופסורה לכימיה אורגנית בבית־ספר גבוה טכני בשרלוטנבורג׳. 22.2.1952, שני עמודי מכונת כתיבה, על נייר מכתבים של משרד הבטחון, אגף מחקר ותכון [כך!], ארכיון האוניברסיטה העברית, תיק ברגמן. ויוזכר שבבית ספר גבוה טכני זה עשה וייצמן את צעדיו הראשונים בכימיה האורגנית.

26 דומה לו בפרטיותו ובזיקתו לאוניברסיטה המכון לחקר השירה העברית שייסדו זלמן שוקן, איש מרכזי בהנהלת האוניברסיטה העברית. וראו אנתוני דוד, ספר המעשים: חיי זלמן שוקן, ירושלים - תל אביב: שוקן, 2006, עמ׳ 249-251. אסון יהודי גרמניה העמיד לרשותם של שוקן ושליחיו אוצרות ספר שנאספו אצל יחידים ובקהילות הנחרבות והולכות והובאו לירושלים, למכון שוקן. איטה היינצה־גרינברג מביאה עדות מזיכרונות לואיזה מנדלסון, אשתו של הארכיטקט אריך מנדלסון, לכך שהזמנת בעלה לתכנון בית וייצמן ברחובות היא שעוררה את שוקן להזמין אותו לתכנן את ספריית שוקן למדעי היהדות ואת מעונו הפרטי, וילה שוקן, הסמוך לה. איטה היינצה־גרינברג, ״׳הבלתי־אפשרי מצריך יותר זמן׳: תכנונו של בית וייצמן ברחובות׳, קתדרה, 72 (יוני 1994), עמ׳ 94-112.

27 Memorandum, 15.12.1933, details staff, budget and scope of the Institute, (העתק בתוך אמ״ו); ‘Scheme for with particulars of its Board of Governors

את המעבדות שבהן יעבוד וייצמן בשהותו בארץ ולבצע את תכניות המחקר שוייצמן היה מעוניין בהן, גם בהיעדרו הצפוי מרחובות. יסייעו בידו הרולד דייוויס (Davies, 1886-1959), עוזרו הנאמן בעבודת המעבדה עוד מימי פרויקט הגומי הסינתטי במנצ'סטר,[28] וברגמן, שבצד תפקידו כמנהל המדעי של המכון מראשיתו נעשה לאיש אמונו של וייצמן ומשענתו, בבחינת בנו.[29] מכאן ואילך נוצרת ומתחזקת ברית מחקרית בין השניים, וברגמן נעשה לשותפו של וייצמן ברבים ממחקריו. וייצמן ראה בצמחי החקלאות משאב טבע בדומה לפחם ולנפט, וכהד לפרויקט האצטון פנה להפיק מצמחים, באמצעות טכניקות התססה, חומרי מוצא הדרושים לתעשייה ומוצרי צריכה במחסור. במסגרת מחשבתית רחבה זו פיתח וייצמן את חזון הדלק הביולוגי שלו, על משמעויותיו הפוליטיות, ועליו הוסיף את חזון הבאת פתרון לבעיות תת־תזונה בארצות אסיה ובאפריקה על ידי ייצור חלבונים מלאכותיים או רכיביהם היפים למאכל אדם.[30] ברגמן אימץ את עקרונות המדיניות האקדמית (תכליות המחקר־לשמו) ומדיניות המחקר (תכליות מחקרי התסיסה, חזון הדלק הביולוגי) של וייצמן והציב עצמו כפרשן נלהב, להן ולהיבטיהן הפוליטיים.[31]

'Daniel Sieff Research Institute', לונדון, 15.12.1933, נח"ו, 2, מספר 8, עמ' 33-38. בפתח התזכיר כותב וייצמן שבכוונתו לשהות בארץ ישראל כארבעה חודשים ויותר, מדי שנה בשנה, בשנים הקרובות. על כך מעיר עורך הסדרה כי כוונת וייצמן זו לא התממשה. שם, עמ' 33 הערה 1.

28 עליו ראו לעיל, פרק 1, הערה 46.

29 וייצמן היה נוהג לכנות את ברגמן 'בן יחיד שלי'. מאיר וייסגל, עד כאן: אוטוביוגרפיה, תרגם מאנגלית חיים גליקשטיין, ירושלים - תל אביב: ווידנפלד וניקולסון וספרית מעריב, תשל"ב, עמ' 213-214. את גיוס ברגמן למכון זיו מתאר וייצמן במסה ומעש, עמ' 349-350.

30 ברגמן מציין שהרעיון לנצל אנזימי שמרים לפירוק חלבונים נמצא בעבודות של וילשטטר ותלמידיו. ארנסט ברגמן, 'מחקר מדעי והכרה חברתית', בתוך וייסגל, בונה ציון (לעיל, פרק 1, הערה 25), עמ' 162. בהיעדר עדויות ישירות מצד וייצמן עצמו לגבי התהוות חזונות אלה, יש בהערת ברגמן זו רמז למחקר עתידי בעניין זה, הנוגע גם ביחסי וייצמן ווילשטטר. ונראה שלכך רומז וייצמן עצמו בדווחו על היכרותו עם וילשטטר. מסה ומעש, עמ' 334-335. [וראו גם קטע ד בפרק 'קטעים גנוזים' שבכרך זה. הערת העורך.]

31 ברגמן, מחקר מדעי (לעיל, הערה 30). ביטוי, כמעט דרמטי, להזדהות ברגמן עם וייצמן ועם מדיניותו המחקרית והאקדמית נמצא בתוך Ernst Bergmann, 'The Daniel Sieff

לפי דגם המכון למחקר רפואי משנת 1914, יש לבסס את סגל המכון החדש על חוקרים בעלי יכולת מחקרית מוכחת, ומדען בעל מעמד אקדמי מן המעלה הראשונה ימלא את תפקיד ראש המכון. וייצמן בוודאי ראה עצמו ראוי למלא תפקיד זה. אמנם הוא נעדר מנוכחות קבועה במוסד אקדמי ובקהילה האקדמית המתאימה, אך הוא היטיב לשמור על קשרים עם אנשי האליטה המדעית של תחומו וזמנו, כגון רוברט רובינסון הנזכר לעיל בפרק 1, ואף לטפח קשרים חדשים, כמו עם הכימאי־הפיסיקלי ז'אק ארֶרה (Errera, 1977-1897) מהמשתתפים בכנסי סוֹלְוֶוה (solvay), עם פריץ האבר (Haber, 1934-1868, פרס נובל 1918) ועם וילשטטר.[32] בין השאר ניצל וייצמן קשרים אלה כדי לקבל המלצות על מי שביקש לגייס למכון זיו.[33] המינוי

Research Institute in Rehovoth', [16.1.1944], ארבעה עמודי מכונת כתיבה, אמ"ו, תיק ברגמן, 6/74, 94. נראה שטקסט זה נועד להיות מאמר שיתפרסם לציון עשור למכון זיו, אולם סופו שלא כך היה. עוד ביטוי להזדהות מופיע גם שנים רבות לאחר מכן בתוך ארנסט דוד ברגמן, 'המדע בישראל בתום עשרים שנה למדינה', מדע, יג (תמוז תשכ"ח - תשרי תשכ"ט), עמ' 74-77.

32 הקשר בין השניים נוצר בעת שוייצמן נכח באירוע לכבוד וילשטטר בחברה המלכותית בלונדון. מסה ומעש, עמ' 334. לפי הנסיבות היה הדבר ב־1932, בעת שהחברה המלכותית העניקה לוילשטטר את מדליית דייווי בזכות 'מחקריו היוצאים מן הכלל בכימיה אורגנית'. ראו https://royalsociety.org/awards/davy-medal/. יצוין שרובינסון וארתור לאפוורת, מכימאי מנצ'סטר שהוזכרו לעיל בפרק 1, זכו במדליה זו ב־1930 וב־1931, בהתאמה. וייצמן החשיב מאוד את הקשר בין וילשטטר ובינו, ובמקומות אחדים הוא מציין ידידות אישית ותכניות למחקר משותף. למשל, מסה ומעש, עמ' 334-335. [וראו מאמרה של שולמית וולקוב בכרך זה. הערת העורך.]

33 הראשון להפנות את וייצמן אל ברגמן ולהמליץ עליו היה נויברג. וייצמן אל ברגמן, 7.5.1933, מח"ו, 15, מספר 370, עמ' 410-411 הערה 2. הערה זו נסמכת על מכתבי נויברג לוייצמן, הנמצאים בגנזך ויצמן. נויברג המליץ על מינוי ברגמן למחלקה לכימותרפיה באוניברסיטה העברית (למעשה בהדסה). נויברג היה מנהל המכון לביוכימיה במכוני הקיסר וילהלם בברלין בשנים 1920-1937. עליו ראו לעיל, פרק 2, הערה 63. לשם השוואה: ליאוניד דולז'נסקי היה עובד מחקר במכון לביולוגיה של מוסד זה (האוניברסיטה העברית, היסטוריה והתפתחות [לעיל, פרק 2, הערה 63], עמ' 131-132), לדיסלאוס פרקש עבד שם כאסיסטנט לפרופ' האבר במכון לכימיה פיסיקלית ואלקטרוכימיה (שם, עמ' 133), וישעיהו ליבוביץ היה אסיסטנט במכון לביוכימיה (שם, עמ' 137). עוד על נויברג ומאמציו של וייצמן לגייסו לאחד ממיזמי מכון זיו ראו להלן, הערה 61.

הראשון, של ברגמן, תאם את תכנית 1914, שכן האיש השתייך לקבוצת המצוינים שנמצאו במעלה הקריירה. החוקרים האחרים, שזכו להמלצותיהם של גדולי המדע של הדור, היו רובם אף הם בעלי איכויות אקדמיות דומות.[34] עם זאת, וייצמן התקשה לגייס נכבדי מדע בעלי שם במדע ובעלי פרס נובל לאוניברסיטה העברית ולמכונו. וילשטטר, שכיבד את וייצמן ומפעליו, הגיע לרחובות להשתתף בטקס הפתיחה של המכון, אך מלכתחילה דחה אפשרות שיצטרף למכון באופן קבוע, והאבֶר, שנענה בתחילה להצעת וייצמן, מת בשווייץ.[35]

וייצמן תכנן מכון מחקר שתתבטאנה בו הן מדיניותו האקדמית הן מדיניות המחקר שלו ושמשלב שני כיוונים של מדיניות מחקר. הראשון מקובל בארגוני מחקר אקדמיים שחוקריהם מצופים להיענות לסדר היום המחקרי הפנימי של הדיסציפלינה, כלומר מחקר־לשמו (מחקר טהור, מחקר בסיסי במושגי זמננו), ולפרסם את ממצאיהם בכתבי עת מדעיים, בציון שמם ושם המכון; השני מקובל בארגונים למחקר מוכוון־משימה, הנענים לסדרי יום מחקריים חיצוניים לתחום המחקר. וראוי לזכור שוייצמן עשה את רוב שנות המחקר שלו באוניברסיטאות שהשילוב בין מחקר־לשמו ובין מחקר המכוון לשרת צורכי תעשייה היה מקובל בהן. לקראת תחילת הפעולה במכון זיו הגדיר וייצמן לעובדיו שלושה מעגלי פעילות: 1) בעיות הקשורות לחקלאות; 2) בעיות תעשייה, ובעיקר כאלה שזיקה להן לפרמצֶבטיקה ולבעיות תסיסה; 3) בעיות שאופיין תאורטי טהור ומדעי. המכון ידגיש את התחום השלישי, קבע וייצמן, משום שחשוב שמלכתחילה

34 בתזכיר המכון (לעיל, הערה 27) מפרט וייצמן את שמות החוקרים, את הישגיהם עד אז ואת שמות ממליציהם.

35 לגבי כוונתו של האבר להיענות להזמנת וייצמן ולבוא לרחובות ראו מסה ומעש, עמ' 347–343, ושם גם במקומות אחרים; Dietrich Stoltzenberg, *Fritz Haber: Chemist, Nobel Laureate, German, Jew*, Philadelphia: Chemical Heritage Press, 2004, chap. 13. [וראו את בירור הנושא במאמרה של שולמית וולקוב בכרך זה. הערת העורך.] משפחת האבר הורישה את ספרייתו למכון זיו (מכון זיו, חוברת ח [לעיל, הערה 5], עמ' 14), וזו הייתה לאחד ממשאבי המחקר החשובים של המכון החדש. חנוכת הספרייה נערכה כשנתיים לאחר חגיגת פתיחת המכון. ראו דבר, 30.1.1936. פרופ' שמואל הוגו ברגמן, שהביא 'את ברכת האוניברסיטה לחגיגה לאומית זו [...] מביע את חששותיו על הסכנה הצפויה בהתפתחות זאת, שתיוצר בארץ [...] תהום בין השכבה הדקה של מלומדים ובין שדרות העם הרחבות' – מעין גרסה מוקדמת לחשש מפני היווצרותן של 'שתי תרבויות'?

יעשה לו המכון שֵם של מכון מחקר בדרגה גבוהה.[36] דברים ברוח זו השמיע וייצמן בטקס חנוכת המכון ב־3 באפריל 1934.[37] אך בצד ניסוח כללי זה יש בתכנית וייצמן התייחסות מיוחדת לנושא מחקר־לשמו חדשני, הוא הפוטוכימיה. באופן שמזכיר את 'יעבדו הטבע והחיידקים למעני' שבבסיס הפרויקט הביוטכנולוגי שלו, אמר וייצמן על הפוטוכימיה ש'הריאגנט העיקרי שלה היא השמש', וממנה יש שפע בארץ ישראל.[38] האם וייצמן של 1934 בישר את חזון ניצול אנרגיית השמש, שיהיה מחזונות המדע של מדינת ישראל הצעירה? בכל אופן, הכימאי־הפיסיקלי ד"ר יהודה הירשברג, שהיה עוזר מדעי של ארדה הנזכר למעלה, נועד לעסוק בכך.[39] אך הרבה יותר מכך: פניית וייצמן למחקר בפוטוכימיה, בתור מחקר־לשמו, הרי היא מדגימה את השקפתו שמחקר ב'בעיות שאופיין תאורטי טהור ומדעי', סופו שיקדם פתרונות ל'בעיות בעלות זיקה לחקלאות' ול'בעיות תעשייה, ובעיקר כאלה

36 ראו תזכיר המכון (לעיל, הערה 27), עמ' 4. והשוו לקביעתו של וייצמן לקראת פתיחת האוניברסיטה בתחילת שנות העשרים, כמובא לעיל: 'ישא לעץ הדעת' (לעיל, פרק 2, הערה 4. חגיגת הפתיחה בתבנית קטנה). על פי פרשנות ברגמן לעמדה זו של וייצמן, מחקר־לשמו, סופו שהוא מעלה תועלות וטובין לחיי היום־יום. 'ווילשטטר הדגיש בנאום־הפתיחה שלו את הרעיון שהגישה לכל בעייה, גם מבחינה מעשית, צריכה להיות מדעית טהורה. ויצמן לא נלאה לעמוד על דרישה זאת'. ברגמן, מחקר מדעי (לעיל, הערה 30), עמ' 165.

37 'מכון זיו' [נוסח עברי של הנאום בפתיחת המכון ברחובות, 3 במרס 1934], בתוך חיים וייצמן, דברים, ד, תל אביב: מצפה, תרצ"ז, עמ' 763–766. בנאום זה מדגיש וייצמן את ידידותו רבת השנים עם וולקני ואת תודתו לו על הסיוע בהקמת המכון כרכיב במתחם התחנה. התייחסות ברוח זו לחשיבות העיסוק במחקר טהור משמיעים גם דוברים אחרים באותו אירוע, וזו אף עמדתו המפורשת של הנדבן ישראל זיו במכתב ששיגר לטקס. ראו 'פתיחת המכון למחקר', הארץ, 4.4.1934; כתבות אחדות תחת כותרת ראשית זו; וכן מכון זיו, חוברת ח (לעיל, הערה 5).

38 'יעבדו הטבע והחיידקים למעני'. ראו לעיל, פרק 1, הערה 40. 'הריאגנט העיקרי'. ראו תזכיר המכון (לעיל, הערה 27), עמ' 37, כשהדברים נאמרים בזיקה לתפקיד המיועד ליהודה הירשברג. ניסוח קרוב מובא בתוך מכון זיו, חוברת ח (לעיל, הערה 5), עמ' 26.

39 תזכיר המכון (לעיל, הערה 27), עמ' 5. סביר להניח שוייצמן, ככל שהסב את עיקר פעולתו המעבדתית אל הבקטריולוגיה, החל לייחס לכימיה הפיסיקלית מעמד של משאב מחקרי חשוב ביותר, ובהתאם לכך למדעני תחום זה.

שזיקה להן לפרמצבטיקה ולבעיות תסיסה';[40] שמחקר־לשמו סופו שיצמיח תועלות בחיי המעשה.

בניית מכון זיו החלה באביב 1933, והמכון, עתיר ציוד המחקר המודרני ביותר, נחנך באורח חגיגי באפריל 1934. כמו בחגיגת הפתיחה של האוניברסיטה העברית כתשע שנים קודם לכן הוזמנו לטקס נכבדי הממשל הבריטי, נכבדי התנועה הציונית ונכבדי מדע מן העולם.[41] ואין כמו הקמת בית וייצמן בקרבת מכון זיו להעיד על כוונת וייצמן לעשות עצמו דייר של קבע ברחובות.[42] וייצמן לא התקשה לגייס למפעלו ברחובות נופך סמלי היסטורי, כגון שרחובות נמצאת

40 על פי המובא בסעיף העוסק בתכנית העבודה של מכון זיו, בתוך תזכיר המכון (לעיל, הערה 27), עמ' 36-37.

41 הארץ, 4.4.1934. וילשטטר היה הנכבד באורחי חגיגת הפתיחה של מכון זיו (מכון זיו, חוברת ח [לעיל, הערה 5]) ומילא בה את התפקיד הטקסי של 'פותח' המכון, בדומה לתפקידו של הלורד בלפור כעשור קודם לכן כ'פותח' האוניברסיטה העברית. על הערכתו הרבה של וילשטטר לוייצמן מלמדים הדברים שהקדיש לוייצמן בנאום הפתיחה שלו. הייתה זו הרצאה שעסקה בתולדות המדע ובתועלות שהעלה המחקר הטהור לחיי היום־יום. אגב כך הפציר וילשטטר בעובדי המדע של המכון החדש להתרכז במחקר מעמיק ולהימנע מפרסומים שרבה בהם החזרה על מה שכבר הובא בפרסומים קודמים. דוגמה מופתית להתנהגות מחקרית מטיפוס זה הוא מביא את וייצמן: 'ידידי הגדול הד"ר ויצמן, שהקדיש את עיקר חייו לארצו ולבניינה [...] אי־אפשר היה לו להתחרות בנו בכמות עבודתו, במספר מאמריו. אבל אני ברצון הייתי מחליף מאה ממחקרי במחקר מסויים אחד משל עבודתו'. מכון זיו, חוברת ח (שם), עמ' 6. והשוו א"ה פרנקל, 'ד"ר חיים וייצמן והתפתחות מדעי הטבע באוניברסיטה העברית', ידיעות האוניברסיטה העברית בירושלים, ב, חוברת ג (כסלו תשי"ג, דצמבר 1952), עמ' 5-6. פרנקל מצטט שם את וילשטטר בניסוח קרוב מאוד: 'אמנם לא הספיק וייצמן לפרסם הרבה במובן כמותי, בהיותו טרוד בעניני עמו וארצו, אך בין מאמריו יש אחד שהוא שקול לפי דעתי כנגד כל מפעל חיי־אני'. וילשטטר לא נקב בשם של אותו מאמר. הנוסח מדברי וילשטטר, שהובא בעיתון הארץ, 4.4.1934, עמ' ד, הוא: 'בחפץ לב הייתי נותן במחיר עבודה אחת שלו מאה מעבודותי'. [וראו את מכתבי וילשטטר אל וייצמן המובאים בנספח למאמרה של שולמית וולקוב בכרך זה. הערת העורך.]

42 על הקמת ביתו זה של וייצמן ראו היינצה־גרינברג (לעיל, הערה 26). את בניין מכון זיו תכנן האדריכל בנימין חייקין, ועל הבנייה בפועל היה אחראי לואיס גרין. מכון זיו, חוברת ח (לעיל, הערה 5), עמ' 13. בשנים שלפני מלחמת העולם עמד תקציב המכון על 12-14 אלף שטרלינג לשנה. וייצמן אל זיו, 24.4.1946, מח"ו, 22, מספר 155, עמ' 131.

בקרבת יבנה של הסנהדרין.[43] על כל פנים, אם בתחילת הדברים מבוקשו של וייצמן היה מעבדה ברחובות, בסופם הוא זכה שם במכון.

וייצמן החל את פעולת המכון ברחובות כשעמו 13 מדענים ומדעניות צעירים, תשעה מהם פליטי גרמניה. ואולם, לאחר שהוגשם חלומו למכון מחקר משלו, שהוא מנהלו ובו ייערכו מחקריו שלו ומחקרי עמיתיו, הוא לא הרבה להיות שם. בשנת 1935 חזר לראשות ההסתדרות הציונית ויצא למסעות הסברה וגיוס תרומות. הניהול המדעי היה בידי ברגמן, ואת הניהול השוטף של המכון הפקיד וייצמן תחילה ביד נאמנות שרוב החברים בה לא היו אנשי המכון,[44] ובהמשך בידי ועד פועל המורכב מעובדי המכון, בבחינת הנהלה ממונה.[45]

43 המוטיב של קרבת מכון זיו, ובעתיד מכון ויצמן למדע, ליבנה ההיסטורית חוזר בהזדמנויות שונות אצל ראשי המכון באופן שנועד להעטות משמעות לאומית־היסטורית לבחירה ברחובות. לדוגמה, Weizmann, 'The Role of Science', 27.11.1945, נח"ו, 2, עמ' 573. ועוד דוגמה, דברי ברגמן: 'לא רחוק מהמקום הזה [רחובות], ביבנה העתיקה חצב העם היהודי לעצמו מקור חדש של רוח־חיים'. 'מנאומו של ד"ר ארנסט ברגמן, מנהל המכון', ידיעות כלכליות, ב (3 בשבט תש"י, פברואר 1950), עמ' 79. עם זאת, ראוי להזכיר שהפסוק 'תן לי יבנה וחכמיה' מובא בתור מוטו, ובעברית, בראש הקונטרס *Eine Jüdische Hochschule* משנת 1902 (ראו לעיל, פרק 2, הערה 5) כמבטא משאלה לאומית־אינטלקטואלית, ולא כתכנית בעלת ממד של שחזור מוסדי וטריטוריאלי. ולמותר לציין שמהלך ההתרחשויות המתואר בפרק זה מציע הסבר שונה להקמתו של מכון זיו דווקא ברחובות.

44 וייצמן הציע שהנאמנות תורכב משני נציגים של משפחת הנדבנים - סר ג'ון ראסל וד"ר ארתור רופין - ומלואיס גרין הגזבר ומש' הורוביץ היועץ המשפטי. לשם יחסים הרמוניים עם התחנה 'רצוי ביותר שד"ר וילקנסקי יוזמן גם הוא לשמש בנאמנות'. תזכיר המכון (לעיל, הערה 27), עמ' 37–38. לימים, ובוודאי עם הקמת מכון ויצמן למדע, התרחב שטחו של מתחם התחנה שהוקצה למכון. רק במהלך 1948 ושנים לאחר שמתחם התחנה הוסב ברובו למתחם הפקולטה לחקלאות של האוניברסיטה העברית הוסדרה העברת המתחם לרשות מכון ויצמן. ראו וייסגל, עד כאן (לעיל, הערה 29), עמ' 210, 222–223.

45 לשם ניהול ענייני היום־יום של המכון מינה וייצמן 'ועד פועל', וחבריו, מעובדי המכון, הופקדו כל אחד על תחום שונה: ענייני מחקר, פרסום וספרייה, כספים ומזכירות, מכשור ותחזוקה. ד"ר מגזניק מתחנת הניסיונות החקלאית הופקד על שיתוף הפעולה בין שני המוסדות. עם זאת, קובע וייצמן: 'הפיקוח הכללי על העבודה המדעית של כל המכון נותרת בידי'. מכתב, בבחינת חוזר, באנגלית, 8.5.1936, בחתימתו של וייצמן. למכתב זה גרסאות אחדות. נלקח מתוך תיקי הנהלת המכון, 1936–1940, משלוח 5/74, תיק 221. בהקשר זה מעניין ביותר תיאורו של ברגמן את חבר עובדי המדע של המכון: 'קבוצה של מדענים

על המחקר שהתנהל במכון בשנותיו הראשונות אפשר ללמוד, בתור קירוב ראשון, מכותרות המאמרים של חוקרי המכון והסוג של כתבי העת שבהם

צעירים, בהנהגתו של הד״ר וייצמן ובהשראתו, עשו עצמם מעין קבוצה מדעית (scientific Kvuzah [״קבוצה״ במובן ״קיבוץ״]) והם מקדישים את חייהם, ידיעותיהם וכישרונותיהם למשימה שהוצבה להם׳. ברגמן, מכון זיו (לעיל, הערה 31), עמ׳ 1. כנגד המצטייר מתיאור זה, מכתב של ברגמן אל בלוך מלמד על מתחים לא קלים במכון: ברגמן אל בלוך, 27.12.1936, אמ״ו, תיקי מכון זיו, התכתבות 1936–1940, משלוח 5/74, תיק 220. ועוד לא מעטים כמותו באותו תיק. אף שבדיקת יחסי העובדים במכון הקטן, בינם לבין עצמם ובינם לבין הנהלת המכון, לא נמצאה שייכת לנדון כאן, יצוין עוד כי הרושם הראשוני העולה מן התכתובת שבתיק זה ודומיו הוא שהחירות האקדמית של החוקרים הייתה מוגבלת, ועובד במדע שביקש שיתוף פעולה מחקרי עם עמית מחוץ למכון נדרש לדווח על כך מראש. לדוגמה, ברגמן מודיע על כוונתו להיענות לבקשתו של פרופ׳ צונדק ולסייע לו ׳לקבוע את כמות הויטמין C שנמצא ב״מיץ־פז״׳. ברגמן אל הוועד הפועל של מכון זיף, 1.7.1937, מכתב בכתב יד, אמ״ו, תיקי מכון זיו, התכתבות 1936–1940, משלוח 5/74, תיק 220. דוגמה אחרת היא מכתבו של ד״ר פליקס ברגמן אל ד״ר בלוך שבו הוא מודיע בהתנצלות על שיתופי פעולה שלו עם ד״ר פלאוט, עם ד״ר ליטאור מתחנת הניסיונות ועם ד״ר מר מתחנת המלריה בראש פינה. ועוד עניין דומה: מן האוניברסיטה העברית הופנתה הזמנה לארנסט ברגמן שירצה בה על ׳פרקים נבחרים בחימיה האורגנית החדישה׳. ברגמן קיבל את הסכמת וייצמן והודיע על כך לבלוך, וביקש רשות ׳לעבוד בשבתות ובחגים תמורת זאת׳. ברגמן אל בלוך (עבור הוועד הפועל של מכון זיף), 14.2.1939, בכתב יד, אמ״ו, תיקי מכון זיו, התכתבות 1936–1940, משלוח 5/74, תיק 220. בפקולטה למתמטיקה ולמדעי הטבע באוניברסיטה העברית הוחלט להזמין את ד״ר ברגמן להיות פרופסור מן המניין לכימיה: ארכיון האוניברסיטה העברית, ישיבות הפקולטה למדעי הטבע, תיק 23, דיווח מישיבת הוועדה לחימיה אורגנית, 18.6.1936. כשנתיים קודם לכן התנגד וייצמן במפורש לכך שברגמן יקבל מינוי באוניברסיטה. וייצמן אל ברגמן, 2.2.1934, מח״ו, 15, מספר 234, עמ׳ 248–250. ב־1936 נבחר וייצמן להיות הדקן הראשון של הפקולטה למתמטיקה ולמדעי הטבע, שנוסדה לא מכבר. תפקידו של בלוך, המוזכר בהקשר המצומצם הזה, ראוי לתשומת לב רבה יותר. ודאי שבשנים שלא רק וייצמן אלא גם ברגמן לא היו ברחובות, אך גם באחרות, נראה שבלוך היה הדמות המרכזית בניהול המכון, וזאת בזכות מעמדו המדעי ובזכות נועם הליכותיו. כמו לגבי ברגמן, כך גם לגבי בלוך, היה רצף בין תפקידו במכון זיו ובין תפקידו במכון ויצמן למדע. ראו ד״ר בנימין מ׳ בלוך: קווים לדמותו, רחובות: מכון ויצמן למדע, 1960. קביעת משכורותיהם של החוקרים ושל עובדים אחרים הייתה בסמכותו של בלוך. ההתכתבויות עמו מלמדות על מתחים לא מעטים במכון שהגיעו לטיפולו. אמ״ו, תיק מכון זיו, קורספונדנציה, 1936–1940. בינואר 1948 הפנה ברגמן בשם ועדת התכנון של מכון ויצמן למדע הזמנה לבלוך לשמש ראש מחלקת המנהל

פרסמו את עבודותיהם, וכן מן הדוחות התקופתיים של המכון. התבוננות כזו מצביעה על השתתפות ניכרת בכתבי העת המרכזיים של הכימיה, כגון *Journal of the Chemical Society* הבריטי, *Journal of the American Chemical Society* - משמע, תרומות לבירור בעיות שקובע סדר היום המחקרי הפנימי של התחום, בבחינת מחקר 'בסיסי', בתכיפות של מאמר או שניים לחוקר בשנה.[46] ההשתתפות של וייצמן ועמיתיו בכתב העת *Nature* נראה שמצביעה על חדשנות בולטת של מדעני המכון בתקופה זו.[47] עם זאת, ברשימות של פרסומי המכון מושכת את העין נוכחותו של וייצמן, שפרסם מאמרים רבים עם אחרים - כגון ברגמן והירשברג; בדרך כלל מצוין שמו של וייצמן כמחבר הראשון מתוך שניים או שלושה מחברים.[48] רוב מאמריהם של וייצמן ועמיתיו התפרסמו בכתבי העת הנזכרים כאן, עדות להשתתפותו בבירור בעיות שאופיין תאורטי טהור ומדעי, אך התפרסמו משמו גם מאמרים בכתבי עת שעניינם כימיה תעשייתית.[49] אמנם וייצמן הדגיש במכון החדש את חשיבות ההתעסקות בבעיות שאופיין תאורטי,

של המכון החדש. ברגמן (לונדון) אל בלוך (רחובות), 17.1.1948, אמ"ו, 5/74/14. וראו גם להלן, הערה 61. בלוך המשיך בתפקידו הניהולי גם בשנותיו הראשונות של מכון ויצמן למדע. ראו *The Weizmann Institute of Science*, Rehovoth, November 1949, p. 56.

46 כך על פי קובצי התדפיסים של המכון שנכרכו ונשלחו לספריות התקופה, ועל פי רשימות הפרסומים, הנספחות לדוחות המכון. לגבי ברגמן, בעלי הביוגרפיה שלו מציינים כי בשנים 1939-1934, כששהה בבריטניה ובארצות הברית, הוא פרסם 78 מאמרים, פחות או יותר - כמספר המאמרים שפרסם בשנים 1933-1928 בגרמניה. ביוגרפיית ברגמן (לעיל, הערה 25), עמ' 83.

47 בשנים 1940-1938 פרסם וייצמן בכתב עת זה מאמר אחד בכל שנה: ראו ברשימת פרסומיו המדעיים של וייצמן בכרך זה.

48 פיזר מציין שבתקופת מנצ'סטר הקפיד וייצמן שבמאמרים שפרסם עם תלמידיו יופיע שמו אחרון. פיזר (לעיל, פרק 1, הערה 29). בפרסומי המכון מתקופה זו מושכים את העין פרסומים משותפים לפרקש ולוויגנר, ופרסומים משותפים לברגמן, פולניי וסאבו: L. Farkas & E. Wigner, 'Calculation of the Rate of Elementary Reactions of Light and Heavy Hydrogen', *Transactions of the Faraday Society*, 32 (1936), pp. 708–723; E. Bergmann, M. Polanyi & A.L. Szabo, 'Substitution and Inversion of Configuration', *Transactions of the Faraday Society*, 32 (1936), pp. 843–852, http://pubs.rsc.org/en/Content/ArticleLanding/1936/TF/tf9363200843#!divAbstract.

49 ראו למשל פריט 53 ברשימת פרסומיו המדעיים של וייצמן בכרך זה.

אך גם תרומה עכשווית, או עתידית, להיבטי המעשה החקלאי והתעשייתי הייתה ממטרותיו.[50]

על המחקרים בעלי זיקה לענייני חקלאות, תעשייה בכלל ופרמצבטיקה בפרט, ועוד, אפשר ללמוד מן הדוחות התקופתיים של המכון, שמובאות בהם תמציות של מחקרים ללא ציון החוקרים העוסקים בדבר. למשל, בין הבעיות החקלאיות שנחקרו הייתה שאלת ניצולן של קליפות תפוחי זהב: בעזרת *Clostridium acetobutylicum Weizmann* (חיידק וייצמן) נלמדה האפשרות להתסיס מצע של קליפות תפוזים, והתוצאות היו משביעות רצון מבחינת תפוקת האצטון והבוטיל אלכוהול. דומה לכך הפעלת תהליכי תסיסה חיידקית על חומרי הפסולת של תעשיית החלב, לשם הפקת חומרי מוצא מבוקשים בתעשייה המקומית. בין הסוגיות הבקטריולוגיות נחקרו מנגנון התסיסה שמחולל חיידק וייצמן והביוכימיה של זניו השונים, שטופחו במכון.[51] בין הסוגיות הביוכימיות נחקרו סינתזות של סטרואידים ובעיות בהיווצרות הסרטן.[52] חוקרי המכון

50 רשימת הפרסומים בתוך מכון זיו, חוברת ח (לעיל, הערה 5) אינה מייחסת את הפרסומים לחוקרים המתאימים. האם זה ניסיון לקולקטיביזציה, מעין גרסה ל'קבוצת בורבקי' (ראו http://he.wikipedia.org/wiki/%D7%A0%D7%99%D7%A7%D7%95%D7%9C%D7%90_%D7%91%D7%95%D7%A8%D7%91%D7%90%D7%A7%D7%99%), או שמא ניסיון להמעיט בתרומתו הרבה של ברגמן לרשימה זו? העניין מבקש עיון לעצמו.

51 לסקירה מקיפה על האפשרויות לפיתוחה של תעשיית התסיסה ועל מקומה המיוחד של ארץ ישראל במימוש חזון זה ראו Ernst David Bergman, 'Utilization of Agricultural Products', in *Palestine Economic Future: A Review of Progress and Prospects*, ed. J.B. Hobman, London: Percy Lund Humphries, 1946, pp. 130–136.

52 ארנסט ברגמן, 'סטאו'נ'ים, חורמונים מיניים וחמריה קרובים להם', טכניקה ומדע, חוברת א (1937), עמ' 9-11. סקירה ממצה, מאוזנת ומאופקת של מחקרי מכון זיו מביא ד"ר בנימין בלוך, מנהלו של מכון זיו, בציון עשור לקיומו. ראו Benjamin M. Bloch, 'The Daniel Sieff Research Institute and its Contribution to the Jewish National Home', in *Chaim Weizmann: A Tribute on his Seventieth Birthday*, ed. Paul Goodman, London: Victor Gollancz, 1945, pp. 108–112. קובץ זה דומה בהרכבו לקובץ וייסגל, בונה ציון (לעיל, הערה 30). אחד ההבדלים הבולטים בין השניים הוא שבקובץ בעריכת וייסגל (1944) בפרק העוסק בוייצמן חמדען מופיע מאמרו של ברגמן, ואילו בקובץ בעריכת גודמן (1945) בפרק זה מובא מאמרו של בלוך. מדברים שכתב ממרחק הזמן פרופ' ויליאם טאוב על המחקר במכון זיו מודגש תפקידו של ברגמן

פיתחו שותפויות מחקריות עם חוקרים ממוסדות אחרים, כגון השותפות עם הפרזיטולוג פרופ׳ שאול אדלר מן האוניברסיטה העברית, שבה נלמדו חומרים היפים לטיפול כימותרפי במחלת הבקר תיילריה (Theileria).[53]

בתכניות של מכון זיו אין ביטוי מפורש להשקפות וייצמן על המכוּנָה במונחי ימינו ׳גיוס כל הכוחות׳, אך אפשר לראות עדות לעמדות אלה בדבריו בשנת 1936 לפני שוחרי האוניברסיטה העברית בתל אביב, על דבר הצורך ב׳סיינטיפיק אינדאסטריאל קומיטי׳,[54] ובפעילותו של ברגמן לכינון ׳הוועדה המרכזית לפתוח התעשייה החימית בארץ ישראל׳, שהחלה בפעולתה לאחר פרוץ מלחמת העולם השנייה.[55] בצד הפעילות למען התעשייה האזרחית, שהיא מטרה מוצהרת של המכון, השתתפו מדעני המכון, כך על פי מקורות חיצוניים למכון, בשלבים הראשונים של התעשייה הצבאית של היישוב, התע״ש: פעילות כימית ותעשייתית לשם ייצור חומרי נפץ בשביל ׳ההגנה׳. המפורסמת

בהתוויית כיוונים עיקריים במחקר שנעשה במכון. ויליאם טאוב, ׳המחקר במכון זיו׳, רחובות, א, חוברת 5 (אביב 1964), עמ׳ 2-4, 23.

53 מכון זיו, חוברת ח (לעיל, הערה 5), עמ׳ 24; אמ״ו, תיק 1249-439. והשוו שיתופי הפעולה המוזכרים לעיל, בהערה 45. על ה׳טיילריה - אימת הרפת׳ ועל פרופ׳ אדלר בהקשר זה ראו רבקה אשבל, כל אשר יכולנו: תרומת האוניברסיטה העברית ורופאי ארץ־ישראל במלחמת העולם השנייה ולאחריה, ירושלים: מאגנס, תשמ״ו, עמ׳ 57-60.

54 ׳נאומו של פרופיסור חיים ויצמן [במסיבת שוחרי האוניברסיטה העברית בתל אביב, כ״ה בטבת תרצ״ו], בתוך ההר והעמק, תל אביב: ועד אגודת שוחרי האוניברסיטה העברית בירושלים בתל־אביב, תרצ״ו, עמ׳ 34. וייצמן נזקק לניגוד של ההר והעמק בנאומו ׳תרבות ולשון׳ בספטמבר 1924: ׳אולי תרד האוניברסיטה מן ההר אל העמק ותשפיע על העם הרחב׳. ראו ׳תרבות ולשון׳, בתוך חיים וייצמן, דברים, ב, תל אביב: מצפה, תרצ״ז, עמ׳ 329-331. ונראה שאוסישקין הוא שהעמיד מטפורה זו כמייצגת את הניגוד, או ההבדל, בין פרויקט ההתיישבות הציונית ובין פרויקט האוניברסיטה. והשוו ׳נאום ה׳ אוסישקין׳ [בתוך נאומי הפתיחה של המכון למדעי היהדות, 22.12.1925], ידיעות המכון למדעי היהדות, חוברת א (ניסן תרפ״ה), עמ׳ 10. פרופ׳ ראובן כהנא ז״ל הוא שהסב את תשומת לבי לחוברת ההר והעמק.

55 יצחק גילון־ז׳לינסקי, תולדות התעשיה הכימית בארץ, תל אביב: הועד למען הוצאת הספר, 1976, עמ׳ 18-20. הוועדה פעלה בראשות ד״ר גרפנברג מן הסוכנות היהודית לארץ ישראל. וראו אורנה זלצר, ׳המדע והיישוב - לפעולה בשילוב!׳, עבודה בקורס פרסום תעודות במגמת לימודי ארכיונאות בבית ברל, 2008. עותק נמצא ברשות המחבר.

בפעילויות אלה היא המעורבות של האחים פליקס ברגמן וארנסט ברגמן בייצור 'טן' בסוף שנות השלושים.[56]

מדי פעם בפעם אירח המכון מדענים בולטים מאירופה להרצאות סמינריוניות.[57] אף משאלת וייצמן המובאת בתכנית המכון, לשמש משכן מחקרי לצעירים שסיימו את לימודיהם ומבקשים השתלמות, באה לידי מימוש כשהמכון החל לקבל תלמידי מחקר מן האוניברסיטה העברית - מן הסתם כאלה שבחרו במדעני המכון כמנחיהם ברחובות בצד מוריהם על הר הצופים, או בציוד המתקדם שהיה בו, או בשניהם.[58] וייצמן עצמו החשיב את תנאי העבודה

56 ראו אוריאל בכרך, בכוח הידע: פרקים בתולדות חיל המדע, [תל אביב:] נ.ד.ד., תשס"ט, עמ' 27. בכרך מסב פעילות זו לשנת 1939, ובסיסה יפאורה ברחובות. וראו גם יוסף עברון, 'תוצרים ופיתוח (ה"טן")', בתוך התעשייה הביטחונית בישראל, תל אביב: משרד הביטחון, 1980, עמ' 29-35. 'קבוצת מדענים ב"מכון זיו" ברחובות [...] בראשותם ובפיקוחם של האחים ארנסט ופליכס ברגמן'. שם, עמ' 33. עדות פנימית ממש היא של (הפרופסור לעתיד) שלום שראל: 'בנוסף, ובסתר, וכנראה ללא ידיעתו של חיים ויצמן, תרמו שני האחים ברגמן, הבכור, ארנסט, והצעיר, פליקס, למאמץ מלחמתי מסוג אחר - סיוע ל"יישוב" בפיתוח תשתית לתעשייה הביטחונית של המדינה שבדרך. פליקס ברגמן, בדיסקרטיות האופיינית לו, סיפק ל"הגנה" ייעוץ רב ערך בתחומים שונים. הדבר נשמר בסוד כדי לא להביך את ד"ר ויצמן ביחסי האמון שטיפח לאורך שנים עם שלטונות המנדט הבריטי'. שלום שראל, 'זכרונות מהמהפכה המדעית', http://heb.wis-wander.weizmann.ac.il/%D7%94%D7%99%D7%A1%D7%98%D7%95%D7%A8%D7%99%D7%94-%D7%A9%D7%9C-%D7%94%D7%9E%D7%93%D7%A2-%D7%A9%D7%9C%D7%95%D7%9D-%D7%A9%D7%A8%D7%90%D7%9C; מוניה מ' מרדור, רפא"ל: בנתיבי המחקר ופיתוח לביטחון ישראל, תל אביב: משרד הביטחון, 1981, עמ' 93.

57 הפרופסורים אֶרֶרה מבריסל, ווּרמֶסֶר מפריז, ויקטור אַנרי מליאֶז', קארל נויברג וקארל אופנהיימר מברלין. ראו מכון זיו, חוברת ח (לעיל, הערה 5), עמ' 14. לפי וייצמן, ביקורים אלה נועדו ליצור קשרים אישיים עם עולם המדע, ולכך חשיבות מיוחדת למכון חדש בארץ שמרוחקת ממרכזי המחקר המדעי הגדולים. טיעונים מטיפוס זה מובאים כבר בתכנית 1914.

58 מראשוני הדוקטורנטים היו שלושה. הראשון אליהו בוגרשוב, שנושא מחקרו היה 'נסיונות בקשר עם הכנת חמרים קרצינוגנים חדשים ובדיקת מבניהם' (הוגש לאוניברסיטה בשנת תרצ"ט). http://lib-phds1.weizmann.ac.il/Dissertations/BOGRACHOV_ELIAHU.pdf. מדריכו בירושלים היה ד"ר משה וייצמן וברחובות ד"ר ארנסט ברגמן.

במכון כנוחים מ'הרבה מוסדות אקדמיים גדולים שהזדמן לי לראותם, [כמו] אוניברסיטת מנצ'סטר, המעבדות בסאות' קנסינגטון [מכון ליסטר], באוקספורד, בסורבון ובמכון פאסטר'.[59]

תקופה שונה מאוד מקודמתה במכון זיו מתחילה עם החששות ממלחמת עולם חדשה ועם פריצתה. בתחילתה של תקופה זו ובהמשכה משתנה סדר יומו של וייצמן, ובזיקה לתפקידיו הלאומיים הוא שוהה תקופות ממושכות הרחק מרחובות. עם זאת, במה שנוגע לאחריותו כלפי מכון זיו הוא פותח בשני מהלכים. הראשון, יצירת בסיס חדש, בארצות הברית, למימון פעילותו של המכון (עוד על השפעות מהלך זה להלן). המהלך השני, עניינו היה קידום פרויקטים מחקריים בעלי השלכות תעשייתיות וזיקה ישירה למה שוייצמן מזהה כמאמץ מלחמתי - תוצאה נלווית להצלחתם של פרויקטים אלה עשויה אף היא להיות מקור מימון לפעילות המכון. קידום פרויקטים אלה היה רכיב בתכניות וייצמן להשתתפות היישוב היהודי בארץ ישראל במאמץ המלחמתי, ובמרכזן גיוס יהודי ארץ ישראל לצבא הבריטי. בתזכיר שוייצמן מפנה לגורמים בממשלת בריטניה הוא מצביע על שלושה כיווני ייצור השייכים למאמץ המלחמתי ושבהם יכולים להשתלב תושבי הארץ: הכיוון הכימי, הכיוון המכני, וכיוון חומרי הרפואה, התרופות וחומרי החבישה.[60] החברה תוצרי רפואה ארץ־ישראליים (P.P.P., Palestine Pharmaceutical Product Limited) היא דוגמה

השני בנימין אלעזרי-וולקני, שנושא מחקרו היה 'מחקר על החיים בים־המלח' (הוגש לאוניברסיטה בשנת ת"ש, ותוצאות ממנו פורסמו ב־*Nature* כבר ב־1936). http://www.im.microbios.org/07setember99/11%20Oren%20(P).pdf. מדריכו בירושלים היה פרופ' יעקב ישראל קליגלר וברחובות פרופ' חיים וייצמן. השלישי טוביה ברלין. http://lib-phds1.weizmann.ac.il/Dissertations/Berlin_Tuvia.pdf. מדריכיו בירושלים וברחובות היו, בהתאמה, ד"ר משה וייצמן וד"ר ארנסט ברגמן. תפקוד מכון זיו כמעין זרוע מחקר של האוניברסיטה העברית מעניק ממד חשוב ביותר ליחסי האוניברסיטה והמכון. משמע, לא רק תחרות ועוינות שררו בין וייצמן ברחובות לבין אנשי ירושלים. אבל השאלה המעניינת - כמה דוקטורנטים היו במכון זיו לעומת מספר הדוקטורנטים בהר הצופים במקצועות מדעי הטבע - ראויה לבירור נוסף.

59 וייצמן אל וייסגל, 18.8.1949, מח"ו, 23, מספר 325, עמ' 280.

60 [Weizmann], Palestine's Possible Contribution to the War Effort, 22.7.1940, אמ"ו, 2240A-14. על הקשרי התזכיר ונמעניו ראו וייצמן אל לורד לויד, 25.8.1940, מח"ו, 20, מספר 31, עמ' 34.

למיזם שתוכנן בזיקה למכון זיו ונועד לנצל את היכולות המחקריות שבו, בעיקר בתחום הפרמצבטיקה.[61] דוגמה אחרת היא ממעגל מחקרי התסיסה של המכון. הידע על אודות תהליכי תסיסה הופנה לניצול חומרי גלם מקומיים, כמצוין לעיל. הקשיים בייצוא פֵּרות ההדר עשו פֵּרות אלה למעין חומר גלם, והוחל בחיפוש אפיקים חדשים לניצולם, כגון שנבחנו תהליכים לייצור מונע־נפץ, antidétonant, ממוצריהם.[62]

הטיית פעילות המכון לפרויקטים של מחקר שימושי ותעשייתי לא השפיעה על מנהלו המדעי של המכון, ברגמן, בהערכתו את דבקותו של מכון זיו ביסודותיו הראשונים. עם מלאות עשור לפעילות המכון קבע ברגמן שהמכון מתמיד להגשים את רעיונו המקורי של וייצמן: המחויבות למחקר יסודי היא שתוליך לתוצאות שיועילו לארץ, לצרכיה ולפתרון בעיותיה.[63]

61 וייצמן מודיע לחברים ב'ועד פועל' של המכון (הנזכר לעיל, הערה 45) שנעשו הסידורים המתאימים מבחינת מעמדו המשפטי של המכון כדי ש־P.P.P. תוכל לייצר כמויות מוגבלות של תרופות ותשמש חלוץ לייצור בקנה מידה רחב. וייצמן אל יצחק מגזניק, הרולד דייוויס ופרידה גולדשמידט, 26.7.1940, מח"ו, 20, מספר 18, עמ' 22–24. וייצמן ביקש לגייס את נויברג למיזם זה ולעשותו אחראי על העבודה הבקטריולוגית והביוכימית שתיעשה במכון זיו בעבורו. ראו [P.P.P.,] Minutes of the Meeting of July 24th 1940, ג"ו, משלוח 5/74, תיק 16, מועצת מנהלי מכון זיו. בלוך היה אחראי על המיזם, שהוקם במתחם המכון. 'חברה זו סיפקה לראשונה הן בארץ והן לצבאות הברית תכשירי רפואה חשובים שסונתזו במכון על כל שלביהם'. מתוך יהודה הירשברג, 'רשמי זכרון', בתוך בלוך: קווים לדמותו (לעיל, הערה 45). החברה של מכון זיו הקימה שותפות עם חברת האחים גרין, ובין מוצריה היו פאנודרום (לשינה), תחליף לאטברין (נגד קדחת) ואיכטיול, שהופק מביטומנים של סדום וים המלח. החברה פעלה בשנים 1939–1949. ראו אמנון מיכלין, מעשי רוקחים, פרקים בתולדות הרוקחות בארץ־ישראל, תל אביב: משרד הביטחון, 1999, עמ' 224. וראו גם גילון־ז'לינסקי (לעיל, הערה 55), עמ' 86–87, 96. להתייחסות מחקרית לפרשה זו ראו Adi Sapir, 'Commercialization of Academic Science in Israel', Ph.D. Dissertation, Tel Aviv University, 2014, pp. 113–117.

62 עדות מוקדמת להשתתפותו של ברגמן בפעילות זו היא ארנסט ברגמן, 'השמוש בפרי הדר', יולי 1939, שישה עמודים במכונת כתיבה. התזכיר מיועד לחברי 'השתוף פעולה בין המוסדות המדעיים והטכניים בארץ ישראל'. ראו אמ"ו, (512) 2002–11.

63 ברגמן, מכון זיו (לעיל, הערה 31). ב־1946, ערב המעבר ממסגרתו של מכון זיו לזו של מכון ויצמן למדע, בלוך, בסכמו את המחקרים שנוהלו במכון זיו בתור גרעינו של המכון החדש, מבליט חקר מחלות, כמו הצרעת והשחפת, וחקר הסינתזה של תרכובות

וייצמן עצמו שילב בפעילותו הפוליטית בבריטניה, בארצות הברית ובארץ ישראל גם יזמות ופעילות מחקרית משלו. הצבת גרסה חדשה לפרויקט הגומי הסינתטי הייתה אחת מיזמותיו המדעיות־פוליטיות.[64] יזמה תעשייתית אחרת, שנועדה לפתור אחת מן הבעיות שנוצרו עם התגברות המחסור בחומרי גלם, הייתה פיתוח תהליך הקטרול (Catarole Process). פרוץ מלחמת העולם השנייה האיץ את העניין בתהליך זה.[65] אך בצד השפעות המלחמה על תכניות המחקר

כימותרפיות, ובכללן תרופות אנטי־מלריות ותרופות סולפה, בצד מחקר ביוכימי של מיקרו־אורגניזמים, שניתנים לניצול במחקרי תסיסה. את אלה חושב בלוך למחקר טהור. אך הוא מציין גם את המחקר השימושי, שנוהל במכון והיה בסיס לייצור סינתטי של תרופות באיכות המשתווה לזו של תרופות שיוצרו בעבר בגרמניה. ראו מאמרו של בלוך בתוך *Palestine and Middle East*, 18, no. 6 (1946), p. 131. סקירה קצרה של מחקרי מכון זיו כותב ממרחק הזמן אחד מחוקריו, ארנסט סימון: 'ד"ר חיים ויצמן כאיש־מדע', מדע, יג (תמוז תשכ"ח - תשרי תשכ"ט, יולי־אוקטובר 1968), עמ' 80-81.

64 תיאור חיי וייצמן ופעילותו הפוליטית בתקופה זו מביא רוז (לעיל, הערה 3), עמ' 225-251, 252-264. ביולי 1940 מינה שר האספקה הבריטי הרברט מוריסון את וייצמן למשרת יועץ של כבוד לענייני כימיה (*Honorary Chemical Adviser*), והועמדה לרשותו ולרשות עוזריו מעבדה בלונדון ב־25 Grosvenor Crescent Mews. שם, עמ' 236-237. עוד ראו וייצמן אל מנהל המלון אלכסנדרה (לונדון), 23.7.1940, מח"ו, 20, מספר 12, עמ' 16 הערה 2. לתיאור מחקרי וייצמן בהקשרים אלה ראו [חיים וייצמן], 'סקירה על עבודות שנעשו במעבדות ד"ר ווייצמן בזמן המלחמה', שלושה עמודי מכפלת, אמ"ו, (27) 74-5. סקירה מאוחרת יותר של יזמות וייצמן לשלב במאמץ המלחמתי את רעיונותיו נמצאת בתוך Memorandum for Mountbatten, 27.7.1947, 'Scientific Activities during World War II', נח"ו, 2, מספר 89, עמ' 652-656. סיכום ממצה של מחקרי וייצמן בארצות הברית ובבריטניה מביא ברגמן בתוך 'עבודתו המדעית של חיים ויצמן, ההשפעות המדיניות והתעשייתיות של התקופה על מחקריו', מדע, יז, 3 (אלול תשל"ב - תשרי תשל"ג, אוגוסט־ספטמבר 1972), עמ' 169-175.

65 עניינו המרכזי של תהליך הקטרול היה בהתמרת זפת הפחם לנפט, וביותר בשימוש בשאריות הגסות של תהליך זיקוק הנפט בתור חומר הגלם להפקת חומרי מוצא פחממניים לשם ייצור חומרים ארומטיים בעלי נקודות רתיחה גבוהות ונמוכות בניקיון רב ובעלויות מצומצמות למדי. התהליך זכה לעניין תעשייתי ניכר במהלך מלחמת העולם השנייה ולאחריה. ראו 'כימיקלים מנפט', ידיעות כלכליות, ב (שבט תש"י - פברואר 1950), עמ' 88-89. מאמר זה מבוסס על חומר שסיפקו בתי הזיקוק של מנצ'סטר (Manchester Oil Refinery Limited), שהיו הראשונים ב־1940 לפתח תהליך זה של וייצמן וברגמן. ראו

של המכון, עצם החשש מן העתיד להתרחש לגבי מקורות המימון של מכון זיו הניע מהלכים ברמות של כלל המוסד, תכונותיו הארגוניות וחזונו של המכון. ראשיתם בתכנית להרחבה ניכרת ביותר של ממדי מכון זיו, וסופם, שממכון קטן־ממדים ומצומצם בתחומי התמחות נעשה מכון זיו למכון רב־תחומי גדל ממדים, בבחינת קריית מדע, הלוא הוא מכון ויצמן למדע.[66]

על כן, אף שתריסר חוקרי מכון זיו ומעבדותיהם היו תוספת ניכרת ביותר לכוח האדם המחקרי וליכולות המחקר של היישוב בשנות השלושים והארבעים, ואף שהייתה חשיבות בהשתתפותם במחקרי המאמץ המלחמתי, או בהמצאת סביבת מחקר בשביל כמניין תלמידי מחקר של האוניברסיטה העברית[67] - הרי בהסתכלות היסטורית על תהליך התפתחותו של מערך המחקר המדעי של ישראל ותרומת וייצמן לתהליך זה, לא יהיה נמהר לקבוע שעיקר חשיבותו של מכון זיו הוא בשניים אלה: בהטרמת מכון ויצמן למדע,[68] ובהכשרת ברגמן למנהל מחקר, וכפי שייראה להלן, לבעל מדיניות מדע עצמאית משלו ויזמות משלו למימושה.

http://mss-cat.nottingham.ac.uk/DServe/dserve.exe?dsqIni=Dserve.ini&dsqApp=Archive&dsqCmd=Show.tcl&dsqDb=Catalog&dsqSearch=(MgtGroup='Business%20records')&dsqPos=79. וייצמן מזכיר את המיזם בתוך מסה ומעש, עמ' 432–433. מקור מידע על פעילות זו של וייצמן וברגמן הוא בוודאי הפטנטים שוייצמן וברגמן רשמו בתקופה זו. [ראו רשימת הפטנטים של וייצמן בכרך זה. הערת העורך]

66 החזון של מכון ויצמן למדע כלל הרחבה ניכרת ביותר של הקריה, או הקמפוס, של מכון זיו. בעלי חזון זה השתמשו במונח 'עיר מדע' כתרגום של City of Science. מבין העוסקים בתולדות מכון ויצמן למדע היו מי שטעו להבין מושג זה בתור עדות לאיזה חזון התיישבות (לגבי הפיכתה של המושבה רחובות לעיר?). ולא היא. הדמיית דגם המכון רב הבניינים המתוכנן נדפסה בשער כתב העת *Palestine and Middle East*, 18, no. 6 (1946) (לעיל, הערה 63), ותחתיה הכיתוב City of Science: Model of Future Weizmann Institute of Science at Rehovoth. שורה זו ודאי שמצביעה היא על התייחסות ל־city בתור 'קריה', וכך גם מסתבר ממאמרו של האדריכל אל־חנני, מתכנן הקמפוס החדש. שם, עמ' 130. וייצמן עצמו, במאמר הפותח את הגיליון הזה, מכנה את המוסד העתיד לקום בשם 'Rehovoth Research Centre'. שם, עמ' 125.

67 ראשוני תלמידי הדוקטור מוזכרים לעיל, הערה 58. לגבי כלל מספרם, המוצע כאן הוא בבחינת הערכה.

68 מכון זיו המשיך לתפקד גם ב־1952 בתור רכיב במכון ויצמן למדע. Daniel Sieff Research Institute, 'Minutes of the Annual General Meeting of the Association', 23.9.1952, אמ"ו, 70.

ממכון זיו למכון ויצמן למדע

בשנת 1944, לקראת מלאות שבעים שנה לוייצמן, הוחלט בחוג ידידיו בארצות הברית - בניצוחו של מאיר וייסגל (1894-1977),[69] בן ברית מסור לוייצמן מאז תחילת שנות העשרים - על הרחבתו של מכון זיו למכון מחקר רב־תחומי, שיישא את שמו של וייצמן.[70] על משאלתו של וייצמן למכון מחקר רב־תחומי מעידים דברים שכתב לאיינשטיין עוד בשנת פעילותו הראשונה של מכון זיו. על פי מה שנראה לו כדוגמה המוצלחת של מכון זיו הציע וייצמן לפני איינשטיין את הרעיון לכונן ברחובות עוד ארבעה-חמישה מכונים דוגמת מכון זיו, וזאת כחלופה לאוניברסיטה בירושלים.[71] ואולם, יזמת 1944 לא הייתה תולדה ישירה של מאווי וייצמן אלה, מאווייו הישנים שלא התממשו באוניברסיטה העברית, ולא איזו חלופה לה. ראשיתם של אותם דברים שסופם במכון הרב־

69 וייסגל, עד כאן (לעיל, הערה 29), עמ' 164-167; *The Odyssey of an Optimist: Meyer W. Weisgal – An Anthology*, New York: Atheneum 1967.

70 גרסת וייסגל לתחילתה של פרשה זו, שבמרכזה גיוס מיליון דולר לשם המכון העתידי, מובאת בתוך וייסגל, עד כאן (לעיל, הערה 29), עמ' 165-168, ושם במקומות אחרים. יזמת וייסגל זו לקרן בת מיליון דולר מוזכרת במפורש בלוח (באנגלית) 'אבני דרך בחיי מאיר וו' וויסגל' בתוך אודיסאה של אופטימיסט (לעיל, הערה 69), עמ' 262, לגבי 1944. מלוח זה של תולדות וייסגל משתקפים במידה רבה ביותר תולדות מכון ויצמן למדע - לקראת הקמתו, עם הקמתו, ובשנותיו הראשונות.

71 וייצמן אל איינשטיין, 12.7.1934, מח"ו, 16, מספר 316, עמ' 349-351. וייצמן מציע שם ועדה מדעית, ובה יכהנו איינשטיין, ג'יימס פראנק, וילשטטר, מאקס בורן, לורד רתרפורד, הרברט סמואל ורוברט ססיל. הערת המערכת של כתבי חיים וייצמן מציינת שאיינשטיין התנגד, מטעמים כלכליים, להצעה זו של וייצמן. המכונים שוייצמן מונה שם הם 'גנטיקה, בוטניקה שימושית, פרמקולוגיה, פיסיולוגיה ופתולוגיה וכיוצא בהם'. הפנייה לתחומי מחקר אלו מסמנת שינוי בהשקפות המדע שלו. ונראה הדבר שבציון תחומים אלה דווקא מסתמנת פנייה של וייצמן לתחומי מחקר מן הביולוגיה המודרנית, ולאלה שאינם מטופחים באוניברסיטה העברית; הם חורגים מתחומי חקירת הטבע של ארץ ישראל, אך זיקה אפשרית להם לפרויקט הביוטכנולוגי התעשייתי של וייצמן ולמחקר רפואי. מענה על השאלה עד כמה היה כאן יסוד של תחרות, או ביטוי מהותי למדיניות המדע של וייצמן ולפילוסופיית המדע שלו, מצריך עיון נוסף. כך, בעיקר על רקע העובדה שגם בתכנון מכון זיו וגם בתכנון מכון ויצמן למדע נראית העדפה ברורה של וייצמן לתחומי הכימיה הפיסיקלית לגווניה.

תחומי ברחובות הייתה במהלך שנת 1939, עם חששות המלחמה.[72] או אז הציע וייצמן לד"ר יוסף כהן (מזכירו בשנים 1935-1938) שייסע לארצות הברית וינסה להקים שם בסיס לגיוס תרומות למכון זיו - בסיס נוסף, או חלופי, לזה שבבריטניה. ב־1940 נרשמה בארצות הברית קרן מחקר על שם חיים וייצמן, שמטרתה המוצהרת הייתה לקדם את מחקר הכימיה בארץ ישראל. ב־1944 גוף זה היה לוועדה האמריקנית למען מכון ויצמן למדע (American Committee for the Weizmann Institute of Science).[73] ביזמת וייסגל נענו בני משפחת זיו־מארקס להצעתו למזג את מכון זיו במסגרת גדולה יותר, שבאורח זמני תיקרא 'מרכז ויצמן', ולאחר עוד מחשבה הוחלט שתהיה 'מכון ויצמן למדע'.[74]

חגיגת אבן הפינה למכון ויצמן למדע הייתה באפריל 1946, והאירוע צוין בסימפוזיון מדעי בין־לאומי. השתתפו בו אחדים מגדולי הכימאים והביוכימאים של התקופה, שבאו מחוץ לארץ, ואחדים מחשובי המדענים הארץ־ישראלים - כך לתפארת וייצמן ולתפארת המכון החדש המתייסד והולך ונושא את שמו. וכך כניכר מקובץ ההרצאות של הסימפוזיון, שכותרתו יומרנית־משהו, *Trends in Modern Science*, ונועדה לסמן את האוריינטציה של מדיניותו האקדמית.[75] הייתה זו, מן הסתם, הוועידה המדעית הבין־לאומית הראשונה בארץ.[76] בשנה

72 פלאוורס (לעיל, הערה 1), עמ' 48; אודיסאה של אופטימיסט (לעיל, הערה 69), עמ' 165-166.

73 פלאוורס (לעיל, הערה 1) עמ' 50. וראו את הסרט שהופק לציון מלאות שבעים שנה להקמת ועדה זו, http://www.youtube.com/user/weizmannusa.

74 בינואר 1943 נוסחה תכנית הרחבה למכון זיו בתגובה לכך שבשנות המלחמה התפתחה התעשייה המקומית, אך ביסודה, מבחינת כיווני החקירה העתידית, היא הייתה ברוח התכניות הראשונות למכון זיו, כעשר שנים קודם לכן. ראו 'The future development of the Sieff institute', זמ"ו, 74 (96) 6. מן ההשוואה בין תכנית זו ובין התכנית למכון ויצמן למדע מתבלט חזון מדעי וארגוני חדש לגמרי.

75 *Trends in Modern Science: Symposium Held at Rehovot in the Occasion of the Laying of Cornerstone for the Institute of Physics and Physical Chemistry*, Rehovot: Weizmann Institute of Science, 1949. תקציר ההרצאות מובא בתוך פלשתינה והמזרח התיכון (לעיל, הערה 63), עמ' 134. השימוש בצירוף 'מגמות במדע המודרני' לתיאור תחומי המחקר הנדונים תחת כותרת זו מעלה את השאלה באיזו מידה אפנתי הוא, או חדשני.

76 ראו הקדמת וייצמן לקובץ מגמות במדע מודרני (לעיל, הערה 75). כעבור כשנה, בשנת

זו, בצד המחלקות שכבר פעלו במכון זיו, היה מכון ויצמן למדע מיועד לכלול מחלקות מחקר חדשות מתחומי 'חזית המדע' בענפי מדע אלה: מתמטיקה שימושית, חקר איזוטופים, ביופיסיקה וכימיה פיסיקלית, אופטיקה, חקר פולימרים גבוהים.[77]

חלפו כשלוש שנים מטקס 1946 ועד לטקס חנוכת מכון ויצמן למדע ב־2 בנובמבר 1949, תאריך סמלי לוייצמן. בטקס זה נחנך גם בניין המכון לפיסיקה ולכימיה פיסיקלית. באותה שנה נבחר וייצמן לנשיא מדינת ישראל, ולפחות להלכה צומצם תפקידו כנשיא לשם כבוד של מכון ויצמן למדע. אך גם בריאותו המתרופפת צמצמה ביותר את מעורבותו בענייני המכון החדש. וייצמן נפטר כשלוש שנים לאחר מכן, ב־9 בנובמבר 1952, ווייסגל, היושב ראש של הוועד הפועל וחבר הנאמנים של המכון, נמצא מוצב בראש המכון ומופקד על הוצאה לפועל של כלל מורשת וייצמן, ומפעל 'כתבי ויצמן' בכללה. חלפה עוד שנה עד להתייצבות ב־1953 של המבנה הארגוני והאקדמי של המכון כמבנה שבראשו וייסגל, ולצדו המנהל המדעי שנבחר על ידי המועצה המדעית, דהיינו על ידי בכירי המדענים המשמשים כראשי המחלקות, הן יחידות המדע המרכזיות במכון: יצחק ברנבלום, ביולוגיה ניסויית; ישראל דוסטרובסקי, חקר איזוטופים, אפרים קצ'לסקי (לימים קציר), ביופיסיקה; חיים לייב פקריס (Pekeris, 1908-1993), מתמטיקה שימושית. אהרן קצ'לסקי (לימים קציר), שעמד בראש המחלקה לחקר פולימרים, הוא שעמד בראש קבוצת מנהלי מחלקות המדע, בבחינת המועצה המדעית של המכון.[78] חברי המועצה המדעית, שמונו לתפקידם בידי

1947 (תמוז תש"ז), נערך על הר הצופים הכינוס העולמי [הראשון] למדעי היהדות. ראו הכנוס העולמי למדעי היהדות, ירושלים: מאגנס, תשי"ב.

77 Ernst D. Bergmann, 'New Home for Science', בתוך פלשתינה והמזרח התיכון (לעיל, הערה 63), עמ' 129, 133. ראו גם 'Governors' Report of the Activities of the Institute during the year 1946', ובו גם פירוט תקציבי, בתוך אמ"ו [ללא ציון תיק ומספר]. עוד ראו חוברת מכון ויצמן, נובמבר 1949 (לעיל, הערה 45). בחוברת זו, שהתפרסמה לקראת חנוכת המכון, הוצג וייצמן בתור נשיא הוועד הפועל, וייסגל בתור היושב ראש וברגמן בתור המנהל המדעי. שם, עמ' 53. הרמן מארק מוצג כיושב ראש ועדת התכנון, ג'יימס פראנק כיושב ראש הוועדה המייעצת (לכלל המכון). איינשטיין, רוברט אופנהיימר וג'ון פון נוימן נמנים בוועדה המייעצת למחלקה למתמטיקה שימושית. שם, עמ' 57.

78 *The Weizmann Institute of Science, Report for 1953*, Rehovoth, November 1953, p. 97. ראוי לשים לב לכך שבין הפרויקטים של המחלקות המרכזיות של המכון אין

וייצמן וברגמן, החליפו את הוועדה המדעית המייסדת, אך הזמנית, שבראשות הרמן פ' מארק (1992-1895). מהלך זה מצביע על הפרדה בין פונקציית גיוס הכספים וניהול המוסד ובין פונקציית הניהול האקדמי, וכן על הפקדת ההנהגה האקדמית ביד בכירי המדענים של המוסד. ואם זו הנהגת המכון, כל שכן הנהגתו המדעית, עומדת השאלה: והיכן ברגמן?

בין טקסי הנחת אבן הפינה ובין מעמד החנוכה הרשמית של המכון ב־2 בנובמבר 1949 חלפו כשלוש שנים, ובמרכזן, למותר להזכיר, מלחמת העצמאות. לקראת מאי 1948 ובמהלכו התקבצו במתחם מכון זיו ובמתחם התחנה לחקר החקלאות והמחלקה לחקלאות של האוניברסיטה עשרות אחדות של עובדי חמ"ד (חיל המדע) מירושלים, ובהמשך עוד עשרות גם ממקומות אחרים.[79] ואף שבראש הקבוצה הראשונה עמד אז הקצין אפרים קצ'לסקי, התגלגלו הדברים כך שברגמן, המנהל המדעי של מכון זיו והמיועד להיות המנהל המדעי של מכון ויצמן למדע, נעשה בעל הסמכות העליונה גם על אנשי חמ"ד אלה ועל נושאי עבודתם.[80] משמע, אל עמדת הקדקוד שלו בחמ"ד הגיע ברגמן מכורח השילוב

ייצוג לפרויקטים הביוטכנולוגיים של וייצמן. עם זאת, יש המשך למחקריו המיקרוביולוגיים בעבודתה של אסתר הלינגר, מראשונות מכון זיו. שם, עמ' 71-72. המועצה המדעית בראשות אהרן קצ'לסקי הייתה מן הסתם המשכו של הגוף בראשות ברגמן. ראו פרוטוקולים (לעיל, הערה 16). חברי 'המועצה המדעית', שמונו לתפקידם בידי וייצמן וברגמן, החליפו מן הסתם את הוועדה המדעית המייסדת, אך הזמנית, שבראשות הרמן פ' מארק.

79 אפרים קציר, 'ראשיתו של המחקר הבטחוני - בן־גוריון והחמ"ד', בתוך דוד בן־גוריון והתפתחות המדע בישראל: יום עיון במלאת מאה שנה להולדת דוד בן־גוריון, [בעריכת יהושע יורטנר], ירושלים: האקדמיה הלאומית הישראלית למדעים, תשמ"ט, עמ' 25-49; קציר, סיפור חיים (לעיל, פרק 2, הערה 62), עמ' 100-107. קציר, שתקופה מסוימת היה מפקד החמ"ד, מצטט שם מסמך של ברגמן, המציין כי במעבדות המכון ישנם 33 אנשים, ועוד 36 ששייכים לגוף המדעי של הצבא. ארי בראל, הנסמך על יומן בן־גוריון, קובע כי באמצע מרס 1948 מצבת כוח האדם שעסק בשכלול ופיתוח כלי נשק כבר כללה 150 איש. ב־17 במרס הקימה מפקדת 'ההגנה' באופן רשמי את החמ"ד. ארי בראל, מלך־מהנדס: דוד בן־גוריון, מדע ובינוי אומה, באר שבע: מכון בן־גוריון, תשע"ד, עמ' 270. קציר אומר: 'ברגמן הגיע אל "ההגנה" ואל "ההנהלה הראשית" [למפעל המדעי] כמנהלו המדעי של מכון זיו ברחובות וכמי שהיה עתיד להתמנות גם למנהלו המדעי של מכון ויצמן'. קציר, ראשיתו של המחקר (לעיל בהערה זו), עמ' 36.

80 עדות לכך היא המסמך, מעין 'פקודת יום', מיום 23.5.1948, שברגמן כתב לאנשיו ובה הוראות התנהלות בעת חירום זו. ברגמן מודיע 'לכל אנשי המכון' על סדרי העבודה במכון

בין נסיבות תפקידו כמנהל המדעי של מכון זיו-ויצמן ובין נסיבות פרוץ מלחמת העצמאות. בשבועות אלה נמצא שמכון זיו-ויצמן ומִתחמו ברחובות מותאמים לאכסון החמ״ד ואנשי גופים דומים העוסקים במילוי הצורך הדחוף באמצעי לחימה. רק בהמשך הדברים ניתן בידו של ברגמן מינוי מטעם שר הביטחון. בכל אופן, נראה להניח שלגבי ברגמן ניהול זה של בסיס החמ״ד לא היה אירוע ארגוני בלבד - הוא היה כרוך בשינוי השקפות עמוק ביותר. את השינוי הזה מדגימים דברים שכתב לוייצמן במאי 1948: ׳לעתים אני תוהה אם עשינו נכון להקדיש ארבע עשרה שנים לסוג המחקר שעשינו בְּמקום להכין את הארץ כימית וטכנית לקראת תחכום של מלחמה מודרנית׳.[81]

כך ברגמן, תומך מושבע של חזונות וייצמן ואיש מרכזי ביותר במימוש תכניות הפיתוח של המכון, לא רק שינה את דעתו כלפי חזון המכון ותפקידיו - הוא נמצא כופר בהם כפירה מלאה. תחתם טיפח חזון חלופי, למכון מחקר לאומי, ממשלתי, שיביא תחת כנפיו את כל יחידות המחקר הממשלתיות ועוד, ובעצם יבוא במקום מכון ויצמן למדע ובמקום חמ״ד. תחילה ניסה ברגמן לשכנע את וייצמן שבתפקידו הממלכתי (נשיא מועצת המדינה הזמנית של ישראל) יביא תחת חסותו יזמה זו. וייצמן דחה רעיונות אלה מכול וכול. עדות

ועל ריתוק כל העובדים לרחובות ולמתחם המכון. על מסמך זה חותם ברגמן בשמו, ללא איזה תואר או דרגה צבאית. אמ״ו, 5/74-14. כך גם לפי ברגמן במסמך ׳תולדות חיי׳ מ־22 בפברואר 1952 (לעיל, הערה 25), משמע מסמך שברגמן כתב כארבע שנים לאחר ההתרחשויות הנדונות כאן. שם מוזכר כבדרך אגב תפקידו הראשון. ברגמן כותב, בין השאר: ׳מפתיחת מכון זיו באפריל 1934 ועד יולי 1951 הייתי מנהל המכון, ומנובמבר 1949 גם מנהל מכון וייצמן למדע [...] ביולי 1951 יצאתי לשנת שבתון, שהוארכה בעוד שנה לפי דרישת שר הבטחון. במשך תקופה זו התמסרתי לעבודת המחקר והתכון במשרד הבטחון, שאני עומד בראשו. תפקיד זה מלאתי למעשה משנת 1948; בשנת 1951 נתמניתי גם ליועץ המדעי של שר הבטחון׳. וראו גם ׳באוגוסט 1948 החליף ד״ר דוד ברגמן את פרופ׳ רטנר בראשות ״המחלקה המדעית״, ושנה לאחר מכן מונה גם ליועצו המדעי של שר הביטחון׳. אריה בועז, שורשי משרד הביטחון: גיבוש המבנה ותחומי האחריות - 1948–1952, תל אביב: מודן ומשרד הביטחון, 2013, עמ׳ 158.

81 ברגמן (רחובות) אל וייצמן (שווייץ), 31.5.1948, ג״ו, 2839–17. אין כמו מאמרו של ברגמן ׳ניצול תוצרים׳ (לעיל, הערה 51) בכדי להדגים את דבקותו בחזונות וייצמן ובמדיניות המחקר שלו ואת הניגוד בינה ובין עמדותיו החדשות.

לכך הם דבריו בטקס חנוכת מכון ויצמן למדע הנזכר לעיל.[82] בצד צַיינו בסיפוק מאופק את השתתפותם של חוקרי המכון במאמץ המלחמתי פנה וייצמן ישירות אל ברגמן, שיבח את סגולותיו כאיש מדע והכתירו כמנהל המכון החדש. ואולם, קודם שבאורח סמלי נתן ביד ברגמן מפתחות זהב אמר לו: 'בטוח אני בך, ובחבר העובדים, כי תשמרו על טהרת המדע, למען מדינתנו ולמען המין האנושי כולו'.[83]

אלא שברגמן לא נענה לתחינתו זו של מי ששנים כה רבות ראה בו בעל ברית נאמן ומעין בן משפחה קרוב. ברגמן לא חזר לעשות את מכון ויצמן למצודת המחקר הטהור. הקרע בין ברגמן, שבעמדתו תומכים רבים מעובדי המחקר שפעלו במכון ובמתקניו, ובין וייצמן ומעגל הקרובים לו, ובראשם וייסגל וראשי פרויקט מכון ויצמן למדע, מיהודי ארצות הברית, גדל. תקופה ארוכה היה המכון כמרקחה, ולא עלו יפה ניסיונות הגישור של וייסגל, איש המכון,[84] ויעקב דורי, שפעל כשליחו של בן־גוריון.[85]

סוף הדברים היה בִבלתי־ייאמן: וייצמן, שראה במכון ויצמן למדע את גילום מורשתו האישית ואת סמלָהּ, פיטר את ברגמן מתפקיד המנהל המדעי של המכון. וייסגל הוא שניסח את מכתב הפיטורין, ווייצמן חתם עליו, ב־2

82 וייסגל מביא את השיחה שניהל עם וייצמן לאחר הטקס. בשיחה זו השביע וייצמן את וייסגל: 'שלעולם לא תעזוב את המקום, שתקדיש לו את שארית חייך'. וייסגל, עד כאן (לעיל, הערה 29), עמ' 213. וייסגל מסמיך את דיווחו על אירוע זה לתיאורו את טקס חנוכת המכון. האם אפשר לראות בהשבעת וייסגל עדות לכך שוייצמן, בהכתירו את ברגמן כנושא מורשתו, פקפק בנאמנות ברגמן לשליחות שהטיל עליו, ועשה כך לשם פרסום צוואתו הרוחנית?

83 תביעת וייצמן - 'שמרו על טהרת המדע למען מדינתנו ולמען האנושות' - התפרסמה בכותרות עיתוני ישראל הצעירה. בגנזך ויצמן נמצא המסמך 'Address of President Weizmann' (שלא נכלל במח"ו או בנח"ו), וכן גרסה עברית של נאום זה וגזרי עיתונים בעברית שדיווחו עליו. על אירוע פתיחת המכון ראו רוז (לעיל, הערה 3), עמ' 284.

84 וייסגל מעיד על כך במכתבו אל דיואי סטון והארי לוין, 8.7.1951, אמ"ו, 2928-6. הרחבה בפרשה זו אביא בחיבורי 'ברגמן והחמ"ד: באיזו מידה אפשר לזקוף לזכות וייצמן הקמת מכון מחקר רביעי', שעמי בכתובים.

85 באותה תקופה היה רב־אלוף (במיל') דורי ממונה מטעם בן־גוריון על היוזמה להקמת 'רשות עליונה למוסדות השכלה ומדע'. מרדכי נאור, הרמטכ"ל הראשון יעקב דורי, תל אביב: מודן וצה"ל־מערכות, 2011, עמ' 356.

ביולי 1951.[86] וייצמן, שבריאותו מידרדרת, עוד יכול היה להיווכח מערש דְוויו בביתו ברחובות כיצד מכון ויצמן למדע חוזר ומתייצב כמוסד מחקר המבטא את המדיניות האקדמית שהוא חפץ בה, בראשו איש אמונו וייסגל, המזדהה עם מדיניות זו, ומונהג בידיהם של ראשי המחלקות המדעיות, כולם כבר מדענים בעלי מוניטין בעולם המהווים את ההנהלה המדעית של המכון. מדענים אלה, במקביל למחקרם במכון, ובמידות שונות של מחויבות, מקצים מיכולותיהם המדעיות ומיוקרתם המקצועית למחקר בעל שייכות ל'ביטחון ישראל'. כך אגב יצירת דפוס עבודה המבחין בבירור בין תרומתם למחקר האקדמי לבין השתתפותם במחקר הביטחוני.[87] מה עלה בגורלם של ברגמן וחזון 'מכון ישראל למחקר' שלו? עם פיטוריו מתפקידו כמנהל המדעי של מכון ויצמן נתמנה לתפקיד יועץ המדע של שר הביטחון.[88]

86 וייצמן אל ברגמן, 2.7.1951, מח"ו, 23, מספר 349, עמ' 304. במכתב זה היו שלושה עניינים: הראשון, סיום תפקידו של ברגמן כמנהל המדעי של מכון ויצמן למדע; השני, השארת ברגמן בתפקיד ראש המחלקה לכימיה אורגנית; השלישי, יציאת ברגמן לחופשת שבתון, שפירושה היה הרחקתו הפיסית, לפחות לתקופת מה, ממתחם המכון. וראו הערות המערכת של כתבי חיים וייצמן למכתב זה. במכתב וייסגל אל סטון ולוין (לעיל, הערה 84), שהוא מסמך בן עשרה עמודים, מובאים נוסחי המכתבים שהוגשו לברגמן לחתימתו המאשרת את התפטרותו. כן נאמר בו שברגמן האשים את ד"ר יוסף בלומנפלד, גיסו של וייצמן, בהידרדרות היחסים בין וייצמן לבינו. בעלי ביוגרפיית ברגמן מייחסים משקל ניכר בפיטורי ברגמן לטיעון אחרון זה וכן לגורמים אישיים בחייו הפרטיים ולמה שהוגדר כעלילות שנרקמו נגדו בידי הקרובים לוייצמן ולמשפחתו, ובמרכזם השגות על התנהגות 'בלתי־מוסרית' של ברגמן בפרשת יחסיו עם חנה אתין, העתידה להינשא לו; ולא פחות מכך, בשאיפתו של בלומנפלד לרשת את מקום ברגמן בהנהלת המכון. ביוגרפיית ברגמן (לעיל, הערה 25), עמ' 166–184. בכל אופן, מכתב הפיטורין לברגמן היה אחד מכתריסר המכתבים האחרונים שוייצמן כתבם קודם מותו. כך לפי הנכלל בתוך מח"ו, 23, ולפי רשימת המכתבים שלא נכללו בו. ראו שם, עמ' 329. וייסגל, שהבין בדרך אחרת את שורשי המחלוקת, כתב לימים: 'ב־1947 עבר בין השניים "חתול שחור". מה שקרה באמת היה מורכב מהרבה דברים קטנים וכמה דברים גדולים, אישיים ומדעיים'. וייסגל, עד כאן (לעיל, הערה 29), עמ' 214.

87 ראו התייחסותו של קציר לתופעה זו וראשיתה עם ש'התמסדה במכון מעין הפרדת רשויות ברורה, שהחלה, ככל הנראה ב־2 בנובמבר 1949'. קציר, סיפור חיים (לעיל, הערה 79), עמ' 114.

88 ברגמן, תולדות חיי (לעיל, הערה 25). ארחיב בזה בתוך ברגמן והחמ"ד (לעיל, הערה 84).

* * *

ההשוואה בין שלבי הארגון הראשונים של מכון ויצמן למדע ובין אלה של מכון זיו ואלה של האוניברסיטה העברית מעלה, מבחינת וייצמן, הבדלים מהותיים, הן מבחינת התכנון והביצוע והן מבחינת גיוס המימון. בהקמת האוניברסיטה היו לוייצמן שותפים שבאחדים מהם כלל לא בחר, מדיניותם האקדמית שונה הייתה משלו, וכך רבים ממהלכי ההקמה הראשונים וביסוסם לא היו לפי מדיניותו ורוחו. הפך הדברים בהקמת מכון זיו: כאן היה וייצמן היחיד לקבוע את המדיניות האקדמית ואת מדיניות המחקר של המכון החדש, לגייס את המימון להקמתו ולתפעולו השוטף, ולבחור את עובדי המדע. ובפרויקט מכון ויצמן למדע? ככל שזה נועד לבטא את מדיניותו האקדמית של וייצמן ומדיניות המחקר שלו - ביצוע ההכנות להוצאה לפועל של הפרויקט לא הוטל עליו. בהכנות עסקו בראש ובראשונה וייסגל וברגמן בני בריתו ומי שחפצו לכוון לרוחו. וייסגל, באמצעות קשריו עם נכבדי הקהילה היהודית האמריקנית ועשיריה, עסק בהבטחת בסיס המימון לפרויקט. כמו לגבי מכון זיו, כך לגבי מכון ויצמן למדע - הבטחת הבסיס הכספי קדמה לתכנון ולהקמה. הנדבנים, חברי הוועדה האמריקנית למען מכון ויצמן למדע, סברו מלכתחילה שלרשות המוסד על שם וייצמן יש ליצור קרן בת מיליון דולר.[89]

באותן שנים ברגמן, כמו וייצמן, שהה הרבה בארצות הברית, ואגב כך פנה להיבטים האקדמיים של הפרויקט. אם בעבר קשריו של וייצמן עם דמויות מפתח במדע הם שסייעו לו בגיוס מדענים כחפצו, ובעיקר זוטרים, עתה היו אלה בעיקר קשריו של ברגמן - וראש להם הוא יזמת ברגמן להציב את פרופ' מארק בראש ועדת התכנון האקדמי של המכון העתידי. מארק היה כימאי אורגני בעל מוניטין מן המעלה הראשונה, בזכות מחקריו החלוציים במולקולות גדולות ועיבוד הבסיס התאורטי של תחום חדש זה.[90] ראשית היכרותם של

89 וייסגל, עד כאן (לעיל, הערה 29), עמ' 167. על היקפי התקציב של מכון זיו מאז נוסד, על המעבר בזמן המלחמה להסתמכות על מערכת גיוס תמיכה בארצות הברית ועל בקשת וייצמן ש'המשפחה' תמשיך לתמוך במכון זיו כרכיב במכון ויצמן למדע הנבנה והולך ראו וייצמן אל זיו, 24.4.1946, מח"ו, 22, מספר 155, עמ' 131–134. תקציב בן קרוב למיליון דולר מפורט בתוך 'American Committee for the Weizmann Institute of Science, Science Builder & Beacon, Budget for 1948', p. 7, אמ"ו, תיקי וייסגל, קופסת דוחות ופרסומים.

90 *Herman Francis Mark: 1895–1992 – A biographical memoir by Herbert*

ברגמן ומארק הייתה עוד באוניברסיטת ברלין, במעבדתו של וילהלם שלנק הנזכר לעיל.[91] בתור יושב הראש של הוועדה לתכנון מדעי של המכון כונן מארק ועדות משנה להגדרת תחומי המחקר המועדפים ולבחירת המועמדים המתאימים. לראשות כל אחת מוועדות אלה גייס מארק אחד מן המדענים רבי היוקרה של התקופה, כגון רוברט אופנהיימר לוועדה למתמטיקה שימושית, וג'יימס פראנק לוועדה לפיסיקה וכימיה פיסיקלית.[92]

Morawetz, Washington D.C: National Academies Press, 1995, http://www.nasonline.org/publications/biographical-memoirs/memoir-pdfs/mark-h-f.pdf. באוטוביוגרפיה שלו מתוארת בהרחבה פעולתו למען כינון מכון ויצמן למדע. Herman Mark, *From Small Organic Molecules to Large: A Century of Progress*, Washington, DC: American Chemical Society, 1993. על זיקת אפרים קציר למחקריו של מארק ראו קציר, סיפור חיים (לעיל, הערה 79). ראשיתה עוד בתקופת לימודיו של קציר. ספרם של קורט מאיר והרמן מארק על חומרים אורגניים טבעיים גבה־מולקולריים נמצא במעבדת מורו מקס פרנקל. שם, עמ' 59.

91 אחת מעבודותיו הראשונות של ברגמן שעסקה באיזומריזם נכתבה בשותפות עם מארק. ראו ברשימת פרסומי ברגמן בתוך ביוגרפיית ברגמן (לעיל, הערה 25), עמ' 301, עבודה 4, 1929. גם לאחר 1928 המשיכו השניים בקשריהם. בארכיון מכון ויצמן למדע נמצא מכתב שכתב מארק אל ברגמן באפריל 1930. עוד נמצא שם מכתב שכתב מארק (אז באוניברסיטת וינה) אל ברגמן (בטעות, באוניברסיטת ירושלים) ב־25 ביוני 1937 ומעיד על קשר מתמשך בין השניים. אמ"ו, [2]74-5. תודתי לד"ר פנינה אביר־עם על שהציעה לי לחפש בברלין את ראשית קשרי ברגמן-מארק.

92 וייסגל, עד כאן (לעיל, הערה 29), עמ' 175. וייצמן השתתף בסעודות התרמה, ולא פחות מכך, בעיצוב התכנית וקביעת עדיפויות לגבי תחומי המחקר. וייצמן העדיף את הכימיה הפיסיקלית, הביוכימיה והפרמקולוגיה - ולגבי הכימיה האורגנית הוא סבר שיש להסתפק בנמצא במכון זיו. ראו וייצמן אל מארק, 17.5.1945, מח"ו, 22, מספר 9, עמ' 9-10. בוועדה הכללית היו חברים בין השאר הכימאי ו"פ הוהנשטיין (Hohenstein) והביוכימאי מ"ד קאמן (Kamen). כידוע, האחרון, כמו אופנהיימר ופראנק, נמנה עם בכירי מדעני פרויקט מנהטן. ראו וייצמן אל וייסגל, 28.4.1947, מח"ו, 22, מספר 322, עמ' 326 הערות 3, 5. קורט סטרן (Stern) היה המזכיר הראשי של הוועדה הכללית, והוא עצמו נועד לעמוד בראש המחלקה לביוכימיה פיסיקלית. על תכנית העבודה של מחלקה זו ראו Kurt G. Stern, 'Department of Physical Biochemistry', בתוך פלשתינה והמזרח התיכון (לעיל, הערה 63), עמ' 133. יזמה לגבי מכון לביוכימיה ולביולוגיה מעלה וייצמן בוועדה בריטית שכוננו ד"ר צ'יין (Chain) וד"ר ברנבלום (Bernblum). וייצמן אל מארק,

בוועדות משנה אלה סומנו מדענים מן השורה הראשונה, שעתידים להצטרף למכוני המחקר המתוכננים בשביל מכון ויצמן למדע. במקביל נעשו ההכנות לרכישת הציוד המדעי המתאים. את מימושה של אסטרטגיה משולבת זו מדגימים גיוסו של המתמטיקאי השימושי פקריס למכון ובניית ויצק (WEIZAC – Weizmann Automatic Computer), לשם מחקריו של פקריס ואחרים. ויצק היה המחשב הראשון בישראל, ואחד מן הראשונים בעולם, והוא נבנה על פי מודל המחשב שפותח במכון ללימודים מתקדמים בפרינסטון בהנהגתו של ג'ון פון נוימן. ברגמן הוא שגייס את פקריס.[93] ההשוואה בין סגנון עבודתו של מארק וביצועיו כראש הוועדה המדעית במכון ויצמן למדע ובין תפקודו של איינשטיין כיושב ראש המועצה האקדמית של האוניברסיטה העברית כשני עשורים קודם לכן מעלה הרהור לגבי החלטתו של וייצמן להציב את איינשטיין בעמדה זו.[94]

המכון החדש לא מילא את כל המצופה. לא כל המדענים שוועדת מארק תכננה שיבואו אכן הצטרפו. אך שלא כמו בימיה הראשונים של האוניברסיטה העברית, לאחדים ממי שנועדו לעמוד בראש המחלקות של מכון ויצמן למדע כבר נמצאו מחליפים צעירים, ילידי הארץ וחניכיה. ואלה היו יחידות המחקר במכון ויצמן למדע בשנת 1953: המחלקה למתמטיקה שימושית בראשות פקריס; המחלקה לביופיסיקה בראשות אפרים קצ'לסקי; המחלקה לביולוגיה ניסויית בראשות ברנבלום; המחלקה לחקר איזוטופים בראשות דוסטרובסקי;

15.7.1947, מח"ו, 22, מספר 368, עמ' 376-377. בגרסאות אחדות של תכנית מכון ויצמן למדע, המחקר בתסיסה יוחד למכון לביולוגיה ופרמקולוגיה, שברנבלום וצ'יין היו אמורים לקחת בו חלק. ראו תזכיר מ־16.10.1946, אמ"ו, (23) 74-6. מחקרי התסיסה והמיקרוביולוגיה משויכים לביוכימיה בתוך תזכיר תקציב 1948 (לעיל, הערה 89), עמ' 20.

93 עבודת הדוקטור (השנייה) של ד"ר רעיה לויתן על תולדות מחשב זה, 'מדינה אחת, מחשב אחד - בניית מחשב הוויצק במכון ויצמן באמצע שנות ה־1950, ההחלטה ותוצאותיה', נמצאת עתה בשיפוט. ראו http://www.haaretz.co.il/news/holidays/pesach2013/.premium-1.1972317. ברגמן ציפה ש'המחלקה למתמטיקה שימושית תהיה המוח שאליו תופנינה הבעיות התאורטיות שבהן תיתקלנה המחלקות השונות'. ברגמן, בית חדש (לעיל, הערה 77), עמ' 129.

94 להיסטוריה מאוזנת של האוניברסיטה העברית מתבקש מחקר שאינו נרתע מבדיקת השאלה עד כמה ובאילו נסיבות איינשטיין לא הועיל לאוניברסיטה העברית. וראו שוב את מכתבו של וייצמן אל איינשטיין, 8.6.1933, מח"ו, 15, מספר 409, עמ' 441.

המחלקה לאופטיקה, ובה המעבדה לאינפרה-אדום בראשות יוסף הנרי (ג'ו) יפה, מעבדה פוטוכימית בראשות הירשברג, ומעבדה לקריסטאלוגרפיה של קרני איקס בראשות גרהרד מ"י שמידט; המחלקה לחקר פולימרים בראשות אהרן קצ'לסקי, שמילא גם את תפקיד יושב ראש הוועדה המדעית של המכון; המחלקה לכימיה אורגנית בראשותו הזמנית של אפרים קצ'לסקי. כעולה מן המובא למעלה, ברגמן, מי שבתחילת הדברים ובהמשכם מינהו וייצמן לתפקיד המנהל המדעי של המכון, לא נמנה עם ראשי המחלקות במכון החדש ואף לא עם מדעניו.[95] באותה עת הוא עסק בהקמת התשתית הארגונית למחקר הביטחוני ובניהולה המדעי, וזאת לאחר שלא עלה בידו להסב את מכון ויצמן למדע לארגון בעל תכלית זו - מחקר ביטחוני - או קרובה לה, ועל כל פנים כזו השונה מאלה שייעדו לו מייסדיו, והוא ביניהם.[96]

כללו של דבר: אם מכון זיו נועד לאפשר לוייצמן ולשותפיו לפעול על פי נטיותיו המחקריות של מכונן המכון, הרי שמכון ויצמן למדע נועד לממש את חזונו המקורי של וייצמן עבור האוניברסיטה העברית, זה שהתנסח, כמובא למעלה בפרק השני, עם תחילת שנות העשרים, ככל הנראה בהשפעת פגישתו עם ארליך והכנת התכנית למכון המחקר הרפואי בירושלים. המכון החדש נועד להיות ארגון-על של מכוני מחקר, שאין עליהם שום חובת הוראה, שתחומיהם נקבעים על פי שדות המחקר של מדענים בעלי שם המוכנים לבוא לרחובות. יותר מכך: גרסתה החדשה של מדיניות המדע של וייצמן פנתה להעדפת תחומי

95 דוח מכון ויצמן 1953 (לעיל, הערה 78). עוד היו במכון החדש יחידות אחדות: לגנטיקה של צמחים בראשות עובד שיפריס, למיקרוביולוגיה, ובה מיקרוביולוגיה תעשייתית בראשות אסתר הלינגר, ומטבוליזם מיקרוביאלי בראשות בנימין אלעזרי־וולקני. והשוו לקציר, סיפור חיים (לעיל, הערה 79). בפרק 'בין וייצמן לוויסגל' קציר מונה את מי שיועדו לעמוד בראש המחלקות של המכון החדש, ובהם דייוויד ריטנברג, פיטר הוהנשטיין וקורט סטרן, ש'החליטו לוותר על הכבוד ועל הטורח (ועל מה שנראה להם, מן הסתם, סכנת נפשות) ולהישאר במעבדותיהם בניו יורק'. ומוסיף קציר: 'לא נותר אלא למנות להם ממלאי מקום "מקומיים", שנועדו מלכתחילה לשמש עוזריהם'. שם, עמ' 109.

96 עם זאת, או על אף זאת, כחודש לאחר פטירת וייצמן הציב ברגמן עצמו כדובר המרכזי בכינוס לזכרו ולהערכת מפעלו המדעי, וזאת אגב תשבחות לחמ"ד ולאנרגייה אטומית, מפעליו שלו בחסות בן־גוריון. ארנסט ברגמן, 'עקרונות הסינתיזה הכימית במעבדה ובתא החי', נאום בכנס הסתדרות הכימאים, 15.12.1952, אמ"ו, תיק ברגמן. וראו גם הספד ברגמן על וייצמן בתוך ברגמן, הודעת אבל (לעיל, פרק 1, הערה 41).

מחקר ניסויים ומתמטיים, שזוהו בשעתם כשייכים לחזית המחקר. מנגנון גיוס הכספים שכונן וייסגל הבטיח את הקמתן של מעבדות משוכללות ורכישת ציוד מדעי חדשני למעבדותיהם של המצטרפים למכון המחקר החדש. לאחר מות וייצמן, מִשֶּׁמונה וייסגל להיות ראש מכון ויצמן למדע, נמצא לוייצמן מי שהאמין שעליו החובה להגשים את תורת רבו ומצוותו: 'את אמות-המידה שלך קח ממקום אחר, מפרינסטון, אוקספורד, אם.איי.טי, קופנהאגן. אלה הם מרכזי התורה שעלינו לחקותם'.[97] במקביל, על הפרשנות להדרכה אקדמית זו הופקדו עשייני (practicants) המדע של המכון וגופי האוטונומיה האקדמית שלהם.

העובדה שהאוניברסיטה העברית בירושלים, מכון זיו ומכון ויצמן למדע היו מהראשונים בארגוני המחקר בחברה היישובית ובראשית ימי המדינה מעלה את שאלת אפקט המייסדים: כיצד מדיניות המדע של וייצמן וביטוייה הארגוניים, שתוארו במאמר זה, הועברו לדורות של חוקרים ולארגוני מחקר שלא ידעו אותו, וכיצד השפיעה מורשת זו של וייצמן על כלל המערכת האקדמית והמחקרית בתקופות שתבואנה? אלה שאלות הראויות לעיון מצד עצמן. ולא שאלת-משנה להן היא זו הנוגעת בברגמן ובתפקידו כמכונן מערכת המחקר הממשלתית רבת העצמה, הלוא היא מערכת המחקר הביטחוני בישראל, שהוא היה האחראי על הקמתה: עד כמה עלה ביד ברגמן לתפקד במערכת זו כנַשָּׂא של מסורת וייצמן לגבי מעמדו של המחקר הטהור ושילובו בארגון של מחקר שימושי, ובמקרה זה המחקר הביטחוני הישראלי? על כך אמר מוניה מרדור, שותפו של ברגמן בהקמת גופי המחקר הביטחוני, בתחילת שנות החמישים: 'היינו מודעים לעובדה כי למחקר הטהור ערך בפני עצמו וגם גוף העוסק במחקר ובפתוח ביטחוני, חייב לראות במחקר הצרוף ערך חיוני ולהכלילו בתוכנית עבודתו'.[98]

בתחילת שנות החמישים הטכניון העברי נעשה 'הטכניון, מכון טכנולוגי לישראל' - משמע אוניברסיטת מחקר טכנולוגית. תופעה זו מלמדת שבמערכת המחקר הישראלית לא הכול מקורו בוייצמן. אף על פי כן, לאחר מסע ההיכרות עם מדָעו של וייצמן ועם מדיניות המדע שלו, ולנוכח הצהרתו של וייצמן

97 וייסגל, עד כאן (לעיל, הערה 29), עמ' 219. בתואר 'ראש מכון ויצמן' משתמש וייסגל כשהוא מכוון לתפקידו למעשה, ללא קשר לתוארו. שם, עמ' 235.

98 מרדור, רפא"ל (לעיל, הערה 56), עמ' 94-96. וארחיב בזה בתוך ברגמן והחמ"ד (לעיל, הערה 84).

בנאומו בחגיגת הפתיחה של האוניברסיטה העברית ב־1925 ש׳שתי מטרות שמה האוניברסיטה הצעירה הזאת לנגד עיניה: סבלנות במחקר לטובת המדע, והושטת עזרה מעשית לתושבי ארץ־ישראל ולשכנותיה׳, בכל זאת עומדת השאלה עד כמה בזכות מדיניות המדע שלו ושל השותפים לדרכו התממשו משאלות אלה של וייצמן, ובעיקר זו ש׳מוסדנו ישיג את גדולתו ותהלתו בפרי שישא לעץ הדעת אשר לעולם כלו׳.[99]

99 נאום וייצמן בתוך חגיגת הפתיחה בתבנית קטנה (לעיל, פרק 2, הערה 3).

חדוה בן־ישראל

וייצמן והאוניברסיטה העברית

כל חייו היה חיים וייצמן מסור לשני ערכים, המדע והציונות. בתחילה הם התחרו ביניהם בתודעתו והוא אף כתב על כך פעם את המשפט: ׳כמה קשה לעבוד לשני אלים׳, אבל עם הזמן התאחדו שתי הנטיות במטרה אחת והיא הקמת האוניברסיטה העברית בהיותה הן מפעל מדעי והן הגשמה ציונית. במכתב מוקדם לארוסתו כתב לה על שתי אהבותיו, לכימיה ולהקמת האוניברסיטה.[1] אמנם הרעיון להקים אוניברסיטה עלה כבר בשנות השמונים של המאה התשע־עשרה והיה קיים בלב הציונות מאז שהרמן שפירא הציעו בקונגרס הראשון, אבל אין ספק שמאז 1901, כאשר הקונגרס החמישי החליט על הקמת אוניברסיטה, איש לא עבד בעקיבות ובהתמדה למימוש הרעיון כמו וייצמן. באשר לביצוע הרעיון, וייצמן היה גמיש בטקטיקות שאימץ, כפי שמוכיח המאמץ המתמיד שלו לגייס לכך את מרב הכוחות, ציוניים ולא ציוניים. אותה גישה סינתטית

* מאמר זה מתבסס על שלושה מקורות עיקריים. עבור התקופה עד 1918 התבססתי בעיקר על הביוגרפיה המונומנטלית שכתב יהודה ריינהרץ בשני כרכים (חיים וייצמן, א: בדרך אל המנהיגות, תרגם מאנגלית משה רוזן, ירושלים: הספריה הציונית, תשמ״ז; ב: עלייתו של מדינאי, תרגמה מאנגלית דבורה ברזילי־יגר, ירושלים: הספריה הציונית, תשנ״ו), וכן על שלושת הכרכים של תולדות האוניברסיטה העברית (שאול כץ ומיכאל הד [עורכים], תולדות האוניברסיטה העברית, א: שורשים והתחלות, ירושלים: מאגנס, תשנ״ז; חגית לבסקי [עורכת], תולדות האוניברסיטה העברית, ב: התבססות וצמיחה, ירושלים: מאגנס, תשס״ה; חגית לבסקי [עורכת], תולדות האוניברסיטה העברית, ג: התעצמות אקדמית תוך מאבק לאומי, ירושלים: מאגנס, תשס״ט). לגבי התקופה מ־1918 ואילך התבססתי בעיקר על המחקר שלי לשם כתיבת הפרק ׳פוליטיקה על הר הצופים בתקופת המנדט׳, שהופיע בתוך תולדות האוניברסיטה העברית, ג, עמ׳ 3–86.

1 וייצמן אל ורה קאצמאן, 30.7.1902, מח״ו, 1, מספר 260, עמ׳ 331–332.

ומגשרת בין ציונות מדינית לציונות מעשית, שאפיינה את פעילותו הציונית, בולטת גם בפעילותו למען האוניברסיטה, שהייתה גדושה בתמורות לכאורה סותרות. למשל: פעם הצהיר שגיוס מדענים חשוב יותר מבניית בתים, ופעם אחרת שלא האינטלקטואלים אלא העובדים יבנו את ארץ ישראל. בהזדמנות נוספת קבע שהקמת מרכז רוחני היא שתוביל גם להגשמת המטרות החומריות. וייצמן תמיד הדגיש את הרמה המדעית הגבוהה הנדרשת, אבל גם אמר שהאוניברסיטה לא תהיה מגדל שן אלא מקום שבו גם הפועל יוכל להשלים לימודים. אותה גישה משלבת ומגשרת בולטת ביחסו למדעי הרוח והטבע. בתקופה שבה רבים הדגישו את התהום שבין המדעים, וייצמן ראה במדעים המדויקים חלק אורגני של התרבות הרוחנית. כמו מורו הנערץ עליו, אחד העם, האמין שהעם היהודי שרד לא בכוח גורמים חומריים אלא בכוח תרבותו וערכיו הרוחניים. כך חשב בנעוריו וכך אמר בישיבת הפתיחה של האספה המכוננת ב־14 בפברואר 1949: 'עלינו לבנות גשר חדש בין המדע לבין רוח האדם. [...] מעל למדע יש ערכים נשגבים אשר רק בהם מרפא לנגעי האנושות - ערכי צדק ויושר, שלום ואחוה'.[2] להגשים בארץ ישראל מזיגה בין יבנה לאירופה, בין יהדות למדע, בין הומניזם למטריאליזם הייתה בעיניו גם הצדקה לציונות.

עד כה על עיקרי גישתו הכוללנית של וייצמן. מבחינה היסטורית נבע עניינו בהקמת אוניברסיטה מן המחלוקות המוקדמות בתנועה הציונית בעניין מקומה של התרבות בתכנית הציונית. הרצל ונורדאו לא כרכו תרבות יהודית בתכניותיהם, שהיו מדיניות, חברתיות, וגם אנושיות במובן של השבחת האדם היהודי. ואילו בשביל וייצמן וחבריו ב'פרקציה הדמוקרטית' הייתה התחדשותה הרוחנית של התרבות היהודית מטרה ראשונה במעלה. בישיבת הנעילה של הקונגרס החמישי ב־1901 דרשו הן מרטין בובר והן וייצמן שחינוך יהודי לאומי יהיה יסוד חיוני בפרוגרמה הציונית, ואז גם הוחלט על הקמת 'מכון יהודי ללימודים גבוהים', Hochschule יהודית. בעקבות החלטה זו ולאחר שגם הרצל הצהיר שעניין האוניברסיטה קרוב ללבו, הודיע לו וייצמן שהוא ישמש 'אופוזיציה נאמנה להוד מלכותו'. ואמנם הרצל נרתם לעניין, כתב למזכיר הסולטאן, ודחק בוייצמן לנסח הצעה מפורטת הכוללת גם תקציב לקראת פגישה אפשרית בטורקייה. דרישה זו היא שהביאה את וייצמן לגבש, ביחד עם

2 וייצמן אל אחד העם, 5.2.1902, מח"ו, 1, מספר 156, עמ' 227–230; דברי הכנסת, א, עמ' 7.

מרטין בובר וברתולד פייבל, את המסמך הידוע משנת 1902 המהווה תכנית מקיפה וממשית להקמת האוניברסיטה.[3]

מתחילת הפעילות הזאת היו מחלוקות על טיב המוסד המתוכנן. מחקר או הוראה? אוניברסיטה ציונית או יהודית? למען היישוב, למען היהודים בעולם, או למען המזרח התיכון? האם השאיפה תהיה לרמה המדעית הגבוהה ביותר או למספר הגדול ביותר של בוגרים? כל השאלות נדונו בלהט. ז׳בוטינסקי דגל באוניברסיטת הוראה, מאגנס חלם על תחיית יהדות חדשה ועל יהודי חדש, ווייצמן שאף להיכל שיאחד ציונות, יהדות ומדע ברמה עולמית. במהלך השנים חלו בתכניותיו המעשיות תמורות רבות. לדוגמה, בית הספר ליערנות ולחקלאות, שעליו המליץ במסמך מ־1902,[4] קם בדמות הפקולטה לחקלאות רק בשנות השלושים, והפקולטה לרפואה, שהייתה הראשונה ברשימתו בשנת 1912, נוסדה רק ב־1949. בישיבת הוועדה המכינה שהתכנסה באפריל 1901 במינכן, ופעמים רבות אחר כך, בגלל מצוקת הסטודנטים היהודים שהודרו מאוניברסיטאות רבות באירופה, הציע וייצמן תכניות שונות להקמת בתי ספר גבוהים ברוסיה, בשווייץ, באנגלייה, ובארץ ישראל - מהם טכנולוגיים, מהם מדעיים ומהם מוקדשים למדעי היהדות. גם ההתלבטויות בעניין מיקום האוניברסיטה עברו תהפוכות. רוב המעורבים ובראשם אוסישקין העדיפו את ארץ ישראל, אבל כולם היו מודעים להתנגדות השלטון העות׳מאני, לחולשת היישוב ולעמדת התורמים הלא ציונים. וייצמן היה גמיש בעניין המיקום הזמני של האוניברסיטה, אבל תמיד חשב שלבסוף האוניברסיטה תיבנה בירושלים.

השנים שבין 1902 ל־1904, כאשר מעמדו המקצועי של וייצמן עדיין לא היה מבוסס ואילו התלהבותו לקראת הקמת אוניברסיטה יהודית הייתה סוחפת, היו שנות עבודה קדחתנית תוך כדי התחרות מתישה בין מסירותו למדע ובין מסירותו לציונות. לאחר תקופה אינטנסיבית של מתן הרצאות בכימיה ערך וייצמן ב־1902 מסע ברוסיה והחל באיסוף כספים ובמיסוד ועדים להקמת האוניברסיטה. התעשיין ישראל ברודסקי תרם 300 אלף רובלים, אף שהיה ממתנגדי הציונות. כמו כן אסף וייצמן ספרים על תולדותיהן של אוניברסיטאות ולמד את הנושא ביסודיות. הודות לכספים שגייס יכול היה להקים ב־1902 את לשכת האוניברסיטה בדירתו בז׳נווה ולהעסיק עובדים לקידום מטרתו. וייצמן

3 Martin Buber, Berthold Feiwel & Dr. Ch. Weizmann, *Eine Jüdische Hochschule*, Berlin: Jüdischer Verlag, 1902

4 שם, עמ׳ 32.

יזם מבצעים בשלושה כיוונים: הקמת ועד עולמי של אקדמאים יהודים ידועים, עריכת סקרים על פרופסורים וסטודנטים יהודים והוצאת כתב עת. יזמות אלו הצליחו רק חלקית. בין היתר קיווה וייצמן להציל את הסטודנטים היהודים ממה שראה כציפורני הסוציאליזם והבונדיזם, שנגדם ניהל מאבק ממושך. בעניין זה היה וייצמן שותף לדעה הרווחת בגרמניה, ברוסיה ובבריטניה, שצעירים יהודים נמשכים במיוחד למהפכנות סוציאליסטית (מאוחר יותר הרבו הן בלפור והן צ'רצ'יל לומר זאת). וייצמן היה רגיש לסערות הנפש של הצעירים שנדחו מהיהדות האורתודוקסית ולא נלהבו לציונות הבורגנית־לכאורה של הרצל, וקיווה שהתחדשות תרבותית יהודית ומדעית תהיה מלהיבה ומרוממת ותגבר על החלום הסוציאליסטי.

לאחר הפעילות הקדחתנית בשנים הראשונות של המאה העשרים חלה הפוגה מסוימת. וייצמן היה על פרשת דרכים. הוא ניסה ולא הצליח לארגן לסטודנטים באירופה לימודי יהדות במשך חופשות הקיץ שיהיו 'הפגנה לאומית נהדרת', כלשונו. באותו זמן גם ניסה להשיג לעצמו מינוי אקדמי באנגלייה. כאשר חברת עזרה הגרמנית יזמה בית מדרש למורים בירושלים, וייצמן היה מועמד לשמש המורה למדעי הטבע, אבל זה לא קרה. ב־1907 ביקר לראשונה בארץ וזו הייתה תקופת התלבטות בין הרצון האמתי לעלות ארצה ובין המאמצים להשיג אזרחות ופרופסורה באנגלייה. כשנוסד הטכניון קיווה לשמש בראש המחלקה לכימיה, אך זו לא קמה. רק ב־1912, לאחר הטבה במצבו הכלכלי והקלה בחובותיו האקדמיות, התמסר שוב לחלום הקמתה של האוניברסיטה.

התחדשות פעילות זו באה בין היתר גם על רקע היחלשותה של האימפריה העות'מאנית, התפתחות היישוב, ייסוד הגימנסיה בתל אביב ותמיכת הברון אדמונד דה רוטשילד. מן הבחינה האישית השפיעה גם אכזבתו של וייצמן מאי־קידום אקדמי משמעותי באנגלייה. במאי 1912 הוא הציע במכתב למאגנס, שהיה באותה תקופה ממעריציו, לאחד את כל מוסדות המדע בארץ למעין מכון פאסטֶר. כמו כן הוא חזר לניסיונות לעניין מדענים יהודים בולטים בהקמת האוניברסיטה. ואמנם הוקמה ועדה ולצדו של וייצמן עמדו ליאו הרמן, ליאו מוצקין, יוליוס סימון, פייבל, מאגנס ובובר. כמו כן ניסח וייצמן תכנית מעשית חדשה ושונה במקצת מהתכניות הקודמות, והציגה לאוסישקין ולמאגנס. התכנית הייתה הקמת מכון למדעי המזרח וליהדות, ופקולטות למדע המדינה, למשפטים ולרפואה. במטרה להשיג את רשות הטורקים הציע וייצמן להתחיל ברפואה ומשפטים - פקולטות שהם יכירו בתועלתן. מאגנס לעומת זה, שחלומו האקדמי היה רווי בתחייה רוחנית יהודית, רצה להתחיל בארכאולוגיה ומדעי

הרוח הכלליים הנלמדים מנקודת ראות יהודית. למשל, היסטוריה ופילוסופיה כללית לא יילמדו כדיסציפלינות עצמאיות, אלא ייבחרו מתוכָן חלקים התורמים להתחדשות היהדות. ואמנם מאגנס ניסה לקדם רעיון זה גם כשעמד בראש האוניברסיטה. אבל בניגוד להתחזקות פעילותו של וייצמן, דווקא בתקופה זו נחלש במידת מה העניין הציבורי בהקמת האוניברסיטה. רבים, כולל ארתור רופין, העדיפו בגלוי את הפניית המאמצים להתיישבות על פני ייסוד האוניברסיטה, וכן נשמעו קולות נגד יצירת פרולטריון אינטלקטואלי. למרות כל אלה הצליח וייצמן להביא להחלטה בוועד הפועל שבקונגרס הי"א הוא יֵרצה על תכניתו. ואמנם, הקונגרס בווינה ב־1913 היווה ציון דרך חשוב. השתתפו בו עשרים צירים מהארץ שדרשו חינוך גבוה בעברית. שמריהו לוין דרש שכל החינוך בארץ יהיה בידי הציונים. אוסישקין נאם בעברית על הקמת האוניברסיטה ווייצמן הציג תכנית מפורטת שאושרה קודם לכן על ידי מאגנס ופייבל, ובהבדל מן התכניות הקודמות נָקבה בירושלים כמקום מושבה העתידי של האוניברסיטה. וייצמן דיבר על הצורך 'ליצור ערכים יהודיים חדשים ולשלב את המסורות הגדולות שלנו בערכי הזמן החדש'.[5] האורתודוקסים הביעו חששות מיישומן של שיטות מחקריות על מקורות יהודיים אבל צידדו בהכשרת רופאים ומדענים. וייצמן מונה לראש ועדת האוניברסיטה, ובנאומו אמר את המשפט המפורסם שהאוניברסיטה תהיה ה־Dreadnought הרוחנית שלנו שתביא לנו הישגים גדולים יותר מאלה שעמים אחרים משיגים על ידי צבאות וציים.[6] הרעיון שהמדע יבטיח את חיי היהודים בעתיד כשם שהתרבות שמרה על הישרדותם בעבר חוזר הרבה בדברי וייצמן.

חשוב לציין שהייתה אז קרבה רבה בין וייצמן למאגנס. שניהם האמינו ביצירת היהודי החדש 'זקוף ראש וברוך יצירה', תוצר של מרכז אינטלקטואלי שבו תקום תרבות יהודית ומדעית חדשה שתמשוך עולים, תקלוט סטודנטים מודרים, תרים קרננו בעולם, תכשיר מורים לגולה ותספק לטורקייה ולמזרח התיכון אנשי מקצוע.[7] ההבדל ביניהם היה בדגשים ובהעדפות. מאגנס הדגיש בעיקר את התחדשות התרבות היהודית ווייצמן הדגיש נוסף על כך את המדע

5 *Stenographisches Protokoll der Verhandlungen des. XI. Zionisten-Kongresses in Wien, vom 2. Bis 9. September 1913*, Berlin–Leipzig: Jüdischer Verlag, 1914, p. 302

6 ה־Dreadnought הייתה ספינת קרב בריטית מהפכנית שהושקה בשנת 1906.

7 פרוטוקול סטנוגרפי (לעיל, הערה 5), עמ' 303.

הטהור. בתכנית שהציג וייצמן לקונגרס בשנת 1913 הוא קבע שכבר קיימות בארץ התחלות מדעיות לייסוד פקולטה לרפואה, שברור שמדעי היהדות יילמדו בעברית, אך עדיין לא ברור מה תהיה לשון ההוראה במתמטיקה ובמדעי הטבע. בעיית השפות קשורה במשבר הגדול שפרץ בארץ באותו זמן בעניין שפת ההוראה בטכניון ובתיכון שלידו. ההכרעה לטובת העברית העמיקה את הקרע בין ציונים ובין לא ציונים וגם תרמה להתרחקות הציונות מההשפעה הגרמנית.

למרות חילוקי הדעות דבק וייצמן בתכנית להתחיל במכון לרפואה ולשם כך גייס את תמיכת הברון רוטשילד, אשר אתו נועד בינואר 1914 ואשר הרים תרומה גדולה, אבל גם דרש הקמה של מכוני מחקר ולא של אוניברסיטת הוראה. במגעיו עם הברון נקט וייצמן שיטות הדומות לאלו של הרצל בזמנו, כלומר נכונות לפעול באופן אישי מול בעלי כוח וממון, וגם להתפשר עם אלה שביקש לגייס לתכניותיו. הוא הסכים עם הברון בעניין מכוני המחקר, אם כי בלבו הסכים לכך רק לזמן מה (וכך גם אחד העם ומאגנס). וייצמן הצליח לבסוף לשכנע את הברון להסכים שבעתיד תתקיים גם הוראה, וזאת באמצעות הטענה שאם לא כך ייאלצו סטודנטים יהודים להתנצר על מנת ללמוד. וייצמן היה גאה בהישגיו מול הברון, אבל ספג ביקורת מז׳בוטינסקי ואחרים שדרשו הקמת אוניברסיטת הוראה מיד, גם אם הצעד הזה יביא להסרת תמיכתו של הברון. וייצמן נדהם מעצמת ההתנגדות וטען שיש לראות הן בציונות והן בהקמת אוניברסיטה עברית בירושלים תהליך היסטורי אבולוציוני ולא תגובה מידית וחריפה לאנטישמיות. הוא תיאר את השלב של הקמת המכונים כחלק מתהליך שייצור מרכז מדעי ואולי גם יזכה בפרסי נובל. המחלוקת נמשכה בד בבד עם המשא־ומתן שניהל רופין על רכישת קרקעות בהר הצופים, עד שפרוץ המלחמה קטע באחת את כל הפעילויות.

עוד לפני המלחמה התגלעו מחלוקות נוספות על רקע נאמנויות פטריוטיות של הציונים למדינות שחיו בהן. למשל נאמנותו של הברון לצרפת, לעומת נאמנותו של יצחק שטראוס – שהיה תעשיין, ידידו של וייצמן ותורם חשוב – לגרמניה. בזמן המלחמה הוא נשלח לארצות הברית כדי לרכוש את לב היהודים נגד הצטרפות אמריקה למלחמה. גם משבר השפות שפרץ בארץ לפני המלחמה סיכל את ניסיונותיו של וייצמן לבנות גשר בין ציוני גרמניה לציוני המערב, והקרע העמיק עם פרוץ המלחמה, שבה השתתפו יהודים במחנות הלוחמים זה כנגד זה. עד אז לא היה וייצמן קיצוני בעניין השלטת השפה העברית, וזאת הן מסיבות טקטיות (ההזדקקות לתמיכתם של יהודי גרמניה, כמו למשל פאול אֶרליך) הן מן הסיבה המהותית (בעיית הוראתם של מדעי הטבע בעברית).

ואולם בלבו האמין שבעתיד תנצח העברית. ערב פרוץ המלחמה הרגיש וייצמן שמשימת חייו מתקרבת להגשמה, אך בוודאי לא שיער שדווקא המלחמה תזרז את הגשמת מטרותיו ותעצים את מנהיגותו. הכוונה כאן היא לא רק לכיבוש ארץ ישראל אלא גם להזדמנות האישית והציונית שניתנה לו הודות לתרומתו המדעית למאמץ המלחמה הבריטי - היא העלתה את קרנו, עזרה בהשגתה של הצהרת בלפור וגם המחישה את החיבור בין מדע לציונות, חיבור שהיה חלומו של וייצמן.

אבל הישגים אלה באו רק לקראת סוף המלחמה, בעוד פריצתה הֶחריפה בתחילה את הניגודים הפנימיים, גם בין וייצמן לתומכיו, כמו למשל מאגנס שעבד אתו בהרמוניה עד אז. מאיר וייסגל הדגיש מאוד את האנגלופיליות של וייצמן, שראה את התמיכה האנגלית כחיונית לציונות ולאוניברסיטה.[8] לעומת זה מאגנס, שפעילותו הפציפיסטית הנמרצת בארצות הברית ועמדתו הניטרלית כלפי הצדדים הלוחמים הרסו את מעמדו בקהילה היהודית, ביקר את וייצמן ואת ז׳בוטינסקי על הסתמכותם היתרה על הבריטים, שמאגנס הוקיעם ככוח אימפריאליסטי. עוד לפני המלחמה האשים מאגנס את וייצמן וז׳בוטינסקי שנאמנותם לבריטים מגבירה את עוינות העות׳מאנים ליישוב, ובזמן המלחמה התנגד להקמת הלגיון היהודי. וייצמן לעומת זה לא התנגד ללוחמה לצד הבריטים, ואפילו ניתק קשרים עם ציונים בארצות שלחמו בהם. לאחר הצהרת בלפור, כיבוש דרום הארץ על ידי הבריטים וריאיון אצל המלך יצא וייצמן עם ועד הצירים לארץ ישראל, בין היתר כדי להניח את אבן הפינה לאוניברסיטה. נאמנותו של וייצמן לא מנעה מהצבא הבריטי להצר את צעדיו. השגת חסות בריטית לטקס הנחת אבני הפינה ביולי 1918 הייתה קשה, וגם כשניתנה, אסר הגנרל קלייטון על לובשי מדים יהודיים (כולל ג׳יימס דה רוטשילד) להניח את אחת מאבני הפינה ׳בשם הצבא העברי׳. בנאומו בטקס הדגיש וייצמן את מרכזיות ההישגים האקדמיים בתחייה היהודית, הבטיח שהאוניברסיטה תהיה פתוחה לכול, וסיים בפנטזיה הציורית שהנשמה היהודית המרחפת בין שמים וארץ תגיע סוף סוף אל המנוחה והנחלה במקדש מדע זה.[9] באותה רוח המבטאת

8 Meyer W. Weisgal & Joel Carmichael (eds.), *Chaim Weizmann: A Biography by Several Hands*, New York: Atheneum, 1963, p. 4

9 לנוסח המקורי של הנאום ראו ב״ז קדר, ׳טקס חנוכת אבני הפינה לאוניברסיטה העברית בט״ו באב תרע״ח (24 ביולי 1918)׳, בתוך תולדות האוניברסיטה העברית, א (לעיל, הערה *), עמ׳ 110–119.

את תפיסת הציונות שלו כהתחדשות רוחנית ולא רק כריכוז טריטוריאלי ומדיני תיאר ב־1920 את ציפיותיו ממדעני האוניברסיטה. הוא כתב שהיהודי הרוסי האקדמאי שקוע בפיתוח האישי שלו, מטפח שכלתנות עקרה ואגוצנטרית וחי במעין גטו רוחני, כזר להוויות העולם שסביבו. ואילו באוניברסיטה העברית בירושלים יצמח טיפוס ארץ־ישראלי של מדען נטוע עמוק בקרקע החברתית והתרבותית.[10]

השנים 1925-1918 היו קריטיות להקמת האוניברסיטה כאשר וייצמן היה הנשיא הן של ועדת האוניברסיטה והן של התנועה הציונית. במאמציו לגייס מדענים להקמת הפקולטה לרפואה, ואחר כך הפקולטה לכימיה, הוא הצליח להביא למינוי האקדמי הראשון באוניברסיטה, והוא מינויו של פרופסור אנדור פודור הביוכימאי. ב־1920 הכינה ועדה שבראשה עמדו רוטשילד ואוטו ורבורג תכנית להקמת שלושה מכונים במדעי הטבע - לפיסיקה, לכימיה ולמיקרוביולוגיה - וכמובן גם מכון למדעי היהדות והרוח. וייצמן בעזרת אלברט איינשטיין ואלפרד צימרן (Zimmern) הבריטי התמקד במאמצים לגייס את גדולי המדענים היהודים לאוניברסיטה, וב־1921 אף ניסה, בעזרת איינשטיין ושלמה גינצבורג בנו של אחד העם, לגייס כספים בארצות הברית. בין המתנגדים לתכניותיו היה גם הווטיקן, שחשש שאוניברסיטה עברית תדחק את רגליהם של מוסדות החינוך הקתוליים בארץ. וייצמן נאלץ לפעול גם נגד תכניות של הצלב האדום לשיפור התברואה בארץ על ידי כך שיזם יזמות ציוניות בתחום זה. בכל אלה הדריכה אותו האמונה שההישגים המדעיים הם שייצרו את התנאים לבניין הארץ. ייתכן שפעילות מבורכת אך ממוקדת זאת לטובת האוניברסיטה עוררה ביקורת נגד ההנהגה הציונית על שבשנים שאחרי הצהרת בלפור, שנים קריטיות להגשמה הציונית, היא הזניחה את עידוד העלייה ההמונית, שלדעת נורדאו וז'בוטינסקי הייתה חיונית להבטחת הארץ ליהודים.

בתקופת הקמתה של האוניברסיטה גברה גם התחרות על השליטה בה, בעיקר בין וייצמן למאגנס, שכבר ב־1923 הקים - באמצעות כוחות וממון שגייס בעצמו - את המכון למדעי היהדות. מאגנס הפך למעין נציג של תורמים ציונים ולא ציונים בארצות הברית. וייצמן, שראה באוניברסיטה את מפעל חייו, נאלץ להתמודד מאז ואילך עם המדיניות העקיבה של מאגנס כנגיד האוניברסיטה לעשותה אוטונומית ולהרחיקה מחסות התנועה הציונית מבחינה אידאולוגית, אקדמית ופיננסית. בין שני האישים, שבמשך שנים עבדו יחד, התגלעו מעתה

10 וייצמן אל אברהם טולין, 22.8.1920, מח"ו, 10, מספר 16, עמ' 27-29.

ניגודים עמוקים. אפילו על טקס הפתיחה בשנת 1925, פסגת הישגיו של וייצמן, שבו נאם בין היתר גם הלורד בלפור, הביע מאגנס ביקורת קשה, וטען כי הוא היה טקס פוליטי שביטא כניעה לכוחות אימפריאליסטיים והתגרה בערבים.[11] מאגנס היה אדם בעל יְשרה מוסרית ואינטלקטואלית, ביטחון עצמי ועקיבות רעיונית. הוא ביטא שוב ושוב את ביטחונו שהוא ולא וייצמן הוא האדם המתאים לעמוד בראש האוניברסיטה, והקצין את ביקורתו עד כדי כך שטען שהתערבותו של וייצמן בשם ההנהגה הציונית בענייני האוניברסיטה היא בחזקת התערבות לא לגיטימית של המדינה (כך!) בעניינים של חינוך ומצפון. גם וייצמן לא חסך בביקורתו נגד מאגנס. בשנת 1929 הגורלית ליישוב כתב וייצמן בכעס נגד 'המאגנסים הצבועים', כלשונו, שהגנו על הטרוריסטים הערבים ואף ביקשו לחון את הנידונים למוות. וייצמן האמין בקשר האמיץ שבין האוניברסיטה לציונות. אמנם אמונתו העמוקה בהקמת המרכז הרוחני לפי אחד העם הנערץ עליו אפשרה לו לשמור גם על הקשר המועיל עם הלא ציונים, אבל הוא מעולם לא נכנע לדרישתם לנתק את האוניברסיטה מן ההסתדרות הציונית. הוויכוחים בעניין תמיכה כספית של המוסדות הציוניים באוניברסיטה תמורת השפעה עליה נמשכו זמן רב ואף נדונו בקונגרס הציוני הי"ד ב־1925. למעשה צומצמו מאוד הן התרומה הכספית והן התלות.

המחלוקות בין וייצמן למאגנס היו גם פוליטיות וגם אקדמיות. מאגנס ניצל את נאומיו בטקסי פתיחה ונעילה של שנות הלימודים להטפה פוליטית גלויה, אם לטובת דו־לאומיות (1929) ואם נגד הארגונים להגנת היישוב. בְנאום בשנת 1933, שהיה קיצוני ביותר אולי בגלל עליית הנאצים, מאגנס הרחיק לכת בהתנערות מן ההנהגה הציונית ודיבר על כך שאסור לטמא את האוניברסיטה בשוביניזם ומיליטריזם. דוגמה בולטת לחיכוכים הפוליטיים בין וייצמן למאגנס התרחשה במושב החמישי של מועצת הסוכנות היהודית בציריך ב־1937 בעניין הצעת החלוקה של ועדת פיל. מאגנס דיבר בגנות החלוקה ווייצמן ענה בשצף קצף. 'האם כולנו כאן פרט למאגנס, שודדי אדמות?' שאל, והזהיר באירוניה מפני אותם יהודים טובים המספרים לעולם שרק היהודים הרעים ממזרח אירופה רוצים מדינה יהודית. כך, אמר וייצמן, היה ב־1917, וכך גם היום. הטובים נשארו טובים ואילו היהודים ה'רעים' חסידי המדינה

11 ראו Arthur A. Goren (ed.), *Dissenter in Zion: From the Writings of Judah L. Magnes*, Cambridge, Mass. – London: Harvard University Press, 1982, docs. 48–49, pp. 231–235.

היהודית ייבשו את הביצות, בנו בתי ספר וייסדו את האוניברסיטה.[12] למרות המחלוקות שהתלקחו מדי פעם בפעם בין וייצמן למאגנס, אף אחד משני האישים לא התייאש מלשכנע את יריבו בצדקת דרכו־הוא. בשנות השלושים, במהלך הפעילות הדיפלומטית הסודית של מאגנס, כשנפגש בסתר עם מנהיגים ערבים ומתווכים על אפה וחמתה של הסוכנות, הוא ניסה לרכוש את תמיכתו של וייצמן ושלח לו את תכניותיו המפורטות איך לעשות שלום עם הערבים ולייסד מדינה דו־לאומית.

בעוד שהביקורת על העמדות הפוליטיות של מאגנס באה בעיקר מצד המוסדות הציוניים והנהגת היישוב, הרי הביקורת על מדיניותו האקדמית, על המינויים שמינה ועל שלטון היחיד שלו באה דווקא מתומכיה הנאמנים של האוניברסיטה בחו״ל ובראשם איינשטיין. דווקא איינשטיין, שהעריך את עמדותיו הפוליטיות של מאגנס, כפי שכתב לו בברכתו ליום הולדתו השישים בשנת 1937, היה הקיצוני ביותר בביקורתו נגד ניהול האוניברסיטה על ידו. ביקורתו הייתה מתמדת, חריפה ונוקבת. הוא טען שוב ושוב שמאגנס אינו מוסמך למנות מדענים, והביע חשש שניהולו ייצור 'אוניברסיטה של איכרים', או לכל היותר קולג' אמריקני. מאוכזב מניהול האוניברסיטה איינשטיין התפטר כבר ב־1928 מראשות הוועדה האקדמית, ווייצמן מילא את מקומו נוסף לתפקידיו האחרים.[13] למרות ניסיונו של וייצמן לנהוג במתינות, החריפו היחסים בינו ובין מאגנס הן מסיבות פוליטיות הן מסיבות אישיות. ב־1931 כשוייצמן הודח מנשיאות ההסתדרות הציונית הוא הביע נכונות להשתקע בארץ ולעבוד באוניברסיטה, אבל פנייתו לא נענתה. ב־1933 הביקורת הקשה של איינשטיין ואחרים על הניהול האקדמי של מאגנס פגעה בתרומות לאוניברסיטה בזמן שהאוניברסיטה ניסתה לקלוט לסגל פליטים מגרמניה הנאצית. וייצמן ואיינשטיין, שניהם השתכנעו שיש צורך בוועדת חקירה. קמה ועדת הרטוג שחשפה את הפגמים בניהול, ובעקבותיה שונתה חוקת האוניברסיטה והשליטה בענייניה עברה למעשה לסגל ולנציגיו הנבחרים. משרת הקאנצלר בוטלה ועל ידי כך בוטל שלטון היחיד של מאגנס, והוא היה לנשיא כמעט נטול סמכויות.

12 הקונגרס הציוני העשרים והמושב החמישי של מועצת הסוכנות היהודית, ציריך, כ״ו באב - י״ד באלול תרצ״ז, דין וחשבון סטנוגרפי, ירושלים: הנהלת ההסתדרות הציונית והסוכנות היהודית, תרצ״ז, חלק שני, עמ' נח-סד; גורן (לעיל, הערה 11), עמ' 329-334.

13 [לדיון מפורט ביחסים שבין וייצמן לאיינשטיין בהקשר האוניברסיטה העברית ראו מאמרו של יששכר אונא בכרך זה. הערת העורך.]

שני היריבים איבדו בבת אחת את הסיכוי לשליטה באוניברסיטה, שהפכה אוטונומית. חששו של איינשטיין שדיקטטור אחד יוחלף בדיקטטור אחר התבדה. בזמן רפורמות אלה הקים וייצמן את מכון זיו ברחובות, ושתי התמורות החשובות האלה הקטינו מאוד את שטחי החיכוך בין שני האישים. ייתכן אפילו שהחיכוכים עם מאגנס הם שגרמו לוייצמן לשכנע את משפחת זיו להנציח את שם בנה על ידי הקמת המכון המדעי ברחובות שלא כחלק מהאוניברסיטה העברית. המכון, שמאוחר יותר מוזג במכון וייצמן, היה מאז מקלט עבודתו המדעית. מעניין שכמה מן הבעיות שליוו את האוניברסיטה בירושלים התעוררו גם ברחובות, כמו השאלה אם לכלול גם הוראה במכון למחקר. נקודת דמיון אחרת הייתה שכשם שמאגנס לחם נגד התערבותו של וייצמן באוניברסיטה וראה בה התערבות פוליטית, כך לחם וייצמן נגד התערבותה של ממשלת ישראל בענייני המכון ברחובות.[14] וגם במכון ברחובות כמו באוניברסיטה הייתה אכזבה מכך שמדענים גדולים פליטי הנאציזם לא באו ארצה. ב־2 בנובמבר 1949, בטקס חנוכתו של מכון ויצמן, בירכו הן פרופ׳ זליג ברודצקי נשיא האוניברסיטה והן דוד בן־גוריון ראש הממשלה את הנשיא וייצמן על שכתר החכמה וכתר הממלכה מונחים על ראשו. כמה ימים אחר כך חגגו בלונדון 75 שנים להולדתו של וייצמן, והדובר הראשי, גנרל יאן סְמאטְס, הרבה להחמיא לו וקבע שבתקופה שבה האנושות כולה נתונה במבוכה, אפשר למצוא נחמה בהתרחשויות בישראל, שם התשובה למצוקה הנה רוחנית ומדעית. עוד אמר שניצחונות ישראל ובריטניה בקרבות על חייהן הם מההישגים הגדולים ביותר של התקופה.

עוד קודם לכן, במשך מלחמת העולם השנייה ולאחריה, וייצמן ומאגנס התקרבו שוב זה לזה. האוניברסיטה כבר שלטה בעצמה, ולמרות עמדותיו האישיות של מאגנס, הזדהותה עם הציונות והיישוב הייתה שלמה. שני האישים זכרו בגאווה ובחיבה את עבודתם למענה ואת ידידותם המוקדמת. הם גם פעלו יחד לחצלת חספריות וחנכסים התרבותיים שהנאצים גזלו מהיהודים. גם מבחינה פוליטית הייתה התקרבות מסוימת ביניהם, כאשר שניהם הביעו סלידה מהשימוש של המחתרות באלימות. ב־1944 כשנפגשו במהלך ביקור בירושלים, הביעו שניהם שאט נפש מרצח הלורד מוין, ושניהם הסכימו שאי־אפשר לצפות מצ׳רצ׳יל לתמוך בהקמת צבא יהודי שנשקו עלול בבוא הזמן להיות מכוון נגד הבריטים. במהלך הביקור וייצמן אף הקשיב בסבלנות לדברי מאגנס על שלום עם הערבים, ועל כך שהחינוך הלאומי בבתי הספר מחזק נטיות אלימות.

14 [לעניין זה ראו מאמרו של בני מוריס בכרך זה. הערת העורך.]

סצנה דרמטית מאירה את היחסים ביניהם. ב־1946 הם הלכו יחד לבקר את הנרייטה סאלד המאושפזת בבית החולים. כל אחד מהם החזיק באחת מידיה והיא אמרה כמה היא מאושרת לראותם יחד. כאשר עזבו את החדר הבטיחו זה לזה שלא יריבו עוד. ב־1947 כיבדה האוניברסיטה את שניהם יחד בדוקטורט לשם כבוד. אבל חשוב לציין שמאגנס לא שינה את עמדתו נגד מדינה יהודית, וב־1948, בזמן הקרבות, פעל ככל יכולתו בירושלים ובוושינגטון למנוע את היווסדה. אף על פי כן, ביום שהוקמה המדינה טרח לברך את וייצמן.[15] וייצמן מצדו, אחרי החלטת האו״ם שכללה את בנאום ירושלים, כאשר כל חברי סגל האוניברסיטה היו נחושים להשאיר את האוניברסיטה בירושלים, שקל אפשרות להעבירה לתחומי המדינה, לתל אביב.[16] אבל ירושלים לא הייתה לעיר בין־לאומית, האוניברסיטה נשארה בה, וייצמן היה לנשיא המדינה ומאגנס נפטר סמוך לכך.

שני האישים השאירו חותם בל יימחה על האוניברסיטה. וייצמן במסירותו לרמה מדעית גבוהה ולתחייה תרבותית יהודית ומאגנס בנאמנותו המצפונית לשלטון עצמי ולחופש המחשבה עיצבו יחד את האוניברסיטה כמוסד מחקרי ראשון במעלה המאפשר פלורליזם מחשבתי, כפי שהוא גם היום.

15 גורן (לעיל, הערה 11), עמ׳ 55.

16 וייצמן אל ורנר סנטור, 25.7.1948, מח״ו, 23, מספר 232, עמ׳ 185; וייצמן אל אבא אבן, 27.7.1948, מח״ו, 23, מספר 235, עמ׳ 188–189; וייצמן אל ורנר סנטור, 1.8.1948, מח״ו, 23, מספר 240, עמ׳ 194–195.

יששכר אונא

הון או גאון

המאבק של וייצמן ואיינשטיין על מצוינות אקדמית באוניברסיטה העברית

לפני שישים שנה הזמין הרב ד"ר שמואל בלקין, נשיא 'ישיבה יוניברסיטי' בניו יורק, את אלברט איינשטיין לביקור במוסד. כשהגיע האורח החשוב מפרינסטון, לקח אותו בלקין לסיור באתר הבנייה של בית הספר לרפואה המיועד. 'אנחנו מתכוננים לקרוא לבית הספר The Albert Einstein College of Medicine', אמר. 'למה איינשטיין?' שאל האורח, 'הרי אינני מבין דבר ברפואה'. בלקין השיב, 'אם אינך מסכים, נקרא לבית הספר החדש על שמו של דייוויד אברמסון'. 'ומיהו אותו אברמסון?' שאל איינשטיין. על כך השיב בלקין: 'אתה רואה!'.

בלקין היה איש חכם. הוא ידע שהשם 'אלברט איינשטיין' הוא מותג יקר ערך ורב־משקל. ואכן, ביום הולדתו ה־74 נתן איינשטיין את הסכמתו. היום כל אחד בניו יורק ובעולם הרפואה מכיר את 'איינשטיין מדיקל', בית הספר החשוב לרפואה בברונקס, ניו יורק.

הראשון שהבין את ערכו של המותג 'איינשטיין' היה חיים וייצמן. בשנת 1919 עלה שמו של איינשטיין לכותרות העיתונים בעולם, ובמיוחד באנגלייה, כאשר פורסמו תצפיות המשלחת הבריטית שאישרו את תורת היחסות הכללית שלו. וייצמן הבין מיד כי עליו לנכס אותו לעניין הציוני. הוא גם הבין שהדרך אל לבו של איינשטיין תהיה דרך גיוסו לרעיון האוניברסיטה העברית המתוכננת לעם היהודי. לשם כך הוא הפעיל את הוגו ברגמן ואת קורט בלומנפלד, והצליח.

האם שיער וייצמן מה גבוה יהיה מחירה של ההצלחה הזאת? בניגוד לבלקין ולבית הספר לרפואה בברונקס, וייצמן קיבל לא רק שם או מותג. איינשטיין נתן את לבו ונשמתו לעניין הקמתה של האוניברסיטה העברית והצלחתה. וייצמן קיבל אדם לוחם - פעמים לצדו ופעמים נגדו - למען המצוינות האקדמית

של המוסד. ניהול אקדמי אחראי המקפיד על המצוינות האקדמית היה בעיני איינשטיין תנאי בל־יעבור לשיתוף הפעולה שלו. האידאל של וייצמן היה, ללא ספק, זהה לזה של עמיתו וידידו איינשטיין. אך הוא היה נתון לאילוצים. ההון האמריקני נשף בעורפו. כך נאלץ וייצמן לנווט במשך שנים בין סְקילה לְכָריבְּדיס - בין ההון האמריקני לגאון שעל שמו לא היה מוכן לוותר.

כבר בשנת 1921 הציע וייצמן לאיינשטיין להצטרף אליו למסע התרמה בארצות הברית למען האוניברסיטה המתוכננת,[1] ואיינשטיין הסכים לכך. ההפלגה המשותפת לניו יורק, שנמשכה 11 יום, וההופעות המשותפות הרבות במסגרת מסע ההתרמה אפשרו מן הסתם היכרות קרובה בינו לבין וייצמן.[2]

הצעד החשוב הבא ביחסי השניים ננקט בסתיו 1923. ב־24 באוקטובר כותב וייצמן לאיינשטיין: 'לשמחתי אני שומע מאורנשטיין [הפיסיקאי ההולנדי הציוני ששיתף פעולה עם וייצמן בתכנון האוניברסיטה וכעבור שנים היה בה לראש המחלקה לפיסיקה] שהנך מוכן לקבל את נשיאות חבר הנאמנים של האוניברסיטה. המסקנה המתבקשת היא שתצטרף לסוכנות היהודית'. במכתבו מפרט וייצמן אילו אישים נוספים אמורים להצטרף למוסד העל־ציוני החדש.[3]

איינשטיין בתשובתו כעבור שלושה ימים מביע את שמחתו הרבה לקבל מכתב אישי מוייצמן, אך מסייג את הסכמתו בכך שהיא לא תחייב אותו בנסיעות. ניצול שמו, מכתבים ופגישות מקומיות - ברצון רב, אם הם נעשים בעת שהותו בברלין. בהמשך הוא מספר על הרושם הגדול שהותיר בו הביקור בפלשתינה, בפברואר של אותה שנה, ומביע את ביטחונו המלא בהצלחת המפעל הציוני אף אם ילווה בזיעה, בקרבנות ובאכזבות.[4]

כעבור חודש משיב וייצמן שהוא שמח על הסכמתו של איינשטיין ומבטיח שהסייגים שהציג יישמרו בקפידה. הוא מסביר עד כמה חשובה עבודתם, במיוחד כשחושבים על הסכנה האיומה המרחפת מעל יהדות אירופה (השנה

1 וייצמן אל איינשטיין, 23.2.1921, א"א, 956-70; Diana K. Buchwald et al. (eds.), *The Collected Papers of Albert Einstein* (CPAE), XII, Princeton: Princeton University Press, 2009, doc. 63.

2 [לדיון מפורט בנסיעתו של איינשטיין ובהתנגדויות שהיא עוררה מצדדים שונים ראו מאמרה של שולמית וולקוב בכרך זה. הערת העורך.]

3 וייצמן אל איינשטיין, 24.10.1923, א"א, 33-365. רבים מן המסמכים המצוטטים נמצאים גם בגנזך ויצמן ברחובות ופורסמו באוסף מכתבי וייצמן. CPAE, XIV, 2015, doc. 131

4 איינשטיין אל וייצמן, 27.10.1923, א"א, 33-366. CPAE, XIV, doc. 133

היא 1923). כמו כן הוא מבשר לו על פתיחת המכון המדעי על הר הצופים אולי כבר במאי הקרוב ומקווה לנוכחותו בפתיחה.[5] ב־9 בינואר 1924 מקבל איינשטיין מכתב מפורט מדוד אידר, מראשי הציונים בבריטניה, ובו דיווח על התכניות המתקדמות לאיוש חבר הנאמנים: אחד העם, וייצמן, הברון אדמונד ג'יימס דה רוטשילד, סר אלפרד מונד, וכן מלומדים ופילנתרופים מובילים אמריקנים (ללא פירוט שמות). כמו כן יוקם סנאט ('מועצה מדעית') שיהיה בעיקרו גוף מייעץ בעניינים אקדמיים. במכתב גם פרטים על התקדמות בבניית המכונים למיקרוביולוגיה ולביוכימיה.[6] כעבור חודשיים דוחה איינשטיין הזמנה של וייצמן ושל ארגון הרופאים היהודים באמריקה לביקור נוסף בארצות הברית. הוא מביע את שמחתו על ההישגים ב'החזרתם בתשובה (Bekehrung) של גדולי הגויים (Gross-Gojim)' היהודים באמריקה.[7] ביולי 1924 דוחה איינשטיין את הפצרותיו החוזרות של וייצמן לבוא לוועידה בלונדון. הוא מאמין (עדיין!) שיש הסכמה בינו לבין מאגנס בעניין דרך הניהול של האוניברסיטה. הסיבה העיקרית לאי־השתתפותו היא מחויבותו של איינשטיין לוועדה הבין־לאומית לשיתוף פעולה אינטלקטואלי (תת־ועדה של חבר הלאומים) המתכנסת בז'נווה.[8]

במכתב ארוך מ־12 בדצמבר 1924 מדווח וייצמן לאיינשטיין על ההתקדמות העצומה בהתיישבות בארץ ובפיתוחה. במיוחד הוא מציין את ההישגים באוניברסיטה ובטכניון בחיפה, ששניהם לפני פתיחה. הוא מבקש את עזרתו הפעילה ביצירת קשרים עם אוניברסיטאות מרכזיות באירופה ועם מכוני מחקר וספריות לשם שיתוף פעולה עם המוסדות החדשים.[9]

את הזרעים הראשונים למשבר המתקרב זורע איינשטיין במכתב מפורט לוייצמן ערב צאתו למסע בדרום אמריקה - הוא משרטט קווים ברורים לדרך שבה הוא רואה את ניהול האוניברסיטה: הדגש הוא על הנהלה המורכבת מאקדמאים ידועי שם בעולם (קרי: אירופה). רק כך ניתן לרכוש ולהבטיח את האמון של האינטליגנציה בתפוצות באוניברסיטה החדשה. הוא מדגיש - עד כדי העלבה - שאין לרכז את הניהול בפלשתינה, וזאת על סמך התרשמותו

5 וייצמן אל איינשטיין, 19.11.1923, א"א, 33-367. CPAE, XIV, doc. 212c

6 אידר אל איינשטיין, 9.1.1924, א"א, 36-869. CPAE, XIV, doc. 194

7 איינשטיין אל וייצמן, 29.2.1924, א"א, 33-371. CPAE, XIV, doc. 219

8 איינשטיין אל וייצמן, 16.7.1924, א"א, 33-374; איינשטיין אל וייצמן, 19.7.1924, 33-375. CPAE, XIV, doc. 286

9 וייצמן אל איינשטיין, 12.12.1924, א"א, 33-376. CPAE, XIV, doc. 394

ממצב העניינים שם בעת ביקורו בארץ.[10] איינשטיין חוזר על כך בצורה מפורשת יותר, ומעליבה יותר, במכתב ישיר למאגנס לפני הישיבה השנייה של חבר הנאמנים: 'הקומפטנטיות האינטלקטואלית של המלומדים החיים היום בפלשתינה אינה יכולה להספיק כדי להתמודד עם קביעת התקציב ועם מינויים של אנשי המדע'.[11]

את פתיחת האוניברסיטה ב־1 באפריל 1925 חגג איינשטיין עם יהודי בואנוס איירס באירוע גדול של אלפי משתתפים ב'תֵאטרו קוֹליסאוֹ'.[12] כמו כן הוא כתב מאמר על 'שליחותה של האוניברסיטה שלנו', שהתפרסם באנגלית בארץ ישראל, ובגרמנית בעיתון הציוני בגרמניה.[13] איינשטיין נעדר גם מישיבת חבר הנאמנים שהתכנסה כעבור שלושה שבועות בתל אביב. הוא בוודאי לא שבע נחת מקריאת הפרוטוקול שדיווח על מינויו של מאגנס לקאנצלֶר ועל כיוון ברור של השתלטות האמריקנים על הנהלת האוניברסיטה.

בתחילת יולי 1925 מקבל איינשטיין מכתב סודי ארוך ופסימי מוייצמן, בו הוא מדווח על כוונתו להתפטר מנשיאות התנועה הציונית וכן מחבר הנאמנים של האוניברסיטה. בשם הידידות שביניהם הוא מוצא לנכון לספר לו על כוונותיו בטרם תפורסמנה, כדי שלא ישמע על כך מן העיתונות.[14] איינשטיין עונה מיד: 'מכתבך הכתוב בעדינות אך המדכא היה לי הפתעה כואבת. פועלך נראה כה מבריק בעיניי, הייתי כמעט אומר מנותק מכוח הכבידה העולמי'. בהמשך הוא תומך בהתפטרותו של וייצמן, אולם רק כאמצעי טקטי כדי לסלק מכשולים שעורמים מתנגדיו. לעומת זאת אין הוא מסכים בשום אופן להתפטרותו מהנהלת האוניברסיטה. 'כמובן, אני חושד שגם אתה אינך משלים עם יזמותיהם של התורמים האמריקנים העשירים לסלק את אירופה', הוא כותב. דווקא בשל כך הוא מתחנן אליו שלא יתפטר, כי השפעתו שם חיונית.[15]

את תחילתו של הקרע האמתי בין איינשטיין לבין מאגנס והנהלת האוניברסיטה, ובעקבותיו גם בינו לבין וייצמן, ניתן למקם בישיבה השנייה של

10 איינשטיין אל וייצמן, 2.3.1925, א"א, 633-67. ראו גם א"א, 128-71 (המכתב מצוי בארכיון בשני עותקים). CPAE, XIV, doc. 451

11 איינשטיין אל מאגנס, 9.9.1925, א"א, 895-36.

12 ראו יומן המסע של איינשטיין, 6.4.1925, א"א, 132-29. CPAE, XIV, doc. 455

13 *The New Palestine*, 27.3.1925; *Jüdische Rundschau*, 3.4.1925

14 וייצמן אל איינשטיין, 30.6.1925, א"א, 377-33.

15 איינשטיין אל וייצמן, 2.7.1925, א"א, 378-33.

חבר הנאמנים. ישיבה זו התקיימה במינכן ב־23 בספטמבר 1925 והייתה הראשונה שהשתתף בה איינשטיין.[16] וייצמן שהה אז באמריקה. איינשטיין יצא מישיבה זו מזועזע למדי מאופן התנהלותו של מאגנס, אבל הכעס האמתי פרץ כאשר קיבל את הפרוטוקול שכתב מאגנס והיה שונה באופן משמעותי מן הסיכומים כפי שאיינשטיין זכר אותם. בעיניו, מאגנס זייף את הפרוטוקול כדי שיתאים לשאיפותיו. חוסר ההגינות של מאגנס היה סדין אדום.[17] וייצמן מבהיר למאגנס במכתב ארוך את עמדתו של איינשטיין, שהוא שותף לה. הוא מעיר לו במילים ברורות על הפער בין החלטות מינכן כפי שדיווח לו איינשטיין לבין הפרוטוקול שהיה, בניסוחו של וייצמן, considerably at variance לעומת המוסכם בישיבה.[18]

איינשטיין במכתבו לוייצמן מ־9 באפריל 1926 מביע את שמחתו על כך שוייצמן מתכוון להתפטר מן ההנהלה הציונית ולהקדיש את עצמו לשירות האוניברסיטה. הוא מבקש מוייצמן לדון אתו בנושאים הקשורים להשפעת התורמים האמריקנים על מדיניות הניהול. 'רצוי שנדון בכך לפני הפגישה הקרובה של חבר הנאמנים כדי ששנינו נהיה על אותו אורך גל'.[19] באותו יום שולח וייצמן מכתב מפורט לאיינשטיין, ובו תיאר בפירוט רב את מצב העניינים העלוב מבחינה אקדמית באוניברסיטה. אין הוא חוסך בביטויים שליליים כלפי מאגנס, ומציין שהוא נוהג כחובב בניהול מדעי היהדות. 'עדיין אינני רואה כל אפשרות לדאבוני להחליף את מ. [...] את שלטון היחיד של מאגנס עלינו לשבור'.[20] ב־6 ביולי 1926 כותב איינשטיין לוייצמן: 'אני תקיף בדעתי - שיתוף פעולה ביני לבין מאגנס אינו אפשרי. כל עוד הוא מנהל את העבודה בפלשתינה, לא אוכל עוד להיות מעורב באופן פעיל בענייני האוניברסיטה'. הוא מבקש להפיץ מכתב ברוח זו למשתתפי הישיבה הבאה בלונדון.[21]

בשנים שלאחר מכן הולך המשבר ומחריף. וייצמן מנסה לשכנע את איינשטיין - עדיין ידידו באותה עת - שהוא ידאג לשינוי המצב, אך למעשה דבר אינו קורה. איינשטיין, שהתפטר מכל פעילות למען האוניברסיטה, ממשיך

16 בביתם של עלי ורחל שטראוס, הדוד והדודה של אבי.

17 הפרוטוקול נמצא בא"א, 854-89 (גרסה עברית), א"א, 408-91 (גרסה גרמנית).

18 וייצמן אל מאגנס, 15.12.1925, א"א, 112-89.

19 איינשטיין אל וייצמן, 9.4.1926, א"א, 382-33.

20 וייצמן אל איינשטיין, 9.4.1926, א"א, 383-33.

21 איינשטיין אל וייצמן, 6.7.1926, א"א, 742-37.

לכאוב את כאבה ומפרט את הרהוריו והצעותיו לרפורמה במכתבים אישיים לוייצמן. הוא מתאר בעסיסיות איך מאגנס הורס את האוניברסיטה וזאת על סמך מידע הזורם אליו ממקורותיו הוא. הדרישה למנהל אקדמי קומפטנטי היא הכרח מידי להצלת המצב, הוא כותב שוב ושוב.[22]

ב־6 ביוני 1928 וייצמן מדווח לאיינשטיין על הישיבות של חבר הנאמנים שהסתיימו באחרונה בלונדון. בוויכוח על היחס בין הוראה למחקר נחל וייצמן (ואתו, מאחורי הקלעים, איינשטיין) כישלון. דעת השניים הייתה לדחות את יישום ההוראה בכמה שנים ולהקדיש את עבודת האוניברסיטה למחקר לבדו, 'אך רוב החברים ובמיוחד האקדמאיים (לנדאו, למשל)[23] סברו שיש להתחיל מיד בהוראה'. בעניין הרפורמה בניהול לא חל שום שינוי. הוחלט למנות לצורך העניין ועדה מייעצת שבראשה - כך קיוו - יעמוד איינשטיין.[24] איינשטיין ממהר לענות כי לנוכח דיווחו של וייצמן הוא מחליט להתנתק לחלוטין דה־פקטו מהתעסקות בענייני האוניברסיטה.[25] כעבור פחות משבוע הוא מודיע לוייצמן שאינו רואה כל סיבה למה יבואו הוא וזליג ברודצקי - מתמטיקאי, מבכירי הציונים בבריטניה - לבקרו, ומבקש במפורש שלא יבואו! הוא מנמק זאת במצב בריאותו, אך מוסיף שאינו רואה כל אפשרות שימשיך לשאת באחריות לנעשה באוניברסיטה: 'אני מבקש בתוקף שתמחק את שמי מרשימת חבר הנאמנים'.[26]

ביקורת חמורה על וייצמן מופיעה במכתב ששלח איינשטיין לפריץ האבר ב־9 באוגוסט 1933, בתגובה לתחינתו של האבר שיתפייס עם וייצמן, שכן רק שיתוף פעולה בין השניים יוכל לסלול את הדרך להצטרפותו־שלו ולהצטרפות ריכרד וילשטטר לאוניברסיטה בפלשתינה.[27] וכך כתב איינשטיין על וייצמן במכתבו להאבר:

22 איינשטיין אל וייצמן, 8.1.1928, א"א, 33-386; איינשטיין אל וייצמן, 29.5.1928, א"א, 33-391.

23 אדמונד לנדאו, מתמטיקאי נודע וראש המכון למתמטיקה באוניברסיטה.

24 וייצמן אל איינשטיין, 6.6.1928, א"א, 67-599.

25 איינשטיין אל וייצמן, 14.6.1928, א"א, 33-395.

26 איינשטיין אל וייצמן, 20.6.1928, א"א, 33-397.

27 [על יחסיו של וייצמן עם האבר ווילשטטר ראו במאמרה של שולמית וולקוב בכרך זה. הערת העורך.] עוד ראו האבר אל איינשטיין, ללא תאריך, א"א, 12-385.

מי היה מעלה בדעתו שהאבר היקר שלי יופיע כפרקליט של העניין היהודי והעלייה לפלשתינה! השועל הזקן W בחר לעצמו באמת עורך דין לא רע. אבל המידע שמסר לך רע. על כן יהיה עליי להוסיף ולתקן. הדבר הגרוע היה שפליקס ורבורג הטוב הצליח, הודות לסמכות הפיננסית שלו, להביא לכך שמאגנס הרומנטי וחסר הכישרון יתמנה למנהל המוסד - רַבִּינֶר אמריקני כושל (verkrachter), אשר בפעולותיו הפוליטיות החובבניות הפך מטרד לבני משפחתו רבי־ההשפעה באמריקה. וכך ביקשו עבורו יציאה מכובדת אל העולם האקזוטי. האדם האנוכי והחלש הזה הקיף את עצמו באנשים נוספים נחותים מוסרית, אשר לא אפשרו לשום אדם הגון להתקדם. הנורא שבהם הוא אדם בשם קליגלר, גם הוא יבוא מאמריקה, תככן חסר כל משקל מדעי. כל אלה הביאו לידי כך שהאווירה שם הורעלה לחלוטין. ואת רמת המוסד החזיקו בשפל המדרגה. כאשר הפך הדבר בלתי נסבל בעיניי דרשתי לפני כחמש שנים את פיטוריהם של הללו. וייצמן הבטיח לי להתפטר אתי יחד מן ההנהלה אם לא ימלאו אחר דרישתנו. אני עשיתי זאת ואילו וייצמן הפר את הבטחתו. מאז לא היה לי קשר עם המוסד. [...] וייצמן ניסה שוב לנצל את שמי ההגון כדי לפרסם את דיר החזירים (Saubude) הזה לשם גיוס כספים. לכן נאלצתי לפרסם ברבים שאינני רוצה כל קשר עם העניין כל עוד לא ייערך ניקוי יסודי (gründliche Sanierung). וייצמן הכריח אותי לנקוט צעד זה כשהשתמש בשמי באופן לא ראוי.

איינשטיין ממשיך ומסביר שגם וייצמן היה שמח לסלק את ההנהלה הגרועה הזאת, אך אילוצים פוליטיים ואישיים מונעים זאת ממנו. ׳וייצמן הוא אדם אינטליגנטי ושַרמַנטי אבל כזבן (verlogener)׳. איינשטיין שולל כל מניעים אישיים למעשיו־שלו - בניגוד לדרך שבה הצד השני מנסה להציג את הדברים - וקובע שלא יהיה מוכן לכל קשר עם וייצמן או עם מי מחבר מרעיו עד שלא יבוצע אותו ׳ניקוי יסודי׳. ׳אמור בבקשה לוייצמן׳, הוא כותב להאבר, ׳שהאמון שלי בו יחזור רק כאשר יוכיח במעשים שהוא ראוי לו׳. הוא גם מייעץ להאבר לסלק את ידיו מן האוניברסיטה כל עוד לא יחול שינוי יסודי בניהולה ומביע את תקוותו שלא ישוב לגרמניה, שבה המדענים - פרט לבודדים, ובהם מקס פלאנק ומקס פון לָאוּאֶה - משתחווים לפושעים.[28]

28 איינשטיין אל האבר, 9.8.1933, א״א, 387-12.

זעקותיו של איינשטיין ומחאותיו עשו בסופו של דבר את שלהן. הוקמה ועדת הרטוג, מסקנותיה הוגשו בשנת 1934, ובניהול האוניברסיטה התרחשה רפורמה של ממש. כתוצאה מכך בשנת 1935 מסכים איינשטיין לחזור ולהצטרף לחבר הנאמנים.

ליובל ה־25 של האוניברסיטה בשנת 1950 שלח איינשטיין את ברכותיו החמות.

אסיים בחילופי מכתבים בין איינשטיין לוייצמן בסתיו 1949. ב־20 באוקטובר כותב איינשטיין לוייצמן: 'שולח אני בזה איחולי ידידות לך ולחברי מכון ויצמן ברחובות לרגל פתיחתו הרשמית. לאור מה שנודע על המכון יש לנו היסוד לקוות שהוא יתרום באופן משמעותי לשגשוגה הכלכלי והרוחני של ישראל'.[29] וייצמן עונה: 'נגעה ללבי תשומת לבך בשלחך את ברכותיך לרגל האירוע הגדול של חנוכת המכון לפיסיקה וכימיה פיסיקלית. אין צורך לומר באיזו הערכה הן התקבלו. היה זה אירוע נפלא. צערי היחיד הוא שלא יכולת להשתתף'.[30]

שני האנשים הגדולים חזרו ומצאו את השלווה.

29 איינשטיין אל וייצמן, 20.10.1949, א"א, 291-71. [וראו תמונה 29 בכרך זה. הערת העורך.]

30 וייצמן אל איינשטיין, 25.11.1949, א"א, 293-71.

רות ארנון

מכון ויצמן למדע - מצֵבה חיה וראויה למכונן המחקר המדעי בישראל

השנה היא 1933, שנה גורלית. היטלר עלה לשלטון וגל אנטישמיות החל לשטוף את גרמניה ולאיים גם על מדעניה היהודים. ד"ר חיים וייצמן, שכיהן אז כנשיא הפדרציה הציונית באנגלייה וכנשיא הלשכה המרכזית ליישובם של יהודי גרמניה, נפגש תוך כדי טיול בהייד פארק בלונדון לשיחת נפש עם חברו הטוב ממנצ'סטר, ישראל זיו, אשר זה עתה שכל את בנו דניאל באורח טרגי. זיו מתייעץ עם וייצמן איך יוכל להנציח את שם בנו, ווייצמן מציע לו להקים בארץ ישראל מוסד מדעי על שמו של דניאל, מכון שיוכל גם לקלוט מדענים יהודים מגרמניה. הוא מייעץ לו להקים את המכון במושבה רחובות, שהייתה אז מושבה קטנה מוקפת פרדסים ושבה שכנה בה התחנה לחקר החקלאות, ווייצמן סבר שהשילוב עשוי להיות לתועלת. הוא היה משוכנע שמחקר ביוכימי יוכל לעזור בחקלאות ובתעשיית ההדרים שהתפתחה ליד פרדסי רחובות. כך הוקם בשנת 1934 מכון זיו, ווייצמן כיהן כמנהלו הראשון. בה בעת וייצמן רוכש לעצמו חלקת אדמה בקרבת מקום, ובונה עליה את ביתו - בית מפואר, בתכנונו של האדריכל הנודע אריך מנדלסון, ובו חיו וייצמן ורעייתו ורה עד יומם האחרון, ולידו שניהם קבורים. הבית שימש גם משכן הנשיא בתקופת כהונתו של וייצמן כנשיא המדינה, וכיום על כל תכולתו המקורית הוקם בו מוזאון הנושא את שמו. טקס חנוכת מכון זיו היה מרשים במיוחד - פרופ' ריכרד וילשטטר חתן פרס נובל היה אורח הכבוד, וכמו כן כיבדוהו בנוכחותם הנציב העליון ארתור ווקופ, בכירי ההסתדרות הציונית ובהם נחום סוקולוב, ואפילו המשורר חיים נחמן ביאליק.

לצדו של וייצמן עמד כבר אז מאיר וייסגל - האיש אשר לימים היה הכוח המניע בהקמת מכון ויצמן למדע - שעזר לו בכל הצד הארגוני. מיד לאחר הקמת מכון זיו נרתם וייצמן לגייס את הסגל המדעי. היה בכוונתו לגייס שני

כימאים בעלי שם עולמי, וילשטטר ופריץ האבר, אולם הראשון החליט להישאר בגרמניה והשני נפטר בשנת 1934 בעת ההכנות לנסיעה ארצה. וייצמן לא התייאש ואיתר סגל מדעי מעולה של כעשרה אנשים. הבכיר שבהם, ארנסט דוד ברגמן, הגיע מברלין ואחר כך היה למנהל המכון. בעקבותיו הגיעו אחיו פליקס ברגמן, שהיה כימאי ורופא, ולימים פרופסור לפרמקולוגיה באוניברסיטה העברית, אריך הרלינגר וברונו רוזנפלד, שניהם כימאים ממינכן. כמו כן הגיעו למכון הכימאים יהודה הירשברג מבריסל, ליאון חסקלברג מפריז, אסתר הלינגר מלונדון, וחנה וייצמן, אחותו של וייצמן, שהגיעה מציריך. זה היה סגל מרשים מאוד למכון שזה עתה הוקם, ובו מעבדות לכולם (מעבדתו של וייצמן שומרה ושופצה במתכונתה המקורית וכיום היא אתר תיירות למבקרים במכון ויצמן למדע). הכיוון העיקרי של המחקר היה כימיה אורגנית וביוכימיה של אותם ימים, כפי שהועיד אותו וייצמן - שילוב של מדע וציונות: 'לבי סמוך ובטוח כי המדע יביא שלום לארץ הזאת ויחדש נעוריה, וגם ייצור פה מקורות חיים חדשים ברוח ובחומר'. והוא הדגיש - 'ובדברי על מדע כוונתי כפולה: מדע לשמו והמדע כקרדום לחפור בו'. וייצמן פעל גם למען גיוס הכספים הדרושים להפעלתו של מכון זיו מאז היווסדו ועד סיום פעילותו כמכון מחקר עצמאי.

לקראת יום הולדתו השבעים של וייצמן הקימו פעילים ציונים בארצות הברית ועדה לגיוס כספים להרחבתו המשמעותית של המכון, תוך שינוי שמו, בהסכמת משפחת זיו, ל'מכון ויצמן למדע'. טקס חנוכת המכון התקיים ב־2 בנובמבר 1949, סמוך ליום הולדתו ה־75 של וייצמן, והיה מרשים מאוד. מלבד וייצמן נאם בו ראש הממשלה דוד בן־גוריון, וכן אבא אבן, וגם יושב ראש הכנסת יוסף שפרינצק כיבד אותו בנוכחותו. מכון זיו הפך לאחת מחמש המחלקות של המכון החדש, המחלקה לכימיה אורגנית, הקיימת ומתפקדת עד היום. תפקידים של ראשי שאר המחלקות הוצעו למדענים בעלי שם ברחבי העולם, אולם רק אחד מהם, חיים לייב פֶּקֶרִיס, הסכים לקבל את תפקיד ראש המחלקה למתמטיקה שימושית ולשם כך עלה ארצה. בראש שלוש המחלקות האחרות הועמדו, תחילה כמינוי זמני, מדענים צעירים שחונכו בארץ ישראל: ישראל דוסטרובסקי בראש המחלקה לאיזוטופים, אהרן קצ'לסקי (קציר) בראש המחלקה לפולימרים ואפרים קצ'לסקי בראש המחלקה לביופיסיקה. המחלקה לביולוגיה ניסויית הוקמה קצת יותר מאוחר, עם עלייתו ארצה של יצחק ברנבלום, שהגיע מאנגלייה וכיהן בראשה. רק לקראת שנת 1954 הוקמה המחלקה לפיסיקה גרעינית, ובראשה התמנה פרופ' עמוס דה שליט, והוא בן 28 בלבד. סגל המדענים של מכון ויצמן למדע בעת הקמתו (מעבר לסגל של מכון

זיו) מנה בסך הכול 40 איש - 14 חוקרים בכירים ו־26 חוקרים צעירים - אך הם הצעידו את המכון תוך זמן קצר למעמד מכובד ביותר, עם מוניטין בין־לאומי.

מאז הקמתו, וברוח משנתו של וייצמן, שקד המכון החדש על רכישת ציוד חדיש שיאפשר מחקר ברמה נאותה, כגון האולטרה־צנטריפוגה האנליטית שנרכשה בשנות החמישים ושירתה את המחלקות לפולימרים ולביופיסיקה, וכן המיקרוסקופ האלקטרוני הראשון בארץ, אשר הגיע למכון כאשר הוא טעון על עגלה רתומה לסוס - אכן מחזה סוראליסטי. ציוד שכזה, שהיה אז 'המילה האחרונה', אִפשר למדעני המכון לחקור תחומים שהיו בחזית המחקר המדעי דאז. המחלקה למתמטיקה שימושית עשתה את הכמעט בלתי אפשרי - בתוך שנים מועטות הם בנו את המחשב הקרוי Weizac, שהיה אחד המחשבים האלקטרוניים הראשונים בעולם ובעל כוח ומהירות חישוב מרשימים ביותר לאותם ימים. הוא החל לפעול בשנת 1955 ופעל עד שנת 1963. כיום הוא משמש מוצג מוזאוני במכון. ברבות הימים חל שדרוג ניכר בשטח זה עם בניית המחשבים 'גולם א'' ו'גולם ב'', והם הקנו למכון מוניטין ועמדת בכורה במדעי המחשב. ולראיה - במהלך השנים זכו ארבעה ממדעני המכון בפרס טיורינג היוקרתי.

כיום מכון ויצמן למדע הוא מכון רב־תחומי במדעי הטבע, ממתמטיקה ועד ביולוגיה, כלומר המדעים המדויקים ומדעי החיים. הוא מכון מחקר ואינו אוניברסיטה (במובן המקובל של המושג), כיוון שאין בו לימודים לתואר ראשון. מאידך גיסא, הוא מהווה חלק אינטגרלי ממערכת ההשכלה הגבוהה - מדרשת פיינברג במכון מחנכת תלמידים לתואר שני ושלישי, לומדים בה כאלף סטודנטים בכל עת, כ־150 סטודנטים מקבלים בכל שנה תואר דוקטור, והוא המאגר הגדול ביותר של בוגרי תואר שלישי במדעי הטבע בארץ.

עיקר עיסוקו של המכון כיום הוא מחקר בסיסי המתנהל בחמש פקולטות - מתמטיקה, פיסיקה, כימיה, ביוכימיה וביולוגיה. כמחצית מהיקף המחקר הוא במדעי החיים, תוך כדי מתן אפשרות רחבה לשיתופי פעולה בין מדענים מהפקולטות השונות לביצוע מחקר רב־תחומי ובין־תחומי. במכון מתקיימת גם פעילות ענפה בנושא החינוך: נוסף למדרשת פיינברג הוקם בו לא מכבר מכון דוידסון לחינוך מדעי, אשר פעיל משעות הבוקר ועד שעות הלילה המאוחרות. במכון זה מתקיימת פעילות רחבת היקף של הוראת המדעים, הכשרת מורים למדעי הטבע, חינוך לנוער שוחר מדע ופעילות בנושאי מדע למבוגרים.

ואולם כאמור, כמיטב משנתו של חיים וייצמן, הפעילות העיקרית של המכון היא מחקר בסיסי, והדגש העיקרי הוא על מצוינות. זו מתבטאת בהצלחתם של מדעני המכון לזכות במענקים יוקרתיים. לדוגמה, בתכנית המסגרת של האיחוד האירופי FP7 היו מדעני המכון שותפים ב־30 תאגידים (consortia), ו־54 ממדעני המכון זכו במענקים של ERC (כלומר, אחד מכל חמישה מדענים). מדד אחר המצביע על מצוינות המכון הוא הדירוג הגבוה של הפרסומים המדעיים לפי מספר הציטוטים (impact factor), וזאת בקנה מידה עולמי. מדעני המכון משתפים פעולה עם מדענים ברחבי תבל, מארצות הברית ועד סין, בקצב גובר והולך - קרוב למחצית מהפרסומים המדעיים של המכון הם עם שותף מחו״ל. בדירוג של אוניברסיטאות המחקר בעולם נמצא המכון במקום מכובד מאוד, מיד אחרי עשר האוניברסיטאות המצוינות בעולם. בכך מגשים המכון את חזונו של וייצמן ושאיפתו לקידום המדע.

ואולם וייצמן דיבר במפורש לא רק על מדע ומחקר לשמו אלא גם על מדע שימושי. גם בתחום זה מילא מכון ויצמן תפקיד חלוצי בישראל, וזאת על ידי ׳העברת טכנולוגיה׳. חברת ׳ידע׳, אשר פועלת בתחום זה, הוקמה כבר בשנת 1959, הרבה לפני הקמת חברות דומות על ידי שאר האוניברסיטאות בארץ או בחו״ל. ׳ידע׳ מופקדת על זיהוי המצאות של מדעני המכון אשר יש להן פוטנציאל יישומי, על הבטחת הקניין הרוחני של המכון על אותן המצאות, על פיתוחן לשלב של העברת הטכנולוגיה, ועל שיתוף פעולה עם התעשייה למימוש פוטנציאל זה. הפעילות של ׳ידע׳ מאפשרת ניצול של אותן ההמצאות לטובת החברה על ידי פיתוח מוצרים או תרופות, ומאידך גיסא מייצרת תמלוגים המאפשרים את קידום המחקר המדעי הבסיסי שמתנהל במכון. אולי כאן המקום להזכיר שמייסד המכון חיים וייצמן היה חלוץ הביוטכנולוגיה בעולם, כאשר כבר בשנת 1915, בהיותו באוניברסיטת מנצ׳סטר, פיתח חיידק המייצר אצטון, אשר הרים תרומה אדירה למאמץ המלחמתי הבריטי בעת מלחמת העולם הראשונה. לזכותו של וייצמן רשומים למעלה מ־120 פטנטים וכן העיקרון של העברת הטכנולוגיה, והוא עצמו עזר למערכת הצבאית בבריטניה בהקמת התעשייה ומערכת הייצור של האצטון, שהיה כה חיוני בייצור התחמושת.

מאז הוקמה חברת ׳ידע׳ פותחו מוצרים רבים המבוססים על מחקר מדעי שנערך במכון, כולל התרופות ׳רביף׳, ׳קופקסון׳, ׳ארביטוקס׳, ועוד כמה שבדרך, וכן חומרים המבוססים על ננוטכנולוגיה שכבר עתה ממוסחרים על ידי

חברות ענק, ופיתוחי מחשב, הזוכים להצלחה תעשייתית ומסחרית. סך כל המכירות של מוצרים המבוססים על המצאות של מדעני המכון מגיע לעשרות ביליוני דולר לשנה.

לסיכום - מכון ויצמן למדע אכן מהווה 'מצבה חיה' לחיים וייצמן כמכונן המחקר המדעי בישראל. מתקיים בו מחקר בסיסי תוך כדי הקפדה על מצוינות. עם זאת, הפן היישומי של המחקר מנוצל כמיטב היכולת. התוצאה היא תרומה חשובה לקידום המדע לשמו ולפיתוח המדע השימושי, בד בבד עם תרומה חשובה לחברה ולכלכלת המדינה, בהתאם למשנתו של חיים וייצמן.

ב"ז קדר

תיאור פגישתם הראשונה של וייצמן ובלפור, 1906 - אגדה או מציאות?

בהיסטוריוגרפיה בת זמננו אפשר לעתים להבחין בנטייה לפקפק בעובדתיותם של כמה מן האירועים הדרמטיים ביותר, המכַכְּבים בספרי ההיסטוריה. כך למשל טען לאחרונה היסטוריון מוביל בחקר ימי הביניים, יוהַנֶס פְּריד, שאין זה נכון שבינואר 1077 נאלץ הקיסר היינריך הרביעי להתדפק על שערי טירת קָנוסה, כשהוא יחף, קופא מקור ומזיל דמעות חרטה, עד שהאפיפיור גרגוריוס השביעי ניאות למחול לו. הסצנה המפורסמת הזאת, כתב פריד, אכן עולה מתוך כתביהם של תומכי האפיפיור, אך היא לא התרחשה במציאות.[1] וישנם היסטוריונים המטילים ספק בכך שמרטין לותר אכן נעץ באוקטובר 1517 את 95 התזות שלו על דלת הכנסייה של טירת ויטֶנבֶּרג[2] - משמע, אותו מעשה שמתואר בכל ספר על תולדות הרפורמציה, אפשר שלא היה ולא נברא.

איך להבין נטייה זאת לדֶה־דרמטיזציה של ההתרחשות ההיסטורית? מעבר לחיידק האיפכא־מסתברא, התוקף כה רבים מאתנו מדי פעם, אפשר שיש כאן ביטוי להתרחקות המוצהרת מן ההיסטוריה האירועית, ה־histoire événementielle, ולחתירה להיסטוריה־של־תהליכים. ואולי בא כאן לידי ביטוי קוצר ידו של היסטוריון, שמבלה את כל ימיו בסביבה אקדמית רגועה, והתנסותו המוגבלת בעולם המעשה והמוטה הקצרה של כנפי דמיונו מקשות

1 Johannes Fried, 'Der Pakt von Canossa: Schritte zur Wirklichkeit durch Erinnerungsanalyse', in *Die Faszination der Papstgeschichte*, ed. Wilfried Hartmann & Klaus Herbers, Cologne: Böhlau, 2008, pp. 133–197

2 Erwin Iserloh, *Luthers Thesenanschlag: Tatsache oder Legende?*, Wiesbaden: Franz Steiner, 1962; Richard Friedenthal, *Luther: Sein Leben und seine Zeit*, Munich: R. Piper & Co., 1967, p. 155

עליו לקבל את סבירותם של אירועים יוצאי דופן.[3] כמובן שכל ההסברים האלה קשורים בזרמי עומק, שההיסטוריון אינו מודע להם על פי רוב, בעודו משוכנע שמסקנותיו מושתתות על מחקר ענייני לבדו.

כך או כך, נראה לי שגם אחד האירועים היותר מסעירים בקורותיו של חיים וייצמן נפל קרבן לנטיית הדֶה־דרמטיזציה. כוונתי לפגישתם של וייצמן ובלפור במנצ'סטר ב־9 בינואר 1906. וייצמן בן ה־31 הצטרף לסגל אוניברסיטת מנצ'סטר רק כשנה וחצי קודם לכן, והאנגלית בפיו הייתה עדיין די בסיסית. ארתור ג'יימס בלפור בן ה־59, ששימש ראש ממשלת בריטניה עד זה מקרוב – ליתר דיוק, עד 5 בדצמבר 1905 – שהה במנצ'סטר במסגרת מסע הבחירות שלו לפרלמנט, כשהוא מנסה לזכות מחדש באֵמון מחוז הבחירה שלו, מנצ'סטר־מזרח; ארבעה ימים אחר כך, ב־13 בינואר 1906, הפסיד בלפור את מושבו ליריבו הליברלי, והמפלגה השמרנית שבראשה עמד נחלה תבוסה כלל־ארצית. וייצמן מספר באוטוביוגרפיה שלו שצ'רלס דרייפוס, מנהל החברה המקומית לייצור אָנילין שהעסיקוֹ במחקר כימי, ושהיה הן יושב ראש אגודת ציוני מנצ'סטר והן יושב ראש המפלגה השמרנית בעיר, יזם את הפגישה בין בלפור לבינו בעצם ימי מערכת הבחירות. דרייפוס, מתומכי תכנית אוגנדה אשר הציעה ממשלתו של בלפור לתנועה הציונית, קיווה שבלפור ישכנע את וייצמן כי טעה כאשר נאבק נגד קבלת התכנית; ואילו בלפור היה מעוניין לפגוש את אחד הציונים שפעלו לדחייתה.[4] בפגישה בין השניים ניסה וייצמן להסביר את ההתנגדות לתכנית אוגנדה, אך ככל שהשיחה נתמשכה כן עלה בו החשש שבלפור מאזין לו רק מתוך נימוס. 'הרגשתי', כך כתב וייצמן, 'שאני מזיע דם, וניסיתי למצוא דרך פחות טרחנית להביע את עצמי'.[5] הם החליפו ביניהם עוד כמה משפטים, ואז אמר וייצמן לפתע:

3 שגרת עבודתו של היסטוריון הפועל בדמוקרטיה מערבית שלווה מתוארת במסתו המבריקה של ג'ק הקסטר: Jack Hexter, 'The Historian and His Day', *Reappraisals in History*, Evanston, Ill.: Northwestern University Press, 1961, pp. 1–13.

4 *Trial and Error*, p. 142

5 'I felt that I was sweating blood and I tried to find some less ponderous way of expressing myself'. שם, עמ' 144. בתרגום העברי מופיע המשפט כך: 'זרזורי שיגעתי ברוב זיעה ודם והתאמצתי למצוא לי דרך־ביטוי פחות כבדה' (מסה ומעש, עמ' 115). סבורני שהגיעה השעה לתרגם את ספרו של וייצמן מחדש למִשלב שימסור

'מר בלפור, נניח שהייתי מציע לך את פריז במקום את לונדון, האם היית לוקח אותה?' הוא נדרך, הביט בי, והשיב: 'אבל, ד"ר וייצמן, לונדון היא שלנו'. 'זה נכון', אמרתי. 'אבל ירושלים הייתה שלנו כשלונדון הייתה ביצה'.[6]

וייצמן כותב בזיכרונותיו שמפגש מרשים זה עם בלפור - שהוא מציגו כפגישתם הראשונה - סימל עבורו את תחילת־ראשיתו של פרק חדש ביחסים בין אנגלייה לציונות. המפגש הזה גם היה נקודת מפנה בחייו, שכן השיחה עם בלפור - עליה, כך הוא מציין, הוא לא פרסם דבר אלא כעבור שנים רבות - שכנעה אותו שעליו לחזור לפעילות ציונית נמרצת.[7]

אבל האומנם הציג וייצמן לבלפור את שאלתו השנונה על לונדון ופריז, שסללה לו את הדרך להמחשת מרכזיותה של ארץ ישראל בעבור התנועה הציונית? בעל הביוגרפיה המפורטת על פועלו של וייצמן עד 1922, יהודה ריינהרץ, הביע ב־1985 פקפוק בעובדתיותו של תיאור השיחה המופיע באוטוביוגרפיה של וייצמן. הוא כתב שתיאור זה 'יש בו כל הרכיבים של סיפור טוב ועל כן אין זה אלא טבעי שהוא צוטט בהרחבה בהיסטוריוגרפיה הציונית והכללית'. גם ריינהרץ מביא תיאור זה במלואו, אבל קובע מיד אחר כך ש'הדברים על הפגישה שוייצמן רשם ביום הריאיון עצמו הנם הרבה פחות דרמטיים וללא ספק מדויקים יותר', ומצטט את הדברים שוייצמן כתב ביום הפגישה, 9 בינואר 1906, לארוסתו ורה קאצמאן: 'הייתה לי היום פגישה עם בלפור, ושיחה ארוכה ומעניינת אתו על הציונות. הוא הסביר שאין הוא רואה קשיים מדיניים בהשגתה של פלשתינה - רק קשיים כלכליים. דיברנו על הטריטוריאליזם. הסברתי לו למה זה לא היה אפשרי. קיבלנו על עצמנו לשלוח לו תזכיר'.[8]

נאמנה את דרך התנסחותו העניינית. מכל מקום, במאמר זה יובאו דברי וייצמן במקורם האנגלי ובתרגומי־שלי.

6 '"Mr. Balfour, supposing I were to offer you Paris instead of London, would you take it?" He sat up, looked at me, and answered: "But Dr. Weizmann, we have London". "That is true", I said. "But we had Jerusalem when London was a marsh"'. *Trial and Error*, p. 144

7 שם, עמ' 142, 145.

8 Jehuda Reinharz, *Chaim Weizmann: The Making of a Zionist Leader*, New York – Oxford: Oxford University Press, 1985, pp. 271–272. גם כאן העדפתי לצטט מן המקור האנגלי. למכתבו של וייצמן לארוסתו ראו מח"ו, 4, מספר 195, עמ' 219.

כמובן אין סתירה בין תיאור זה במכתב לארוסה ביום הפגישה לבין התיאור באוטוביוגרפיה שנים רבות אחר כך, כי הדיון בטריטוריאליזם נסב מן הסתם על אוגנדה, והשיחה הארוכה והמעניינת על הציונות יכלה לכלול את חילופי הדברים על לונדון, פריז וירושלים. אבל ריינהרץ בטוח שהתיאור הפחות דרמטי במכתב הוא 'ללא ספק' (no doubt) מדויק יותר מזה שבאוטוביוגרפיה, זה שיש בו כל הרכיבים של סיפור טוב (a good story), כדבריו. אף שנראה מיד כי ריינהרץ מביא אסמכתות לפקפוק שלו בעובדתיותו של אותו 'סיפור טוב', הרי שביטחונו הגמור שהתיאור הפחות־דרמטי הוא 'ללא ספק' המדויק יותר מרמז אולי גם על עמדת יסוד ספקנית כלפי מציאותיות תיאוריהם של אירועים דרמטיים, עמדה שהתייחסתי לשכמותה למעלה. כמו כן, ריינהרץ ספקן גם לגבי הסברו של וייצמן באוטוביוגרפיה שהפגישה בינו לבלפור נבעה רק מרצונו של בלפור לפגוש את אחד הציונים שהביאו לדחייתה של תכנית אוגנדה. ריינהרץ משער שבלפור - אשר כזכור נמצא בעיצומה של מערכת בחירות - חתר לכך שוייצמן ישכנע בוחרים יהודים להצביע עבורו, אף ש'חוק הזרים' (Aliens Act) שהעביר בפרלמנט ב־1905 נתפס, ובצדק, כצעד להגבלת כניסתם של מהגרים יהודים לאנגלייה. לפי השערה זו, בלפור הדגיש בשיחתו את נושא אוגנדה כדי להבהיר לבוחרים יהודים, באמצעות וייצמן, שעל אף אותו חוק לא הייתה ממשלתו עוינת את היהודים בתור שכאלה - הנה, היא־היא שהציעה את אוגנדה לציונים.[9]

הבה נבחן את האסמכתות של ריינהרץ שבגללן הוא מפקפק בעובדתיות של חילופי הדברים הדרמטיים כפי שהם מתוארים באוטוביוגרפיה של וייצמן.

האסמכתה העיקרית היא אי־אזכורם של חילופי דברים אלה במכתב של וייצמן לארוסתו שנכתב בעצם יום הפגישה עם בלפור. להמעיט בחשיבותה של שיחה או פגישה משמעותית, כך טוען ריינהרץ, לא הלם את אופיו של וייצמן כלל ועיקר; הרי הוא הבליט מאוד שיחות עם אנשים חשובים פחות, כמו הלורד פרסי וסר קלמנט היל אנשי משרד החוץ הבריטי. על כן, אילו השיחה עם בלפור - שאותה וייצמן (כך ריינהרץ) 'התיימר לזכור כעבור שנים רבות' - אכן הייתה כה מעניינת כפי שהיא מתוארת באוטוביוגרפיה, סביר ביותר שוייצמן היה מוסר את תוכנה בנאמנות. אבל הוא לא הזכיר בציבור את השיחה אלא כעבור 13 שנה, בירושלים.[10]

9 ריינהרץ (לעיל, הערה 8), עמ' 272–275.

10 שם, עמ' 272. אף שריינהרץ אינו מזכיר זאת, תשע שנים לפניו הפנה ברנט ליטווינוף את

הטיעון הזה הוא argumentum a silentio, טיעון מתוך שתיקה, כלומר טיעון המתבסס על היעדרה של עדות; וכולנו יודעים שטיעונים מסוג זה בעייתיים. רק כאשר אנו משוכנעים שאזכורה של התרחשות מסוימת התבקש ללא כל ספק, רשאים אנו להניח שאי־אזכורה מצביע על כך שהיא לא אירעה במציאות; וגם אז אין אנו יוצאים מגדר השערה. אבל במקרה שלפנינו, האומנם משוכנעים אנו לחלוטין שוייצמן כתב לארוסתו על כל האירועים והשיחות החשובים של אותם ימים? דומני שמספיק להצביע על כך שב־14 בינואר 1906 השתתף וייצמן בוועידה השנתית של הסתדרות ציוני אנגלייה בגלאזגו, ונבחר בפעם הראשונה לאֶקסֶקוטיבה שלה - אבל במכתבו לארוסתו מאותו היום אין הוא מזכיר עובדה חשובה זאת כלל.[11] כמו כן, עלינו לזכור שביום הפגישה עם וייצמן בלפור כבר לא היה חשוב כל כך - הוא אמנם היה ראש ממשלה לשעבר, אבל ניכר שהוא עמד על סף תבוסה, שהרי באותו מכתב של וייצמן לארוסתו שבו הוא מספר על המפגש הוא מקדים ואומר: 'יש כאן התרגשות גדולה בקשר לבחירות. סיכוייו של בלפור קלושים'.[12] ובלפור אכן הפסיד את מושבו; גם השנים הבאות לא היטיבו עמו, ובשנת 1911 הוא התפטר מתפקיד מנהיג האופוזיציה. לא מפתיע אפוא שבשנים שאחרי הפגישה במנצ'סטר לא ראה וייצמן לנכון להזכיר בציבור את שיחתו עם בלפור. מעמדו של בלפור היה כמובן שונה לחלוטין כאשר הזכיר וייצמן את השיחה בנאומו בירושלים ב־17 בדצמבר 1919, כשנתיים אחרי פרסומה של הצהרת בלפור.

תשומת הלב לכך שבמכתב לארוסתו לא הביא וייצמן את חילופי הדברים על לונדון וירושלים, בעוד שדיווח לה כמעט באופן מילולי על שיחות עם אנשים חשובים פחות, ובהם פרסי והיל. ליטווינוף, שגם קישר בין הפגישה לבין בעיותיו של בלפור בקרב בוחרים יהודים עקב 'חוק הזרים', השאיר פתוחה את השאלה מה בדיוק נאמר בפגישה, אך סבר שהגרסאות של בלאנש דאגדייל בספרה על בלפור, ואחר כך של וייצמן באוטוביוגרפיה שלו, הן בגדר ייפוי לצורכי תעמולה. Barnet Litvinoff, *Weizmann: Last of the Patriarchs*, London: Hodder & Stoughton, 1976, p. 61. ספרו של ליטווינוף מופיע בביבליוגרפיה של ריינהרץ. וראו גם Leonard Stein, *The Balfour Declaration*, Jerusalem–London: Magnes Press, 1961, pp. 148–151.

11 מח"ו, 4, מספר 197, עמ' 221. כאן ראוי לציין שריינהרץ מעיר: 'מוזר שבחירתו אפילו לא נראתה לו חשובה מספיק כדי להודיע עליה לוורה'. ריינהרץ (לעיל, הערה 8), עמ' 278.

12 מח"ו, 4, מספר 195, עמ' 219.

הבה נתבונן בדברי וייצמן באותו נאום. ריינהרץ מפנה אליו כפי שהוא מופיע בכרך הראשון של כתבי וייצמן שהתפרסם ב־1936 בתל אביב;[13] אבל מי שיודע עד כמה מנהיגים ציונים, וגם אחרים, נוטים לסגנן את דבריהם לפני כינוסם בספרים, ילך אל הפרסום המקורי של נאום זה, בעיתון 'הארץ' מיום 19 בדצמבר 1919, שהספר משנת 1936 מתיימר להעתיקו. כללית, השיחה מוצגת בצורה דומה מאוד לזו שתפורסם שלושים שנה מאוחר יותר באוטוביוגרפיה: בלפור הוא זה שרוצה לשמוע את הסיבות להתנגדות לתכנית אוגנדה; וייצמן מתקשה לשכנעו, עד שעולה על דעתו להציג את שאלת לונדון ופריז. ואולם הניסוחים כאן בוטים יותר. שיחת בלפור־וייצמן מוצגת בתור 'הגשר למשא־ומתן הפוליטי של הזמן האחרון', ולא כ'תחילת־ראשיתו של פרק חדש ביחסים בין אנגלייה לציונות', כפי שייכתב באוטוביוגרפיה. לפי הנאום הירושלמי שאל וייצמן את בלפור: 'האתה תחליף את לונדון בפריז היפה ממנה?' בעוד שבאוטוביוגרפיה, כפי שראינו, הוא ינקוט לשון מתונה יותר: 'נניח שהייתי מציע לך את פריז במקום את לונדון, האם היית לוקח אותה?'. לפי הנאום השיב בלפור בתקיפות: 'לא! ואולם לונדון בידנו היא וירושלים לא בידכם היא', ואילו באוטוביוגרפיה הוא יאמר רק: 'אבל, ד"ר וייצמן, לונדון היא שלנו'. ובעוד שבאוטוביוגרפיה יצהיר וייצמן: 'אבל ירושלים הייתה שלנו כשלונדון הייתה ביצה', בנאום הוא מתריס: 'ירושלים לנו היא. אנחנו פִּתחנו בה תרבות עולם בשעה שאבותיך הלכו עוד פראים על האי הזה, הנקרא אנגליה'.[14] ראוי גם לציין שוייצמן, בנאומו, לא דייק כשהציג את בלפור כמי שהיה בעת פגישתם 'ראש המיניסטריון אשר הציע את דבר אוגנדה לפני הציונים': אפשר שלא זכר שבעת הפגישה בלפור כבר לא היה ראש הממשלה, ואפשר שראה לנחוץ להציגו כחשוב יותר מכפי שהיה באותה שעה.[15]

13 ריינהרץ (לעיל, הערה 8), עמ' 487 הערה 84; חיים וייצמן, דברים: נאומים, מאמרים ומכתבים בארבעה כרכים, א, תל אביב: מצפה, תרצ"ז [1936], עמ' 133–137. הקטע הרלוונטי מופיע בעמ' 134.

14 הארץ, 19.12.1919, עמ' 2. בספר משנת תרצ"ז (לעיל, הערה 13) סוגנן המשפט האחרון כך: 'אנחנו פתחנו בה תרבות עולם בשעה שאבותיך חיו עוד כפראים על האי הזה, הנקרא אנגליה'.

15 גם באוטוביוגרפיה אין וייצמן מדייק כשהוא כותב שבעת הפגישה התחרה בלפור על המושב של Clayton division of North Manchester. ראו *Trial and Error*, p. 142.

אשר לדברי וייצמן על תרבות העולם שפותחה בירושלים 'בשעה שאבותיך הלכו עוד פראים על האי הזה', מותר לשער שהם הושפעו מן המשפט המיוחס לבֶּנג'מין דיזרָאֶלי: 'כן, אני יהודי; וכאשר אבותיו של חבר בית הנבחרים הנכבד היו פראים אכזרים באי בלתי ידוע, אבותיי היו כוהנים במקדש שלמה'. מקובל לחשוב כיום כי דיזראלי השיב כך ב־1835 למנהיג האירי דניאל או־קונֶל, לאחר שזה התייחס בזלזול למוצאו היהודי,[16] אף כי נראה שאין לדברים תימוכין בכתובים.[17] מכל מקום, כבר ב־1903 צוטטה גרסה שונה במקצת של המשפט האמור על ידי כומר אמריקני, והוצאה יהודית אמריקנית חשובה פרסמה אותו כאמירה אותנטית.[18]

בנאומו בירושלים קבע וייצמן ש'בלפור מזכיר שיחה זו [בין השניים] בהקדמתו לספרו של סוקולוב'. ריינהרץ מעיר שבלפור אכן מזכיר את השיחה בהקדמתו ל־*History of Zionism* של סוקולוב, ספר שהתפרסם ב־1919, אך אינו מביא את תוכנה.[19] הערתו זו נכונה רק בחלקה. בהקדמתו - הנושאת את התאריך 20 בספטמבר 1918 - מספר בלפור כיצד תמך בשעתו בתכנית אוגנדה ומוסיף שאף שכוונתה טובה הייתה, נפל בה פגם יסודי: היא לא הייתה ציונות, שכן היא ניסתה למצוא ליהודים בית באזור רחוק עד מאוד מן הארץ שבה הם ודתם באו לעולם. ובלפור ממשיך: 'שיחות שניהלתי עם ד"ר וייצמן בינואר 1906 שכנעו אותי כי אין להתכחש להיסטוריה באופן שכזה, וכי אם יש למצוא בית לעם היהודי, החסר בית זה קרוב ל־1,900 שנה, היה זה לשווא לחפשו

לאמתו של דבר הוא התחרה על המושב של מנצ'סטר־מזרח; וינסטון צ'רצ'יל התחרה במקביל (ובהצלחה) על המושב של צפון־מערב מנצ'סטר.

16 ראו למשל John Bartlett, *Familiar Quotations*[15], Boston: Little, Brown and Co., 1980, p. 501, no. 9; Geoffrey Wigoder, *Dictionary of Jewish Biography*, New York: Simon and Schuster, 1991, p. 119; Ivan Kalmar, 'Jewish Orientalism', in *Jewish Studies at the Turn of the Twentieth Century: Proceedings of the 6th EAJS Congress, Toledo, July 1998*, ed. Judith Targarona Borrás & Angel Sáenz-Badillos, Leiden: Brill, 1999, p. 308.

17 Burton Stevenson, *Stevenson's Book of Quotations, Classical and Modern*[8], London: Cassell, 1956, p. 1011, no. 14

18 *The Voice of America on Kishineff*, ed. Cyrus Adler, Philadelphia: The Jewish Publication Society of America, 1904, p. 229

19 ריינהרץ (לעיל, הערה 8), עמ' 487 הערה 84.

במקום כלשהו אחר מאשר בפלשתינה'.[20] כלומר, בלפור אכן התייחס לתוכנה של השיחה משנת 1906: ההקשר היה אוגנדה, ווייצמן שכנע את בלפור שאין ציונות ללא ארץ ישראל.

הבה נמשיך לעקוב אחרי טיעונו של ריינהרץ. לדבריו, כאשר וייצמן כתב את האוטוביוגרפיה שלו בסוף שנות הארבעים, כבר קיים היה ספר שהביא את יסודותיו העיקריים של הסיפור על שיחתו עם בלפור, כפי שוייצמן עצמו סיפר אותו.[21] דברים אלה נכונים, אך ראויים לבחינה מפורטת יותר. מדובר בביוגרפיה של בלפור שנכתבה על ידי בת אחיו, בלאנש דאגדייל, שהייתה לפעילה ציונית נלהבת ובת חוגו הקרוב של וייצמן;[22] הביוגרפיה התפרסמה בשנת 1936. והנה, אם נשווה את תיאור השיחה בביוגרפיה זאת - שהמחברת מציגה אותו כציטוט ישיר של דברי וייצמן - לתיאורה של השיחה באוטוביוגרפיה של וייצמן שהתפרסמה 13 שנה אחר כך, אכן ניווכח שהתיאורים קרובים ביותר, לעתים אף זהים מילולית: 'התחלתי להזיע דם כדי להבהיר את כוונתי באמצעות האנגלית [הרדודה] שלי. לבסוף התאמצתי, היה לי רעיון. אמרתי: "מר בלפור, אילו הציעו לך את פריז במקום את לונדון, האם היית לוקח אותה? האם היית לוקח את פריז במקום את לונדון?" הוא נראה מופתע. הוא: "אבל לונדון היא שלנו!" אמרתי: "ירושלים הייתה שלנו כשלונדון הייתה ביצה"'.[23] ייתכן שוייצמן נתן בידיה של דאגדייל תיאור כתוב, וזה שימש לו לימים בסיס לתיאור המהוקצע יותר באוטוביוגרפיה; וייתכן שבאמצע שנות השלושים נתקבע הסיפור בזיכרונו, והוא חזר וסיפר אותו בהזדמנויות שונות.

20 Arthur J. Balfour, 'Introduction', in Nahum Sokolow, *History of Zionism, 1600–1918*, New York: Ktav Publishing House, 1969 (1919), pp. xlix–l

21 ריינהרץ (לעיל, הערה 8), עמ' 272.

22 על פעילותה זו ראו Norman A. Rose (ed.), *Baffy: The Diaries of Blanche Dugdale, 1936–1947*, London: Vallentine Mitchell, 1973.

23 'I began to sweat blood to make my meaning clear through my English. At the very end I made an effort, I had an idea. I said: "Mr. Balfour, if you were offered Paris instead of London, would you take it? Would you take Paris instead of London?" He looked surprised. He: "But London is our own!" I said: "Jerusalem was our own when London was a marsh"'. Blanche E.C. Dugdale, *Arthur James Balfour, First Earl of Balfour*, I, London: Hutchinson, 1936, p. 434

בלאנש דאגדייל, בביוגרפיה של דודה הלורד בלפור, כותבת שהוא סיפר לה לעתים קרובות על הרושם שהשיחה עם וייצמן, ודחייתו הנחרצת את תכנית אוגנדה, הותירו בו.[24] יתר על כן, במסה על וייצמן ובלפור שדאגדייל פרסמה ב־1944, היא מספרת ששמעה על השיחה מבלפור זמן קצר אחרי שהתרחשה, ומוייצמן בשנים מאוחרות יותר. היא זכרה שכאשר חזר דודה ממנצ'סטר אחרי הבחירות בינואר 1906 ובילה חופשה קצרה עם בני משפחתו, הוא סיפר להם גם על הציונות ועל התרשמותו מדוברה, וייצמן - אף על פי שעמדו אז על הפרק נושאים דוחקים, ובראשם מפלתו בבחירות (דאגדייל הייתה אז בת 26). בעיניה של דאגדייל הייתה שיחת בלפור־וייצמן כה מרכזית שכאשר באה לכתוב את הביוגרפיה של דודה כשלושים שנה מאוחר יותר, היא טרחה לבקר במלון קווינס במנצ'סטר ולאתר את החדר שבו התקיימה השיחה - ובכן, ממש מסע צליינות לאתר זיכרון ציוני.[25] כן כתבה שבלפור חזר פעם על חלק מן השיחה עם וייצמן כפי שהוא זכר אותה: "'האם תחליף את לונדון בפריז, מר בלפור?' 'לא - אבל לונדון היא הבירה של ארצי'. 'ירושלים הייתה שלנו כשלונדון הייתה ביצה'".[26] ריינהרץ, שמכיר מסה זו של דאגדייל,[27] אינו מציין שמובא בה חלק משיחת 1906 כפי שבלפור זכר אותה לדברי אחייניתו, והדברים דומים מאוד לתיאורו של וייצמן באוטוביוגרפיה שלו.

24 ראו שם, עמ' 435. הדברים מפי בלפור שהיא מצטטת כאן נרשמו לאחר שיחה אתו ב־7 באוגוסט 1929. ראו שטיין (לעיל, הערה 10), עמ' 152 הערה 29.

25 Blanche Dugdale, 'Weizmann and Balfour', in *Chaim Weizmann: Statesman, Scientist, Builder of the Jewish Commonwealth*, ed. Meyer W. Weisgal, New York: Dial Press, 1944, pp. 131–132. אף שבלפור התרשם מאוד מוייצמן, הוא לא זכר את שמו וזמן־מה אחרי הפגישה ביקש מדרייפוס לנקוב בשמו של ה־'Russo-Jewish gentleman' שעמו שוחח במנצ'סטר. ראו שטיין (לעיל, הערה 10), עמ' 152.

26 'Balfour once repeated part of the conversation as he remembered it: "Would you change London for Paris, Mr. Balfour?" "No – but London is the capital of my country". "Jerusalem was ours, when London was a marsh"' (דאגדייל, וייצמן ובלפור [לעיל, הערה 25], עמ' 132). ב־1963 הובאה גרסה זו של השיחה כמעט מילולית על ידי ישראל זיו, שהיה בן חוגו של וייצמן מאז 1913. Israel M. Sieff, 'The Manchester Period', בתוך וייסגל (לעיל, הערה 25), עמ' 93.

27 ריינהרץ (לעיל, הערה 8), עמ' 487 הערה 89.

אנו מגיעים לעדות האחרונה על שיחת וייצמן־בלפור, עדותו של ויליאם עמנואל רפאר. ריינהרץ מתייחס אליה בהערה ארוכה. בתחילתה הוא קובע שמהימנות תיאורה של השיחה באוטוביוגרפיה של וייצמן נתמכת על ידי רפאר, חבר ועדת הקבע למנדטים של חבר הלאומים, אשר היה בשנת 1925 עד לשיחה בין בלפור לוייצמן שבה השניים העלו זיכרונות מפגישתם במנצ'סטר. אבל בהמשך ההערה ריינהרץ מסייג קביעה זו עד מאוד, וטוען: 'יש לזכור ששיחה זאת התרחשה עשרים שנה אחרי האירוע, ושרפאר העלה אותה לראשונה על הכתב כמעט שלושים שנה אחרי ששמע אותה, כלומר, אחרי שהאוטוביוגרפיה של וייצמן כבר פורסמה. מה שמחשיד את תיאורו היא העובדה שהוא תואם את הניסוח והסגנון של וייצמן עצמו'.[28] ואולם, טענות אלו של ריינהרץ אינן קבילות. בהערתו האמורה מסתמך ריינהרץ על מאמר של רפאר שהתפרסם באנגלית ב־30 באוקטובר 1953 במוסף של ה־*Jerusalem Post* שהוקדש לזכרו של וייצמן. ברם, במאמר זה מעיד רפאר בצורה חד־משמעית שכאשר הפליג ב־1925 באנייה כדי להשתתף בטקס פתיחת האוניברסיטה העברית הוא זכה לשבת עם וייצמן ובלפור בשעה שהשניים העלו בזיכרונם את פגישתם ב־1906, והוא רשם את שיחתם בו במקום (on the spot)[29] - לא כמעט שלושים שנה אחר כך, כדברי ריינהרץ. יתר על כן, ריינהרץ אינו מודע לגרסה המלאה של דברי רפאר, המופיעים בספר *A la mémoire de Chaim Weizmann* שרפאר פרסם בינואר 1953 בשווייץ. גם בספר זה רפאר מדגיש כי העלה על הכתב את שיחתם של וייצמן ובלפור על האנייה מיד (immédiatement) אחרי השמעתם.[30]

מי היה ויליאם עמנואל רפאר והאם אפשר לראות בו עד מהימן? הוא נולד בניו יורק ב־1883 להורים יוצאי שווייץ, למד בהרווארד ובווינה, לימד כלכלה מדינית בהרווארד, ומאז 1913 שימש פרופסור להיסטוריה כלכלית באוניברסיטת ז'נווה. פרסומיו הרבים, בנושאים היסטוריים ואקטואליים, הופיעו בבמות המרכזיות של זמנו באירופה ובארצות הברית. בשנות מלחמת העולם

28 שם, עמ' 487 הערה 82.

29 William E. Rappard, 'Great Humanitarian', *The Jerusalem Post: Chaim Weizmann Memorial Supplement*, 30.10.1953, p. 1

30 William E. Rappard, *A la mémoire de Chaim Weizmann, principal fondateur et premier président de l'État d'Israël, ami de la Suisse*, Neuchâtel: Éditions de la Baconnière, 1953, p. 35

הראשונה היה פעיל בצלב האדום הבין־לאומי ומילא שליחויות דיפלומטיות, למשל אצל הנשיא וילסון. מאז 1920 היה מזכיר ועדת הקבע למנדטים של חבר הלאומים, ומ־1924 עד 1939 היה חבר בה.[31] כיוון שכך, הוא עסק גם בענייני המנדט הבריטי על ארץ ישראל, ומאז 1921 נמצא בקשרי עבודה עם וייצמן, והם התפתחו לקשרי ידידות. וייצמן מדבר עליו באוטוביוגרפיה בהערכה רבה.[32] אין להעלות על הדעת שהיסטוריון זה בדה מלבו את שיחתם של וייצמן ובלפור על האנייה, ואין סיבה לפקפק בכך שהוא אכן רשם אותה מיד אחרי התרחשותה. אמנם לא מצאתי את הרישום בין ניירותיו של רפאר המופקדים בארכיון הפדרלי השווייצי בברן, והוא אינו כלול ביומן המסע שלו לארץ ישראל;[33] יש להניח שהוא רשם את השיחה בנפרד. לעומת זאת מופקדות בארכיון טיוטות של הספר שפרסם רפאר ב־1953 לזכרו של וייצמן, וההשוואה מגלה שבכמה מקומות הוא הגביה את מִשלבו הלשוני של תיאור השיחה המקורי, הפשוט, שהוא מן הסתם התיאור שהעלה על הכתב מיד אחרי השיחה. ואילו ההשוואה בין תיאור השיחה במאמר באנגלית שהתפרסם ב־*Jerusalem Post* לבין התיאור בספר הצרפתי מגלה שהגרסה האנגלית היא תרגום שאינו תמיד מדויק.

האם הכיר רפאר את האוטוביוגרפיה של וייצמן שעה שכתב את ספרו? בוודאי. חלק ניכר של הספר הזה מכיל קטעים מתוך האוטוביוגרפיה, בעיקר כאלה העוסקים בשווייץ.[34] (אגב, העותק של האוטוביוגרפיה שוייצמן הקדיש לרפאר ב־2 ביוני 1949 מוצע כיום למכירה באינטרנט.[35]) אבל האם יש בסיס לטענה ששחזור שיחת וייצמן־בלפור ב־1906, שנעשה על האנייה ב־1925,

31 ראו את הביוגרפיה המפורטת שכתב ויקטור מוניה: Victor Monnier, *William E. Rappard: Défenseur des libertés, serviteur de son pays et de la communauté internationale*, Geneva–Basle: Edition Slatkine & Helbing et Lichtenberg, 1995. עמ' 346-335 עוסקים במסעו של רפאר לארץ ישראל ב־1925.

32 *Trial and Error*, pp. 463, 465

33 כל שרשם רפאר ביומן המסע, בזמן ההפלגה באנייה אֶספֶּריה ב־21 במרס 1925, הוא: 'Conversation extraordinairement vive entre B., W. + moi'. ראו Bern, Schweizerisches Bundesarchiv, Nachlass William Rappard, J1.149 1972-135, Band Nr. 120-202 – Mission à Jérusalem, 1925.

34 רפאר, לזכר וייצמן (לעיל, הערה 30), עמ' 16-27.

35 www.universityarchives.com/Find-an-Item/Results-List/Item-Detail.aspx?ItemID=38633. נצפה לאחרונה ב־2 בינואר 2014.

הושפע מניסוחיו של וייצמן ומסגנונו באוטוביוגרפיה שלו? לחלוטין לא. כמובן, הדבר אינו אפשרי כרונולוגית. כמו כן, ראינו שבאוטוביוגרפיה ייחס וייצמן את היזמה לפגישה במנצ'סטר לדרייפוס, הציוני והשמרן, ושבלפור היה מעוניין לפגוש ציוני שפעל לדחייתה של תכנית אוגנדה. ואילו תיאור השיחה על האנייה אצל רפאר נפתח בשאלתו של בלפור לוייצמן, הכיצד עלה בידו ב־1906 להתקבל אצלו לשיחה, ווייצמן מבהיר שהוא בעצמו יזם את הפגישה מתוך רצון לעניין את בלפור בציונות, והצליח לכלול את שמו ברשימת האנשים הרבים שרצו להתקבל אצלו. וייצמן ממשיך ואומר שאף שהכין בשקידה את נאומו הקצר, הוא נוכח לדעת שלא עלה בידו לרתק את תשומת לבו של בלפור, ואז בלפור העיר, לדברי רפאר: 'אכן לא הבנתי את מטרת ההרצאה וראשי היה מלא בטרדות דחופות יותר'. כאן ובהמשך יש אפוא לא רק שחזור השיחה משנת 1906, אלא גם ניסיון של שני המשוחחים לשחזר מה כל אחד מהם חשב במהלכה - מה שכמובן לא מצוי באוטוביוגרפיה של וייצמן ובתיאורים האחרים. גם השאלה המכרעת שוייצמן מגייס לבסוף כדי לזכות בתשומת לבו של בלפור מופיעה בניסוח שלא מצוי בשום מקום אחר: 'מר בלפור, מה אתה מעדיף - את פריז או את לונדון?' ועל כך מעיר בלפור: 'כן, אני זוכר את השאלה הזאת שנראתה לי אבסורדית מאוד'.[36] כללו של דבר, לא רק שאין שחר לטענה שרפאר הושפע מתיאור פגישת 1906 באוטוביוגרפיה של וייצמן, אלא שמותר להניח שהוא בחר לפרסם ב־1953 את הדברים שרשם ב־1925 כדי להעמיד גרסה חלופית לזו המופיעה באוטוביוגרפיה. תוך כדי כך גם סיפק עדות נדירה ליראת הכבוד שגילה וייצמן כלפי בלפור בשיחת חולין.

מי יזם אפוא את הפגישה ב־1906 - דרייפוס ובלפור, כנאמר באוטוביוגרפיה, או וייצמן, כעולה מתוך רישומו של רפאר? אני נוטה לחשוב שרישומו של רפאר מדויק יותר; וזאת גם משום שהארי סאקר, מבני חוגו הציוני של וייצמן במנצ'סטר, כתב ב־1944 שהיה זה וייצמן אשר, ביזמתו־שלו (on his own initiative), יצר קשר עם בלפור, וכך באה פגישת 1906 לעולם. סאקר כתב כדברים האלה גם אחרי מותו של וייצמן[37] - ונראה שאפשר לקבל את דבריו כעדותו של אדם המשיח לפי תומו.

36 ראו נספח.

37 Harry Sacher, 'The Manchester Period', בתוך וייסגל (לעיל, הערה 25), עמ' 188; Harry Sacher, 'Chaim Weizmann', in Harry Sacher, *Zionist Portraits and Other Essays*, London: Anthony Bloud, 1959, p. 7.

אם כך הדבר, מדוע כתב וייצמן באוטוביוגרפיה כפי שכתב? אפשר להציע הסברים שונים, אבל דומה שקיים הסבר פשוט. הפגישה בינואר 1906, שוייצמן ואחרים מציגים כפגישתם הראשונה של וייצמן ובלפור, הייתה למעשה פגישתם השנייה. במכתב לארוסתו כשנה קודם לכן, ב־28 בינואר 1905, כתב שביום הקודם הלך לאספה שבלפור נאם בה, הצליח לדבר אתו על הציונות במשך כחמש דקות, ובלפור הבטיח שיקבע לו פגישה ממושכת יותר בעתיד.[38] עורכי הכרך שמכתב זה מתפרסם בו סבורים שפגישה ראשונה זו התקיימה בתיווכו של דרייפוס,[39] והדברים נראים סבירים. אם כך, לוייצמן, בכתבו את זיכרונותיו כעבור שנים רבות, נתמזגו שתי פגישות לאחת.

כללו של דבר, איני רואה יסוד לפקפק בעובדתיותם של חילופי הדברים בין וייצמן לבלפור ב־1906, שיהא ניסוחם המדויק אשר יהא, נסבו על לונדון, פריז וירושלים. כדאי להשיב להם את מעמדם הראוי בתולדותיה של התנועה הציונית.

38 מח"ו, 4, מספר 15, עמ' 19. השוו שם, מספר 14, עמ' 18; מספר 16, עמ' 21. וראו גם ריינהרץ (לעיל, הערה 8), עמ' 244.

39 מח"ו, 4, עמ' 25. וכך סבר עוד קודם לכן שטיין (לעיל, הערה 10), עמ' 147.

נספח: תיאור שיחת וייצמן-בלפור בטיוטת ספרו של ויליאם רפאר

הטיוטה שמורה בארכיון הפדרלי השווייצי בבֶּרן, וסימנה Nachlass William Rappard, J1.149, Band Nr. 103 – Manuscrits Rappard: e.a. Chaim Weizmann, Varia politica 1953-54. בתיק זה מופיעה ההדפסה המקורית של הספר במכונת כתיבה - מסומנת כגרסה III - ועליה תיקונים בעט. הספר *A la mémoire de Chaim Weizmann*, שהופיע ב־1953, משקף תיקונים אלה, וכן כמה שינויים קלים נוספים שאין להם עדות בתיק.

כאן מובא הנוסח המוקדם כפי שהודפס במכונת כתיבה (עמ' 20-21 של גרסה III); השינויים שהוכנסו בטקסט המופיע בספר (עמ' 35-37) מצוינים בהערות. בחרתי להביא כאן את שחזור השיחה עצמה בהבלטה. דברי רפאר לפני ואחרי השחזור, אף שהם מתבססים מן הסתם על יומנו, משקפים את ידיעותיו בשעה שכתב את הספר.

Le voyage de Gênes à Alexandrie fut du reste mémorable à tous égards. A Naples nous fûmes rejoint par M. Balfour qui, accompagné de son neveu et de sa nièce Lascelles, se rendait à Jérusalem pour y inaugurer l'Université. Balfour, qui n'avait pas le pied marin, s'était pour cette raison dispensé de s'embarquer à Gênes. Heureusement qu'en quittant Naples[40] la mer, qui devait se troubler bientôt, était encore calme. Je dois à cette circonstance fortuite d'avoir passé une des soirées les plus intéressantes de ma vie. Après le dîner, en effet,[41] nous fumes réunis, les Balfour, les Weizmann et moi, dans le salon. Il s'y engagea, entre Balfour et Weizmann, une conversation don't il n'est nullement grandiloquent de la déclarer historique. En effet, tout le monde sait que c'est en 1906 que Weizmann convertit Balfour au sionisme.[42] Weizmann était alors un jeune et obscure chimiste et Balfour le Premier Ministre de Sa Majesté britannique[43] qui venait dans

40 qu'au large de Naples

41 en effet *om.*

42 זו כמובן תפיסה פופולרית של השיחה, שאין לה יסוד במציאות.

43 כפי שהבהרתי למעלה, בלפור היה אז ראש ממשלה לשעבר.

sa circonscription électorale pour s'y faire réélire. Or la conversation qui s'était, il y avait près de vingt ans auparavant, engagée entre Weizmann et Balfour fut reconstituée par les deux interlocuteurs dans des termes que j'ai notés immédiatement après les avoir recueillis:

'Comment, demanda Balfour, avez-vous obtenu le rendez-vous qui m'a valu le plaisir de faire votre connaissance?

Weizmann: Je me disais que l'occasion de votre venue à Manchester était sans doute providentielle. Plus qu'aucun autre homme d'Etat je tenais, en effet,[44] à vous intéresser à notre cause en raison même de vos fonctions et aussi de ce que je croyais être votre attitude probable envers elle. J'obtins donc, à force de démarches, je l'avoue, d'être inscrit dans la liste à vrai dire très longue de vos rendez-vous. Vous avez bien voulu me recevoir et écouter mon plaidoyer.[45] J'avais soigneusement préparé mon petit discours, mais malgré la courtoisie avec laquelle vous fîtes semblant de m'écouter, je me rendis bien compte que je ne réussissais pas à capter votre attention.

Balfour: En effet, je ne comprenais pas l'à propos de cet exposé et j'avais la tête pleine de préoccupations plus urgentes.

Weizmann: Comme je voyais s'écouler le nombre très limité de minutes qui m'avait été accordé, je me résolus à jouer le tout par le tout. Désireux de capter[46] à tout prix votre attention, je vous demandai donc à brûle-pourpoint: Monsieur Balfour, qu'est-ce que vous préférez, Paris ou Londres?

Balfour: Oui, je me souviens de cette question qui m'avait parue très saugrenue.

44 en effet *om.*

45 במקום écouter mon plaidoyer נדפס בספר: prêter l'oreille à mon plaidoyer.

46 רפאר מחק את המילה capter ורשם מעליה forcer, וזו המילה שנדפסה בספר.

> Weizmann: Je la hasardai pour me fournir l'occasion de vous dire, à la suite de la réponse que j'escomptais, ce qui suit.[47] Comme j'avais osé le prévoir, vous me dites en effet:[48] Mais c'est[49] évident que je préfère Londres, parce[50] que Londres est à nous. C'est alors que j'osais vous dire:[51] Monsieur Balfour, est-ce que vous vous rendez compte que Londres était un marais quand Jérusalem était à nous?
>
> Balfour: Oui, je me souviens de cette déclaration aussi impressionante qu'elle était inattendue'.

Ainsi que je le savais par ailleurs, ç'avait été le point de départ d'une longue conversation qui, malgré l'impatience manifestée par les secrétaires du Premier Ministre,[52] se prolongea pendant près d'une heure. Lorsqu'elle fut terminée, Balfour été gagné au sionisme.[53]

Cette conversation de l'Esperia[54] me restera présente à l'esprit tant que je vivrai. C'est un privilège extrêmement rare, en effet, pour un historien de pouvoir vérifier ainsi l'exactitude d'un récit qu'il avait souvent eu l'occasion de lire auparavant.[55] Balfour et Weizmann, sans jamais se contredire, complétaient leur récit par des remarques et des commentaires bien faits pour donner un relief accru à cette conversation assurément étonnante.

47 רפאר מחק את המילים ce qui suit ורשם מעליהן ce qui devait vous frapper, ואלו המילים שנדפסו בספר.

48 en effet *om.*

49 C'est

50 רפאר מחק את המילה parce ורשם מעליה mais c'est, ומילים אלו נדפסו בספר.

51 במקום que j'osai vous dire נדפס בספר: je me risquai à vous demander.

52 ראו לעיל, הערה 43.

53 ראו לעיל, הערה 42.

54 שם האנייה בה החבורה הפליגה מזרחה.

55 מובן שרפאר לא יכול היה לקרוא על השיחה לפני ההפלגה ב־1925. ואולי כוונתו היא לתחושתו כאשר עימת את רישומיו משנת 1925 עם תיאורי השיחה שהופיעו מאוחר יותר.

שלמה אבינרי

וייצמן - צמיחתו של מדינאי

ביולי 1902 עוזב הרצל בפעם האחרונה את קושטא, לאחר שכל מאמציו להשיג צ'ארטר מן הסולטאן נכשלים. בנסיעת הרכבת הארוכה לווינה הוא מסכם במפורט ביומנו את שלביו השונים של המאמץ, מנסה להשיב על השאלה היכן ומדוע נכשל ואם כל הפנייה אל הממשל העות'מאני הייתה אולי טעות.[1] בהתייחסו לאווירת הנכלולים וההזדקקות לשוחד ב'שער העליון' הוא מנסה לנחם את עצמו כי לפחות הוא יוצא עתה מ'מאורת עלי בבא וארבעים השודדים', אבל מבחינה מהותית הוא דבק בדעתו כי בטווח הארוך ובסופו של דבר המפתח יימצא בקושטא, גם אם עכשיו היו ניסיונותיו מוקדמים מדי: אולי תהיה הצלחה למאמצים אלה לאחר כישלון עות'מאני במלחמה בעתיד, והוא מביא לדוגמה את הצלחותיה של בולגריה לאחר המלחמה הרוסית-טורקית בשנים 1877–1878.

מבחינה זו השגתה של הצהרת בלפור ב־1917 מממשת במידה מסוימת תחזית זו, אם כי כמובן לא היה אפשר לחזות מראש את ההקשר ההיסטורי שבו התרחשה. עם זאת, ככל שהמאמצים להשגת הצהרת בלפור והמהלכים בעקבותיה מהווים המשך לתפיסת הציונות המדינית של הרצל, הצלחה זו לא הייתה רק התפתחות לינֵארית של מדיניות זו אלא הייתה כרוכה גם ברה־אוריינטציה בסיסית של המדיניות הציונית, שבוצעה במידה לא קטנה ללא מנדט מפורש של המוסדות הציוניים, שמצאו עצמם נדחקים לשולי האירועים בעקבות תהפוכות המלחמה. מצד שני, כל זה לא היה נושא פרי אילולא התרחשו הדברים לא רק בסיטואציה החדשנית והנזילה של מלחמת העולם

1 תיאודור הרצל, עניין היהודים: ספרי יומן, ג, תרגם מגרמנית יוסף ונקרט, ירושלים: מוסד ביאליק, תשס"א, עמ' 42–72.

אלא גם בסמיכות זמנים מידית שלאיש לא הייתה עליהם שליטה.[2] אם כך ואם כך, ברור היה כי ההצלחה המדינית המשמעותית הראשונה של הציונות הייתה כרוכה באירועים מרחיקי לכת של ההיסטוריה העולמית, שככל שלא נבעו מהתפתחויות הקשורות לעם היהודי עצמו, השפיעו על מהלכי ההיסטוריה היהודית לא פחות ממאמציהם ורצונם של אישים וארגונים יהודיים. ניצול שעת כושר היסטורית והיכולת לרכוב על גלי מה שהיוונים כינו καιρός, ומה שמקיאוולי כינה במשמעות פילוסופית אחרת fortuna, הוכיחו גם כאן את עצמתם מול הסברים כעין־דטרמיניסטיים שרואים בכל התרחשות סוף־מעשה־במחשבה־תחילה ותולים תלי־תלים של סברות בתבונתם של אישים תוך התעלמות מן המקריות, השרירותיות וחוסר ההיגיון הפנימי של כל כך הרבה אירועים היסטוריים.

מותו של הרצל ב־1904 אמנם לא הביא להתמוטטותה של ההסתדרות הציונית, אבל דחק אותה במידה גדולה ליום קטנות אפרורי. ככל שהופעתו של הרצל הציתה את דמיונם של יהודים רבים בלהט כמעט משיחי, הרי במבחן התוצאה ברור היה כי מהלכיו המדיניים, עם כל הצלחתם להביא את הרעיון הציוני לתשומת לבן של המדינאות ודעת הקהל העולמית, הסתיימו בסופו של דבר בקול ענות חלושה. בתודעתם של לא מעטים עלתה ההקבלה - שמתנגדי הציונות העלו כבר בחייו של הרצל - לשבתאי צבי, והעובדה כי לא קם יורש כדמותו ובצלמו תרמה גם היא לרפיון הרוח שהשתרר בתנועה הציונית לאחר הסתלקות מייסדה. דוד וולפסון לא היה הרצל, ומשבר אוגנדה תרם אף הוא לתחושת החמיצות והאכזבה. קונגרסים ציוניים המשיכו אמנם להתקיים כמעט מדי שנה בשנה; פעולת רכישת קרקעות בארץ ישראל רשמה אמנם לזכותה כמה וכמה הישגים נכבדים, במידה לא קטנה בזכות עבודתו השקטה והשקדנית של ארתור רופין, מוהל המשרד הארץ־ישראלי של ההסתדרות הציונית ביפו; העלייה השנייה הביאה לארץ מספר ניכר של חלוצים, ותל אביב, 'העיר העברית הראשונה', חיממה לבבות רבים - אך הפעילות המדינית, שכוונתה הייתה לצקת תוכן פוליטי אם לא ריבוני לרעיון של שיבת ציון, דעכה תוך כדי פיזור המאמץ

2 אין דבר המבטא זאת טוב יותר מאשר העובדה שה'טיימס' הלונדוני מביא בגיליונו מ־9 בנובמבר 1917 שתי כתבות זו בצד זו שכותרותיהן חן: – 'Coup d'etat in Petrograd Lenin Deposes Kerensky – Peace and Bread'; 'Palestine for the Jews – Official .Sympathy'

לכיוונים שונים ולא משמעותיים. לאחר תקופת הסער והפרץ של הרצל, שהישגיה המדיניים היו אמנם מעטים אך חילצה את רעיון שיבת היהודים לארצם משוליותו והעניקה לו מעמד בשיח היהודי ובזירה הבין־לאומית, אופיין העשור שבין מות הרצל לפרוץ מלחמת העולם הראשונה בפעילות צנועה שאין בצדה מאמצים או הישגים מדיניים כלשהם. הגידול האטי ביישוב הציוני בארץ, למרות המגבלות שהטילו השלטונות העות׳מאניים על העלייה, לא היה בו כדי לפצות על חוסר האונים בתחום המדיני.

מלחמת העולם הראשונה טלטלה את התנועה הציונית הקטנה - כמו את כל אירופה וכמובן את כלל הציבור היהודי - בצורה חסרת תקדים, ומתוך הכאוס נוצרה קונסטלציה חדשה שפתחה לה צוהר בתנאים חדשים ומהפכניים. תרומתו של וייצמן למהפך זה היא משמעותית, אך מחייבת בדיקה ביקורתית, בייחוד לאור כתיבה היסטוריוגרפית, שוייצמן השכיל היטב לטפח ולעתים גם לנפח אותה, שהעצימה את מפעלו מעל ומעבר להישגו שהיה מרשים כשלעצמו.[3]

פרוץ המלחמה עצמו שיתק את פעילותה של התנועה הציונית. שתי המדינות שהיוו את ציר הפעילות הציונית, כל אחת בדרך שונה - גרמניה ורוסיה - נלחמו זו בזו, וכך מצאה עצמה התנועה הציונית, שמרכזה המנהלי היה בגרמניה (נשיא ההסתדרות הציונית עם פרוץ המלחמה היה אוטו ורבורג) מנותקת ממרבית חבריה ופעיליה ברוסיה ובשטחי פולין הקונגרסאית שבתחומי האימפריה הרוסית. כתוצאה מכך, פרוץ המלחמה ניתק את הקשרים בין הנהגת התנועה לבסיסה החברתי הרחב ביותר. בנסיבות הקשות הללו ניתן היה להבין את החלטת התנועה הציונית לשמור על ניטרליות ולנסות לשמור על קשרים עם חברי התנועה משני צדי החזית באמצעות משרד התנועה בקופנהגן: זו הייתה החלטה נבונה ברמה הטקטית, אך ברמה האסטרטגית היא הייתה שגויה, משום שהתעלמה מכך שבמצב שבו גורל העולם נקבע על ידי מהלך המלחמה ותוצאותיה, ניטרליות של תנועה חלשה כתנועה הציונית פירושה שיתוק.

3 על תכונותיו האישיות של וייצמן ראו בייחוד ישעיה ברלין, רשמים אישיים, תרגם מאנגלית אהרן אמיר, תל אביב: עם עובד, 1983, עמ׳ 70-140. מבחינות רבות הפך וייצמן ליורשו הראוי הראשון של הרצל - הן כלפי חוץ והן בציבור היהודי, מה עוד שהצליח לפתח זיקה ליהודי מזרח אירופה, שהיו במידה רבה זרים להרצל: השילוב של כעין ג׳נטלמן אנגלי שהוא גם בן העיירה ואיש ׳עמך׳ העניק לו מעמד מיוחד במינו.

יתר על כן: היישוב היהודי בארץ נפגע קשות על ידי החלטת הממשלה העות'מאנית לגרש מן הארץ את נתיני רוסיה, שהיוו את רוב עולי העלייה השנייה. כך התרוקנה הארץ במידה לא קטנה ממרבית המרכיב הציוני של תושביה היהודיים (אנשי היישוב הישן בירושלים היו ברובם נתיני אוסטרו־הונגריה וגרמניה). רופין ממקום מושבו ביפו, כמו גם ריכרד ליכטהיים, נציג ההסתדרות הציונית בקושטא, הצליחו בדרכם השקטה והיעילה למנוע קריסה כלכלית ורעב ביישוב היהודי בארץ ישראל באמצעות תרומות, רובן מארצות הברית, שהועברו לארץ דרך קופנהגן, ואישים כדוד בן־גוריון וזאב ז'בוטינסקי, שניהם בתחילת דרכם הפוליטית, הבינו כי ניטרליות פירושה שיתוק, ופעלו, איש איש בדרכו, ליצירת זיקה אל בריטניה, אך השפעות מדיניות לא היו לפעולות אלה.

לוואקום זה נכנס וייצמן, שעד אז היה חבר מוערך אך לא מרכזי במוסדות התנועה הציונית. בפרוץ המלחמה שימש כאחד משני סגני נשיא ההסתדרות הציונית בבריטניה והיה שקוע במידה מרובה במחקריו ובקידום מעמדו המדעי - משימה לא קלה למהגר יהודי רוסי בעולם האקדמי הסגור במידה מרובה של אנגלייה; לא מקרה הוא כי עסק בעיקר במחקר יישומי ותעשייתי. הפרדוקס הוא כי דווקא ממקום מושבו המרוחק במנצ'סטר הפרובינציאלית הוא מגבש בהדרגה אוריינטציה מדינית חדשה העוזרת להוציא את ההסתדרות הציונית משיתוקה ופועל ליצירתה של מציאות מדינית חדשה. עם זאת, פעילות זו נעשית תחילה ללא מנדט מוסדי כלשהו מן ההסתדרות הציונית, ולא בלי מאבקי כוח פנימיים (למשל עם נחום סוקולוב, חבר הוועד הפועל הציוני המצומצם מאז 1911, שהיה מן המעטים מציוני רוסיה שהמלחמה מצאה אותו במערב). יחד עם זאת, בעת הצהרת בלפור לא נתפס וייצמן כאחראי הבלעדי להשגתה, בין השאר משום שרוב המגעים היו סודיים. גיבוש מנהיגותו מתרחש דווקא לאחר הצהרת בלפור - במאבק על עתיד ארץ ישראל, כאשר רק בוועידת סן־רמו ב־1920 מחליטות סופית מעצמות ההסכמה כי ארץ ישראל תעבור לשלטון בריטי, ובמאמץ הדיפלומטי לכלול בכתב המנדט של חבר הלאומים על ארץ ישראל ב־1922 את ההתחייבות הבריטית לתנועה הציונית שבהצהרת בלפור. הצהרה זו הייתה נשארת מסמך ריק מתוכן אילולא הפכה אנגלייה לשַליטתה של ארץ ישראל ואילולא הופקד המנדט בידה על ידי חבר הלאומים: ב־1917, בעת פרסומה של הצהרת בלפור, כל זה לא היה ברור וההתפתחות יכלה להיות אחרת. חלקו של וייצמן במאבק הדיפלומטי הזה ידוע הרבה פחות,

אך משמעותו מרחיקת לכת לא פחות מהשגתה של הצהרת בלפור. במאבק זה אבקש להתמקד להלן.[4]

הצהרת בלפור הייתה לא רק הישגה המדיני והדיפלומטי המשמעותי הראשון של התנועה הציונית: היא אף גאלה את שמו וזכרו של הרצל מן התווית של משיחיות שקר. בכך שהשיגה את תמיכתה, המסויגת אמנם, של המעצמה האירופית המובילה בציונות, היא הוכיחה כי דרך המלך של הציונות חייבת לעבור במחוזות המדיניות וכדי לממש את מטרותיה - עלייה, רכישת קרקע, התיישבות - יש צורך בתימוכין מדיניים ומעצמתיים, וכי על ידי ניצול קונסטלציות מדיניות מזדמנות ניתן להשיגם. בכך הייתה מנהיגותו העולה של וייצמן ללא ספק המשך לקו הציונות המדינית של הרצל.

ואולם מעקב אחרי דרכי התגבשותה של מנהיגותו של וייצמן מראה כי הוא השכיל לפתח כלים ואסטרטגיות - אישיות ומדיניות - שלא עמדו לרשותו של הרצל, וגם אם קשה להוכיח כי למד מפורשות מחוסר יכולתו של הרצל לתרגם את מערכת המפגשים והקשרים המדהימים שטווה להישגים מדיניים, ברור כי פעל לפי modus operandi שונה. הרצל - אולי בגלל רקעו העיתונאי והפובליציסטי - נטה לכיוונה של דיפלומטיה פחות או יותר גלויה, והתבשם לעתים יתר על המידה מהצהרות פומביות או מעצם קיומם של מפגשים רמי־דרג. וייצמן לעומת זאת - אולי בחושו של יהודי יוצא עיירה שאמון על מסורת הישרדות יהודית בת דורות - הבין כי כדי שהדיפלומטיה הגלויה תצלח, עליה להתבסס על מארג של טוויית חוטים ויצירת קשרים לטווח ארוך, שאת פֵּרותיו ניתן - אולי - לקצור ברבות הימים. כפי שמעיד הרצל על עצמו, תחושת הדחיפות היא שדרבנה אותו לעתים לפעילויות דרמטיות שבסופו של דבר לא הניבו תוצאות (נסיעה לארץ ישראל על מנת להיפגש עם הקייזר, הניסיון

4 התיאור דלהלן מתבסס במידה מרובה על האוטוביוגרפיה של וייצמן 'מסה ומעש' ועל תיאורו המפורט - והביקורתי לעתים - של יהודה ריינהרץ בספרו: חיים וייצמן, א: בדרך אל המנהיגות, תרגם מאנגלית משה רוזן, ירושלים: הספריה הציונית, תשמ"ז. תרומה מיוחדת להבנת חשיבות המאמץ הדיפלומטי של וייצמן בתקופה שבין הצהרת בלפור להענקת מנדט חבר הלאומים לבריטניה ניתן למצוא במאמרו החשוב של ישראל קולת, 'עליית מנהיגותו של חיים וייצמן', בספרו: אבות ומייסדים, תל אביב: הקיבוץ המאוחד, תשל"ו, עמ' 1–22.

למשא־ומתן ישיר עם הסולטאן); וייצמן לעומת זאת הוכיח סבלנות ויכולת פרגמטית של פעילות שקטה, יום־יומית - אולי המקבילה הדיפלומטית לגישת 'עוד דונם ועוד פרה'.

דווקא מקום מושבו השולי של וייצמן במנצ'סטר - כל כך רחוק מן המוקדים הסוערים של הפעילות הבין־לאומית הענפה של הרצל ומיקומם של מוסדות התנועה הציונית - אִפשר לו לגבש מעגלי תמיכה ותשתיות השפעה שתחילתן מקומית אך במשך הזמן התרחבו לפוליטיקה הבריטית הכלל־ארצית. כאיש מנצ'סטר קל היה לו יחסית למצוא מהלכים אצל עורך ה'מנצ'סטר גרדיאן' צ'רלס פ' סקוט, וזיקה זו הפכה את עיתונו - האליטיסטי, אך רב ההשפעה בחוגים ליברליים - לאחד מכלי התמסורת החשובים ביותר בבריטניה לרעיונות ציוניים. בדרך זו הגיע וייצמן אל בלפור ואל מנהיגי המדיניות הבריטים האחרים, כפי שבאמצעות מיודעו הארי סאקר, איש ה'גרדיאן', הגיע אל לויד ג'ורג'. התערותו של וייצמן בסביבה החברתית הבריטית לימדה אותו כי אווירת הריסון והאיפוק העצמי - שמנהיגים ציוניים, לעתים ששי פרסומת, לא תמיד ניחנו בה - היא הדרך הנכונה ללבה של העילית הפוליטית האנגלית. במקביל ידע וייצמן - וזאת הייתה מורשה הרצליאנית מובהקת - לארוג את מסכת נימוקיו על בסיס שילובם המושכל של טיעונים מוסריים והומניטריים, כמו גם זיקת היהודים לארצם, עם האינטרסים הפוליטיים והמעצמתיים של בריטניה הגדולה, תוך הבנה חדה בצורך לשנות מדי פעם בפעם תמהיל זה בהתאם לאישיותו של בן השיח והתנאים המשתנים של ההתפתחויות הפוליטיות הנזילות של המלחמה והשנים הסוערות שאחריה.

לא כאן המקום להיכנס לפרטי תרומתו של וייצמן למאמץ להשגת הצהרת בלפור - הדברים נדונו בהרחבה בספרות ההיסטורית; זה גם אינו המקום לפסוק מה היה משקל תרומתו הספציפית של וייצמן ומחקריו בסוגיית האצטון - אין ספק שזה עזר לפחות ברמת היקף קשריו עם הממסד המדיני, התעשייתי והביטחוני הבריטי. עצמאותו הכלכלית של וייצמן גם אפשרה לו לפעול ללא תלות במוסדות הציוניים הרשמיים, שנחלשו ממילא בעת המלחמה. מה שברור הוא כי וייצמן בא למפגשיו המדיניים כשבאמתחתו גם נכסים ולא רק תביעות. בכך הצליח מצד אחד לנטרל התנגדות מצד חוגים ציוניים רשמיים לא מעטים (ברובם יוצאי הארצות דוברות הגרמנית, שהיו אמונים על האוריינטציה הציונית של טרום־המלחמה), שעדיין סברו ב־1917, בייחוד לאחר יציאתה של רוסיה מן המלחמה, כי גרמניה עתידה לנצח; במקביל, יכולתו לקיים שיח

ֵראל־פוליטי גלוי־לב וחף מסנטימנטים עם מדינאים אנגליים נטרלה במידה מסוימת את התנגדותם של חוגי צמרת אנגלו־יהודיים למעורבות הבריטית בתמיכה בציונות.[5]

אבל כאמור היו אלה מהלכיו של וייצמן לאחר פרסום הצהרת בלפור שִמסמרו אותה במדיניות הבין־לאומית לקראת סוף המלחמה ובעקבותיה, ובמקביל גיבשו גם את מעמדו של וייצמן והביאו אותו לעמדת הנהגה בהסתדרות הציונית.

הצעד הראשון שהוביל וייצמן לאחר הצהרת בלפור וכיבוש דרום הארץ על ידי הבריטים היה הקמתו של ועד הצירים, שקבע עובדות מרחיקות לכת בשטח בסיטואציה של הוואקום השלטוני בארץ ישראל לאחר סילוק השלטון העות׳מאני, כאשר הארץ נתונה בממשל צבאי בריטי ועתידה רחוק מלהיות ברור. ללא מנדט משום גוף ציוני, ללא הענקת סמכות בריטית רשמית ומתוך התנגדות מחוגי הממשל הצבאי, הצליח וייצמן ליצור מצב שבו הלשון הכללית של הצהרת בלפור תורגמה לעובדות בשטח. ועד הצירים הוקם בהסכמת הממשלה הבריטית בינואר 1918 וחבריו היו אך ורק אזרחי מדינות ההסכמה (בריטניה, צרפת ואיטליה), והוא אף כונה באנגלית בשם: The Zionist Commission. הוא יצר בעצם הקמתו ונוכחותו בארץ ישראל עובדה פוליטית מרחיקת לכת: הוא העניק לציונים מעמד דה־פקטו בניהולה של ארץ ישראל עוד טרם שגורלה נחתך בהסכמים כלשהם.

באפריל 1918 מגיע וייצמן לארץ בראש ועד הצירים ולמרות היעדר סמכויות רשמיות ברורות הוא מתנהל כאילו הוא מייצג רשות מדינית. וייצמן וחברי הוועד מתקבלים בירושלים, בתל אביב ובמושבות באווירה שאי־אפשר שלא לכנותה כבוד מלכים, וטקסי קבלת הפנים במקומות השונים נושאים אופי כמעט־ממלכתי. העובדה כי לעתים מתלווים לוייצמן ולחברי הוועד קצינים בריטיים במדים (לרוב יהודים - אדווין סמואל, ג׳יימס דה רוטשילד ואחרים) רק מעצימה את הילת הרשמיות שנלווית לביקור. בנאומים שנשאו חברי הוועד בקבלות הפנים ביישובים השונים נקשר ועד הצירים

5 השר היהודי היחיד בקבינט הבריטי, אדווין סמואל מונטגיו, מזכיר המדינה לענייני הודו, התנגד להחלטה על הצהרת בלפור וגם דאג להכניס לניסוחה את הסעיפים הנוגעים לזכויותיהם של לא־יהודים בארץ ישראל ולמעמדם של יהודים בארצות שמחוץ לארץ ישראל.

באופן ברור למשמעות ההבטחות הבריטיות בהצהרת בלפור: מוועדת סקר הופך ועד הצירים לגוף כמעט־ניהולי. וייצמן מעניק לוועד הצירים - מבלי שקיבל לכך סמכות מאיש - מעמד של מייצג היישוב היהודי בארץ, קובע עובדות מול הממשל הבריטי ונוטל לעצמו סמכויות בתחום הסעד, החינוך וקליטת העלייה בהיעדר גוף אחר שיכול לטפל בנושאים אלה. מהלכים אלה לא תמיד תאמו את מדיניותו של הממשל הצבאי, אך קשריו של וייצמן עם לונדון אפשרו לו להתגבר על מכשולים אלה.[6] וייצמן גם מרחיק לכת ביזמות מדיניות ואחרות - כך הוא נפגש ב־4 ביוני 1918 בעבר הירדן עם האמיר פייצל במאמץ לנטרל במידה מסוימת את הבטחות בריטניה לערבים, וב־24 ביולי מתקיים ביזמתו בהר הצופים טקס הנחת אבני הפינה לאוניברסיטה העברית בהשתתפותו של הגנרל אלנבי (שתחילה לא נלהב מן המהלך, אך וייצמן הצליח לנטרל את התנגדותו), וזאת בשעה שלא כל הארץ נכבשה עדיין על ידי הבריטים וקו החזית נמשך מעוג'ה שבבקעת הירדן במזרח עד הירקון במערב.

כל אלה היוו יצירת עובדות בשטח במצב של אי־בהירות, כאשר מנהיגים אחרים העדיפו לחכות להכרעות מדיניות פורמליות. בדרך זו גם הוקמה התשתית למה שברבות הימים ייהפך לוועד הלאומי של כנסת ישראל בארץ ישראל - יסודות הממשל העצמי היהודי והציוני בתקופת המנדט. דווקא משום שוייצמן ידע עד כמה הצהרת בלפור בעייתית מכל כך הרבה בחינות (המשפט הבין־לאומי, יחסן של מדינות אחרות כצרפת, מעמד הערבים וכו'), הוא גם השכיל להבין כי רק אם תלווה ההצהרה על ידי שינוי המציאות הראלית בארץ דווקא בתקופה של ואקום ואי־ודאות, יש סיכוי לממש את העקרונות המנחים אותה - אחרת היא עלולה להישאר בגדר הכרזה ריקה מתוכן.

אך המאבק לא הצטמצם בגבולות הארץ ועבר לזירה הבין־לאומית, ובה נקבע מעמדה העתידי של ארץ ישראל. גם כאן פועל וייצמן לצקת תכנים מוסדיים ברורים להצהרת בלפור, וזאת תוך כדי מתן מעמד פורמלי למנהיגותו, שביסודו של דבר לא אושרה עד כה על ידי שום גוף ציוני רשמי. כך בוחרת אספה ציונית מאולתרת בלונדון, בה חברים רק נציגים אזרחי מדינות ההסכמה, בוייצמן כראש המשלחת הציונית לוועידת ורסאי בשלהי 1918, כשלצדו נבחר גם סוקולוב. זה המינוי הנותן לו לראשונה את הגושפנקה הרשמית ומעניק לו

6 לקטעי סרט בן הזמן על ביקור וייצמן וועד הצירים בארץ ב־1918 ראו www.youtube.com/watch?feature=player_embedded&v=TVVM9HJ-NwA.

את הסמכות לדבר בהמשך המגעים הדיפלומטיים בשמה של ההנהגה הציונית, המתחילה להתאושש בהדרגה מן הקיפאון שהטילה עליה מלחמת העולם. מן האלתור מתחיל להתגבש דפוס מנהיגות חדש ואוריינטציה פוליטית חדשה המשקפת את השינוי במעמד המעצמות כתוצאה מניצחונה של אנגלייה ובנות בריתה ומהמפלה של גרמניה וטורקייה.

לא הצהרת בלפור כשלעצמה, אלא המהלכים המדיניים בשנים 1920-1917 הכריעו את גורלה של ארץ ישראל: רק במבט לאחור ניתן לחשוב כי ברור היה מלכתחילה מה יהא מעמדה - וזאת למרות מסמך סייקס־פיקו, שלא היה יותר מאשר הסכם סודי שעד לפרסומו על ידי הסובייטים לאחר אוקטובר 1917 תכניו לא היו ידועים ברבים. כמו הסכמים סודיים אחרים שנחתמו במלחמה לא היה לו מעמד בין־לאומי מוכר והיה פתוח לשינויים בהתחשב בנסיבות הצבאיות והמדיניות המשתנות לעתים רדיקלית בעקבות המלחמה.

למאבק שבראשו עמד וייצמן בזירה הבין־לאומית היו כמה ממדים, בחזית הבין־לאומית כמו גם בתוך המחנה הציוני עצמו, והשניים היו שלובים זה בזה. מטרתו הראשונה של וייצמן הייתה להבטיח כי ההחלטה והדיון על ארץ ישראל יופרדו מן הדיון הכולל על עתיד הלֶוונט ו'סוריה הגדולה': הוא מצליח בזאת גם לאחר שבלפור עוזב את משרד החוץ בעקבות השינויים הפוליטיים באנגלייה בקיץ 1919. הוא גם מתמקד במאבק להבטיח כי תהא זו אנגלייה שתהיה אחראית ישירות ובלעדית לגורל ארץ ישראל וכי השליטה על הארץ לא תופקד בידיה של ועדה בין־לאומית. סוקולוב, לעומת זאת, השתעשע ברעיון לצרף את צרפת ואיטליה לשליטה על הארץ בעוד שוייצמן הבין נכונה כי בשעה שלתנועה הציונית יש כעת בן ברית אנגלי, תימוכיהן של צרפת ואיטליה במפעל הציוני הן בבחינת עורבא פרח, למרות פגישות דיפלומטיות שערך סוקולוב עם מדינאיהן. וייצמן השכיל להבין את ההבדל בין שותפות אינטרסים ובין דיבורים דיפלומטיים בעלמא שאין מאחוריהם ולא כלום.

מצד שני, נאבק וייצמן גם עם מקסימליסטים בתנועה הציונית - שכללו לעתים קואליציות מוזרות של פועלי ציון, ז'בוטינסקי ואפילו ישראל זנגוויל באחד מגלגוליו - שדרשו כי במסמכים הבין־לאומיים שיקנו לבריטניה את המנדט על ארץ ישראל ייאמר במפורש כי מטרתו תהיה הקמת מדינה יהודית. לא קל היה לוייצמן להסביר כי בשלב זה לא ניתן יהיה לפרש את המושג 'בית יהודי' (ולעגנו בתורת שכזה בכתב המנדט) כמחייב הקמת מדינה יהודית: אין תשתית מדינית ודמוגרפית למימוש תביעה זו בקונסטלציה הנוכחית, מה עוד שתביעה כזאת - שתתעלם מזכויותיהם המדיניות של ערביי ארץ ישראל -

סותרת במפורש את עקרון זכות ההגדרה העצמית הווילסוניאני שעוגן בחוזי השלום השונים (עם כל הסטיות ממנו, כפי שהתברר בחוזי השלום של ורסאי וסן־ז'רמן). בניגוד לוייצמן, רוב התובעים 'מדינה יהודית עכשיו' היו חסרי ניסיון מדיני ודיפלומטי, ראו מהרהורי לבם ולא היו קשובים - כווייצמן - להלכי הרוח המדיניים הבין־לאומיים שמנעו מהם להעריך מה ניתן ומה לא ניתן להשיג.

מהלכים אלה נשאו פרי בוועידת סן־רמו באפריל 1920 שקבעה את מדיניות מעצמות ההסכמה לגבי ההסדרים הטריטוריאליים והפוליטיים במזרח התיכון בעקבות כניעתה של האימפריה העות'מאנית. כאן אישרו המעצמות המנצחות, מצד אחד, את מה שנוסח בהסכם סייקס־פיקו תוך מספר שינויים. במקביל נקבע מעמדה המיוחד של ארץ ישראל, כולל עבר הירדן, תחת השלטון הבריטי העתידי, תוך אימוץ הצהרת בלפור, שהפכה כאן לראשונה ממסמך בריטי פרטי למסמך המאושר על ידי מעצמות ההסכמה. בזאת נסללה הדרך להכללתה של הצהרת בלפור בכתב המנדט. בכך נסגר המעגל וניתנה הגושפנקה הבין־לאומית להישג הציוני של הצהרת בלפור.

כשלושה חודשים לאחר סיומה של ועידת סן־רמו נבחר וייצמן, ביולי 1920, לנשיא ההסתדרות הציונית בוועידת לונדון, שהיוותה את ההתכנסות הציונית הבין־לאומית הראשונה מאז הקונגרס הציוני הי"א בווינה ב־1913 (הקונגרס הבא יתכנס רק שנה לאחר מכן בקרלסבד). ועידת לונדון עדיין נתכנסה בצלה של מלחמת העולם: כמה נציגים ציונים מגרמניה לא הצליחו להשיג אשרות כניסה לאנגלייה. הרכב ועידת לונדון, שהעניק לראשונה מעמד מוביל לציוני אמריקה, שיקף את המציאות הפוליטית החדשה בעולם ובתנועה הציונית - מעבר ההגמוניה מציוני גרמניה לציוני אנגלייה וארצות הברית, יחד עם ניתוקה של יהדות רוסיה מן העולם היהודי (והציוני). הרכב הוועידה לא היה מבוסס על בחירות, שעדיין אי־אפשר היה לקיימן, ונקבע לפי הסכמי אד־הוק מורכבים ולעתים בעייתיים. אבל הוא העניק לתנועה הציונית מבנה מגובש חדש - ונשיא חדש שבניגוד לכמה מנשיאי התנועה הציונית לפני מלחמת העולם, שהיו אולי אנשים דגולים בתחומם, היו חסרי ניסיון פוליטי ומנהיגותי או מעמד ציבורי - והעמיד בראשה אישיות בעלת בולטות ציבורית, מעמד בין־לאומי מוכר וניסיון עתיר הישגים.

היו אלה המאבקים שניהל וייצמן בשנים 1920-1917 - שזכו לכיסוי תקשורתי רב הרבה יותר מאשר המגעים לקראת הצהרת בלפור, שהיו במידה גדולה סמויים מן העין - אשר העמידו את וייצמן בראשותה של התנועה. לא כראש התנועה הציונית ניהל וייצמן מאבקים אלה - אלא מאבקים מדיניים אלה

הם שהציבו את וייצמן בראש התנועה. הוא השכיל להבין את משמעותם של מהלכים נועזים, לעתים חסרי מנדט ולגיטימיות, אך גם זהירים ומתונים באשר למה שניתן להשיגו ומה שהוא בחינת משאלת לב: הם שהעמידו אותו בראש העשייה והפעילות המדינית. בסיטואציה של משברים חריפים וכאוס מדיני ומנהלי יש להעז וליטול סמכויות, ונטילת סמכויות כזו, והסיכונים הכרוכים בה, הם המסד שבסופו של דבר עליו תוענקנה הסמכויות הפורמליות לאחר מכן; מסריק ופילסודסקי נהגו באורח דומה בקלחת מלחמת העולם הראשונה. בחירתו של וייצמן לנשיא ההסתדרות הציונית, שאושרה אחר כך בהתאם לחוקת ההסתדרות הציונית בקונגרס הציוני הי״ב בקרלסבד ב־1921, שילבה את ניצחון הדיפלומטיה הציונית בעולם המעשה - ולא רק בעולם ההצהרות - עם ניצחונו של וייצמן והגעתו למנהיגות.

שולמית וולקוב

וייצמן ועמיתיו המדענים בגרמניה - אתגרים ודוגמה אישית

במילים אלה מתאר שמריהו לוין בזיכרונותיו את מסע הרכבת שלו מרוסיה הצארית לכיוון מערב ואת חציית הגבול הפרוסי. שימו נא לב להתלהבות שבדבריו: ׳אותו רגע שעברתי את הגבול הרוסי ובאתי אל התחנה הפרוסית הראשונה, הרגשתי את עצמי כאילו יצאתי מעבדות לחירות׳, הוא כותב, ׳אלמלי רוח של תיפלה הייתה שרויה עלי אותו רגע הייתי מברך ברכת ״מתיר אסורים״, ואלמלי לא נתביישתי הייתי נופל על צווארו של הג׳נדרם הפרוסי שנכנס לקרון ומנשקו בהתלהבות׳.[1]

החוויה של חיים וייצמן במעבר הזה, מרוסיה לפרוסיה, אם אכן הייתה לו חוויה מסעירה מסוג זה, נמחקה בוודאי מזיכרונו כבר בראשית השהייה שלו בגרמניה. גם הוא, כמו שמריהו לוין, נאלץ לעזוב את רוסיה בגלל מדיניות ה׳נומרוס קלאוזוס׳ שם, ולְגָלות, כביכול, ללימודים בגרמניה.[2] אך בעוד שלוין שם פעמיו ללימודים במטרופולין הגדולה, ברלין, נסע וייצמן מפינסק לפפונגשטט (Pfungstadt), עיירה קטנה לא רחוק מדרמשטט, ובמהרה שקע בבוץ, אמתי ומטפורי, שחיכה לו שם.[3] בעיירה פעל בית ספר יהודי עם פנימייה, ווייצמן שנשכר ללמד בו עברית ורוסית יכול היה לנסוע משם ללימודים בבית הספר הטכני הגבוה של דרמשטט, רהחאח לחרויותיו, ואכן, התחרנית נראחה מוצלחת. כפי הנראה, כבר בלימודיו בפינסק היה המורה שלו לכימיה נחמתו היחידה. אף שהעיר הייתה מוזנחת וענייה, ׳שוכנת בשפל׳, כפי שהוא כותב,

1 שמריהו לוין, מזיכרונות חיי, ב, תל אביב: דביר, תשכ״ז, עמ׳ 161.

2 על ראשית דרכו של וייצמן ראו הביוגרפיה שלא הושלמה, פרי עטו של יהודה ריינהרץ, חיים וייצמן, א: בדרך אל המנהיגות, תרגם מאנגלית משה רוזן, ירושלים: הספריה הציונית, תשמ״ז.

3 וייצמן מתאר את החוויה הזו באוטוביוגרפיה שלו, מסה ומעש, עמ׳ 35-39.

ו'נגועה בקדחת';[4] ואף שהלימודים נמשכו שעות ארוכות והתנהלו באווירה קודרת, הוא הצליח ללמוד בכל יום לפחות שעה כימיה ולבלות יומיים-שלושה בשבוע במעבדה. נראה שדי היה בכך על מנת לעורר באיש הצעיר עניין ולסמן לפחות היבט אחד של דרכו בעתיד. באותה עת החל וייצמן לפעול גם בתנועה הציונית - וזה היה ראשיתו של ההיבט השני של חייו, העיקרי, כפי שיתברר בהמשך. מכל מקום, מעניין שהמהלך הכפול הזה, שהיה לסימן ההיכר שלו, אפיין כבר אז את פעילותו והטביע כבר אז את חותמו על חייו.

בפפונגשטט היו הדברים יגעים מאוד. הגרמנית של וייצמן הייתה קלושה, העבודה מרובה, והלימודים התנהלו בכבדות. 'היה זה מקום מגונה', הוא כתב במבט לאחור.[5] כעבור שמונה חודשים חלה, כנראה בדלקת ריאות, ומצא את עצמו מתגלגל ברכבת חזרה מ'ארץ החופש' המפוארת במערב לערבות רוסיה השנואות עליו במזרח. רק בניסיון השני שלו, כעבור שנה, לבשו הדברים צורה נאותה יותר. וייצמן הגיע לברלין, למד בפוליטכניון של שרלוטֶנבורג, ומכיוון שהייתה לו קצבה כספית חודשית מאביו ומגיסו, היה משוחרר באופן יחסי מטרדות פרנסה.[6] כמו לוין בזמנו, הצטרף גם וייצמן לאיגוד המקומי של סטודנטים יהודים רוסים, שכלל גם את ליאו מוצקין, נחמן סירקין ואחרים, והרשה לעצמו לפתוח דף חדש. עתה, כשהגרמנית שבפיו השתפרה, יכול היה גם להתוודע למכמני התרבות הגרמנית, ואף להתרשם ממעמדם המיוחד של יהודי גרמניה בתוך המסכת המורכבת הזו.

ומעמדם אכן בלט במיוחד בדיוק באותם תחומים שהפכו בהדרגה למרכז עניינו האקדמי של וייצמן, דהיינו במדעים המדויקים. אף שחלקם של הסטודנטים היהודים בכלל הסטודנטים בפרוסיה היה גדול בערך פי שבעה מחלקם של היהודים באוכלוסייה, היו רק יהודים ספורים, ספורים ממש, בקרב הפרופסורים ה'מלאים' שם.[7] אפילו בסוף העשור הראשון של המאה העשרים היו רק כ־25 יהודים (שלא המירו את דתם) 'אוֹרדינָריים', כלומר פרופסורים מן המניין, בכל המוסדות להשכלה גבוהה בגרמניה, ורובם לימדו בפקולטות לרפואה. השם שהיה ליהודים כבר אז כמדענים היה מבוסס במידת־מה על

4 שם, עמ' 28.

5 שם, עמ' 39.

6 שם, עמ' 40-46.

7 נתונים בנושא זה אפשר למצוא בתוך שולמית וולקוב, במעגל המכושף: יהודים, אנטישמים, וגרמנים אחרים, תל אביב: עם עובד, תשס"ב, עמ' 209-223.

מספרם הגדול יחסית בקרב הפרופסורים שלא מן המניין והדוֹצֶנטים הפרטיים, אבל בעיקר על מספר קטן של שמות גדולים. כך היה כבר במאה התשע־עשרה ונעשה ברור יותר ויותר במהלך שלושת העשורים הראשונים של המאה העשרים.

בין האחרונים היו גם כמה כימאים חשובים, באקדמיה ומחוצה לה. כימיה הייתה אז, יש לזכור, אחד המקצועות שהתאימו במיוחד לאנשים שביקשו לטפס במעלה הסולם החברתי. אמנם הרפואה הייתה בדרך כלל המקצוע הקלאסי בהקשר זה, אך לקראת סוף המאה התשע־עשרה יכלה גם הכימיה, ובעיקר הכימיה האורגנית, לשמש קרש קפיצה לסטודנטים המבקשים קידום מהיר. המסלול האקדמי התאים רק למעטים, אך בסוף המאה כבר היו בתעשייה הגרמנית כ־600 כימאים במשרות מלאות, לעומת בריטניה כולה, למשל, שבה לא היו יותר מארבעים. המספרים האלה נראים היום נמוכים מאוד, אבל כבר לבני התקופה היה ברור שזוהי רק ההתחלה ושכאן הייתה הדרך להצלחה מבטיחה למדי, מבוססת על הישגים מקצועיים בלבד ומשוחררת, לפחות במידת מה, ממגבלות ההשתייכות ללאום או לדת.

וייצמן מספר על 'אימת חבריו הסטודנטים' באיגוד היהודי־רוסי, ש'היו תלמידים לפילוסופיה ולהיסטוריה, לכלכלה ולמשפטים, ועוד עניינים "נשגבים"', כפי שהוא כותב, בעוד הוא היה סתם כימאי. זה אולי לא לגמרי מדויק, אך נכון שוייצמן למד מסיבות ברורות: חשוב היה לו 'להצטייד בשביל מלחמת הקיום', כך הוא כותב, ועוד יותר מזה: 'לחיות בלי להיות תלוי באחרים'.[8] אולי בלי שכיוון לכך, עובדת היותו כימאי באמת העניקה לו מעמד מיוחד גם בתנועה הציונית. המדע סיפק לו אמצעים כספיים - בתקופות מסוימות הון של ממש - אך בעיקר עצמאות ואי־תלות. בתנועה הציונית היה זה עניין שבשגרה לאיים בהתפטרות: אך במקרה של וייצמן באמת הייתה האפשרות שהוא יפרוש ו'יחזור למעבדה', כפי שניסח זאת שוב ושוב.

היה זה יתרון אך גם חיסרון. וייצמן אמנם לא הכיר אישית, או מקרוב, מדענים דגולים שכל עיסוקם היה במדע; את אלברט איינשטיין, ג'יימס פראנק, ריכרד וילשטֶטר ופריץ האבֶר הכיר רק מאוחר יותר. אבל כבר מלכתחילה פגש בגרמניה אנשים שהיו מדענים בכל מאודם, מלומדים מקצועיים, אנשי בילדונג מובהקים, שייעודם במדע, וזה היה הדגם שלעומתו החל עתה למדוד את עצמו.

8 מסה ומעש, עמ' 43-44.

בניגוד להם, הוא היה אדם קרוע בין שני עולמות: מעולם לא היה אך ורק מלומד המקדיש את חייו לאידאל הידע הצרוף.

השְניות הזו, שהייתה טבועה באורח חייו, הציקה לוייצמן עוד מימי פינסק, אך המתח שהביאה עמה התחזק מאוד בהקשר הגרמני ונשמר תמיד כנקודה כואבת, בעיקר בהקשר הזה. מוטיב זה חוזר פעמים רבות בזיכרונותיו: 'ההתפלגות העמוקה של חיי, ואולי מוטב לומר כפילותם האורגנית', הוא כותב, 'ההתלבטות והמאבק בין נטיותיי המדעיות ובין התרכזותי בתנועה הציונית', אלה 'לא פסקו כל ימי חיי'.[9] גם אם אין ספק שהתשוקה האמתית שלו הייתה הפוליטיקה, נדמה שמן הנימה ומבחירת המילים אפשר אכן ללמוד שהייתה כאן בעיניו סתירה ערכית עמוקה. ברוסיה, הוא מסביר, נתפסה דווקא ההתרכזות במדע 'כמורך לב ואנוכיות',[10] ואילו בגרמניה, אנחנו מבינים, היא נתפסה כאידאל עליון. מכיוון שאימץ אותו בתור שכזה, נאלץ לראות את עצמו שוב ושוב כמי שלא עומד בדרישות שאידאל זה מציב בפניו, ובסופו של דבר כבוגד בו.

את הדוקטורט שלו סיים וייצמן בהצלחה והגישו בפְריבּוּר (Fribourg), השוכנת בחלק הצרפתי של שווייץ. לאחר תקופה קצרה באוניברסיטה של ז'נווה העתיק את מושבו לאנגלייה, ושם פגש בסביבה מדעית אחרת לגמרי. באוניברסיטת מנצ'סטר הוא בא במגע בעיקר עם מדענים בעלי נטיות מעשיות; חוקרים חרוצים העובדים על בעיות פרקטיות וקונקרטיות; עמיתים שאתם, כך הרגיש, יכול היה להתחרות ואף להצליח. הבולט ביניהם שם היה כנראה ארנסט רתֶרפורד, אך גם הוא היה, כפי שוייצמן מדגיש, 'אקספרימנטליסט-גאון', חיית ניסויים של ממש ולא מין איש רוח מרוחק מענייני העולם הזה, כמו אותם 'מנדרינים' שזכו להערצה כה רבה בגרמניה.[11]

מכל מקום, אף שבאנגלייה יכול היה וייצמן להתנתק ביתר קלות מעבודתו הציבורית ולהתמסר למדע באופן מלא, הוא מעולם לא עשה זאת. להפך. בתוך זמן קצר גילה שאת אידאל המדען הבריטי אפשר לשלב דווקא ביתר קלות עם אותה התרכזות בעניין הציוני שבו ביקש להמשיך להשקיע את עיקר מרצו. כאן

9 שם, עמ' 61-62. יש להוסיף שזיכרונותיו של וייצמן נכתבו במקור באנגלית, תורגמו לעברית על ידי אשר ברש, אך יצאו לאור מיד לאחר הופעתם באנגלית.

10 שם, עמ' 73.

11 על ראשית פעילותו באנגלייה כותב וייצמן בפרק השביעי של מסה ומעש, עמ' 99-113, ועל רתרפורד בעמ' 122-124.

דווקא אפשר היה לנצל הצלחות בתחום האחד למען עבודה והישגים בתחום השני. ונראה שהמתח שהציק לו כל כך בשנות לימודיו בגרמניה אכן איבד באנגלייה משהו ממשמעותו. וייצמן מצא עצמו עובד כמדען למען מטרות חוץ־מדעיות חשובות, אפילו חיוניות, כמו חימוש הצי וציוד חילות היבשה של בריטניה, תמיד בחברת מדענים אחרים, שחלקו עמו את השילוב הזה כדבר שבשגרה. הוא אמנם היה עסוק לא רק בסיפוק צרכיה של בריטניה במלחמת העולם הראשונה אלא גם בקידום העניין הציוני, אך עקרונית לא היה מעמדו כה שונה מזה של עמיתיו, הן אלה שפעלו או אף התחרו עמו באנגלייה גופא, והן אלה שעמם נמצא עתה במגע מקצועי ושותף בצרפת, בבלגייה ובשווייץ.

רק בשנת 1921, כשוייצמן כבר היה נשיא ההסתדרות הציונית, הזדמן לו לחדש את קשריו עם עולם המדע הגרמני על ערכיו ואורחות חייו. הפעם דרך אישיותו של אלברט איינשטיין. מכיוון שבמרכז עיסוקיו של וייצמן עמד אז עניין הקמתה של האוניברסיטה העברית בירושלים, הוא החליט לבקש את איינשטיין שיצטרף אליו לנסיעה לארצות הברית, בין השאר, על מנת לאסוף כספים למטרה זו. בפועל היה זה קורט בלומנפלד, מנהיג ציוני גרמניה, שהביא לאיינשטיין את מברק ההזמנה מוייצמן. כצפוי, איינשטיין סירב בתחילה, וטען שלא הגון לנצל את הפרסום המדעי שלו לגיוס ההמונים למטרות אחרות. ובכל זאת, משהמשיך בלומנפלד וטען שאם איינשטיין מתייחס ברצינות לאמונתו בציונות אפשר בעצם לתבוע ממנו להצטרף לוייצמן, השיב איינשטיין - 'לתדהמתו' המוחלטת של בן שיחו, כפי שזה סיפר בזיכרונותיו - שהוא אכן מבין כי עליו לקבל את הדין ולשתף פעולה.[12] 'ההחלטה של איינשטיין שיקפה שינוי משמעותי בחייו', כותב הביוגרף שלו, וולטר איזקסון. עד לאותו רגע הקדיש עצמו איינשטיין באופן מלא למדע, למעט עניינים אישיים ופרטיים, אך

12 האפיזודה כולה מתוארת בזיכרונות של בלומנפלד. ראו Kurt Blumenfeld, *Erlebte Judenfrage: Ein Vierteljahrhundert deutscher Zionismus*, Stuttgart: Deutsche Verlags-Anstalt, 1962, pp. 129–130. היא חוזרת בביוגרפיות של איינשטיין, למשל אצל Ronald W. Clark, *Einstein: The Life and Times*, New York – Cleveland: The World Publishing Company, 1971, pp. 465–466; Walter Isaacson, *Einstein: His Life and Universe*, New York: Simon & Schuster, 2007, pp. 290–291

עתה קפץ לבסוף קפיצה נחשונית ממש, 'מתוך תחושת התחייבות', כותב איזקסון.[13]

לא כולם קיבלו בהבנה את המפנה הזה. פליקס פרנקפורטר וג'וליאן מק, ממנהיגי הציונים באמריקה, כתבו לוייצמן בבהילות וביקשוהו לעצור את נסיעתו של איינשטיין, או 'את הטרגדיה של ביקורו', כפי שכתבו לו, משום שסברו שהדבר יתקבל כ'מסחור של המדע' ויעורר את זעמם של המדענים באוניברסיטאות המקומיות. אך הם איחרו את המועד. איינשטיין כבר היה בדרכו לארצות הברית, ומכל מקום - בפועל עיקר המסע של איינשטיין כלל בסופו של דבר הרצאות מדעיות, וכפי הנראה לא התקבל בארצות הברית כפחיתות כבוד. בגרמניה היה זה פריץ האבר שקיבל באי־נחת גלויה את רעיון הנסיעה של איינשטיין עם וייצמן לארץ האויב העיקרית של גרמניה במלחמה שזה עתה הסתיימה. הוא מיהר לכתוב לאיינשטיין וביקש ממנו לחזור בו, שכן מסע כזה יתקבל בלי ספק כהוכחה לחוסר הנאמנות של יהודי גרמניה ויערער את הבסיס שעליו נשען מעמדם של 'סטודנטים בעלי האמונה היהודית', כפי שהתבטא, באוניברסיטאות שם. הנימוק המפורש של האבר אמנם לא היה קשור לפגיעה כביכול בטהרת המדע, שיכלה להתפרש מן המסע הזה, אך הוא היה נסער מכך שאיינשטיין ויתר על השתתפות בכנס סולווה בבריסל, הראשון לאחר מלחמת העולם הראשונה - כנס שהיה אמור לסמל את חזרתם של המדענים הגרמנים לקהילת המדע הבין־לאומית - וזאת על מנת לנסוע עם וייצמן למסע התרמות. איינשטיין עוד הספיק להגיב בחריפות על דברים אלה, וב־21 במרס 1921 הפליג עם וייצמן לניו יורק, כמתוכנן.[14]

13 שם, עמ' 291.

14 חילופי המכתבים בין האבר לאיינשטיין מצוטטים בהרחבה בתוך Dietrich Stoltzenberg, *Fritz Haber: Chemiker, Nobelpreisträger, Deutscher, Jude*, Weinheim: Wiley-VCH, 1998, pp. 291–393. על היחסים בין השניים ראו Fritz Stern, 'Freunde im Widerspruch. Haber und Einstein', in *Forschung im Spannungsfeld von Politik und Gesellschaft. Geschichte und Struktur der Kaiser-Wilhelm-/Max-Planck-Gesellschaft*, ed. Rudolf Vierhaus & Bernhard vom Brocke, Stuttgart: Deutsche Verlags-Anstalt, 1990, pp. 516–551. בזיכרונותיו של וייצמן מתואר המסע לאמריקה בפירוט. מסה ומעש, עמ' 263–272. שם הוא גם מתאר את הסכסוכים בתוך התנועה הציונית, שהפכו את המסע לפרשה מתוחה ובעייתית. [וראו גם קטע א בפרק 'קטעים גנוזים' בכרך זה. הערת העורך.]

מנקודה זו ואילך מתקיימים בין וייצמן לאיינשטיין יחסים כמעט רצופים במשך שנים רבות. חליפת המכתבים ביניהם מרתקת ומעידה על קשר מעניין, 'בגובה העיניים'. ידוע הוויכוח ביניהם בשאלות הנוגעות לניהול האקדמי של האוניברסיטה העברית בראשיתה,[15] וידועים אף הוויכוחים הפוליטיים ביניהם, למשל בשאלת היחס לערבים. אך האם העובדה שהם היו בני שיח גם בנושאים מדעיים מילאה תפקיד ביחסים שביניהם? במכתבים שהחליפו אין לכך זכר. רמז בודד לכך שבכל זאת שוחחו ביניהם לעתים על שאלות מדעיות, למשל בדרך לאמריקה, אפשר לדלות מן האנקדוטה הבאה. במסיבת העיתונאים הראשונה שלהם עם רדתם לחוף נשאל וייצמן אם הוא מבין את תורת היחסות, וכך אמר: 'במהלך המסע הסביר לי איינשטיין יום־יום את התאוריה שלו, ועתה אני משוכנע לחלוטין שהוא מבין אותה'.[16] לאיזקסון, הביוגרף של איינשטיין, זה נשמע כ־'delightful reply', אבל יש כאן יותר מזה: זהו ויתור מוצהר של וייצמן על מעמדו כעמית שווה ערך לאיינשטיין. ואכן, ולאורך כל המסע, מצא עצמו וייצמן שוב ושוב בצלו של האיש הגדול. ההמונים הריעו ארוכות לאיינשטיין, והוא התקבל ככוכב, כפי שאיזקסון מספר; את וייצמן הם רק שמעו בנימוס.[17]

זאת ועוד: אמנם איינשטיין הסכים להתלוות למסע הזה, אך מכאן ואילך הוא מסרב כמעט לכל בקשה של וייצמן. ההבדל בין השניים היה ברור: איינשטיין היה מעל לכול מדען מסור לחלוטין לעבודתו המדעית - וייצמן היה פוליטיקאי. בחוגים מסוימים, בעיקר בבריטניה, עבודתו המדעית נחשבה מאוד, אך הוא היה תמיד חצוי בין שני עולמות; מסור לחלוטין הוא היה רק לעבודתו הציונית.

המתח הזה הוא הקו המוביל גם ביחסים בין וייצמן לבין שני מדענים גרמנים חשובים אחרים: פריץ האבר וריכרד וילשטטר. בניגוד לאיינשטיין, וילשטטר היה עמית ישיר של וייצמן. שניהם היו כימאים אורגניים, הבינו זה את זה בתחום המדעי בלי קושי, ואף יכלו לשתף פעולה. וילשטטר, בניגוד לאיינשטיין, וכמו רוב רובם של המדענים היהודים בגרמניה, לא היה ציוני, אך הוא היה יהודי מזן מיוחד במינו. ענפים אחדים של משפחתו היו מתבוללים לחלוטין, אך ריכרד, שכבר היה כימאי צעיר, מוכשר ושאפתן כשהציע לו מורו הנערץ

15 [על ויכוח זה ראו במאמרו של יששכר אונא בכרך זה. הערת העורך.]

16 איזקסון (לעיל, הערה 12), עמ' 292.

17 שם, עמ' 294.

אדולף פון באייר (אגב, גם הוא ממוצא יהודי) להמיר את דתו, סירב. אף שמעולם לא חי חיים יהודיים, בשום הקשר, ההמרה נראתה לו, כמו ליהודים רבים באותה עת, צעד לא מכובד. המערכה השנייה בדרמה הזו מעניינת אף יותר. היא התחוללה בקיץ 1924, כאשר וילשטטר - שקיבל פרס נובל לכימיה כבר ב־1915 והיה מהכימאים האורגניים הידועים והחשובים בעולם - התפטר במפתיע ממשרתו באוניברסיטת מינכן, וכפי שהוא מספר בזיכרונותיו ויתר על דירת השרד שלו בעיר, ו'רגלו לא דרכה עוד', כך הוא כותב, במעבדת המחקר המצוידת להפליא שעמדה עד אז לרשותו.[18] היה זה מעשה של התרסה בתגובה לכך שהאוניברסיטה סירבה למנות את הכימאי והמינרולוג ויקטור גולדשמידט לקתדרה שהתפנתה אז במקצועו, וזאת - כפי שטען וילשטטר - אך ורק בגלל יהדותו. המעשה של וילשטטר היה בלתי צפוי לחלוטין, ונדיר בחריפותו. מכל מקום, הוא סימן את האיש נשוא הפנים הזה כיהודי בעל מצפון ואדם עם עקרונות - בר שיח הולם לוייצמן.

השניים הכירו זה את זה עוד לפני מלחמת העולם הראשונה. בלומנפלד מספר בזיכרונותיו שכאשר שלח אותו וייצמן לוילשטטר כדי לקרב אותו לציונות השיב לו וילשטטר שאין הוא רוצה בשום קשר עמו. 'הוא שותף באחריות למותם של חיילים גרמנים', אמר.[19] קשר אמתי נוצר ביניהם רק בסוף שנת 1931 או בראשית 1932, לאחר שוייצמן התפטר מראשות ההסתדרות הציונית והחליט לחזור למעבדה שלו - אותה הזניח לדבריו במשך 13 שנה. בשלב זה הוא פנה וביקש את עזרתו של וילשטטר, החי עדיין במינכן, אך נוסע הרבה, גם ללונדון, ושם הם נפגשים, מתיידדים, ומתחילים לשתף פעולה; ומה שעוד יותר חשוב למי שכותב את קורות הימים ההם: הם מתחילים להתכתב.

בגנזך ויצמן ברחובות מצויה כל התכתובת ביניהם. בחלקה הקטן היא אכן מוקדשת לעניינים מדעיים מובהקים, שאין ביכולתי להעריך, אך בחלקה הגדול זוהי התכתבות אישית, חמה, ולעתים ממש נוגעת ללב. וילשטטר פונה אל וייצמן תמיד בהערכה מודגשת. כאן אין זכר לטון החריף והמתנשא משהו שמאפיין את מכתביו של איינשטיין. וילשטטר מוכן תמיד לעזור לוייצמן בעניינים מדעיים, הוא מתרגש ומתכונן לקראת הפגישות אתו, ואף יותר מזה,

18 הפרשה מתוארת באוטוביוגרפיה של וילשטטר. Richard Willstätter, *Aus meinem Leben. Von Arbeit, Muße und Freunden*, ed. Arthur Stoll, Weinheim: Verlag Chemie, 1949, pp. 341–351

19 בלומנפלד (לעיל, הערה 12), עמ' 168.

הוא גם מוכן תמיד לנסוע לכל מקום: לאוסטֶנדה בבלגייה, לציריך, לפריז ואפילו ללונדון על מנת לפגוש אותו, הוא כותב, ומוסיף, 'אגב, אבוא בחפץ לב לפגוש אותך גם אם אין בכך צורך הקשור לעבודה'.[20] הוא מתעניין במשפחתו, ומעולם לא שכח לשלוח ברכה חמה לורה וייצמן. זאת ועוד: וילשטטר מלא הערצה לוייצמן על היכולת שלו לעשות בדיוק את מה שוייצמן עצמו ראה לעתים כבגידה במדע, דהיינו לעסוק בפעילות ציונית נמרצת בד בבד עם ביצוע עבודתו המדעית. וייצמן מתלונן שהוא נקרא שוב ושוב לפעילות פוליטית ולכן העבודה במעבדה מתעכבת. ווילשטטר מבין ללבו ומבקש לעודד אותו. למשל, ביוני 1933 הוא כותב לו, 'אני מצטער מאוד שאף על פי שהחלטת להשתחרר מן המטלות הארגוניות והפוליטיות שלך ולהתרכז בעבודתך המדעית, השקטה והפרודוקטיבית, וכבר גם היו לך כמה הצלחות בגלל כישרונותיך הבלתי רגילים בתחום הכימיה המעשית, בכל זאת שוב נופלות עליך מטלות חדשות, המנצלות את נכונותך לעזור ולהקריב קרבנות'.[21] דווקא הצירוף הזה של פעילות ציבורית ועבודה מדעית, שוייצמן תפס כפגיעה בערכי ההתמסרות המוחלטת למחקר, זוכה להערצה מצד וילשטטר. 'שאתה עצמך', הוא כותב לו, 'בתוך כל האי־שקט של הימים האלה, עובד כה במרץ [במעבדה שלך], זה ממש פלא'.[22] ומכיוון שכך, וילשטטר עושה כמיטב יכולתו שלא להכביד על וייצמן. הוא שב וממליץ לו לנוח ולהינפש; שב ומבטיח לבוא לכל מקום ובכל זמן שיתאים לידידו החדש. הוא גם מנסה לנתח את המתח שנוצר אצל וייצמן בין העבודה היסודית והאטית במעבדה ובין החִפזה והלחץ הנלווים בהכרח לפעילותו הפוליטית. הוא מתפעל מ'הישגיו הנעלים' של וייצמן, מ'עבודת החיים' הגדולה שלו, ומעיר כי 'לעומתה נראית עבודתי־שלי כפחותת־ערך'.[23] אין ספק שהדברים האלה ערבו לאוזניו של וייצמן. הוא קיבל אישור לדרך בה בחר, לוויתור שלו על המדע הטהור, וזאת מן הסמכות הגבוהה ביותר בעיניו.

20 וילשטטר אל וייצמן, 8.5.1933, ג"ו, 1634–30 (המכתב מופיע להלן בנספח למאמר זה). וראו למשל גם מכתבים מ־24.11.1932, ג"ו, 1600–15; 14.2.1933, ג"ו, 1618–9.

21 וילשטטר אל וייצמן, 16.6.1933, ג"ו, 1646–28.

22 שם.

23 וילשטטר אל וייצמן, 17.9.1935, ג"ו, 1844–19 (המכתב מופיע בנספח למאמר זה); 19.6.1936, ג"ו, 916A–17; 2.9.1941, ג"ו, 2320–10 (גם מכתב זה מופיע בנספח).

נראה שהמפגש עם וייצמן זיעזע את וילשטטר באיזשהו אופן. הוא שב ומציין עד כמה העשירה אותו הפגישה עם וייצמן.[24] 'פגישה זו', הוא כותב לו ב־1933, 'היא בעלת משמעות רבה עבורי, והיא סיפקה לי, בשעה שהכול בחיי נראה כה שלילי ומדכא, תקוות חדשות ואופקים חדשים'.[25] אלא שאופקים אלה לא היה בהם כדי לנתק את וילשטטר מסביבתו ולהביאו ארצה, כפי שתכנן וייצמן. הוא מציע לו את הנהלת מכון זיו אך וילשטטר מסרב. הוא מגיע ארצה לפתיחת המכון בשנת 1934, נושא שם הרצאה חגיגית, ומתקבל על ידי וייצמן כאורח כבוד הן בחוג משפחתו והן בסביבתו הפוליטית והמדעית, וחוזר לאירופה. בכל זאת, משהו השתנה בגישתו ליהדות. בחזרתו מן הביקור בארץ ממהר וילשטטר להשלים את ההקדמה שכתב לכרך עב כרס שביקשה הנהלת Jüdischer Verlag בברלין להוציא אז לאור על אודות תרומתם של יהודי גרמניה לתרבותה - מיזם שקשה להאמין שהיה משתתף בו קודם לכן.[26] הוא אף מספר לוייצמן שהוא מנסה ללמוד עברית, ובאחד המכתבים הוא מציין שקרא את שני ספריו של יוספוס פלוויוס ובפעם הראשונה בחייו הוא מעיין בתנ"ך.[27] הוא אף שב ומתפעל מהישגי מכון זיו ומעודד את וייצמן ככל יכולתו.

ואולם יכולות אלה אינן רבות בשלב זה. מן המכתבים עולה איש שביטחונו העצמי נפגע פגיעה קשה מן המתרחש בגרמניה, שבריאותו רופפת ורוחו עגומה. כנראה המגע עם וייצמן הנמרץ ושופע התכניות השפיע עליו לטובה. בעוד איינשטיין מגיב כמעט לכל הצעה של וייצמן - למשל בעניין הבאתם של מדענים יהודים צעירים מגרמניה לפלשתינה - בשלילה, או אפילו בשלילה מוחלטת,[28] וילשטטר רואה את עצמו כידיד המחויב לעודד ולחזק. 'מכל חוויותיי בשנים האחרונות, הרושם הגדול ביותר שלי הוא פגישתי אתך וכברת־הדרך הקצרה המשותפת שלנו בכמה נושאים', הוא כותב לו.[29]

24 וילשטטר אל וייצמן, 1.12.1933, ג"ו, 1689-23.

25 וילשטטר אל וייצמן, 16.6.1933, ג"ו, 1646-28.

26 הספר יצא לאור רק אחרי מלחמת העולם השנייה. ראו Siegmund Kaznelson (ed.), *Juden im deutschen Kulturbereich: ein Sammelwerk*, Berlin: Jüdischer Verlag, 1962.

27 וילשטטר אל וייצמן, 16.2.1934, ג"ו, 1724-8; 19.4.1934, ג"ו, 1736-34.

28 איינשטיין אל וייצמן, 23.7.1934.

29 וילשטטר אל וייצמן, 16.6.1939, ג"ו, 258-31.

פגישה אחרונה ביניהם התקיימה כנראה בציריך, באוקטובר שנת 1939, מיד לאחר פרוץ מלחמת העולם השנייה. וייצמן נוסע אז לצרפת לשיחות מדיניות ומדעיות בשליחות הממשלה הבריטית.[30] בין היתר הוא מתבקש לברר מה מידת האמת בידיעות על נשק כימי סודי המצוי בידי הגרמנים, ובוחר לקיים פגישה בנושא זה עם וילשטטר, שאותו הוא מתאר כמי שמחזיק בכל המידע הנחוץ - איש 'אמין, מדויק, ויסודי'. וילשטטר מסביר לוייצמן את מצב המחקר בגרמניה. הוא טוען כי לגרמנים יש אפשרות להשתמש רק בנשק כימי מן הסוג שכבר היה בידיהם במלחמת העולם הראשונה, ובהמשך שוטח בפני וייצמן, כפי שדיווח וייצמן למשרד החוץ הבריטי, את דעתו על המצב בכלל: גרמניה אמנם תנוצח בסופו של דבר, זו דעתו, אך לא במכת־נגד נמרצת אחת, ואף לא לפני שתיחשף במלואה המשמעות של מה שהוא קורא לו 'totalitarian war' - סוג של מלחמה שבנות הברית אינן מבינות את משמעותה, ושבמהלכה תהיה גרמניה מוכנה להקריב אפילו את האוכלוסייה שלה עצמה למען הצלחותיה הצבאיות.

לסיפור האהבה הזה יש אפילוג מוזר. בעוד שוייצמן מספר מתוך הזדהות על קשייו של וילשטטר, על אישיותו ועל הידידות ששררה ביניהם, הרי שבאוטוביוגרפיה של וילשטטר, אותה סיים לכתוב בדצמבר 1941 זמן מה לפני מותו, מוזכר וייצמן פעם אחת כבדרך אגב בלבד, בהקשר נסיעתו של וילשטטר לרחובות ב־1934. זה הכול. אין הוא מספר על הקשר החם ביניהם, על עבודתם המשותפת, או על הידידות שנרקמה ביניהם. ייתכן שוילשטטר ציפה לעזרה פעילה יותר מצדו של וייצמן עתה, משירד מכל נכסיו. סביר יותר שהקשר הזה הפריע לתדמית העצמית שהוא ניסה לשרטט בספרו. האם ביקש בסוף חייו לשמור על דמותו כגרמני ולא לדון בפרשה זו, שכנראה ערערה את זהותו והציגה בפניו אפשרויות חדשות? ואולי זו הסיבה שהיה רגשן כל כך בהתכתבות שלו עם וייצמן? האם הפרשה כולה הביכה אותו? קשה לתת תשובות ברורות לשאלות האלה.

ואם כאן כבר מסתמן משהו מן הטרגי ביחסים שבין וייצמן לעמיתיו המדענים היהודים הגרמנים, היחסים עם פריץ האבר מציגים לפנינו את המקרה הקשה והטרגי מכולם. האבר זכה לפרסום רב בזכות תגליותיו והמצאותיו בזמן

30 בהקשר זה הסתמכתי על מנחם קדם, חיים וייצמן במלחמת העולם השנייה: וייצמן והמדיניות הציונית בשנים 1939–1945, תל אביב: מעריב, 1983, עמ' 26–31.

מלחמת העולם הראשונה.[31] אלה סבבו בעיקר סביב ייצור האמוניה הסינתטית, אך נוסף לכך היה האבר מעורב מקצועית ואישית גם בהכנת גזים רעילים למטרות צבאיות וביישום ההמצאות האלה במהלך המלחמה. האבר בלט בהיותו יהודי שהמיר את דתו והיה לפטריוט גרמני נלהב, אך יכולותיו כחוקר וכישרונותיו כמדען בלטו לא פחות. את פרס נובל לכימיה קיבל כבר בשנת 1918, עוד לפני תום הקרבות. לוייצמן לא היה קשר אישי אתו. מכיוון שכבר בעניין נסיעתו של איינשטיין עם וייצמן לאמריקה הציב עצמו האבר במחנה הנגדי, ומכיוון שהוא סימל עבור וייצמן את כל מה שתיעב ביהודי גרמניה: התכחשות לכל דבר יהודי, התבוללות מוחלטת, ומה שהוא ראה כהתרפסות - לא יכול היה להיות להם בסיס כלשהו ליחסי רעות של ממש. ׳לא היה לי חשק להיפגש עם האבר׳, כותב וייצמן בזיכרונותיו.[32]

ובכל זאת, עוד לפני שעלו הנאצים לשלטון, ביקר וייצמן במעבדותיו של האבר בברלין ובנה עמו סוג של קשר ראשוני ומהוסס.[33] לאחר מכן, כשהנאצים דאגו להסירו ממשרתו בתור ראש Kaiser-Wilhelm-Institut לכימיה בברלין, וכאשר מצא את עצמו בגלות, מיטלטל במלונות במשך חודשים, מתקשה להחליט על צעדיו, נחלץ וייצמן במרץ לעזרתו.[34] הוא היה אז אדם ׳שבור, מבולבל, מתהלך בתוך ריקנות שכלית ורוחנית׳, כותב וייצמן, והמשיך להחזיק בתקווה שאיכשהו יתאפשר לו לעזוב את גרמניה ׳בכבוד׳, עם רישיון הגירה מסודר, ותוך שמירה על רכושו. וייצמן עושה כל מה שאפשר ואף מפעיל את קשריו במשרד החוץ הבריטי, אך העניין נגמר - כפי שהיה אפשר לנחש - בלא כלום. בסופו של דבר מציע לו וייצמן לעלות ארצה ולהצטרף לאוניברסיטה העברית, ולמרבה הפלא, ואף שכמובן היו לו גם הצעות אחרות - האבר נוטה

31 ראו Daniel Charles, *Master Mind: The Rise and Fall of Fritz Haber, the Nobel Laureate Who Launched the Age of Chemical Warfare*, Cape May, New Jersey: Ecco, 2005. ראו במיוחד Fritz Stern, ‘Fritz Haber: The Scientist in Power and in Exile’, in Fritz Stern, *Dreams and Delusions: The Drama of German History*, New York: Alfred A. Knopf, 1987, pp. 51–76. עוד ראו הרצאה שנשא סטרן בחגיגות המאה למכון פריץ האבר בברלין ב־28 באוקטובר 2011: ‘Fritz Haber: Flawed Person and Country’. תודתי ליהושע יורטנר שהפנה אותי לטקסט הזה ומסר לי עותק ממנו.

32 מסה ומעש, עמ׳ 345.

33 [וראו קטע ב בפרק ׳קטעים גנוזים׳ וכן תמונה 31 בכרך זה. הערת העורך.]

34 מסה ומעש, עמ׳ 343–347.

להסכים. הוא נוסע לפגישה עם וייצמן בצֶרמאט, לרגלי המָטֶרהוֹרן, שם וייצמן מבטיח לו סביבת עבודה מתאימה, דיור ועוד. באותו ערב מתערב האבר בשיחה על תכניותיו הפוליטיות של וייצמן ומפציר בו לנסוע לקונגרס הציוני הי״ח שעמד להיערך באותם הימים בפראג ולהמשיך במפעל המפואר שלו, ש׳יעמוד כמצבת־פאר בדברי ימיה הארוכים של אומתנו׳, מצטט אותו וייצמן מן הזיכרון.[35] נראה, שגם בהאבר, כמו בוילשטטר, הצליח וייצמן להצית ניצוץ של הזדהות יהודית, כנגד כל הסיכויים.

׳מעולם לא חשתי כה יהודי, כפי שאני מרגיש עתה׳, כותב האבר לאיינשטיין.[36] אלא שהכתובת אינה נכונה. בניגוד לוייצמן, איינשטיין חסר רחמים. ׳אני שמח שאהבתך לחיה הבלונדינית התקררה מעט׳, הוא כותב לו בתשובה. ׳מי היה מאמין שהאבר יקירי יופיע לפניי כמייצג העניין היהודי, אפילו הציוני׳.[37] וייצמן, לעומתו, לוקח במלוא הרצינות את כוונותיו של האבר. הוא יודע, כמובן, שבאותה העת הוא מנהל משא ומתן גם עם אוניברסיטת קיימברידג׳, אך הוא ממשיך לנסות להביא אותו לירושלים; ממשיך לשתף אותו בענייני הארץ; ממשיך להבטיח לו גדולות ונצורות; ממשיך לדאוג ולעודד.[38]

זה היה מאוחר מדי. האבר, שסבל לאורך כל החודשים האלה מאנגינה פֶּקטוריס חריפה, נפטר בינואר 1934 בבאזל. וייצמן שולח לוילשטטר מברק בזו הלשון: ׳מתאבל עמך על מותו של ידיד ועמית יקר, servant of science and humanity׳.[39]

35 שם, עמ׳ 346–347.

36 צוטט אצל צ׳רלס (לעיל, הערה 31), עמ׳ 229.

37 איינשטיין אל האבר, 9.8.1933, א״א, 387–12. [קטעים ממכתב זה מובאים במאמרו של ישׂשכר אונא. הערת העורך.]

38 ראו למשל וייצמן אל האבר, 2.10.1933, ג״ו, 665A–14; 20.10.1933, ג״ו, 2A–1671; 1.12.1933, ג״ו, 1689–2. וייצמן כותב בזיכרונותיו שהאבר מת כשהיה בדרכו ארצה. מסה ומעש, עמ׳ 347. [ואולם מתוך מכתביו של האבר אל וייצמן עולה שכשלושה שבועות לפני מותו הוא ויתר על כוונתו לנסוע ארצה ושגם קודם לכן דובר על נסיעה לשם ביקור ולא לצורך השתקעות. Fritz Haber, 'Letters to Chaim Weizmann', *Leo Baeck Institute Year Book*, 8 (1963), pp. 103, 105, 109; שטולצנברג (לעיל, הערה 14), עמ׳ 612, 615, 621–628. הערת העורך.]

39 מברק וייצמן אל וילשטטר, 31.1.1934, ג״ו, 1717A–3.

לא הכול יסכימו עם תיאור זה של האבר. אבל ברגע הזה וייצמן אינו דן אותו לכף חובה. לבו יוצא אל האנשים האלה, עמיתיו המדענים היהודים מגרמניה, שהלכו אמנם בדרך מוטעית, לשיטתו, אך נענשו מעל ומעבר לכל מה שיכלו לצפות. בסופו של דבר, איש מן המדענים הגרמנים הדגולים שוייצמן ניסה לגייס לא הגיע לארץ ישראל, ובכל זאת - ערכי המחקר שלהם נקלטו בקרקע הזו. קיומם מעולם לא היה עניין בטוח; לא שם ולא כאן. צריך היה תמיד להילחם למענם; כאז כן עתה.

נספח: מתוך ההתכתבות בין ריכרד וילשטטר לחיים וייצמן[40]

1. וילשטטר אל וייצמן, 8 במאי 1933 (ג"ו, 30-1634)

Professor Richard Willstätter **München 27, den** 8. Mai 1933
Möhlstr. 29

Sehr verehrter, lieber Herr Kollege Weizmann:
Danke schön für Ihre liebenswürdige Begrüssung vom 6. ds. und bin froh, dass Sie wohl zurück vom Osten sind, wo Sie leider diesmal trotz des Abstands von europaeischen Geschehnissen nicht so viel Behagen und Ruhe gefunden zu haben scheinen.

Unser Wiedersehen wird nur davon abhängen, wann es Ihnen nach dem Stand der Arbeiten u. dgl. erwünscht ist. Mir passt von heute bis Anfang August jede Zeit und ich komme mit grösstem Vergnügen zum Rendezvous, nach London, Paris, Zürich, Ostende. Übrigens komme ich ebenso gern, Sie zu treffen, wenn die Arbeiten es nicht nötig machen.

Herzlich grüssend Ihr aufrichtig ergebener
Richard Willstätter

2. וילשטטר אל וייצמן, 17 בספטמבר 1935 (ג"ו, 19-1844)

Professor Richard Willstätter **München 27, den** 17. Sept. 1935
Möhlstr. 29

Sehr verehrter, lieber Freund:
Herzlichen Dank für Ihren liebenswürdigen Brief vom 10. ds.; ich bin immer froh, einen von Ihnen diktierten englischen Brief zu bekommen, und ich erkenne Miss May mit Vergnügen schon von weitem.

40 המכתבים, הכתובים בכתב יד, הוקלדו על ידי ב"ז קדר.

Sie empfanden es als schweren Kampf, den Entschluss zur Annahme der Präsidentschaft zu fassen. Aber aus grösserer Entfernung gesehen, war der Gang der Ereignisse lang vorbereitet, zwangsläufig, unausweichlich. Es war störend und peinlich und unerträglich geworden, dass es in entscheidenden Phasen der palästinensischen Entwicklung eine formale und eine wirkliche Präsidentschaft gab. Andererseits war doch das Kaleidoskop der menschlichen, wirtschaftlichen und politischen Angelegenheiten, die unaufhörlich Ihr Denken und Ihr Eingreifen beanspruchten, in störende Konkurrenz getreten mit dem ruhigen Ablauf der wissenschaftlichen Arbeiten. Sie waren wieder mit tiefer Neigung Biochemiker geworden. Aber während in den Aufgaben der Zeit und ihren Unruhen ein Semester Rehovoth schon zu einem langen und einem bewegten Zeitraum wird, vermögen wir in den Laboratorien erst in Jahren und Jahren geduldiger Vertiefung die unscheinbaren Handhaben unerwarteter einzelner Beobachtungen zu einem Werk zu gestalten. Und das Werk will nur gedeihen, wenn wir es, so lang es unfertig, ständig überschätzen, ohne es kritisch zu vergleichen mit den grossen Erkenntnissen, die vor uns zu stande [*sic*] kamen und die neben uns reifen. Die Konkurrenz der so rasch strömenden ausserwissenschaftlichen Interessen und der so langsam fliessenden chemischen Forschung im Bereich Einzelner musste bei Ihnen Beunruhigung und Verstimmung erzeugen, wie sie sich bei jenem kurzen Spaziergang nahe Ihrem Hause am Abend des 30. Juni anzudeuten schien. Künftig werden Sie die befriedigende Lösung solcher Konflikte darin finden, dass die Grösse und Fülle Ihrer Aufgaben, wovon Sie nur für die bedeutenderen selbst eintreten wollen, Ihnen das langsame Fliessen der wissenschaftlichen Arbeit erträglich machen wird, und dass Sie sich in Ihren Verpflichtungen die Beschränkung auferlegen werden, die nötig ist, um trotz aller Abhaltungen doch Ihr Institut von Rehovoth zu gedeihlichem Zusammenarbeiten und die Forschung zu wichtigen Ergebnissen zu führen.

Für die gütige Erinnerung an Ihre in London angedeutete Einladung nach Rehovoth bin ich sehr dankbar. Aber ich fürchte, im kommenden Winter und Frühjahr nicht dafür frei zu sein. Während meine Freunde mir anraten wollen, von hier wegzugehen, halte ich mit Freudigkeit aus und zwar bei einer Arbeit, die ich im letzten Herbst begonnen hatte und die ich in diesen Tagen nochmals von vorn beginne. Es ist ein unerwartetes wahres Glück für mich, dass ich noch einmal in meinem Leben meine Kraft an etwas wagen darf, was schwierig ist, und was mir als nicht unwichtig erscheint. Ich wäre gerne bereit mit einem „noli turbare circulos meos" unterzugehen, aber es wird nicht dazu kommen. So lang diese Arbeit im Gang sein wird und in der Zeit, die schliesslich für ihre schriftliche Erstaltung nötig sein wird, habe ich keine Freiheit.

Bitte, bestellen Sie Ihrer verehrten Gemahlin und Herrn und Frau Simon Marks meine verbindlichen Grüsse und seien Sie selbst herzlich gegrüsst von

Ihrem aufrichtig ergebenen

Richard Wilstätter

3. וילשטטר אל וייצמן, 2 בספטמבר 1941 (ג"ו, 10-2320)

Locarno-Muralto, Villa Eremitaggio, 2. Sept. 1941

Hochverehrter, lieber Freund:

Diese Zeilen schreibe ich, noch ohne zu wissen, wohin, oder auch nur in welchen Erdteil sie zu senden sind, aber ich versuche noch ein Mal, durch Ihre Züricher Freunde eine Adresse zu erfahren. Seit Ihrem Besuche in Locarno, der mir so lieb und wichtig war, dachte ich immer mit tiefem Anteilnehmen und mit Sorge an Sie selbst und an Ihre liebe Familie; ich hoffe Sie und Ihre verehrte Gemahlin wohlbehalten und besonders auch Ihren tapferen jüngeren Sohn, der sich bei der R.A.F. so rühmlich bewährt und ausgezeichnet hat. Hoffentlich ist es auch der Familie Blumenfeld verhältnismässig gut gegangen!

Eine Nachricht empfing ich seit Ihrem Besuche nicht. Sie beabsichtigten damals, mir Ihre späteren Patentschriften und einen Bericht über die Versuche mit Blutserum zu senden.

Es ist eine grosse Erleichterung, wahrzunehmen, wie die Verlagerung des Krieges an die Ostfront die drohende, unmittelbare Gefahr von

Palästina abgelenkt hat, wenigstens für geraume Zeit. Die grossen Distanzen im Osten lassen für die in engen Räumen erprobten besonderen Methoden der deutschen Heere geringe Chancen. Man kann dort siegen, aber siegen bedeutet nicht gewinnen. Mit den Distanzen sind auch die Zeitspannen gewachsen. Ihre Absicht, im nächsten Jahre in die Schweiz zu kommen, wovon ich erfuhr, ist sehr willkommen, aber auch sehr unsicher. Ich fürchte, es wird länger dauern.

In Eremitaggio ist es ruhiger als noch im vorigen Jahre. Ich konnte das Buch meiner Lebenserinnerungen zu Ende schreiben und ein wenig weiter arbeiten, wenig. Inzwischen ist meine Lage finanziell ungünstig geworden. Durch die Deportierungen aus Südwestdeutschland wurden nämlich Verwandte und Freunde betroffen; nach einer Leidenszeit, die sie im Lager durchmachten, habe ich ihnen geholfen, bis zu meinem letzten Franken und weit darüber hinaus. Für sieben Personen bestritt ich die Atlantic passages und für eine Anzahl Personen sorge ich weiter. Zur selben Zeit wurde mir der Rest meiner Einkünfte und meines Besitzes in Deutschland genommen, und, was mehr bedeutet, auch Alles an industriellen Rechten. So lebe ich und helfe Anderen nur durch einen schmalen Licenzvertrag [*sic*] mit Prof. Stell. Im übrigen sehe ich mich, wie zu erwarten war, von allen Freunden und Schülern verlassen.

Ich muss an die in Aussicht gestellte Entwicklung Ihrer Proteolysearbeiten denken, wofür Ihr freundschaftliches Vertrauen mich Anfang 1933 zur Mitarbeit gewann und wofür Sie die Güte hatten, mir ein Anrecht einzuräumen. Es ist mir unbekannt, ob Verwertungen, die Sie für unmittelbar bevorstehend hielten, und wofür die gegenwärtigen Verhältnisse besonders geeignet wären, erfolgten, oder ob Sie diese Angelegenheiten aufgeschoben haben. Es gibt heute natürlich [?] wichtigere Arbeiten. Immerhin ist es mir schmerzlich, von dem Fortgang nichts zu wissen und wieder ein Jahr und ein Jahr und wohl die Zeit meines Lebens die Erwartung zu vertagen. Sie wissen, dass ich mich mit unbegrenztem Vertrauen mit Ihnen verbunden habe. Auch heute noch suche ich an einer letzten Hoffnung festzuhalten, das, was Sie so freundlich in Aussicht stellten, werde nicht zu spät für mich anfangen, in Erfüllung zu gehen. Im besonderen handelt es sich um die von Ihnen in Aussicht gestellte Verwertung in U.S.A. Ich trat dafür ein, diese müsste von einer a priori-Bareinzahlung abhängig gemacht werden. Unter den heutigen Umständen ist ein solcher Erfolg für mich notwendig geworden, heute.

Schreibe ich Ihnen heute zu offen und zu sachlich? Ich hoffe, nicht. Ihnen gegenüber habe ich mich, wie niemals einer anderen Person gegenüber, stets gehemmt gefühlt in jeder Aussprache über praktische Dinge. Das war vor allem eine Folge meiner tiefen Verehrung für Sie, in der ich mir immer vorkam, wie wenn ich der weit Jüngere wäre. Und es war ferner eine Folge meiner respektvollen Empfindungen für Ihr grosses Lebenswerk, dem gegenüber mir die andersartigen Ziele meines Lebens gering erscheinen mussten. Aber es ist wohl eben die Grösse Ihrer Lebensaufgabe, die Ihnen daneben eine praktische Auswirkung von Laboratoriumsarbeiten und die Berücksichtigung damit zusammenhängender Interessen zu geringfügig erscheinen lassen wird.

Hoffend, diese Zeilen werden Sie in bester Gesundheit und unverminderter Zuversicht erreichen, bin ich mit meinen herzlichen Grüssen

Ihr aufrichtig ergebener

Richard Willstätter

בני מוריס

וייצמן והערבים

אתחיל בעובדה אולי קצת מוזרה. בספטמבר 1907 ביקר חיים וייצמן, ממנהיגי הציונים בבריטניה ומדען, בפעם הראשונה בארץ ישראל. הוא שהה בארץ כשבועיים, בהם ביקר בערים המעורבות ירושלים וחיפה ובעיר הערבית נצרת, לן ימים אחדים ביפו, עיר ערבית בעיקרה, וטייל בארץ 'לאורכה ולרוחבה'.[1] בוודאי עבר בתוך כפרים ערביים או חלף על פניהם במסעו זה. היו אז בארץ ישראל כשישים-שבעים אלף יהודים וכ־600 אלף ערבים. בזמן הביקור וייצמן כתב ושלח מקבץ מכתבים - לאשתו ששהתה במנצ'סטר ולתעשיין הציוני יוסף קרמנצקי בווינה, ולאחר שובו לאנגלייה שלח מכתבים למכרים, ובהם תיאר את הביקור בארץ הקודש או התייחס אליו. אף לא באחד מכל המכתבים האלה הזכיר וייצמן 'ערבי' או 'ערבים'.[2] כאילו לא הבחין בערבים; כאילו הארץ הייתה ריקה מערבים; כאילו רק יהודים מילאו אותה. (רק שבועות אחדים לאחר מכן, בנאום במנצ'סטר, הזכיר וייצמן את ערביי ארץ ישראל, באמרו כי הם שומרים על 'אחיזת[ם] הפרימיטיבית בקרקע' וייתכן כי יחלו ביום מן הימים להרגיש זכות מוסרית על הארץ.[3]) להבדיל, דוד בן־גוריון, שלימים יחליף את וייצמן כמנהיגה המוביל של התנועה הציונית, שם לב לנוכחותם של הערבים. הוא הגיע ארצה בספטמבר 1906 על סיפון ספינה רוסית והקדיש לערבים אך שורות מעטות במכתביו הביתה, אבל הם נוכחים בהם. על הערבים שפגש על הסיפון כתב: 'עשו עלינו רושם טוב מאד [...] ילדים גדולים [בעלי לב טוב וקלים

* ברצוני להודות למרב סגל וקרן רז בגנזך ויצמן ולאורנה זלצר בארכיון מכון ויצמן על עזרתן היעילה בחיפושי אחר תעודות הנוגעות לחיים וייצמן ועבודת המכון.

1 מסה ומעש, עמ' 130.

2 מח"ו, 5, מספרים 55-67, עמ' 53-70.

3 נורמן רוז, חיים וייצמן: קורות חיים, ירושלים: דומינו, 1990, עמ' 67.

להתרועע]'. את נוכחותם של הערבים בארץ עצמה אכן חייב היה להרגיש עוד בטרם דרכה כף רגלו על אדמת הארץ המובטחת - הרי נישא בידי ערבי בעל גוף מהספינה לסירה זעירה ומהסירה אל החוף, כפי שהיה הנוהג בנמל יפו באותם ימים. סביר להניח שוייצמן חווה חוויה דומה בהגיעו ליפו. וביפו עצמה וייצמן בוודאי ראה ופגש ערבים - שאותם תיאר בן־גוריון שנה לפני כן כך: 'יפו - לא יפה. הרחובות כמו בכל עיר מזרחית, צרים ועקומים, אבק נורא מתנשא תמיד בשוק [...] ראיתי ביפו הרבה יותר גלות מכוערת מאשר בפלונסק [עיר הולדתו] [...] [ראיתי] חנוונים ערבים שישבו בפתחי החנויות עם נרגילות, וביניהם היו גם יהודים. זה עשה עלי רושם רע'. בן־גוריון לא הכביר מילים בתארו את הערבים, נרתע מהחיזיון, ומיהר לצאת את יפו ולשוטט בין המושבות היהודיות.[4]

ייתכן שתגובתו של וייצמן הייתה טיפוסית יותר, כאשר לא ראה ולא שמע כלל את הילידים או לפחות לא הזכירם במכתביו לאירופה. סביב שנת 1900, מתיישבים וטיילים אירופאים בארצות שהיום מכנים אותן העולם השלישי לעתים קרובות לא ראו או לא הזכירו בכתביהם את הילידים. הייתה זאת שעת השיא של האימפריאליזם המערבי, והטייל במושבות ביקר ועבר בין מְקבצי אירופאים; המוני הילידים שעבדו בשירות המתיישבים וסביבם היו כעין חפצי רקע, חלק מהנוף, שלא משך תשומת לב או עניין.

וייצמן היה במובן זה ליברל אירופאי טיפוסי בן דורו. כאשר דובר במדינות אירופה, הוא היה דמוקרט בעל חוש צדק חברתי מפותח. אך בו בזמן הוא לא סלד מהאימפריאליזם ומהקולוניזציה של המערב בעולם השלישי. בכתיבתו באנגלית הוא נהג לכנות את המתיישבים היהודים בציון 'קולוניזטורים', את היישובים היהודיים 'קולוניות', ואת מפעל ההתיישבות הציונית כולו 'קולונייזיישון'.

הדבר נבע בחלקו או בעיקר מנוהלי השפה, שהרי המתיישבים הציונים הראשונים קראו ליישוביהם מושבות (קולוניות); אבל הדבר גם שיקף את הנוהג בהתיישבות הקולוניאלית האירופית בשאר חלקי כדור הארץ: במזרח הרחוק ובדרום אפריקה, בהודו־סין ובאלג'יריה. הציונות הייתה שונה מהקולוניאליזם האירופי הטיפוסי, שבו ארצות־אם אימפריאליות שלחו את בניהן ליישב ארצות רחוקות בעולם השלישי לשם ניצול משאבי טבע ומשאבי אדם. הציונים,

4 שבתי טבת, בן־גוריון וערביי ארץ ישראל: מהשלמה למלחמה, ירושלים - תל אביב: שוקן, 1985, עמ' 19 20; מיכאל בר־זוהר, בן־גוריון, א, תל אביב: עם עובד, תשל"ה, עמ' 47-48.

לעומתם, באו ליישב את ארצם הנושנה, לא ארץ זרה ולא במצוות אימפריה כלשהי, וגם לא כדי לנצל משאבי אנוש וטבע. בעיניו של וייצמן, היהודים שבים לארצם ואינם פולשים לארץ בשירות מעצמה אימפריאלית, אבל המתיישבים הציונים אכן היו אירופאים, וארץ ישראל באותם ימים הייתה ארץ מיושבת ברוב ילידי מכריע. וייצמן לא ראה אותם - עד אשר קמה שנים מאוחר יותר תנועה לאומית ערבית לעומתית ותקיפה.

במהלך חייו של וייצמן התרחשה מהפכה הדרגתית ביחסו לערבים. תחילה היו הם בעיניו 'ילידים' ותו לא. על הציונים להתנהג אליהם בהגינות - כשם שהאתוס הבריטי הכתיב התנהגות נאותה לנתינים הילידים ברחבי האימפריה. וייצמן האמין בזכות הערבי הארץ־ישראלי לדור בארץ ישראל, מכיוון שהוא ואבותיו חיו בה מימים ימימה.[5] אבל הוא לא האמין שהם זכאים לזכויות לאומיות ולא ראה אותם כקולקטיב בעל זהות קיבוצית נפרדת מערביי הסביבה המזרח תיכונית (זאת אומרת, ערביי עבר הירדן או סוריה).

במהלך שנות העשרים והשלושים למד וייצמן להכיר ב'עמיות' של ערביי פלסטין ובזכויותיהם הלאומיות. הוא הגיע למסקנה שהתהווה בארץ מאבק בין שתי תנועות לאומיות לגיטימיות, גם אם הדגיש תמיד את ההתנהלות ההרסנית של התנועה הלאומית הערבית הפלסטינית. חלקית בגלל אותה הכרה בהימצאותה של תנועה לאומית יריבה, אימץ וייצמן לבסוף את רעיון החלוקה והקמתה של מדינה ערבית בצד המדינה היהודית. ולאחר קום המדינה אימץ וייצמן גישה שוויונית כלפי המיעוט הערבי, שלפיה הם אזרחים שווי זכויות שיש להתייחס אליהם בהוגנות.

אופי הערבים

כמו אירופאים רבים שהגיעו לבגרות בסוף המאה התשע־עשרה, לוייצמן הייתה גישה 'גזענית' לעמים ולארצות. גרמנים נתפסו כשונים מאיטלקים, יהודים כשונים מגרמנים, יהודים כשונים מערבים. ההבדלים בין עמים אולי נבעו מהיסטוריה שונה, מתרבות ייחודית או מהבדלים חברתיים, ולא מנתונים גנטיים או ביולוגיים, אבל עמים וגזעים נתפסו כשונים זה מזה. ראייתו של וייצמן את הערבים בוודאי הייתה מונחת בבסיס גישתו אליהם ואל הסכסוך עמהם.

5 ראו נאומו של חיים וייצמן, הארץ, 19.12.1919, עמ' 2.

בינואר 1941, לאחר המרד הערבי בארץ ישראל ומעשי הזוועה שבוצעו ביהודים במהלכו ולנוכח העובדה שמתחילת מלחמת העולם השנייה ערבים רבים נטו לצדד בניצחון של מעצמות הציר, נתן וייצמן ביטוי להשקפתו על הערבים. בשיחה עם השגריר הסובייטי בלונדון, איוון מייסקי, אמר: 'לעתים קרובות מכנים את הערבי "בן המדבר". יותר נכון יהיה לכנותו אבי המדבר. עצלותו והפרימיטיביות שלו הופכים גן פורח למדבר'.[6] אין סיבה להטיל ספק בדיוקו של מייסקי על השיחה ביניהם; וייצמן כתב דברים דומים בשנים קודמות. 'הסיכויים הם שאם הנגב יועבר לידי הערבים, [האזור] יישאר מדבר לנצח', כתב למכר באנגלייה ב־1937.[7] וב־1936 כתב: ערביי ארץ ישראל הם 'האלמנט ההרסני [של הארץ]; אנחנו [היהודים] בונים'.[8]

ולא שלמדבר, בעיני וייצמן, לא היה פן חיובי. כמו מערביים רבים, וייצמן כמובן העדיף פוריות על פני צחיחות. אך כאמור, כמו פקידים, קצינים וטיילים בריטים רבים, נראה שהוא אימץ את הדמות האטרקטיבית של הערבי איש המדבר כמגלם את הפרא האציל. ב־1918, לאחר פגישתו הראשונה עם פייצל אבן חוסיין, מפקד צבאות המרד הערבי מבית האשם בדרום עבר הירדן, דאג וייצמן להנגיד בין הנסיך ממדבריות חג'אז לבין הנכבדים שפגש בארץ ישראל הלוונטינית. במכתב לאשתו כתב על פייצל: 'הוא הערבי הלאומי הראשון האמיתי שפגשתי. הוא מנהיג! הוא אינטליגנטי ואדם ישר מאד, יפה־תואר להפליא [...] הוא מתייחס בבוז לערביי ארץ־ישראל, ובכלל אינו רואה בהם ערבים!'.[9] לעומת זאת, וייצמן אפיין את שכבת הנכבדים הארץ־ישראליים

6 'Meeting: I.M. Maiskii – Ch. Weizmann (London, 3.2.1941)', *Documents on Israeli–Soviet Relations 1941–1953*, Part 1: 1941 – May 1949, London: Frank Cass, 2000, p. 5

7 וייצמן אל ג'פרי מנדר, מח"ו, 18, מספר 142, עמ' 158.

8 וייצמן אל וולטר בר, מח"ו, 17, מספר 248, עמ' 268.

9 וייצמן (תל אביב - יפו) אל ורה וייצמן (לונדון), 17.6.1918, בתוך חיים וייצמן, הנשיא הראשון: מבחר אגרות ונאומים, בעריכת לואיז פישר, ירושלים: ארכיון המדינה, תשנ"ה, עמ' 143. וייצמן המשיך במשך עשורים לכתוב בהוקרה על פייצל, גם אחרי שזה חזר בו מהסכמותיו מ־1918-1919, שבהן הבטיח וייצמן לעזור לתנועה הלאומית הערבית ופייצל תמך בהצהרת בלפור ובעלייה מסיבית של יהודים לארץ ישראל. וייצמן כתב באוטוביוגרפיה שלו, שחוברה בשנות הארבעים, על '[ה]ידידות [ביניהם] שארכה כל ימי חייו' של פייצל, שמת ב־1933. מסה ומעש, עמ' 234.

שהחלו באותם ימים להוביל את התנועה הלאומית הערבית־פלסטינית המתגבשת, כ'לא ישרים, בלתי־מחונכים, חמדניים, ובלתי־פטריוטיים'.[10]

נראה כי וייצמן שוחח עם ערבים לראשונה בדרכו לארץ ישראל ב־1907. הוא שהה ימים אחדים באלכסנדרייה, עיר שבה רוב ערבי ומיעוט אירופאי ניכר, והגדיר את התושבים כמכלול 'דוחים מאוד'. 'כל הנתונים המאפשרים חיים תרבותיים חסרים. זימה, פריצות, תאווה, חמדנות, רדיפת בצע, רצח, אונס - כל אלה נראים בפניהם של האנשים'. הוא הוסיף שהעיר היא 'מפתן לפלשתינה, ואני מפחד שמצרים, שיכולה להשפיע מאוד על ההתפתחות של ארץ־ישראל, עשויה להשפיע [על ארץ ישראל] בצורה פטאלית'.[11] ימים אחדים לאחר מכן, בעודו בהסגר בביירות, כתב וייצמן על 'פראים מסוגים שונים המשוטטים' בסביבתו.[12]

השהות הארוכה בארץ ישראל באביב־קיץ 1918 לא תרמה לתדמית של הערבי בעיניו. במאי 1918 הוא דיבר על 'בטלנים' ו'משוטטים' ערבים בסביבות הכותל המערבי,[13] ולבלפור כתב על 'טבעו הבוגדני של הערבי' (the treacherous nature of the Arab). הם עוד עלולים 'לדקור את [הצבא] הבריטי בגבו. הערבי [...] מרבה לזעוק ומרבה לסחוט (blackmail) כמה שיותר. [...] הפקיד הערבי הוא נואף ולכן יש לו יתרון גדול על פני הפקיד הבריטי ההוגן ונקי הכפיים, שאיננו בקיא בהלכות התחבולה של המוח האוריינטלי', כתב.[14] עשרות שנים מאוחר יותר, באוטוביוגרפיה שלו, עידן וייצמן במשהו את דבריו, אבל הנימה השלילית נותרה על כנה: 'הערבי הוא וכחן ובר־פלוגתא שנון מאד, ומי שלא סיגל לעצמו את הטכניקה הדרושה ידו על התחתונה. ביחוד יש לו לערבי כשרון גדול להביע השקפות מתנגדות מן הקצה אל הקצה להשקפותיך באדיבות דקה ומעוקפת כזו, עד כי נדמה לך שהוא מסכים עמך ומוכן לכרות עמך מיד ברית

10 Mark Tessler, *A History of the Israeli–Palestinian Conflict*, Bloomington: Indiana University Press, 1994, p. 153

11 וייצמן (אלכסנדרייה) אל ורה וייצמן (מנצ'סטר), 29.8.1907, מח"ו, 5, מספר 52, עמ' 50. מצרים כנראה חשפיעה רק במעט על ארץ ישראל בעשורים לאחר מכן - אך מאז שנות השבעים והשמונים של המאה העשרים, דרך תנועת האחים המוסלמים ושלוחתה הפלסטינית חמאס, מצרים משפיעה גם משפיעה.

12 וייצמן אל ורה וייצמן, מח"ו, 5, מספר 53, עמ' 51.

13 וייצמן אל אורמסבי־גור, 1.5.1918, מח"ו, 8, מספר 185, עמ' 177.

14 וייצמן אל בלפור, 30.5.1918, מח"ו, 8, מספר 208, עמ' 198, 201.

ידידות. שיחות ומשא־ומתן עם הערבים דומים במקצת לרדיפה אחרי מחזה־תעתועים במדבר: מבשר טובות ונחמד למראה, אבל עשוי להביאך לידי מיתה בצמא'.[15]

מבטו של וייצמן על התנועה הלאומית הערבית, ובפרט זו של ערביי פלסטין, ללא ספק הושפע מהבנתו את הטבע הערבי. ב־1919 כתב ש'הילידים' שבארץ ישראל לא יהיו מתאימים 'לשלטון עצמי לזמן ארוך מאוד מאוד'.[16]

עשור לאחר מכן כתב שהלאומנות הערבית (Arab nationalism) 'בא"י, סוריה או מצרים וכן בחצי האי ערב, דבר אחד משותף להם: שנאת הזר (xenophobia)'.[17] את מנהיגי התנועה הלאומית הערבית־פלסטינית ביטל ב־1921 ותיאר אותם כ'אנשים מדרג ה' (fifth-rate people),[18] ולאשתו כתב שהם 'זבל' (trash).[19] באוטוביוגרפיה שלו קרא לשכבת ההנהגה הפלסטינית בזמן המרד הגדול (1939-1936) 'a set of unscrupulous levantine politicians'.[20]

בעקבות מאורעות הכותל בשנת 1929 ביטל וייצמן אפשרות של דיאלוג מועיל עם הנהגת ערביי ארץ ישראל. הם לא רק חסרי גמישות; הם גם ערמומיים ומטעים. 'המוח הערבי לא בשל כלל למשא־ומתן', כתב וייצמן לרוברט וולטש, אינטלקטואל יהודי גרמני שדגל במדינה דו־לאומית בארץ ישראל. 'הם אינם מייצרים טיעונים אלא תחבולות. הם אינם מדינאים אלא פוליטיקאים נמוכי קומה עם מנטליות של סוחרי שטיחים מזרחיים (oriental carpetdealers). בתזכיר ששלחת לנו הודית בפרימיטיביות של הערבי אבל, בו־בזמן, האצת בנו לשאת ולתת אתם. הפרימיטיביות שלהם, שעליה דיברת, היא מכשול רציני, כמעט בלתי עביר'.[21]

דעותיו על הלאומנות הערבית הקצינו על רקע המרד הגדול. כך אמר לוועדת פיל, הוועדה המלכותית שבאה ארצה לחקור את הסיבות למרד ולהציע פתרון לסכסוך:

15 מסה ומעש, עמ' 216.

16 וייצמן אל גנרל ארתור ויגרם מוני, 26.1.1919, מח"ו, 9, מספר 112, עמ' 105.

17 וייצמן אל מנקה שפיגל (גראץ), 18.3.1928, מח"ו, 13, מספר 364, עמ' 408.

18 וייצמן (לונדון) אל אברהם טולין (ניו יורק), 10.8.1921, מח"ו, 10, מספר 240, עמ' 247.

19 וייצמן אל ורה וייצמן (קרלסבד), 14.8.1921, מח"ו, 10, מספר 243, עמ' 251.

20 *Trial and Error*, p. 395

21 וייצמן אל רוברט וולטש (ברלין), 25.11.1929, מח"ו, 14, מספר 110, עמ' 109.

> הלאומנות הערבית [...] היא חיקוי מחוספס של הפן החומרני של הלאומנות האירופית - מחוספס עד מאוד. הם מאמצים את הצורות החיצוניות; הם לוקחים, אפשר לומר, את המקלעים ולא את התוכן המוסרי, לא את הרנסאנס שבדרך כלל גלום בה [...]. אין בה צד רוחני. בפלשתינה אין שום ציור, שום שיר, שום ספר, פרי ידו של לאומן ערבי. אהבתם לארץ לא באה לידי ביטוי בספרות או בכל הישג מוסרי, רק במקלעים ובשימוש המוצלח מאוד בחומרי נפץ שרכשו בצורה לא־חוקית [...]. זהו עם שמחמת חוסר תרבות, מחמת חוסר יציבות, מחמת חוסר ראייה רחבה, מבטל דברים בחפזה. זהו גזע עצבני, ששוקע בדיכאון בקלות כשם שרוחו מתרוממת על נקלה.[22]

ב־1938, במכתב לשר המושבות הבריטי מלקולם מקדונלד, שהעריכו אז כפרו־ציוני, כתב וייצמן: 'הלאומנות הערבית היא טוטליטרית מטבעה, רדודה, תוקפנית ושחצנית'. הוא קישר תכונות אלה לאסלאם: 'האסלאם היא אמונה טוטליטרית, ולגבי הסובלנות הערבית שמפליגים בשבחה, אם היא כלל קיימת, היא מחזיקה מעמד רק כל עוד המיעוטים מסכימים להיות המקופחים. [...] אין פלא שהלאומנות הערבית, בתורה שלה ובמתודות שלה, מאמצת כמודל את הדפוס הנאצי'.[23] שנה לאחר מכן, ברגע מסוים, וייצמן אפילו השווה לרעה בין הלאומנות הערבית ובין הפשיזם הגרמני והאיטלקי, 'שמהם [הערבים] מקבלים את השראתם. היא שפלה יותר מאלה, מכיוון שחסרים בה לחלוטין הניסיונות הקונסטרוקטיביים [שקיימים בפשיזם] להיטיב עם ההמונים. האפנדים ממשיכים לנצל את הבורות והקנאות הדתית של הפלאחים העניים שאותם הם מדכאים'.[24]

וייצמן ויחסי הערבים והציונים בארץ ישראל לפני 1948

עוד לפני מלחמת העולם הראשונה, בטרם התגבשה תנועה לאומית ערבית־פלסטינית, וייצמן חש בהופעת בעיה: 'מגיעות מסוריה ידיעות מדאיגות בדבר

22 הדברים מצוטטים בתוך Joseph Heller, 'Weizmann, Jabotinsky and the Arab Question: The Peel Affair', *Jerusalem Quarterly* (Winter 1983), p. 113.

23 וייצמן אל מקדונלד, 12.7.1938, מח"ו, 18, מספר 367, עמ' 425.

24 וייצמן אל פליקס פרנקפורטר, 1.7.1939, מח"ו, 19, מספר 113, עמ' 138.

התנועה הערבית הלאומית. [...] לדעתם ארץ ישראל שייכת להם', כתב לאשתו ב־1913, 'ונעמוד בקרוב פנים־אל־פנים עם אויב חמור'. הוא ציין שלאומנים אלה החלו במסע תעמולה בגנות מכירת אדמות ליהודים והשתמשו, לדבריו, בלשון 'אנטישמית למחצה'.[25]

במהלך המלחמה פקפק וייצמן בערך של משא־ומתן 'עם מנהיגי הערבים מארץ ישראל', כפי שכתב לצ'רלס פ' סקוט, עורך 'מנצ'סטר גרדיאן'.[26] אבל מיד לאחר בואו ארצה בראש ועד הצירים באפריל 1918 התרשם לרעה מההנהגה הערבית המקומית - בין היתר הוא פגש את מוסא כאזם אל־חוסייני, ראש עיריית ירושלים, ואת כמאל ביי אל־חוסייני, המופתי של העיר, ואולי אף את עבד אל־ראוף אל־ביטאר, לימים ראש העיר יפו, וחאג' אמין אל־חוסייני הצעיר, שבשנות השלושים והארבעים יוביל את התנועה הלאומית הערבית־פלסטינית.[27] המנהיגים המקומיים אולי דיברו במתינות בנוכחות פקידים בריטיים, אבל בסתר לבם האמינו, כתב וייצמן, שמטרת הציונות היא לעקרם ממולדתם,[28] וכל הבטחותיו הפייסניות והמרגיעות לא הועילו. וייצמן למד להכיר את פחד הערבים מנישול או מהדרה ממוקדי כוח, מתוך נאומים שנשאו שני נכבדים ערבים בטקס שנכח בו באפריל אותה שנה. הלאומנות של דוברים אלה, התלונן וייצמן, הייתה 'בלתי מתפשרת ותוקפנית',[29] והוא הבין ש'הבעיה הערבית' היא 'הבעיה המרכזית' של הציונות.[30] וייצמן הִרבה לומר, ואולי אף האמין באותה תקופה, שעלייה יהודית לא בהכרח תפגע באוכלוסיית הילידים, ושיש מספיק מקום לשתי הקהילות בארץ ישראל.[31] אבל הפחדים של הערבים נותרו בעינם.

25 יהודה ריינהרץ, חיים וייצמן, א: בדרך אל המנהיגות, תרגם מאנגלית משה רוזן, ירושלים: הספריה הציונית, תשמ"ז, עמ' 416.

26 וייצמן אל צ'רלס פ' סקוט, 20.3.1917, מח"ו, 7, מספר 331, עמ' 344–345.

27 יהודה ריינהרץ, חיים וייצמן, ב: עלייתו של מדינאי, תרגמה מאנגלית דבורה ברזילי־יגר, ירושלים: הספריה הציונית, תשנ"ו, עמ' 257–261. הדיווח שוייצמן פגש את אל־ביטאר ואת חאג' אמין אל־חוסייני ייתכן שהיה מוטעה, כפי שריינהרץ מבהיר.

28 וייצמן אל ברנדייס, 25.4.1919, מח"ו, 8, מספר 175, עמ' 159.

29 וייצמן אל אורמסבי־גור, 16.4.1918, מח"ו, 8, מספר 161, עמ' 128–130.

30 רוז, וייצמן (לעיל, הערה 3), עמ' 124 (מצטט את וייצמן מיוני 1918).

31 ראו למשל שם, עמ' 126, 152 (דברי וייצמן ב־1918 וב־1924).

וייצמן, שהתאכזב מהנכבדים המקומיים - שקיבלו עידוד מאנשי הממשל הצבאי הבריטי[32] - שם יהבו בהסכם, בחסות בריטניה, בין התנועה הציונית למנהיגים ערביים מחוץ לארץ ישראל, ובמיוחד המנהיגים ההאשמים, כלומר פייצל, שהוביל את צבא המורדים מחג'אז לדמשק, ועבדאללה אחיו, שמונה ב־1921 לאמיר של עבר הירדן. וייצמן חשב, או לפחות קיווה, שאם המנצחים במלחמת העולם הראשונה יעניקו עצמאות וריבונות לערבים בכל המרחב מביירות עד המפרץ הפרסי ודרומה עד תימן, המנהיגים במרחב זה ייאותו להשאיר ליהודים ריבונות ברצועה הצרה שלאורך חוף הים התיכון בארץ ישראל.

וייצמן המשיך לקוות שאפשר יהיה לשכנע את מנהיגי המדינות הסובבות לוותר על ארץ ישראל ולנתקם בפועל מהתנועה הלאומית הערבית־פלסטינית. ב־1931 הוא ניסח את הדברים כך: 'אנחנו אומרים לערבים שעליהם להבחין בין "ביתם הלאומי" ובין זכויותיהם בארץ ישראל. "הבית הלאומי" הערבי הוא בדמשק ובבגדאד, ובמובן הדתי, אולי במכה ומדינה, אותם מרכזים גדולים [...] שבהם פרחה תרבות ערבית גדולה. היא פרחה בבגדאד ובדמשק, לא בירושלים'.[33] (דרך אגב, ועדת פיל, שחקרה את הסכסוך בארץ ישראל ב־1936-1937, אמרה דבר דומה במסקנותיה בדוח שפרסמה ביולי 1937: ירושלים תמיד הייתה מקום שולי באימפריות האסלאמיות של ימי הביניים, תקופת השגשוג והעליונות של עמי ערב.[34])

ואולם ללאומנות הערבית הייתה דינמיקה משלה. עלייתה של התנועה הלאומית הערבית־פלסטינית הביאה להתנגדות לכל ויתור ולדחיית רעיון הפשרה הטריטוריאלית. מנהיגי הפלסטינים הזינו את חוסר הפשרנות של מנהיגי ערב מחוץ לארץ ישראל - והמנהיגים מבחוץ, בתורם, הזינו או לפחות גיבו את חוסר הפשרנות של המנהיגים הפלסטינים. וייצמן ובן־גוריון אמנם המשיכו לקוות בשנות העשרים, השלושים והארבעים שיצליחו לפרוץ את מעגל הסרבנות הפאן־ערבי, אך ההתעשרות והפיתוח שמנהיגי הציונים הבטיחו שהציונות מביאה לארץ ישראל ולאזור כולו לא הצליחו לגבור על העוינות

32 וייצמן אל ורה וייצמן, 6.4.1918, מח"ו, 8, מספר 151, עמ' 119; מספר 200, עמ' 190-191.

33 Michael Assaf, 'On the Arab Question', in *Chaim Weizmann: Statesman, Scientist, Builder of the Jewish Commonwealth*, ed. Meyer W. Weisgal, New York: Dial Press, 1944, p. 58

34 *Palestine Royal Commission Report*, Cmd. 5479, p. 5

הערבית הבסיסית למטרה המרכזית הציונית, במיוחד מכיוון שההטבה הכלכלית שהייתה מנת חלקה של ארץ ישראל לוותה בפחד הולך וגובר של ערביי המקום מפני הכוונה הציונית לעקרם ולנשלם.

בשנים 1920-1918 האמין וייצמן שאפשר להגיע להסכם עם 'הערבים' דרך ההאשמים, תוך הזדקקות לפטרון המשותף, הרי הוא בריטניה. כנאמר לעיל, שיחותיו של וייצמן עם פייצל היו חיוביות מאוד. וייצמן דיווח כי במפגשם בלונדון בדצמבר 1918 אמר פייצל ש'בואם של היהודים לארץ ישראל היטיבה עם הארץ' ו'הרמוניה גמורה' שוררת בין התנועה הלאומית הערבית לתנועה הציונית'.[35] לאחר ימים אחדים, ב־3 בינואר 1919, שני האישים חתמו על הסכם בנדון: פייצל תמך בהצהרת בלפור בעוד וייצמן התחייב לתמוך במטרות הפוליטיות והכלכליות של התנועה הלאומית הערבית מחוץ לפלשתינה.[36] אבל פייצל מיד התכחש להסכם, וכשנה לאחר מכן ביולי 1920 סילקו אותו הצרפתים מדמשק (וב־1921 הכתירו אותו הבריטים למלך עיראק, שם שלט עד יום מותו).

האמת היא שגם בחודשים שבהם ישב פייצל בדמשק, מאוקטובר 1918 ועד להדחתו בידי הצרפתים, הוא לא שלט במרחב הערבי מזרחה ממצרים ואף לא על כל שטחי סוריה עצמה; שלטונו הצטמצם לסביבות דמשק, וככל שגדל המרחק משם, כך התמעטה אחיזתו הממשית. בראייה מקיפה יותר יש לציין שהתנועות הלאומיות הערביות לא הצליחו להעמיד בראשן דמות מאגדת אחת, וכך לא היה בנמצא שליט שעמו הציונים יכלו להגיע להסכם על עתידה של ארץ ישראל. וייצמן הבין זאת, וזמן קצר אחרי שחתם על ההסכם עם פייצל הוא תפס שערכו לא רב, ואולי אף החשיבו לאות מתה: 'הקושי העיקרי נעוץ בעובדה שאין ראש אחראי לעם הערבי שאפשר לעשות אתו עסקה. הם מפוצלים לקבוצות, כל אחת בשליטה של מסית אחד או שניים שנותנים דרור לרגשותיהם בכך שמשחירים את פנינו, מאיימים עלינו ובזים לנו לעתים בצורה בוטה ביותר', כתב וייצמן להרברט סמואל, מי שעתיד להיות הנציב העליון הבריטי הראשון בארץ ישראל.[37]

35 מזכרו של וייצמן על פגישתו עם פייצל במלון קרלטון בלונדון ב־11 בדצמבר 1918 מצורף למכתב שכתב. ראו וייצמן אל אייר קרו, 16.12.1918, מח"ו, 9, מספר 70, עמ' 70-71.

36 ראו נוסח ההסכם אצל George Antonius, *The Arab Awakening*, Philadelphia: J.B. Lippincott Co., 1939, pp. 437–439.

37 וייצמן (יפו) אל הרברט סמואל (לונדון), 22-23.11.1919, מח"ו, 9, מספר 240, עמ' 256.

ריבוי מוקדי הכוח בתנועות הלאומיות בעולם הערבי הכביד על ניסיונות שלום ציוניים-ערביים במשך עשרות שנים והשתקף גם בתנועה הלאומית ההולכת ומתהווה בקרב ערביי פלסטין. התנועה בארץ ישראל אופיינה בשנים 1936-1920 על ידי כיתתיות שחתרה תחת ניסיונות אפשריים לפיוס בין-קהילתי. כבר באמצע שנות השלושים הזדקר המופתי של ירושלים, חאג' אמין אל-חוסייני, כבולט במנהיגי התנועה, אך הנהגתו לוותה במאבק עיקש נגד אופוזיציה, בראשות משפחת נשאשיבי, שלעתים התחרתה בחוסיינים בהתבטאויות קיצוניות בנוגע למפעל הציוני. ניצחונו של חוסייני ב־1937-1936 על יריביו מבית סתם את הגולל על כל אפשרות של פשרה ופיוס יהודי-ערבי עד לנכבה הפלסטינית ב־1948. חוסייני דחה כל פשרה מוצעת ודיבר תדיר ובמפורש על נישול היהודים החיים בארץ ישראל מזכויות כלשהן (בפני ועדת פיל הוא אף רמז על גירוש מלא או חלקי של 400 אלף התושבים היהודים בארץ ב־1937, וועדת פיל ראתה לנכון בדוח המסכם של עבודתה להפנות את הקורא למעשי הטבח שביצעו הערבים המוסלמים במיעוט האשורי בעיראק כמה שנים קודם לכן, למרות ההבטחות שניתנו בדבר הגנה על מיעוטים.[38])

חוסייני דחה את רעיון החלוקה של ארץ ישראל לשתי מדינות וגם דחה כל ניסיון של השוליים היהודיים, בדמות 'ברית שלום' ואגודת 'איחוד', להקים מדינה דו-לאומית. בשנות השלושים והארבעים וייצמן לא פסק מלומר שהיהודים יביאו פיתוח וקדמה לארץ ישראל ושמצבם של הערבים ייטב כתוצאה מכך. בהקשר זה הוא אף ציטט ב־1949 את דבריו של ט"א לורנס, 'לורנס איש ערב', ש'רק דרך שיתוף פעולה עם היהודים יוכלו הערבים לגדול'.[39] ב־1943 פנה וייצמן אל ערביי הארץ: 'אם אתם [...] תשתפו פעולה, תבנו לטובתכם ההדדית ולטובת העולם את אותם האזורים הגדולים שהיום הם מדבר ותוכחה לאנושות'.[40] ולא רק על ארץ ישראל דיבר. ב־1949 הוא טען שמדינת ישראל שזה עתה נולדה 'יכולה למלא תפקיד חשוב כחלוצה של מחקר מדעי ופיתוח המזרח התיכון [כולו]'.[41] הוא גם האמין שבזכות פיתוחים מדעיים, בעיקר בתחומי החקלאות וההידרולוגיה, יתאפשר לפתח את הנגב ולקלוט בארץ בכלל

38 דוח הוועדה המלכותית לפלשתינה (לעיל, הערה 33), עמ' 141.

39 'ראיון שנתן דר' וייצמן לנציג הטיימס [הלונדוני] ב־11.1.49', ג"ו, 2883-3.

40 מאמר ב־*The New Palestine*, 7.5.1943, ג"ו, A11-2441.

41 'ראיון שנתן דר' וייצמן לנציג הטיימס [הלונדוני] ב־11.1.49', ג"ו, 2883-3.

כשלושה-ארבעה מיליוני יהודים. כך כתב, על כל פנים, לנשיא ארצות הברית הארי טרומן ב־1945.[42]

לא מנהיגי המדינות הערביות סביב ארץ ישראל ולא ערביי ארץ ישראל עצמם שוכנעו או פותו על ידי חזון הקדמה והפיתוח שליווה את המפעל הציוני. הערבים המשיכו להאמין שמטרת הציונות היא לעקור את ערביי ארץ ישראל מאדמתם. בשנים הראשונות אחרי כיבוש ארץ ישראל בידי הבריטים היו רגעים שבהם וייצמן נתפס לאופטימיות - או לפחות כך שידר לאישים בריטיים - באשר לסיכוי להתקרבות יהודית־ערבית. למשל, בספטמבר 1919 העביר וייצמן ללורד קרזון, חבר הקבינט של לויד ג'ורג', מה שהוא כינה 'הוכחות להתקרבות הקורמת עור וגידים' בין היהודים לערבים בארץ ישראל.[43] אך במבט לאחור נראה כי אט־אט שקע בפסימיות, והיא הלכה וגברה. כבר ב־1920 הוא הביע ספקות ואף חששות לגבי אפשרות של הסדר. הוא הצביע על גורמים מספר: 'סוכנים שריפיים [של פייצל מדמשק] וטורקים' וכן סוכנים איטלקים ותעמולה צרפתית - שניהם תוצר של קתוליות - שמציתים רגשות אנטי־ציוניים בקרב ערביי הארץ, הלאומנות של האליטה הערבית הפלסטינית, ש'אינה חפה מיסוד דתי חזק, וכן האידאולוגיה הלאומנית לעתים קרובות מאמצת חזות של איבה לכופר'. לאלה הוא הוסיף את תרומתם של האדמיניסטרטורים הבריטים, שהקרינו עוינות לציונים, 'והערבים רואים במהירות לאיזה כיוון הרוח נושבת', והאליטה ששידרה להמונים שהציונים באים ארצה לנשל אותם 'מאדמתם ורכושם'.[44]

וייצמן ניסה להסביר את עוינותם של הפקידים והקצינים הבריטים בארץ ישראל לציונים. הוא כתב: הפקידים, 'במיוחד בדרגים הנמוכים, מעדיפים את היליד על פני היהודי לא מתוך חוסר הגינות או אנטי־שמיות, אלא מכיוון שהיליד הוא עניין פשוט בהרבה מהיהודי. [...] היהודי [מציב] שלל בעיות [...] ולעתים מבלבל [bewilders] את האדמיניסטרטור. האדמיניסטרטור רגיל לטפל בנייטיבס'.[45] עם זה, סביר להניח שוייצמן ייחס את העוינות הזאת גם לאנטישמיות, לפחות אצל חלק מהפקידים.

42 וייצמן אל הארי טרומן, 12.12.1945, ג"ו, 12618-1.

43 וייצמן אל קרזון, 22.9.1919, מח"ו, 9, מספר 224, עמ' 224.

44 וייצמן אל קרזון, 2.2.1920, מח"ו, 9, מספר 280, עמ' 296-300.

45 וייצמן אל מוני, 26.1.1919, מח"ו, 9, מספר 112, עמ' 106.

אין ספק שהפסימיות של וייצמן תוגברה על ידי האירועים בשטח. באפריל 1920 הוא נמצא בירושלים בזמן סבב האלימות הידוע כמאורעות נבי מוסא, שבהם נהרגו בעיר שישה יהודים, עשרות נפצעו וכנראה נשים אחדות נאנסו. האירועים הותירו בו חותם עמוק. לאשתו כתב לאחר שעזב את העיר: 'בארץ־ישראל היינו כמו במלכודת עכברים, מנותקים מכל העולם מבלי לדעת אם נתעורר חיים לאחר לילות־בלהות. עבר עלינו, חביבתי, דבר איום ביותר, חמור ביותר - פוגרום בירושלים, עם כל סימני הלוואי וה"חן" של פוגרום'. הוא האשים את אנשי הממשל הצבאי הבריטי וטען שגם אם 'לא הם ארגנו את הפוגרום בפועל', הרי ש'הם סייעו לו בעמדתם הפסיבית'. הוא תיאר את הבריטים בארץ ישראל, בהכללה, כ'זאבים ותנים' וטען בהפרזה: 'ככלות הכל, האנגלים הם שורש הרע'. הבריטים הפריעו לאנשי המגן היהודים ואף עצרו בהם, 'הכל כמו אצלנו [כלומר, כמו שהיה ברוסיה]'. אלמלא כך, כתב, היהודים היו 'מתגברים על הערבים כבר ביום הראשון'.[46]

למרות הכישלונות, וייצמן דבק ברצונו להגיע לשלום עם הערבים. אולי ראה בשלום צורך קיומי עבור הציונות בטווח הארוך; אולי הבין שעל מנהיגי הציונות להפגין בהתמדה רצון לשלום גם אם לא האמינו במציאותיות שבדבר. על כל פנים, רצונו זה לא היה תוצר של אינטרס פוליטי צר או גחמה חולפת. מכאן נבעה נטייתו להסביר את חוסר ההתקדמות לקראת שלום בהסברים טכניים, או לייחסו לגורם חיצוני כמו הפקידות הבריטית.

וייצמן כתב לווינדהם דידס, פקיד מנדט פרו־ציוני בכיר: 'אינני פוחד ממשא־ומתן עם הערבים, אבל מעולם לא ניתנה לנו הזדמנות ברורה להיפגש [עמהם] ולשאת־ולתת בכנות' - זאת אומרת, הבריטים מנעו הזדמנות למשא־ומתן ציוני-ערבי, ולו היה מתרחש, הרי היה נגמר בטוב.[47]

וייצמן כתב לא פעם, ואולי לעתים האמין, שאילו היו הבריטים נחושים ברצונם להשיג שלום יהודי-ערבי ומפגינים את תמיכתם בהקמת מדינה יהודית בצורה חד־משמעית, השלום הזה היה בא לעולם. ההשתהות הבריטית, או חוסר הנחישות שלהם, הם הם אשר עמדו מאחורי הסרבנות והעוינות של הערבים, טען וייצמן.[48]

46 וייצמן (איטליה) אל ורה וייצמן, 19.4.1920, מח"ו, 9, מספר 306, עמ' 336.

47 וייצמן אל וינדהם דידס, 13.12.1921, מח"ו, 10, מספר 315, עמ' 329.

48 וייצמן אל פליקס ורבורג (ניו יורק), 24.9.1929, מח"ו, 14, מספר 63, עמ' 49-52; 13.11.1929, מספר 89, עמ' 72-82.

אבל לאמתו של דבר, וייצמן משנות העשרים ואילך הבין שהבעיה עמוקה יותר ושהמטרות של שתי התנועות הלאומיות בארץ ישראל נוגדות ובלתי ניתנות לגישור, ולא חשוב כמה מכשלות מעשיות יוסרו וכמה סבבי משא־ומתן יתרחשו.

בשנים 1930-1931, בעקבות ההתפרצות בשנת 1929, וייצמן - כמו בן־גוריון - השתעשע לזמן קצר ברעיון המדינה הדו־לאומית, לפחות כשלב ביניים לפני הגעה לפתרון קבע. אולי אפשר להקים ממשל ערבי־יהודי משותף, הרהר.[49] אך וייצמן תמיד עמד על שוויון פוליטי (parity) בין שתי הקהילות כבסיס לכל הסדר דו־לאומי, וזאת למרות הדיספרופורצייה בגודל בין שתי הקהילות (בראשית שנות השלושים היו בארץ כמאתיים אלף יהודים וקרוב למיליון ערבים). וייצמן גם עמד על כך שאין להסכים להגבלת העלייה, לא בהווה ולא בעתיד. בהציעו את הרעיון הדו־לאומי הוא קיווה כי בסופו של דבר יתהווה רוב יהודי בארץ ישראל, ואז במקום מדינה דו־לאומית תקום מדינה בעלת רוב יהודי שישלוט בכל הארץ. על כל פנים, כבר ב־1932 הוא זנח את הרעיון ולא שב אליו, ואימוצו את הרעיון ב־1930-1931 לא היה יותר מתכסיס רגעי ושטחי.[50]

שנות העשרים חלפו בלא התקדמות לקראת פתרון הסכסוך. באמצע שנות השלושים הגיע וייצמן למסקנה, כמו מנהיגים ציוניים אחרים, שהתנועה הציונית לא תוכל לזכות בכל ארץ ישראל. הדבר הובהר באופן משכנע על ידי המרד הערבי שפרץ באביב 1936 וביטא את נוכחותה של תנועה לאומית ערבית פלסטינית ואת עצמתה. במהלך שנות המרד, שהסתיים באביב 1939, למדו הבריטים להכיר בכוחה של התנועה הלאומית הערבית־פלסטינית ואט־אט נסוגו מתמיכתם בציונות. במהלך 1936-1937 שוכנעו וייצמן ובן־גוריון שאין מנוס מחלוקת הארץ. לא שוייצמן הפך לאוהד העניין הפלסטיני; להפך, בשנים אלה הוא תמיד הדגיש, לפחות בפומבי, את האופי השלילי של התנועה. ברגע מסוים במהלך המרד אמר: 'מצד אחד כוחות ההריסה [...] ומצד שני כוחות יצירה ותרבות. זוהי מלחמה ישנה, מלחמת המדבר בתרבות'.[51] אך בחירוק

49 רוז, וייצמן (לעיל, הערה 3), עמ' 183-185.

50 על אימוץ הרעיון הדו־לאומי על ידי וייצמן, על פי הבנתו, ראו וייצמן אל רוברט ולטש, 25.11.1929, מח"ו, 14, מספר 110, עמ' 107-110; וייצמן אל ג'יימס מרשל (ניו יורק), 17.1.1930, מח"ו, 14, מספר 187, עמ' 205-211.

51 דבר, 23.4.1936, עמ' 1.

שיניים הוא למד להכיר בקיום התנועה המתחרה ובמטרות שלה, הווה אומר עצמאות וריבונות, וראה אותן כבעלות מעמד דומה אם לא זהה למטרותיה של התנועה הציונית.

בראשית 1937 פגש וייצמן את חברי הוועדה המלכותית הבריטית, ועדת פיל, ועזר לשכנעם, או שוכנע על ידם, בהכרח החלוקה כבסיס לפתרון הסכסוך. בפברואר צוטט וייצמן כאומר: 'היהודים יהיו טיפשים גמורים אם לא יקבלו את ההצעה, גם אם גודלה של המדינה יהיה כגודל מפת שולחן'.[52] לנגד עיניו עמדו לא רק המרד הערבי והשתכנעות בריטניה בזכויות הערבים - או פחד הבריטים מפני הערבים - אלא גם איום ההשמדה של יהדות אירופה. וייצמן שוכנע בהכרח להקים, ומיד, מדינה יהודית, ולו קטנה, שתספק מקלט שבעזרתו ניתן יהיה להציל רבים מיהודי אירופה.

בה־בעת וייצמן, בסתר לבו, ובזה דמה לבן־גוריון, המשיך לשאוף למדינה יהודית שתשתרע, אי שם בעתיד, על פני כל ארץ ישראל המנדטורית. ברמזו לכך כתב לחברו סטיפן וייז שבעיות 'ההתפשטות וההתרחבות' של המדינה היהודית יצטרכו לחכות לפתרונן בדורות הבאים.[53] למרות הרהוריו אלה, בהופעותיו הפומביות וייצמן היה ונשאר מ־1937 ואילך תומך עקבי בפתרון הסכסוך על בסיס חלוקה לשתי מדינות.

ב־1939-1938 השלימה ממשלת בריטניה מהפך ודחתה באופן מוחלט וסופי את רעיון החלוקה וכינון מדינה יהודית בארץ ישראל (רעיון שבאופן רשמי ופומבי אימצה ביולי 1937, מיד עם פרסום ההמלצות של ועדת פיל). בספר הלבן ממאי 1939 הכריזה לונדון על הגבלה דרקונית של העלייה ושל קניית קרקעות על ידי יהודים, וכן התחייבה להעניק עצמאות לתושבי ארץ ישראל בתוך עשר שנים. מכלול זה הבטיח שתקום מדינה אחת, לא מחולקת, בארץ ישראל אשר תהיה תחת שלטון הרוב הערבי.

וייצמן, שידע על הגזרה הצפויה, כתב באפריל 1939 ללאופולד איימֶרי, חבר פרלמנט שמרני פרו־ציוני, שהמדיניות החדשה תהפוך את 'הבית הלאומי' ל'גטו' ותעביר את 'ארץ ישראל היהודית לידי המופתי וכנופייתו'.[54] לראש הממשלה נוויל צ'מברליין כתב: '[המדיניות החדשה מבשרת] את הרס תקוות היהודים והסגרת הקהילה היהודית בארץ ישראל לשלטון חונטה ערבית

52 רוז, וייצמן (לעיל, הערה 3), עמ' 203.

53 שם, עמ' 205.

54 וייצמן אל לאופולד איימרי, 25.4.1939, מח"ו, 19, מספר 46, עמ' 44.

שהייתה אחראית לטרור הערבי'. היהודים יעדיפו להילחם בבריטים על פני כניעה למדיניות זו, הוא רמז.[55]

בשנים הבאות ביצעו הבריטים את המדיניות שהותוותה בעניין צמצום העלייה וקניית קרקעות על ידי יהודים, אך פרוץ מלחמת העולם השנייה בספטמבר 1939 כנראה סיכל את מימוש כוונתה של בריטניה להעניק במהרה עצמאות מדינית לארץ ישראל, שבה רוב ערבי.

במהלך המלחמה, גילויי מוראות השואה - שואה שוייצמן לאורך שנות השלושים הזהיר מפניה - חיזקו אצל מנהיגי הציונות, ובתוכם וייצמן, את הרצון להקים במהרה מדינה יהודית, אפילו בחלק מארץ ישראל. מכתביו של וייצמן ונאומיו בשנים 1939-1941 מגלים ייאוש הולך וגובר לצד נחישות להשיג מדינת מקלט עבור יהודי אירופה הנרדפים.

בשנים 1941-1942 בא המקלט הבטוח תחת איום רציני כאשר הצבא הגרמני באפריקה, בפיקודו של ארווין רומל, חצה את גבול מצרים ועמד על סף כיבושו של עמק הנילוס. וייצמן באוטוביוגרפיה שלו נזכר שבאותם ימים הגיע אליו כָּתב מארץ ישראל וסיפר לו 'שעושים כבר הערבים [הפלסטינים] הכנות לחלוקת השלל. מהם מתהלכים בחוצות תל אביב והמושבות ומצביעים על הבתים שהם עתידים לקבל'.[56]

הדברים התגלגלו אחרת, רומל נוצח בידי בנות הברית והודח מאפריקה, אך מרבית יהודי אירופה נטבחו בידי הגרמנים ועוזריהם. מאז שימשה השואה לוייצמן טיעון מכריע בזכות הקמת מדינה ליהודים. בהעידו לפני הוועדה האנגלו־אמריקנית ב־1946 הצהיר: 'אני מודה שהפתרון שלנו טומן בחובו כמות מסוימת של אי־צדק [לערבים], אך השאלה [העומדת על הפרק היא איזה פתרון] גורם לאי־צדק הקטן ביותר'.[57] הטענה של וייצמן הייתה, למעשה, שכל פתרון לבעיית ארץ ישראל יגרום אי־צדק לצד זה או אחר (או מידה של אי־צדק לשני הצדדים גם יחד); השאלה היא איזה פתרון יגרום פחות אי־צדק, או יבטיח אי־צדק מוגבל ככל האפשר. וייצמן הבין שהקמת מדינה יהודית תגרום עוול

55 וייצמן אל נוויל צ'מברליין, 18.4.1939, מח"ו, 19, מספר 41, עמ' 37.

56 מסה ומעש, עמ' 419.

57 *We Warned You, Gentlemen: Testimony of Dr. Chaim Weizmann before the Anglo-American Committee of Inquiry on Palestine*, Jerusalem: Jewish Agency for Palestine, 1946, p. 43. אני מודה לב"ז קדר על שהפנה אותי למקור זה וגם למקור המופיע בהערה הבאה.

מסוים לערביי ארץ ישראל, אך העוול יהיה פחות בהרבה מהנזק שנגרם זה עתה ליהודים בשואה ומהעוול שייגרם ליהודים אם לא יקבלו מדינה בארץ ישראל. לומר זאת אחרת, לאור העובדה שעמי ערב זכו למספר רב של מדינות עצמאיות (בשנים 1946-1944 זכו תושבי סוריה, לבנון ועבר הירדן לעצמאות, ותושבי ארצות ערביות אחרות זכו לתגבור של ריבונותם) יהיה מן הצדק שהיהודים יזכו במדינה (קטנה) משלהם, גם אם יהיה זה על חשבון תושביה הערביים של ארץ ישראל. אחד מחברי הוועדה האנגלו־אמריקנית, חבר הפרלמנט הבריטי ריצ'רד קרוסמן, התרשם מ'הערבוב המופלא של להט וריחוק מדעי' (magnificent mixture of passion and scientific detachment) ומ'האובייקטיביות המדעית' שהפגין וייצמן בעדותו בפני הוועדה - ביטוי לאותה עין מדעית בוחנת, אבל גם להט רגשי, שוייצמן הפעיל לאורך חייו בכל עיסוקיו הפוליטיים.[58]

וייצמן ורעיון ה'טרנספר'

הרעיון להעביר ערבים, או את כל הערבים, מארץ ישראל או מהשטח בארץ ישראל שיועד למדינה יהודית, כדי להקל על התיישבות יהודית או כדי לזרז השגת רוב יהודי, ריחף בתודעה הציונית מאז תאודור הרצל וישראל זנגוויל. הרעיון קיבל תנופה גדולה, ואומץ על ידי מנהיגים ציוניים, כולל וייצמן ובן־גוריון, בשנות השלושים, והיה אצל וייצמן לאחת הדרכים לפתור את 'הבעיה הערבית'. כמו אצל אחרים, אימוץ רעיון הטרנספר על ידי וייצמן היווה תגובה הן לכוונות הערבים ולאלימותם כלפי היהודים בארץ ישראל והן למעשי הנאצים באירופה.

כבר בעקבות מאורעות הכותל באוגוסט 1929 הציע וייצמן, בשיחה עם שר המושבות הבריטי הלורד פַּספילד, להעביר ערבים מארץ ישראל לעבר הירדן או אף לעיראק. 'אם אין אנו יכולים לחצות את הירדן [זאת אומרת, ליישב יהודים בעבר הירדן] לבטח יוכלו לעשות זאת הערבים'. לדברי וייצמן, פספילד, לא ציוני נלהב, הגיב בנכונות לעיין בדבר אך הוסיף: העיראקים 'אנשים קשים מאוד'. וייצמן, לדבריו, השיב: 'מובן שאין זה קל, אבל יש לפתח את הארצות האלה' (כלומר, את עבר הירדן ועיראק, שהיו דלות אוכלוסין, ועל פי וייצמן

58 Richard Crossman, *Palestine Mission: A Personal Record*, New York – London: Harper & Brothers, 1947, pp. 123–124

היו זקוקות למהגרים רבים כדי לפתחן]. לורד פספילד גרס כי זאת 'ראייה רחבת אופקים (a wide outlook) ושיש לחשוב עליה ברצינות רבה'.[59]

הרעיון שעיראק עשויה לשמש יעד להעברה של פלאחים פלסטינים אולי נטע במוחו של וייצמן על ידי הקולונל פרדריק קיש, יושב ראש הנהלת הסוכנות היהודית, שעוד לפני פרעות 1929 הרהר בדבר. בספטמבר 1928 הודיע קיש לוייצמן שהמנהל הבריטי של מחלקת הקרקעות בממשל המנדטורי בעיראק הדגיש את הצורך בפיתוח חקלאי של עיראק ואת 'הצורך הגובר בפלאחים'. 'זה הדבר שלו חיכיתי וקיוויתי, שעוד לפני כן ביטאתי את הדעה שבהשקיה של מסופוטמיה יימצא הפתרון לבעיית הגזע (racial problem) בפלשתינה', כתב קיש לוייצמן. 'תעמולה למען הגירה ערבית [מארץ ישראל] לעיראק אסור שתיעשה על ידינו [...] אבל יהיה נפלא אם ממשלת עיראק תעשה זאת, וזה יהיה באינטרס של שתי הארצות'.[60] במאי 1930 שב קיש ודש בנושא. הוא כתב לוייצמן שעל הסוכנות היהודית ללחוץ על בריטניה לקדם הגירה ערבית לעיראק. 'לא יהיה זה בלתי אפשרי להגיע להסדר עם [המלך] פייצל שעל פיו הוא ייטול יוזמה ויציע הטבות למהגרים ערבים [ארץ־ישראליים]. [...] אין קושי העולה על הדעת לגבי ערבים פלסטינים - עם נווד וחצי נווד - לעבור לארץ ערבית אחרת ששם ישנן הזדמנויות טובות יותר לחיים חקלאיים'. קיש הצביע על הגירה בריטית לקנדה כתקדים נאור בהקשר זה.[61]

פרוץ המרד הערבי ב־1936 והמלצות ועדת פיל ביולי 1937, שכללו את חלוקת ארץ ישראל לשתי מדינות והעברה של 200-300 אלף תושבים ערבים מהשטח היהודי אל המדינה הערבית או אל מחוץ לתחומי ארץ ישראל, רק חיזקו את תמיכתו של וייצמן ברעיון הטרנספר. הוא ראה את רכיב הטרנספר כבעל 'חשיבות מכרעת' להצלחת החלוקה.[62] אך וייצמן, לפחות במכתביו לזרים, צידד בטרנספר וולונטרי ושלל טרנספר כפוי. (כזכור, ועדת פיל המליצה על טרנספר וולונטרי - אך גם חייבה כפייה אם הערבים לא יזוזו מרצונם.) לפייר אורטס, נשיא ועדת הקבע למנדטים בחבר הלאומים, כתב וייצמן: 'כמובן איננו מציעים

59 וייצמן (לונדון) אל לורד פספילד, 6.3.1930, מח"ו, 1, מספר 116, עמ' 591-592.

60 פרדריק קיש אל וייצמן, 21.9.1928, ניירות פרדריק קיש, ארכיון דוד בן־גוריון.

61 קיש אל וייצמן, 20.5.1930, שם.

62 וייצמן אל אורמסבי־גור, 20.7.1937, מח"ו, 18, מספר 159, עמ' 180.

שייעשה שימוש כלשהו בכפייה; רק אלה שירצו בכך יועברו, ואלה שיעדיפו להישאר [בתחומי המדינה היהודית] יישארו׳.[63]

בקונגרס הציוני הכ׳ שנערך בציריך באוגוסט 1937 בן־גוריון ווייצמן שכנעו והובילו את הרוב, בקבלם את עקרון החלוקה, ווייצמן חייב את המלצת הטרנספר של פיל בפה מלא.[64] וייצמן פגש את ויליאם אורמסבי־גור ודיווח: ׳אמרתי [לו] שההצלחה של כל התכנית [לחלוקה] תלויה בכך שהממשלה [...] [תבצע] את ההמלצה הזאת [של הטרנספר]׳. על פי וייצמן, אורמסבי־גור ׳הסכים שאחרי שיימסר הגליל ליהודים [...] המצב יהיה קשה מאוד ללא טרנספר׳.[65]

אך ערביי ארץ ישראל חידשו את המרד ובתוך חודשים ממשלת בריטניה הפנתה עורף לרעיון החלוקה, ובתוכו לרעיון הטרנספר. מנהיגי הציונות המשיכו לדון ברעיון, בחיוב, בחדרי חדרים - למשל בישיבות של הנהלת הסוכנות - אולם בפורומים פומביים נקטו שתיקה. ברור כי וייצמן המשיך לתמוך ברעיון. ב־1938, למשל, חייב את העברתם של חמישים אלף מערביי הגליל שחלקם, אמר, ׳עניים מרודים וחסרי אדמות׳.[66] באפריל 1939 הוא הציע את העברתם של 10,000 מהדרוזים בגליל (כלומר את רובם, אם לא כולם) לדרום סוריה, כך ש׳כל המחוז לאורך כביש עכו-צפת עד לחניתה ונהריה יהפוך ליהודי בדרך שקטה לחלוטין׳.[67] וייצמן גם גיבה את רעיון הטרנספר במסגרת היזמה של הארי סינג׳ין פילבי, יועצו של אבן סעוד, מלך ערב

63 וייצמן אל פייר אורטס, 14.8.1937, מח״ו, 18, מספר 168, עמ׳ 186.

64 בני מוריס, תיקון טעות: יהודים וערבים בארץ־ישראל 1936-1956, תל אביב: עם עובד, תש״ס, עמ׳ 47-48. שם מצוטטים דבריו של משה גליקסון, עורך ׳הארץ׳, בקונגרס הציוני הכ׳, שגם היה בו ציר, על דברי וייצמן בקונגרס בזכות הטרנספר. וייצמן, על פי גליקסון, אמר ש׳לדעתו אפשר יהיה להעביר במשך 20 שנה 100 אלף ערבים למדינה הערבית. [...] דר׳ וייצמן סיפר לנו על התוכנית ליצירת קרן להתיישבות גדולה [בעבור הערבים המועברים]׳. מנחם אוסישקין, יושב ראש קרן קימת לישראל, אמר בקונגרס שוייצמן דיבר על העברה של ׳300,000 ערבים מחוץ למדינה היהודית׳. דבריו של וייצמן בנושא אינם כלולים בפרוטוקולים הרשמיים של מושבי הקונגרס הציוני הכ׳.

65 Chaim Weizmann, ‘Summary Note of Interview with Mr. Ormsby-Gore, Colonial Office, Monday, July 19th 1937, at 10:45 a.m.’, ג״ו, 2000-27.

66 וייצמן אל סמי גונצבורג (איסטנבול), 2.8.1938, מח״ו, 18, מספר 379, עמ׳ 439-440.

67 וייצמן אל סולומון גולדמן (שיקגו), 28.4.1939, מח״ו, 19, מספר 52, עמ׳ 54.

הסעודית, שדרשה הקמה של פדרציה מזרח תיכונית שתכלול מדינה יהודית בארץ ישראל (ריקה מערבים). דבר לא צמח מיוזמה זו.[68]

בראשית 1941 שוחח וייצמן על עניין הטרנספר עם השגריר הסובייטי בלונדון, איוון מייסקי. הדיווחים של שני האישים על פגישתם פתוחים לעיון. וייצמן יזם את השיחה כדי להציע לרוסים עסקת חליפין - תפוזים מארץ ישראל, שהשוק הטבעי שלהם באירופה נסגר עקב מצב המלחמה, תמורת פרוות מרוסיה (אולי חשבו בהנהגה הציונית שאפשר יהיה לשמור את הפרוות ולייצאן לאחר המלחמה). על כל פנים, אחרי שמייסקי דחה בנימוס את רעיון סחר החליפין, שני האישים דנו בנושאים אחרים - מצוקת יהודי אירופה ובעיית ארץ ישראל והטרנספר. על פי דיווחו של וייצמן, מייסקי הוא שאמר שיהיה צורך ב'חילופי אוכלוסין' אם ירצו הציונים להעביר המוני יהודים מאירופה לארץ ישראל. וייצמן ענה שאם יועברו חצי מיליון ערבים אל מחוץ לגבולות ארץ ישראל, שני מיליון יהודים יוכלו 'לקחת את מקומם. זה כמובן יהיה רק פרק ראשון' (a first instalment). על פי דיווחו של מייסקי למוסקווה, וייצמן הוא שיזם את הדיון בנושא ואמר שכדי להציל את יהודי אירופה יהיה הכרח 'להזיז את מיליון הערבים שגרים בארץ ישראל לעיראק, ולהביא תחתם ארבעה או חמישה מיליון יהודים'. על פי וייצמן, מייסקי העלה הסתייגויות בדבר העברה של 'אוכלוסייה הררית למישורים' ובדבר יישוב מיליוני יהודים באזורים שגרו בהם מספר קטן בהרבה של ערבים. וייצמן ענה ש'אפשר להתחיל בערבים ששוכנים בעמק הירדן' והוסיף ש'התנאים בעבר הירדן אינם שונים בהרבה מאלה השוררים באזורי ההר בארץ ישראל'. לגבי המספרים טען: 'תן לי את האדמות המאוכלסות במיליון ערבים, ובקלות אני איישב בהם פי חמישה יהודים' - מכיוון שהערבים הם הגורם לשממה ולעומתם היהודים יצליחו להשביח את הקרקע ואת החקלאות.[69]

68 ראו משה שרת, יומן מדיני, ד, בעריכת אהוביה מלכין, תל אביב: עם עובד, 1974, עמ' 374-376; Yehoshua Porath, *In Search of Arab Unity 1930–1945*, London: Frank Cass, 1986, pp. 80–106.

69 'Meeting of the Jewish Agency Executive (London, 30.1.1941)' בתוך תעודות (לעיל, הערה 6); פגישת מייסקי-וייצמן (לעיל, הערה 6), עמ' 1-5.

1948

לאחר שמאות אלפי ערבים עקרו או נעקרו מבתיהם במהלך מלחמת 1948 אימץ וייצמן את המדיניות הישראלית הרשמית - שהפליטים לא יחזרו. שר החוץ משה שרתוק (שרת) כתב לו באוגוסט באותה שנה:

> באשר לפליטים נחושה דעתנו, כי יש לנקוט גישה נוקשה כל עוד נמשכת המלחמה. אם יתחיל זרם של שיבה, לא נוכל עוד לעצור בעדו והוא ימיט עלינו הרס. בה במידה נחושה דעתנו לגבי העתיד [...] לבחון את הדרכים כדי להיפטר אחת ולתמיד מן המיעוט הערבי הגדול שאיים עלינו בעבר [...] איני צריך להדגיש, מה המשמעות של יישובם מחדש של ערבים 'ישראלים' בטריטוריות הסמוכות מבחינת שחרור אדמות בישראל למען יישובם של בני עמנו־אנו.[70]

וייצמן כנראה לא היה זקוק לשכנוע רב. ב־9 בדצמבר 1948 הוא זימן אליו לביתו ברחובות את המנהל של מחלקת הקרקעות של קרן קימת לישראל, יוסף ויץ. ויץ היה ממובילי קו הטרנספר ביישוב בשנות השלושים והארבעים, וב־1948–1949 שלל לחלוטין את שיבת הפליטים. הוא רשם ביומנו:

> לא האמנתי. הוא [וייצמן] היה חביב מאד. שאלתו הראשונה - עתה יש לך קרקע די והותר [לתכניותיך לפיתוח היישוב]? וזו שנתנה לי אמתלה להרצות לפניו בשאלה הערבית כפי השקפתי כי נראה שלו ישנה השקפה אחרת פשרנית וותרנית. והשתוממתי בשמחה כי לא כן הדבר. הוא קיבל את דעתי בכל הנקודות. אין הערבים יכולים וצריכים לחזור ובעד רכושם עלינו לשלם, למען יתיישבו בארצות ערב.[71]

70 שרתוק אל וייצמן, 22.8.1948-20.7.1948, בתוך תעודות למדיניות החוץ של מדינת ישראל, א: 14 במאי - 30 בספטמבר 1948, בעריכת יהושע פרוינדליך, ירושלים: גנזך המדינה, תשמ"א, עמ' 369.

71 יומני יוסף ויץ, 9.12.1948, הארכיון הציוני המרכזי, A246-14, עמ' 2544. כשני עשורים מאוחר יותר הוציא ויץ לאור את יומניו, ושכתב במעט את הפסקה הזאת כדלהלן: 'הרציתי [לוייצמן] על השאלה הערבית [...] הייתי ייָרא פן תיראה [דעתי] בעיניו קיצונית, אבל מה גדלה שמחתי באומרו שהוא תמים דעה איתי בכל הנקודות. הערבים אינם יכולים ואינם

אבל בעודו מתנגד לשובם של הפליטים, וייצמן גינה נחרצות את מעשי הזוועה שביצעו חיילי ישראל נגד אזרחים ערבים במהלך המלחמה.

הסתייגותו של וייצמן מהתנהגות היהודים כלפי הערבים החלה כבר בשנות השלושים, כאשר החלו אנשי האצ"ל לגמול לערבים בזמן המרד הערבי במעשי טרור. וייצמן הוקיע את האצ"ל וטרור מכל סוג שהוא. ב־1944 הוא הגדיר את מנחם בגין, מפקד האצ"ל, כ'מגלומן הסובל מתסביך משיחי. קשה לומר האם הוא פאנאטי, שרלטן, או שניהם גם יחד'. אך וייצמן הבין שההתנהלות הבעייתית (בעיניו) כלפי הערבים אינה ייחודית לאצ"ל ושמעשי הארגון הם רק סממן של השתנות כללית יותר במצפן המוסרי של היישוב כולו. ב־1945 בזמן ביקור בארץ הוא צייר 'תמונה קודרת של הפסיכולוגיה של הדור העולה ביישוב, ואמר שהאשם בב"ג'. אך לרוב וייצמן הצביע על זוועות הנאצים כנגד היהודים ובאלימות הערבים כלפי יהודי ארץ ישראל כמקור ההשתנות של צעירי היישוב.[72] בזיכרונותיו הוא כתב על 'התרופפות בטהרת־המוסר הציונית, הישנה, המסורתית, נטייה לצבאיות וחולשה לגבי גינוני חייל' וביכה את 'הפנייה הטרגית, חסרת התועלת, הבלתי־יהודית, לטרור, סילוף תפקידה ההתגוננותי של "ההגנה"; והרע מכול, שחוגים מסוימים הראו נכונות להשלים עם הרע, לעשות בו פוליטיקה, ספק מגנים ספק אין מגנים אותו [...] כתופעה שיש לה גם [...] יתרונות'.[73] בקיץ 1946, על רקע פיצוץ מלון המלך דוד בירושלים על ידי האצ"ל, כתב וייצמן לשרתוק: 'בעיני כל בעלי הרצון הטוב, התנועה שלנו מידרדרת והופכת לחבורת גנגסטרים'.[74]

צריכים לחזור. נשלם בעד רכושם, כדי שיוכלו להתיישב בארצות ערב'. ראו יוסף ויץ, יומני ואגרותי לבנים, ג, רמת גן: מסדה, תשכ"ה, עמ' 363. ויץ דיווח: בפגישה בין השניים ארבעה חודשים מאוחר יותר שוב שאל וייצמן את ויץ מה קורה בשאלה הערבית בישראל. 'את תזכירנו על הסדר הפליטים [במדינות ערב] לא קרא עדיין. גם התעניין במהלך ההתישבות החדשה [על האדמות הערביות הנטושות]. סיפרתי לו על היאחזותם של העולים החדשים בקרקע. הקשיב קשב רב, ללא תגובה. נפרדתי ממנו'. שם, ד, עמ' 17-18. גרסת המקור אינה שונה בהרבה מהגרסה שראתה אור בדפוס. ראו יומני יוסף ויץ, 9.3.1949, הארכיון הציוני המרכזי, A246-14, עמ' 2594-2595.

72 רוז, וייצמן (לעיל, הערה 3), עמ' 251.

73 *Trial and Error*, p. 539. התרגום העברי (מסה ומעש, עמ' 426) מרכך את הדברים.

74 רוז, וייצמן (לעיל, הערה 3), עמ' 258.

המעבר ההדרגתי של היישוב מעמדה של התגוננות לתפיסה התקפית במהלך המרד הערבי ובמלחמת העולם השנייה גרם לכך ש'המולך של המיליטריזם', כהגדרתו של וייצמן, השתלט על התנועה הציונית, 'על הכול ועל כולם'. הוא הבחין ביישוב ב'תצוגה ביזנטית של עוצמה', כך כתב לעוזרו מאיר וייסגל ב־30 ביולי 1948 ממקום מושבו בשווייץ (וייצמן הגיע ארצה רק בסוף ספטמבר 1948). הוא הוסיף שאף שנבחר לנשיא הוא חסר רצון לשוב לארץ (משהותו בשווייץ) כי איננו רוצה לחלוק באחריות על 'דברים הנעשים כרגע בא"י' בלא שתהיה לו השפעה על הממשלה המחליטה: 'בינתיים עובדות נקבעות שיש לעמוד מולן, ואינני מוכן לעשות זאת'. לא ברור למה כיוון וייצמן, אבל ייתכן שדובר במעשי צה"ל כמה ימים לפני כן בעיר לוד, שם התבצע טבח וגירוש. לבסוף, וייצמן קבל על כך שמנהיגי היישוב נמנעו מליידע אותו על המתרחש בארץ (keeping me entirely in the dark) ואף איים להתפטר מתפקידו כנשיא.[75]

בין ה'עובדות' שהציקו לוייצמן בזמן שהייתו בחו"ל ב־1948 היו השינויים שעברו על מכון זיו בתקופת המלחמה. ביטוי חריף לכך נמצא במכתב האמור לוייסגל מ־30 ביולי 1948. ראשית, וייצמן קבל על כך שלא יידעו אותו על 'מה באמת קורה שם', פרט לאמירה כללית שהעבודה במכון עוברת לדפוס מלחמתי, ועל שלא נועצו בו כלל בנדון. שנית, הוא מחה על כך ש'כל העבודה המדעית [...] תוחלף במשהו שאינו מדע אלא ייצור חומרי נפץ', כהגדרתו. 'אני רואה את עצמי כראש מרכז מדעי אבל אם המרכז הזה משנה את אופיו וזאת ללא בקשת רשות [ממני], אני מוצא שזה פוטר אותי מתפקידי [בראש המכון]'. הוא אף הגדיר את מה שעובר על המכון כ'חילול קודש'.[76]

והמכון אכן עבר מהפך כללי בחודשי המלחמה, כך שכבר במאי 1948 כמעט כל המדענים והמעבדות עסקו בייצור חומרים ומוצרים עבור מאמץ המלחמה. העבודה התנהלה במשמרות במשך כל שעות היום והלילה. המכון גם התרחב בצורה מהפכנית מבחינת בניינים ומעבדות.[77] לסגל המכון מלפני 1948 - כמאה

75 וייצמן אל וייסגל (ניו יורק), 30.7.1948, מח"ו, 22, מספר 238, עמ' 192.

76 שם. וראו גם William B. Jensen, Henry Fenichel & Milton Orchin, *Scientist in the Service of Israel: The Life and Times of Ernst David Bergmann (1903–1975)*, Jerusalem: Magnes Press, 2011, pp. 156, 168.

77 וייסגל (תל אביב) אל וייצמן, 14.4.1948, ג"ו, 2824-30. וייסגל הגדיר את התרחבותו של המכון כ'עוצרת נשימה'.

איש - התווספו לתקופת המלחמה עשרות מדענים מהאוניברסיטה העברית ומהטכניון וכ'מאה חיילים [מדענים וטכנאים] של צה"ל',[78] והמכון הפך למוסד המדעי המרכזי והגדול ביותר במדינה. וייסגל סיכם זאת כך: 'התינוק ברחובות היה לגבר בעל תיאבון של זללן'.[79] בסוף 1948 הועסקו ב'רחובות וסביבתה 350 מדענים וטכנאים בפרויקטים' הקשורים למלחמה, דיווח וייסגל לחבר הנאמנים האמריקני של המכון.[80]

המדענים והטכנאים עסקו במחקר וייצור של מגוון רחב של מוצרים שנועדו למאמץ המלחמתי. הסקירה הרחבה ביותר - הפתוחה לעיון חוקרים - לגבי הנעשה במכון סופקה על ידי ארנסט דוד ברגמן, המנהל המדעי של המכון. ב־11 באוגוסט 1948 כתב לוייסגל (ולבטח ציפה שהדברים יגיעו לידיו של וייצמן עצמו) על חלק מהפרויקטים שבהם עסקו במכון - ועל חלק אחר רמז. הוא כתב על ייצור דלק למטוסים ורקטות ומים מזוקקים, מכשירים אלקטרוניים לשליטה מרחוק, כוונות לרובי־צלפים, צבעים פלואורנים (להארת חלקי כלי נשק בלילה), חומרי נפץ, עשן צבעוני, חומר נפץ הודף לפצצות מרגמה ורקטות, רקטות 'של 2.5 ק"ג', חומרים המנטרלים גזים רעילים ובדיקת מתכות לייצור כלי נשק. על דברים אחרים רק רמז ברגמן כאשר כתב על עבודתם של 'ד"ר דוסטרובסקי' ו'ד"ר הרברט ברנשטיין', עבודה שאותה הגדיר 'חיונית לניהול המערכה' שכללה ניסויים שגרמו למדענים painfully inflamed eyes. נראה כי ברגמן קישר בין חומרים אלה - בלי להסביר - ובין כיבוש תחנות משטרה.[81] ייתכן שדובר בפיתוח של גרסה של גז מדמיע שעליו דיווח אהרן קצ'לסקי (קציר), שעבד במכון, לבן־גוריון ב־2 בפברואר: '"שמשון" [...] נעשה נסיון

78 ארנסט דוד ברגמן, 'סקירה על העבודה המדעית של מכון וייצמן למדע בתקופה ינואר 1948 עד יולי 1950', יולי 1950, אמ"ו, 9.49.

79 וייסגל אל וייצמן (רחובות), 10.12.1948, ג"ו, 2876-24.

80 דברי וייסגל ב'פגישה שנתית של הוועד האמריקני של מכון וייצמן למדע בע"מ', ניו יורק, 8.12.1948, אמ"ו, פרוטוקולים של ישיבות מועצת המנהלים 1947, 9.44 ב.

81 ברגמן (רחובות) אל וייסגל, 11.8.1948, אמ"ו, מאיר וייסגל, התכתבות 1948, 8. במכתב אחר התפאר ברגמן שתחנת המשטרה של נבי יושע באצבע הגליל נכבשה 'אך ורק הודות לשימוש באחד המתקנים הקטנים שלנו'. ברגמן אל וייצמן, 18.5.1948, ג"ו, 2832-6. המכתב מצוטט בחלקו אצל ג'נסן, פניצ'ל ואורצ'ין (לעיל, הערה 76), עמ' 139. ייתכן שמדובר במתקן פיצוץ שבעזרתו חדרו דרך הקיר החיצוני של המבנה. וראו גם ברגמן אל וייצמן, 6.7.1948, ג"ו, 2847-4; 26.7.1948, ג"ו, 2851-4.

בבעלי־חיים. החוקרים היו לבושים מסיכות־גז ותלבושת. [...] אף בעל חיים לא מת, הסינוור נמשך 24 שעות׳.[82] אפשר שברגמן כיוון למחקר־פיתוח זה, או לאחר, כאשר כתב על עבודת קבוצת מדענים בראשות אפרים קצ׳לסקי במעבדות התחנה לחקר החקלאות שסופחה למכון זיו בעת המלחמה: הקבוצה ׳עוסקת בעיקר בלימוד הגורמים המשפיעים על פיזור חומרים פעילים באוויר. הטכניקות שאנו בוחנים הן, במידה מרובה, לקוחות מהנסיון שנרכש עם קוטלי־חרקים (insecticides) - אבל החומרים רחוקים מלהיות קוטלי־חרקים בלבד׳.[83] עד כמה שידוע, ההגנה וצה״ל לא עשו שימוש בגזים רעילים במלחמה. אבל בקיץ 1948 היה חשש רציני ביישוב שצבאות ערב, כולל צבא ירדן, יעשו שימוש בגזים אלה - חשש שגרם בדחיפות לייצור חומרים מנטרלים.[84] אך גם מדינות ערב לא עשו שימוש בגזים רעילים במלחמה. דבר אחרון: בקיץ 1948 החלו מספר מדענים במכון לעסוק - לפחות בחלק מזמנם וכנראה בצורה תאורטית - בהיבטים צבאיים של מחקר גרעיני. ב־26 ביולי ברגמן כתב לוייצמן שבוודאי ׳ישמח לשמוע שהתחלנו לעבוד על מים כבדים בקשר לאחד הפרויקטים שדברת אתי עליו רבות [בעבר]׳. ברגמן דיבר על מרבצי תוריום במצרים ׳וסביר גם בארץ זו. [...] פרופ׳ יואל רקח מהאוניברסיטה העברית מונה לראש קבוצת המחקר הזאת׳ וד״ר ישראל דוסטרובסקי מהמכון ישתתף בה. ׳עבודה זו היא במהותה צבאית אבל יכולה גם להתאים למסגרת [עבודת] המכון׳, כתב.[85]

קשה להאמין שהמעבר המהיר של מכון זיו מתנוחה של שלום לגיוס כמעט כולל למאמץ המלחמתי בחודשים הראשונים של מלחמת 1948 העיק על וייצמן. הרי האיש לא היה פציפיסט: במהלך מלחמת העולם הראשונה הקדיש את רוב זמנו לייצור חומרי נפץ עבור הצבא הבריטי; ב־1941 הוא התרעם על כך ש׳בשנתיים האחרונות מעט מאד נעשה מבחינה מדעית או טכנית [במכון

82 דוד בן־גוריון, יומן המלחמה: מלחמת העצמאות, תש״ח-תש״ט, א, בעריכת גרשון ריבלין ואלחנן אורן, תל אביב: החברה להפצת משנתו של דוד בן־גוריון משרד הבטחון - ההוצאה לאור, תשמ״ג, עמ׳ 201.

83 ברגמן אל וייסגל, 11.8.1948, אמ״ו, מאיר וייסגל, התכתבות 1948, 8.

84 ברגמן אל וייצמן, 6.7.1948, ג״ו, 2847-4.

85 ברגמן אל וייצמן, 26.7.1948, ג״ו, 2851-4. ראו גם בן־גוריון, יומן המלחמה (לעיל, הערה 82), ג, עמ׳ 827. שני האישים היו ממקימי הכור הגרעיני בדימונה ושימשו כיושבי ראש של הוועדה לאנרגייה אטומית.

זיו] על מנת לתרום למאמץ המלחמה [של בנות הברית]';[86] ואת מלחמתו של היישוב כנגד התוקפנות הערבית ב־1947–1948 ראה כמלחמה צודקת. ייתכן שחרה לוייצמן המעבר הסיטוני ממחקר של ימי שלום למחקר יישומי־מלחמתי והזנחה או השהיית מחקרים שגרתיים רבים, שבעבר תלה בהם תקוות כה רבות; ייתכן גם שהגיעו לאוזניו שמועות או מידע על ייצור חומרים כימיים או ביולוגיים, שראה בהם פסול. אולי גם חשש שמעתה ואילך המכון ישמש בעיקר לצרכים צבאיים של המדינה - דבר שברגמן רמז לו באחד ממכתביו.[87]

אבל אין ספק שחרה לוייצמן במיוחד ניתוקו מהמכון ומהעשייה במכון, וכן הנתק והניכור שהתהוו בינו לבין בן טיפוחיו ברגמן - יד ימינו במכון לפני המלחמה - במהלך חודשי המלחמה הראשונים. הוא קבל תכופות על כך שברגמן הפסיק לעדכנו על הנעשה במכון ופסק להיוועץ בו[88] - ולמעשה נרתם לעגלתו של בן־גוריון ומחלקת המדע של מפקדת ההגנה, לימים חיל המדע של צה"ל. במהלך 1947–1948 בן־גוריון רתם את האוניברסיטה העברית

86 המכתב מצוטט אצל ג'נסן, פניצ'ל ואורצ'ין (לעיל, הערה 76), עמ' 111.

87 ב־26 ביולי 1948 ברגמן כתב לוייצמן: 'מה שהייתי רוצה לעשות הוא לרכז במכון רק את אותו מחקר טהור [או להתרכז במחקר טהור] שיהיה בעל חשיבות חיונית במשברים [צבאיים] עתידיים'. ברגמן אל וייצמן, 26.7.1948, ג"ו, 2851–4. ברגמן השתכנע שעל ישראל לפתח תעשייה צבאית ויכולות ייצור עצמאיות, ובמכתב אחר לוייצמן העמיד את התכנון לייצור עצמאי של נשק והחומרים הנחוצים בראש סדר העדיפות, לפני תכנון מדעי כלל־לאומי בתחומי התעשייה האזרחית והחקלאות. הוא גם המליץ שאנשי חמ"ד של צה"ל יהוו את הגרעין של הגוף שהוא ייעד לתכנון הפיתוח המדעי הלאומי (ברגמן אל וייצמן, 6.6.1948, ג"ו, 2841–16). המכתבים מצוטטים בחלקם אצל ג'נסן, פניצ'ל ואורצ'ין (לעיל, הערה 76), עמ' 145–146, 160–162.

88 ראו למשל וייצמן (ויווי, שווייץ) אל וייסגל (ניו יורק), 3.8.1948, מח"ו, 23, מספר 242, עמ' 197, 199. ממלאי התכתובות בגנזך ויצמן ובארכיון מכון ויצמן לא לגמרי ברור מדוע קבל וייצמן על חוסר עדכון מצדו של ברגמן. בארכיונים אלה נמצאים שלל מכתבים מברגמן לוייצמן מאביב־קיץ 1948 - מכתב אחד לשבוע בממוצע, וחלקם ארוכים ומעדכנים לפרטי פרטים. אך באחד המכתבים ברגמן כותב שהתרכזות המכון ב־14 השנים לפני 1948 במחקר תאורטי ואזרחי ייתכן שהייתה טעות מתמשכת: 'אני תוהה לעתים תכופות האם נהגנו נכון במכון כשערכנו מחקרים מהסוג שנהלנו [...] במקום להכין את הארץ [=היישוב] מבחינת כימיקלים ומכונות לסוגים המתקדמים ביותר של לוחמה מודרנית'. ברגמן אל וייצמן, 31.5.1948, ג"ו, 2839–17. סביר להניח שוייצמן לא ראה ביקורת מרומזת זו בעין יפה. [וראו דיון נרחב בפרשה זאת במאמרו של שאול כ"ץ בכרך זה. הערת העורך.]

והטכניון לצורכי הביטחון, ומעברו של ברגמן והעשייה במכון לצרכים מלחמתיים כנראה נתפסו בעיני וייצמן כמעבר ל'מחנהו' של בן־גוריון וכסוג של בגידה.[89] אין ספק כי ראה את ההתפתחות במסגרת מאבקו רב השנים עם בן־גוריון על הבכירות בתנועה הציונית.[90] וייסגל ניסה לשכך את כעסו של וייצמן וב־13 באוגוסט כתב לו: 'אינני חושב שזאת כוונתו של מישהו לקעקע את הכוונות המקוריות של המכון. כשתנאים נורמליים יחזרו, גם אנחנו נחזור לפעילות נורמלית ברחובות. אבקש ממך רק לא להיות נוקשה מדי כלפי מי מן האנשים בתל אביב או ברחובות' (הרמיזה היא ככל הנראה לבן־גוריון ולברגמן).[91] ואילו וייצמן התמיד בעמדתו, וב־18 באוגוסט כתב לוייסגל, בהתייחסו ל'השתנות' של ברגמן ושל המכון: 'שום דבר שקרה לי בשנים האחרונות של חיי לא פגע בי יותר. [...] בינתיים אינני רואה פתרון לבעיה חוץ מאשר, אולי, להתרחק (withdraw) בשקט מהמכון'.[92] ניסיונו של וייסגל ליישב את ההדורים בין שני האישים לא צלח.

פן אחר של וייצמן ב־1948 נגע להתנהלות היישוב מול ערביי הארץ. ביטוי מוחשי לתחושותיו של וייצמן בנושא זה מצוי ביומניו של יוסף נחמני, פעיל ציוני איש העלייה השנייה שהיה חבר במועצת עיריית טבריה ומנהל המשרד של מחלקת הקרקעות של קרן קימת לישראל בגליל המזרחי. פקידים וקצינים יידעו את נחמני בזמן אמת על הנעשה במחוזו במהלך המלחמה. הוא זומן לשוחח עם וייצמן ב־13 בנובמבר 1948 במלון גלי כנרת, שם נפש הנשיא. זה היה שבועיים אחרי תום מבצע 'חירם', שבו כבש צה"ל את הגליל המרכזי והצפוני, מקו סח'נין-עראבה-עילבון צפונה עד גבול ישראל-לבנון.

לדברי נחמני, וייצמן פתח ואמר: 'זכינו למדינתנו בחיינו, נס גדול קרה לנו פה'. ואז הוסיף: 'שמעתי שנוהגים בתושבים הערבים שנשארו בצורה לא יפה, שמעתי על מעשי שוד, אונס ונגישות [...] זה יתנקם בנו. אותנו ידונו לפי התנהגותנו וערכינו המוסריים'. נחמני כנראה סיפר לוייצמן על שורת מעשי הטבח שביצעו חיילי צה"ל במהלך מבצע 'חירם' ומיד אחריו. 'איפה בנינו

89 כך גם לפי ג'נסן, פניצ'ל ואורצ'ין (לעיל, הערה 76), עמ' 176.

90 אני מודה לד"ר אורי כהן, שעסוק בכתיבת ספר על אודות ההיסטוריה של מכון זיו, על שחלק עמי את הטיעון הזה, או דומה לו, בשיחת טלפון ב־30 במרס 2014.

91 וייסגל אל וייצמן, 13.8.1948, ג"ו, 2854-15: 'I would only ask you to please not be too hard on any of the people either in Tel Aviv or in Rehovoth'.

92 וייצמן (ברגנשטוק) אל וייסגל (רחובות), 18.8.1948, מח"ו, 23, מספר 325, עמ' 279.

למדו את האכזריות? איך קרה הדבר?' שאל וייצמן והוסיף: 'האם לא שואלים אותך איך לנהוג בערבים?'. נחמני, שנחשב למומחה לענייני ערבים, ענה: 'לא שואלים. והאם אותך בתור נשיא המדינה שואלים?'. 'לא, ענה לי [וייצמן] בקול מיואש ומדוכא. לא... לא שואלים'. נחמני סיכם: 'וייצמן היה מדוכא מאד, נראה עצוב והזכיר לי את מראהו כשפגשתיו ביפו ובירושלים בזמן הפרעות הראשונות בארץ [בשנת 1920], כשהלך לפגוש את הנציב העליון'.[93] השניים נפגשו שוב למחרת, ולדברי נחמני התפתחה השיחה הבאה:

וייצמן: כל הלילה לא יכולתי להירגע ממעשי בחורינו בערבים. מה אפשר לעשות כדי למנוע מעשים מגונים ונגישות?
נחמני: ידידי הנשיא... רק הממשלה בידה לרסן את האינסטינקטים המתפרצים של חלק מבחורינו.
וייצמן: לצערי... אין לי השפעה. משתדלים שלא תהיה לי השפעה.

'דבריו היו נוגים מאד', סיכם נחמני. 'אחרי שיחה של 29 רגעים נפרדתי ממנו אחרי שהבטחתיו שמפעם לפעם אשתדל לבקרו ברחובות'.[94]

אך דעותיו של וייצמן על שהתרחש בתש"ח היו רבות רבדים. בדברו לאחים ציונים הטיח ביקורת על ההתנהלות הישראלית, ואילו בהתכתבויותיו עם גויים ביקר את התנהגות הערבים. הוא גינה את הערבים על דחייתם את תכנית החלוקה של האו"ם ועל יציאתם למלחמה נגד היישוב, ביקר את בריטניה על תמיכתה בערבים בידעה שרצון הערבים הוא לשחוט את היהודים,[95] ולגלג על תפקודם של צבאות ערב ועל מנוסת ההמונים הערבים מבתיהם 'בהתקרב הצבא היהודי'.[96] כנראה שלוחמנות מסוימת אפיינה גם את התבטאויותיו בחדרי חדרים. לדברי אחיינו עזר וייצמן, וייצמן שאל אותו אחרי הכניסה של צה"ל לסיני בסוף דצמבר 1948: 'למה אנחנו לא הולכים לקאהיר?'.[97]

עם שובו לארץ בשלהי ספטמבר 1948 נכנס וייצמן להילוך תעמולתי, בעיקר בכתבו לגויים, ובייחוד בנושא הרגיש של הפליטים הערבים. לוולטר

93 יומן יוסף נחמני, 13.11.1948, ארכיון השומר.

94 יומן יוסף נחמני, 14.11.1948, שם.

95 וייצמן (ז'נווה) אל לאונרד שטיין (לונדון), 17.9.1948, מח"ו, 23, מספר 252, עמ' 206.

96 וייצמן אל וינסטון צ'רצ'יל, 6.8.1948, מח"ו, 23, מספר 246, עמ' 202.

97 רוז, וייצמן (לעיל, הערה 3), עמ' 281.

אליוט, חבר פרלמנט ושר לשעבר בריטי, כתב: ׳הערבים שהעדיפו להישאר בארץ מרוצים׳, בעוד אלה שעזבו ונחתו בעבר הירדן או בסוריה ׳אין הם רצויים ביותר אף באחד מן המקומות האלה׳. ׳איני יודע מי יעץ לערבים לברוח [הרמז הוא לפקידים בריטים]; לא הפחד גרם להם שיברחו; [על כל פנים] מצדנו לא הופעלו עליהם לא איומים ולא לחץ... נאמר לי שהמופתי ביקש לרכז את הערבים באחד המקומות ולהפוך אותם לצבא, שיוכל להתקיף את ישראל ולהחריבה... אנו לא עשינו מאומה כדי לגרום בריחה המונית זו׳.[98]

בשני מכתבים ארוכים הגן וייצמן על מדיניות היישוב ועל ישראל, הן כלפי הבריטים והן כלפי הערבים. ליידי ויולט בונהם־קרטר, בתו של לורד אסקווית׳, מי שהיה ראש ממשלת בריטניה בימי מלחמת העולם הראשונה, כתבה לוייצמן ב־1949 בגנות מהלכי הציונים כלפי בריטניה וערביי ארץ ישראל. היא כעסה על הטרור האנטי־בריטי בתקופת המרי ועל התנהגות ההגנה וצה״ל כלפי הערבים במהלך מלחמת תש״ח. וייצמן השיב: ׳יהודים אינם עם שנוטה לאלימות [...] התיישבותנו בארץ ישראל הייתה הישג יוצא מן הרגיל של אי־אלימות׳. אך הבריטים נהגו בסלחנות כלפי האלימות הערבית נגד היהודים ואף סגרו את שערי הארץ בפני היהודים הנרדפים באירופה, גם בזמן השואה. ׳את מופתעת וסולדת מן העובדה שיש בקרבנו טרוריסטים. אני יכול רק לטעון שכל אומה שהיא אשר הייתה מתנסה בייסורים הנוראים שהתנסו בהם היהודים תחת שלטונו של היטלר הייתה מצמיחה גידולים כטרור, ואף גרוע מזה׳. וייצמן גינה את ׳הזעם הצדקני׳ כלפי ישראל בעיתונות הבריטית, ברמזו שבונהם־קרטר שותפה לצדקנות זו, הנובעת בחלקה לפחות מרגשי אשם על התנהגות בריטניה עצמה.

ובאשר ל׳800 אלף׳ הפליטים הפלסטינים, ׳אשר הרעב, המחלות והמוות עושים בהם עתה שמות׳, גרס וייצמן: ׳המספר הנכון הוא החצי לערך מזה שנקבת׳. אך שאלה חשובה יותר היא ׳על מי מוטלת האחריות לגורלם? האם אנו הכרזנו מלחמה על הערבים וגירשנו אותם מן הארץ? האם לא מדינות ערב הן שפלשו למדינתנו ב־15 במאי, ואף לפני כן... תוך ידיעה ברורה שבריטניה תומכת בהם... הערבים המסכנים הוטעו בהבטחות שהיהודים יושמדו תוך זמן קצר מאוד. [...] תכנית המאבק שלנו לא כללה את גזילת נכסיהם של הערבים. כשהתחילה הבריחה [...] השתדלנו מאוד לשכנע אותם כי יישארו׳.[99]

98 וייצמן אל וולטר אליוט, 1.12.1948, ג״ו, 2875-12.

99 חיים וייצמן, הנשיא הראשון (לעיל, הערה 9), עמ׳ 522-524.

שבועות מספר לאחר מכן כתב וייצמן לנשיא ארצות הברית טרומן שהפליטים הערבים 'אינם פליטים במובן שבו ההגדרה קודשה במותם של מיליונים באירופה - הם חלק מקבוצה תוקפנית שלא צלחה ושאיננה מסתירה את כוונתה לחזור לדרך התוקפנות. [הפליטים] נטשו את הארץ בשנה שעברה על פי בקשתם של מנהיגיהם וקציניהם וכחלק מהתכנית האסטרטגית הערבית'. על כל פנים, טען, ישראל אפשרה את שובם של פליטים במסגרת איחוד משפחות ונכונה לאשר שיבה של עוד פליטים כחלק מהסדר שלום. אבל באופן כללי, בעיית הפליטים צריכה להיפתר בדרך של יישובם מחדש בארצות ערב, רמז וייצמן.[100]

העתיד

וייצמן נפטר ב־1952. לא ברור אם העריך שהשלום ייכון בין ישראל למדינות ערב, אך הוא ציפה שמדינת ישראל תנהג בהגינות ובשוויון כלפי אזרחי המדינה הערביים. 'אסור שיהיה חוק אחד ליהודי וחוק אחר לערבי. יהיה לנו מיעוט ערבי גדול מאוד. אני בטוח שהעולם ישפוט את המדינה היהודית על פי התנהגותה כלפי הערבים'.[101]

ובאשר למעמד ישראל בעולם, וייצמן הבין שתלות המערב בנפט הערבי גורע ממעמדה של מדינת ישראל ומביטחונה. בספרו האוטוביוגרפי הקדיש לנושא פרק קצר. הוא קיווה וציפה שמדינת ישראל תהיה למרכז מדעי שיוכל 'לסייע לעולם להתגבר על הסכסוך הנובע מעמדת־המונופולין של הנפט'. נראה כי התכוון לתלות של ארצות הברית והאימפריה הבריטית בנפט הערבי.[102]

וייצמן השקיע חלק גדול מעבודתו בכימיה בייצור תחליפים על ידי תהליכי התססה של גידולי שדה. וייצמן האמין שבדרך זו אפשר גם להפיק תחליפים למוצרי נפט חשובים ושהמחקר בנושא יביא לשחרור המערב מהתלות בבארות הנפט בארצות ערב. הוא ראה במכון ויצמן את לב העבודה המדעית בארץ ישראל בנושא זה.

100 וייצמן אל הארי טרומן, 24.6.1949, מח"ו, 23, נספח 1, עמ' 314–316.

101 *Trial and Error*, pp. 461–462

102 מסה ומעש, עמ' 431. [וראו גם בקטע ד בפרק 'קטעים גנוזים' בכרך זה. הערת העורך.]

* * *

מה שעולה מסקירה זו על יחסו של וייצמן לערבים ועל המדיניות הציונית המתבקשת הוא תמונה מורכבת ומשתנה: גישת העולם הישן כלפי ה׳ילידים׳, דחיית היותם של הערבים הפלסטינים עם בפני עצמו, ולאחר מכן קבלה דחוקה של עליית לאומנות ערבית־פלסטינית נפרדת בצד גינוי לאומנות זו כתוקפנית ופשיסטית. לבסוף, וייצמן השלים עם רעיון החלוקה בפתרון של שתי מדינות.

מלכתחילה הכיר וייצמן בזכויות האוכלוסייה הילידית לתושבות קבע ולביטחון הגוף והרכוש. אבל בשנות השלושים ובשנות הארבעים המוקדמות, על רקע המתקפה הערבית על היהודים בארץ ישראל בימי המרד הערבי ועל רקע רדיפות היהודים במרכז אירופה ובמזרחה, שחייבו יצירת מקלט בטוח ליהודים בארץ ישראל, הוא הניח בצד את השגותיו לגבי פינוי אוכלוסיות ותמך בטרנספר של הערבים מהשטח המיועד למדינה היהודית. במהלך מלחמת 1948 וייצמן לא ביטא כל התנגדות לעקירת האוכלוסייה הערבית מהשטחים שנכבשו על ידי ההגנה וצה״ל ותמך באי־שובם של הפליטים. אך כאירופאי ליברלי ונאור מצא פגם עמוק בהתנהגות היהודים כלפי אזרחים ערביים כאשר היא הקצינה עד כדי התעמרות וטבח. ואולם, כדוברה האולטימטיבי של הציונות, וייצמן לא נתן קול פומבי לתחושותיו אלה והתמיד בהגנה רשמית בריש גלי על מעשיה של ישראל בחודשי היוולדה. אפשר לומר שגישתו של וייצמן לסכסוך משנות השלושים ואילך התמצתה באמירה שיש לנקוט קו של ׳עשיית מינימום אי־צדק׳ ולהגיע לפתרון המבוסס על עיקרון זה.

רפאל משולם

וייצמן - מדע יישומי ופטנטים

מראשית דרכו האקדמית עסק חיים וייצמן הן במחקר בסיסי והן בחקר בעיות העוסקות בכימיה יישומית. בתקופת לימודיו וכאשר היה דוֹצֶנט פרטי בז'נווה הוא מכר שני פטנטים, שהתבססו על עבודתו בתחום הצבעים, ל־I.G. Farben הגרמנית ולחברה צרפתית. באוטוביוגרפיה שלו הוא כתב בגאווה על מכירת הפטנט לחברה הגרמנית: 'היא העניקה לי בבת אחת הכנסה קבועה של 600 מרק בחודש. זו הייתה חוויה מדהימה עבורי. הייתי לעצמאי, ויתרה מזאת, השגתי עצמאות זאת במאמציי שלי ובשדה פעולתי ככימאי'.[1] כיום קשה להעריך את מידת ההשפעה שהייתה לפטנטים אלה על תעשיית הצבעים האירופית, שהתפתחה אז במהירות. מספר רב של פטנטים הקשורים לצבעים נרשמו בעשורים מעטים במפנה המאה העשרים וכמעט בלתי אפשרי לאמוד את תרומתו של כל אחד מהם לקידום התחום.

תרומותיו המדעיות החשובות ביותר של וייצמן הן, ללא ספק, בתחום הביוטכנולוגיה, שהוא היה מחלוציו הראשונים. הוא כתב: 'התעניינותי בביולוגיה כימית ובבקטריולוגיה כענף מיוחד של כימיה אורגנית החלה שנים אחדות לאחר שהתמקמתי במנצ'סטר. מכשור למחקר מסוג זה היה חסר באוניברסיטה, מאחר שביוכימיה לא הייתה אז חלק מתכנית הלימודים, ואילו לימוד הבקטריולוגיה היה מוגבל לבית הספר לרפואה. התחלתי לערוך ביקורים תכופים במכון פסטר בפריז, שם עבדתי במחלקה לבקטריולוגיה ובמחלקה למיקרוביולוגיה. במשך כמה זמן הקדשתי את רוב חופשותיי - חג המולד, הפסחא והקיץ - להתעניינויות אלו'.[2] אכן, וייצמן עניו מאוד באשר לתרומתו

1 *Trial and Error*, p. 77

2 שם, עמ' 171.

הגדולה בפתיחת ענף מחקרי חדש לחלוטין: השימוש בחיידקים בסינתזות של תרכובות אורגניות לא היה ידוע במעבדות של כימיה אורגנית בעולם דאז.

מאמצו הראשון של וייצמן היה להכין כוהל איזוֹבּוּטילי על ידי תסיסה של עמילן או תירס. הוא הניח שניתן להפוך את הכוהל הזה לאיזופְּרֶן ואחר כך, באמצעות פִּלמור, להפוך איזופרן זה לחומר דמוי־גומי טבעי. הוא סקר מספר רב של בקטריות וגילה חיידק חדש, שאחר כך נקרא *Clostridium acetobutylicum*. תסיסה באמצעות חיידק זה הביאה לתוצאות מצוינות. הוא כתב: 'במשך מחקר זה גיליתי חיידק שיצר כמות ניכרת של נוזל שריחו דמה מאוד לכוהל איזואמילי, אבל כשזיקקתי אותו התברר לי שהוא היה תערובת של אצטון וכוהל בּוּטילי טהור ביותר. פרופ' פרקין יעץ לי לשפוך את החומר לכיור, אבל אני התנגדתי נחרצות באָמרי ששום כימיקל טהור אינו חסר חשיבות או ראוי להיזרק'.[3] וייצמן המשיך לחקור את התגובות האלו והשיג ניצולת גבוהה של אצטון וכוהל בוטילי. הוא רשם פטנטים על שני תהליכים. שניהם היו, ועודם, בעלי חשיבות רבה בתעשייה. אכן, אך לאחרונה - מאה שנים אחרי שוייצמן גילה תהליך תסיסה זה - פורסם שהחברה הביוטכנולוגית הברזילאית Gran Bio חתמה על חוזה עם החברה האירופית החשובה Solway לבניית מתקן שייצר כוהל בוטילי מן הקש של קנה הסוכר - שהִנו חומר פסולת![4]

בתחילת מלחמת העולם הראשונה הציע וייצמן את תהליכי התסיסה האלה למיניסטריון המלחמה הבריטי, אבל הצעתו התקבלה רק כשנתיים מאוחר יותר, כאשר צ'רצ'יל, אז שר הימייה, ביקש מוייצמן לייצר כמויות ענקיות של אצטון, שהיה חיוני לייצור חומר נפץ. כך ככל הנראה היה וייצמן למדען הראשון שהסב תגובת תסיסה מיקרוביאלית מעבדתית - תהליך מעבדתי חדשני - לתהליך בקנה מידה תעשייתי. בשלב מאוחר יותר של המלחמה הועבר ייצור האצטון לקנדה ולארצות הברית; בהודו הוא יוצר מאורז. מטעמים מובנים לא פורסמו הפטנטים של וייצמן במשך המלחמה, אבל עם בוא השלום הם שוחררו ופותחו על ידי Commercial Solvents, חברה כימית חשובה בארצות הברית.

וייצמן לא חזר למנצ'סטר אחרי המלחמה, ובמשך קרוב לעשרים שנה, מ־1915 עד 1934, לא פרסם אלא מאמר אחד, והוא היה מבוסס על מחקריו הקודמים בתחום הכוהל הבוטילי. את עיקר מרצו בשנים אלה הוא הקדיש לפעילותו הציונית. עם זאת, הוא החזיק מעבדה פרטית קטנה ובה יזם מחקרים

3 שם, עמ' 172.

4 *Chemical & Engineering News*, 19.8.2013

על כמה נושאים בעלי חשיבות רבה בכימיה תעשייתית, תוך התמקדות במיזמי פיתוח תעשייתיים שהיו חשובים בשעתו ועודם חשובים גם היום.

אחד המיזמים הללו היה תהליך ייצור צבעים המבוססים על טיטניום. בין ראשית שנות העשרים לראשית שנות השלושים רשם וייצמן עשרה פטנטים הקשורים לכך. לטיטניום אוקסיד ולכמה נגזרות של טיטניום יש עדיין חשיבות בתעשיית הצבעים, אך לא עלה בידנו לוודא אם התהליכים שוייצמן פיתח שימשו את תעשיית הצבעים.

ענף מחקר אחר שעניין את וייצמן היה תהליך הפיכתם של חומרים גולמיים, שמקורם בזיקוק נפט, לתוצרים כמו בֶּנזֶן, טוֹלוּאֶן, כְּסילֶן ונפתאלֶן, וכן תוצרים נדיפים כמו בּוּטילֶן ואיזובּוּטילֶן. מטרתו העיקרית הייתה ליצור מלאי של טולואן, הוא הבסיס לייצור TNT. התברר שהתהליך בעל ערך רב. וייצמן רשם כמה פטנטים בנושא זה, ומאוחר יותר הם נרכשו על ידי חברה בריטית פרטית בעלת בתי זיקוק במנצ׳סטר.

בתקופת מלחמת העולם השנייה החליט וייצמן - לנוכח הצלחתו בייצור ביוטכנולוגי של אצטון וכוהל בוטילי - לנסות לייצר בנזין בעל אוקטן גבוה, שהיה דרוש במיוחד כדלק למטוסים, באמצעות התססה של חומר צמחי. בוטילן היה אחד הכימיקלים ששימשו לייצור דלק בעל אוקטן גבוה. כוהל בוטילי, שוייצמן ייצר באמצעות תהליכי ההתססה שלו, יכול היה לשמש ללא קושי להכנת בוטילן. אך וייצמן נתקל בהתנגדות עזה של חברות הנפט, ונראה שהמיזם לא התקדם בתקופת המלחמה. וייצמן הגיב במרירות: ׳ליזום תהליך שלא זכה להסכמתן של חברות הנפט - זו משימה גדולה מדי עבור כל בן אנוש׳.[5]

רעיונותיו של וייצמן לייצור גומי סינתטי אומצו שנים רבות מאוחר יותר. וייצמן גילה שבּוּטַדיאֶן, שניתן להפיקו מכוהל בוטילי, אפשר לטהר על ידי יצירת חומר גבישי עם דו־תחמוצת גפרית נוזלית, ואת הפּלמור של חומר זה ניתן לקטלז על ידי כמויות קטנות של נתרן מתכתי. בימי מלחמת העולם השנייה שימש תהליך זה לייצור גומי סינתטי שנקרא BuNa.[6] אף שהוא לא יושם בארצות הברית, הרי הידע והניסיון של וייצמן זכו להערכה רבה. הנרי וולאס, סגן נשיא ארצות הברית בשנות המלחמה, כתב: ׳העולם לעולם לא ידע

5 *Trial and Error*, p. 527

6 צירוף של BUtadiene ו־NAtrium.

את גודל תרומתו של וייצמן להצלחת תכנית הגומי הסינתטי כאשר היא הייתה תקועה והתקדמה לאט מדי'.[7]

עניין אחר שוייצמן נתן עליו את הדעת מאז שנות השלושים ועד סוף ימיו היה ייצור מזון זול, מזין ונוח לעיכול. היה זה ניסיון לשדרג חומרים המשמשים מזון לבקר ולהפוך אותם למזון לבני אדם. חומרים אלה הם גרעיני סויה, אגוזים או עוגת אגוזים שהשמן מוצה מהם. פטנטים נרשמו. וייצמן ציין שהתוצרים שלו נבדקו בבתי חולים רבים כמזון לחולים והוכח שהם תורמים לבריאות. יתרה מזאת, מזון זה אפשר לייצרו בזול כך שיהיה גם בהישג ידה של האוכלוסייה העניה ביותר. המזון צמחי, טהור ומזין, ואף שאין הוא מכיל בשר כלל, טעמו כטעם הבשר. על כן הוא עשוי להיות בעל ערך רב בארצות שבהן הבשר יקר, או אסור מסיבות דתיות.[8]

לסיכום, חיים וייצמן היה מדען בעל רעיונות מקוריים ואף מהפכניים וידע ליישמם ולשלבם בתהליכים תעשיתיים. תרומותיו, בעיקר בביוטכנולוגיה, היו מהיסודות שעליהם התבססו תעשיות רבות.

7 *Trial and Error*, p. 528

8 [וראו את דיונו הנרחב של וייצמן בנושא זה להלן בקטע ד בפרק 'קטעים גנוזים' בכרך זה. הערת העורך.]

רשימת פרסומיו המדעיים של וייצמן

בעריכת ב"ז קדר

רשימת הקיצורים

Ber.	*Berichte der Deutschen Chemischen Gesellschaft*
Compt. rend.	*Comptes rendus hebdomadaires des séances de l'Académie des Sciences*
Ind. Eng. Chem.	*Industrial & Engineering Chemistry*
J. Amer. Chem. Soc.	*Journal of the American Chemical Society*
J. Chem. Soc.	*Journal of the Chemical Society. Transactions*
J. Org. Chem.	*Journal of Organic Chemistry*
J. Soc. Chem. Ind.	*Journal of the Society of Chemical Industry*
Proc. Chem. Soc.	*Proceedings of the Chemical Society*

רשימת הפרסומים

1899

1 *I. Elektrolytische Reduktion von 1-Nitroanthrachinon. II. Ueber die Kondensation von Phenanthrenchinon u. 1-Nitroanthrachinon mit einigen Phenolen.* Bern: Graphische Druckerei Henri Boneff. 53 pp. Ch. WEIZMANN, Inaugural-Dissertation, Universität Freiburg, Schweiz

1903

2 Studien und Synthesen in der Reihe des Naphtacenchinons [I]
Chr. DEICHLER und Ch. WEIZMANN
Ber., 1903, **36**, 547–560

3 Studien und Synthesen in der Reihe des Naphtacenchinons [II]
Chr. DEICHLER und Ch. WEIZMANN
Ber., 1903, **36**, 719–728

4 Studien und Synthesen in der Reihe des Naphtacenchinons [III]
Chr. DEICHLER und Ch. WEIZMANN
Ber., 1903, **36**, 2326–2330

1904

5 The Effect of Anhydrides on Organo-Magnesium Bromides. Part I: The Action of Phthalic Anhydride on Magnesium-α-Naphthylbromide
Samuel Shrowder PICKLES and Charles WEIZMANN
Proc. Chem. Soc., 1904, **20**, 201

6 The Halogen Derivatives of Naphthacenchinone [*sic*]
Samuel Shrowder PICKLES and Charles WEIZMANN
Proc. Chem. Soc., 1904, **20**, 220

1905/6

7 Some Derivatives of Naphtoylbenzonic Acid and of Naphtacenequinone
Jan Quiller ORCHARDSON and Charles WEIZMANN
Proc. Chem. Soc., 1905, **21**, 307; *J. Chem. Soc.*, 1906, **89**, 115–121

8 Ethyl β-Naphtoylacetate
Charles WEIZMANN and Ernest Basil FALKNER
Proc. Chem. Soc., 1905, **21**, 307; *J. Chem. Soc.*, 1906, **89**, 122–125

9 Some Derivatives of Catechol, Pyrogallol, Benzophenone and of Substances Allied to the Natural Colouring Matters
William Henry PERKIN Jr. and Carl WEIZMANN [co-workers: Norman Allen Creeth, Victor John Harding, Walter Norman Haworth, Jonathan Naylor and Henry Llewelyn Smith]
Proc. Chem. Soc., 1906, **22**, 269; *J. Chem. Soc.*, 1906, **89**, 1649–1665

1906/7

10 4-Hydroxyphthalic and 4-Methoxyphthalic Acids
William Henry BENTLEY and Charles WEIZMANN
Proc. Chem. Soc., 1906, **22**, 323; *J. Chem. Soc.*, 1907, **91**, 98–104

11 3-Hydroxyphthalic and 3-Methoxyphthalic Acids and their Derivatives
William Henry BENTLEY, Rona ROBINSON and Charles WEIZMANN
Proc. Chem. Soc., 1906, **22**, 323; *J. Chem. Soc.*, 1907, **91**, 104–112

12 Derivatives of Naphthacenequinone
William Henry BENTLEY, Arthur FRIEDL, Frederick THOMAS and Charles WEIZMANN
[co-workers: E.C.C. Baly and W.B. Tuck]
Proc. Chem. Soc., 1906, **22**, 324; *J. Chem. Soc.*, 1907, **91**, 411–435

13 The Fluoresceins and Eosins from 4-Hydroxyphthalic, 4-Methoxyphthalic and Hemipinic Acids
Arthur FRIEDL, Charles WEIZMANN and Max WYLER
Proc. Chem. Soc., 1907, **23**, 214; *J. Chem. Soc.*, 1907, **91**, 1584–1588

14 Derivatives of Naphthacenequinones [*sic*]. Part II
William Henry BENTLEY, Arthur FRIEDL and Charles WEIZMANN
Proc. Chem. Soc., 1907, **23**, 215; *J. Chem. Soc.*, 1907, **91**, 1588–1593

15 Researches on Anthraquinones and Phthaleins
William Henry BENTLEY, Henry Dent GARDNER Jr. and Charles WEIZMANN
Proc. Chem. Soc., 1907, **23**, 215; *J. Chem. Soc.*, 1907, **91**, 1626–1640

1908

16 Researches on the Anthraquinones
William Henry BENTLEY and Charles WEIZMANN
Proc. Chem. Soc., 1908, **24**, 52; *J. Chem. Soc.*, 1908, **93**, 435–438

1909

17 Derivatives of Naphthacenequinone. Part III
Dorothy HARROP, Roland Victor NORRIS and Charles WEIZMANN
J. Chem. Soc., 1909, **95**, 279–288

18 Some Derivatives of Anthraquinone
Dorothy HARROP, Roland Victor NORRIS and Charles WEIZMANN
Proc. Chem. Soc., 1909, **25**, 203; *J. Chem. Soc.*, 1909, **95**, 1312–1319

1910/11

19 Δ^1-Nonylenic Acid
Victor John HARDING and Charles WEIZMANN
Proc. Chem. Soc., 1910, **26**, 24; *J. Chem. Soc.*, 1910, **97**, 299–304

20 1:4-Dichloanthraquinone and its Derivatives
Gertrude Maud WALSH and Charles WEIZMANN
Proc. Chem. Soc., 1910, **26**, 61; *J. Chem. Soc.*, 1910, **97**, 685–692

21 Synthesis of Dipeptides of Lauric and *n*-Nonoic Acids. Products of the Condensation of Lauric and *n*-Nonoic Acids with Glycine, Alanine and Leucine
Arthur HOPWOOD and Charles WEIZMANN
Proc. Chem. Soc., 1910, **26**, 69

22 Synthesis of 6-Carboxy-3:4-Dimethoxyphenylglyoxolic Acid
Victor John HARDING and Charles WEIZMANN
Proc. Chem. Soc., 1910, **26**, 130; *J. Chem. Soc.*, 1910, **97**, 1126–1131

23 Attempts to Prepare Glycerides of Amino-acids
Roman ALPERN and Charles WEIZMANN
Proc. Chem. Soc., 1910, **26**, 345; *J. Chem. Soc.*, 1911, **99**, 84–87

24 β-Methyl-$\Delta^{\alpha\lambda}$-dodecadiene and β-Methyl-$\Delta^{\alpha\gamma}$-decadiene

Victor John HARDING, Gertrude Maud WALSH and Charles WEIZMANN
Proc. Chem. Soc., 1911, **27**, 12; *J. Chem. Soc.*, 1911, **99**, 448–451

25 Synthesis of Dipeptides of α-Aminolauric Acid with Glycine, Alanine, Valine, Leucine and Asparagine
Arthur HOPWOOD and Charles WEIZMANN
Proc. Chem. Soc., 1911, **27**, 55; *J. Chem. Soc.*, 1911, **99**, 571–576

26 Synthesis of Polypeptides of α-Amino-*n*-Nonoic Acid with Glycine, Alanine, Valine, Leucine, Asparagine and Aspartic Acid
Arthur HOPWOOD and Charles WEIZMANN
J. Chem. Soc., 1911, **99**, 1577–1585

1912

27 αδ-Derivatives of Adipic and β-Methyladipic Acids
Harold DAVIES, Henry STEPHEN and Charles WEIZMANN
Proc. Chem. Soc., 1912, **28**, 94–95

28 Condensation of Acid Chlorides with the Ethyl Esters of (a) Cyanoacetic Acid, (b) Malonic Acid and (c) Acetoacetic Acid
Charles WEIZMANN, Harold DAVIES and Henry STEPHEN
Proc. Chem. Soc., 1912, **28**, 103–104

29 Tyrosine and its Derivatives Containing Substituents in the Benzene Ring
Henry STEPHEN and Charles WEIZMANN
Proc. Chem. Soc., 1912, **28**, 160

30 Condensation of Bromoacyl Haloids with Glucosamine
Arthur HOPWOOD and Charles WEIZMANN
Proc. Chem. Soc., **28**, 261–262

1913

31 αδ-Derivatives of Adipic and β-Methyladipic Acids and the Preparation of Muconic and β-Methylmuconic Acids
Henry STEPHEN and Charles WEIZMANN
Proc. Chem. Soc., 1913, **29**, 14; *J. Chem. Soc.*, 1913, **103**, 269–276

32 Synthesis of the Anhydrides of α-Aminoacyl Glucosamines
Charles WEIZMANN and Arthur HOPWOOD
Proceedings of the Royal Society of London, Series A, **88**, 455–461

33 The Preparation of Some Organo-Selenium Compounds
Charles WEIZMANN and Henry STEPHEN
Proc. Chem. Soc., 1913, **29**, 196

34 Condensation of Acid Chlorides with the Ethyl Esters of (a) Cyanoacetic Acid, (b) Malonic Acid, (c) Acetoacetic Acid. Part I
Charles WEIZMANN, Henry STEPHEN and Ganesh Sakharam AGASHE
Proc. Chem. Soc., 1913, **29**, 261; *J. Chem. Soc.*, 1913, **103**, 1855–1861

35 Hydrolysis of Proteins with an Alcoholic Solution of Hydrogen Chloride. Part I
Charles WEIZMANN and Ganesh Sakharam AGASHE
Biochemical Journal, 1913, **7**, 437–440

1914

36 Derivatives of 3:4-Dimethoxyacetophenone and 4:5-Dimethoxy-*o*-Tolyl Methyl Ketone, and the Synthesis of Phenylglyoxalines Containing Substituents in the Benzene Ring
Henry STEPHEN and Charles WEIZMANN
Proc. Chem. Soc., 1914, **30**, 71; *J. Chem. Soc.*, 1914, **105**, 1046–1057

37 Synthesis of *d,l*-Tyrosine and *d,l*-3,4-Dihydroxyphenylalanine
Henry STEPHEN and Charles WEIZMANN
Proc. Chem. Soc., 1914, **30**, 114; *J. Chem. Soc.*, 1914, **105**, 1152–1155

38 Some Homologues of Alizarin
Harry BRADBURY and Charles WEIZMANN
J. Chem. Soc., 1914, **105**, 2748–2751

1915

39 Condensation of Acid Chlorides with the Ethyl Esters of (a) Cyanoacetic Acid, (b) Malonic Acid, and (c) Acetoacetic Acid. Part II: Some Experiments on Ethyl Phthaliminoacetoacetate and Ethyl γ-Ethoxyacetoacetate
John BRADSHAW, Henry STEPHEN and Charles WEIZMANN
J. Chem. Soc., 1915, **107**, 803–813

40 Phthalides of the Benzene, Naphthalene and Carbazole Series. Part I
Maurice COPISAROW and Charles WEIZMANN
J. Chem. Soc., 1915, **107**, 878–886

1920

41 Some Condensations of *n*-Butyl Alcohol and *n*-Butaldehyde
Charles WEIZMANN and Stanley Frederick GARRARD
J. Chem. Soc., 1920, **117**, 324–338

1934

42 Actions des rayons ultraviolets sur le glycocolle
V. HENRI, Ch. WEIZMANN et Y. HIRSHBERG
Compt. rend., 1934, **198**, 168–170

43 Décomposition photochimique du glycocolle. Influence du milieu et de la longueur d'onde
V. HENRI, Ch. WEIZMANN et Y. HIRSHBERG
Compt. rend., 1934, **199**, 1205–1207

1935

44 Grignard Reactions with Phthalic Anhydrides
Chaim WEIZMANN, Ernst BERGMANN and Felix BERGMANN
J. Chem. Soc., 1935, 1367–1370

45 The Reaction of Grignard Reagents with Some Succinic Anhydrides
Chaim WEIZMANN, Ottilie BLUM-BERGMANN and Felix BERGMANN
J. Chem. Soc., 1935, 1370–1371

1936

46 Grignard Reactions with Ethyl β-Chloropropionate. Part I
Ch. WEIZMANN and Ernst BERGMANN
J. Chem. Soc., 1936, 401–402

47 Methoxylated *o*-Benzoylbenzoic Acids
Ch. WEIZMANN and Ernst BERGMANN
J. Chem. Soc., 1936, 567–569

48 The Photochemical Deamination of Amino Acids in Water Solution. Part I
Ch. WEIZMANN, E. BERGMANN and Y. HIRSHBERG
J. Amer. Chem. Soc., 1936, **58**, 1675–1678

1937

49 Mechanism and Applicability of the Guerbet Reaction
Ch. WEIZMANN, Ernst BERGMANN and L. HASKELBERG
J. Soc. Chem. Ind., 1937, **56**, 587–591

50 Note on the Butyl Alcohol-Acetone Fermentation of Maize
Charles WEIZMANN and Harold DAVIES
J. Soc. Chem. Ind., 1937, **56**, 8–10 T

51 The Activation of the Butanol-Acetone Fermentation of Carbohydrates by *Clostridium acetobutylicum* (Weizmann)
Chaim WEIZMANN and Bruno ROSENFELD
Biochemical Journal, 1937, **31**, 619–639

52 Über die Aceton-Butylalkohol-Gärung
Ernst SIMON und Chaim WEIZMANN
Enzymologia, 1937, **4** [=Festschrift Carl Neuberg], 169–188

1938

53 Preliminary note on an Ethyl-Alcohol-Producing Bacillus Isolated from *Hibiscus sabdariffa* L. (Rozella)
Charles WEIZMANN
J. Soc. Chem. Ind., 1938, **57**, 1049–1050

54 Synthesis of Polycyclic Compounds from Dicyclohexenyl
Ch. WEIZMANN, Ernst BERGMANN and T. BERLIN
J. Amer. Chem. Soc., 1938, **60**, 1331–1334

55 Photochemical Interaction between Ketones and Alcohols
Ch. WEIZMANN, Ernst BERGMANN and Y. HIRSHBERG
J. Amer. Chem. Soc., 1938, **60**, 1530–1533

56 Photochemical Interaction between Ketones and Secondary Alcohols
Ch. WEIZMANN, Y. HIRSHBERG and Ernst BERGMANN
Nature, 1938, **141**, 1012–1013

57 The Photochemical Deamination of Amino Acids in Water Solution. Part II
Ch. WEIZMANN, Y. HIRSHBERG and Ernst BERGMANN
J. Amer. Chem. Soc., 1938, **60**, 1799–1801

58 Interaction between Grignard Compounds and Maleic Acid Derivatives
Ch. WEIZMANN and F. BERGMANN
J. Amer. Chem. Soc., 1938, **60**, 2647–2650

59 Polycyclic Aromatic Hydrocarbons
Ch. WEIZMANN and Ernst BERGMANN
Scripta Academica Hierosolymitana. Scientific Report, 1 (Jerusalem 1938), 1–32
עם תקציר עברי: 'פחמימנים פוליציקליים ארומטיים'

1939

60 Phenylated Phthalic Acids and Anthracene Derivatives
Ch. WEIZMANN, Ernst BERGMANN and L. HASKELBERG
J. Chem. Soc., 1939, 391–397

61 The Boric Acid Synthesis of *peri*-Hydroxyanthraquinones
Ch. WEIZMANN, L. HASKELBERG and T. BERLIN
J. Chem. Soc., 1939, 398–401

62 1:4:9:10-Tetraphenylanthracene
Ch. WEIZMANN and Ernst BERGMANN
J. Chem. Soc., 1939, 494–495

63 Hydrolytic Deamination of Amino Acids
Ch. WEIZMANN, Ernst BERGMANN and Y. HIRSHBERG
Nature, 1939, **143**, 723–724

64 The Specific Nutritive Requirements of *Clostridium acetobutylicum* (*Weizmann*). Part II
Ch. WEIZMANN and Bruno ROSENFELD
Biochemical Journal, 1939, **33**, 1376–1389

1940

65 Identification and Determination of Aromatic Compounds in Mineral Oils
Ch. WEIZMANN, Victor HENRI and Ernst BERGMANN
Nature, 1940, **146**, 230–231

66 Studies on some Strains of Butyric Acid-Producing Plectridia Isolated from Hemp, Jute and Flax
Ch. WEIZMANN and Esther HELLINGER
Journal of Bacteriology, 1940, **40**, 665–682

67 Some Syntheses of Biochemical Interest
Chaim WEIZMANN and Ernst BERGMANN
Medical Leaves. A Review of the Jewish Medical World and Medical History, 1940, **3**, 223–230

1944

68 Attempted Synthesis of Hemipinic Acid from Guaiacol
Ch. WEIZMANN and L. HASKELBERG
J. Org. Chem., 1944, **9**, 121–124

69 Studies on Certain Butyric Acid-Producing Organisms Isolated from Hemp and Similar Vegetable Fibres
Ch. WEIZMANN and Esther HELLINGER
Palestine Journal of Botany. Rehovot Series, 1944, **4/2**, 51–76

1947

70 Carbohydrates as an Alternative Source to Petroleum for Organic Chemicals
Ch. WEIZMANN, Ernst BERGMANN and M. SULZBACHER
Chemistry and Industry, 1947, **50**, 769–771

71 α-CycloHexil-β-propylacrilic Acid from Cyclohexanol

Ch. WEIZMANN, M. SULZBACHER and E. BERGMANN
J. Chem. Soc., 1947, 772–773

72 Reduction of α,β-Unsaturated Carbonyl Compounds by Sodium Butoxide
Ch. WEIZMANN, M. SULZBACHER and E. BERGMANN
J. Chem. Soc., 1947, 851

1948

73 Production of Aromatic Hydrocarbons from Petroleum
Ch. WEIZMANN, E. BERGMANN, H. STEINER and M. SULZBACHER
J. Soc. Chem. Ind., 1948, **67**, 114–118

74 Studies in Selective Extraction and Adsorption. I. Selective Solvents for Ethylene Chlorohydrin
Ch. WEIZMANN, E. BERGMANN, E.F. CHANDLEY, H. STEINER, M. SULZBACHER and E. ZIMKIN
J. Soc. Chem. Ind., 1948, **67**, 203–205

75 Studies in Selective Extraction and Adsorption. III. The Adsorption of Acetone, Butyl Alcohol and 2:3-Butylene Glycol from Dilute Solutions
Ch. WEIZMANN, E. BERGMANN, M. SULZBACHER and E.R. PARISER
J. Soc. Chem. Ind., **67**, 225–227

76 The Synthesis of α-Alkoxyisobutyric Acids and Alkyl Methacrylates from Acetonechloroform
Ch. WEIZMANN, M. SULZBACHER and E. BERGMANN
J. Amer. Chem. Soc., 1948, **70**, 1153–1158

77 Preparation of Acetonechloroform and its Homologs
Ch. WEIZMANN, E. BERGMANN and M. SULZBACHER
J. Amer. Chem. Soc., 1948, **70**, 1189–1191

78 Derivatives of Salicylic Acid
Ch. WEIZMANN, Ernst D. BERGMANN and M. SULZBACHER
J. Org. Chem., 1948, **13**, 796–799

1950

79 Further Observations on the Guerbet Reaction
Ch. WEIZMANN, Ernst BERGMANN and Max SULZBACHER
J. Org. Chem., 1950, **15**, 54–57

80 The Use, for Condensation Reactions, of Potassium Hydroxide in Solvents of the Acetal Type
Ch. WEIZMANN, E. BERGMANN and M. SULZBACHER
J. Org. Chem., 1950, **15**, 918–929

1951

81 Aromatizing Cracking of Hydrocarbon Oils. [I]. Process Data and Mechanism
Chaim WEIZMANN, Ernst BERGMANN, W.E. HUGGETT, Herbert STEINER and Max SULZBACHER [with Donald Parker, K.O. Michaelis, Sydney Whincup and Emanuel Zimkin]
Ind. Eng. Chem., 1951, **43**, 2312–2318

82 Aromatizing Cracking of Hydrocarbon Oils. [II]. Polycyclic Fractions.
Chaim WEIZMANN, Ernst BERGMANN, H.S. BOYD-BARRETT, Herbert STEINER, Max SULZBACHER [with J.R. Holker, Erna Mandel, John Porges and Derrick Rowley]
Ind. Eng. Chem., 1951, **43**, 2318–2321

83 Aromatizing Cracking of Hydrocarbon Oils. [III]. Influence of the Nature of the Charging Stock
Chaim WEIZMANN, Ernst BERGMANN, W.E. HUGGET, Herbert

STEINER, Max SULZBACHER, K.O. MICHAELIS, Felix POPPER, Sydney WHINCUP and Emanuel ZIMKIN
Ind. Eng. Chem., 1951, **43**, 2322–2325

84 Aromatizing Cracking of Hydrocarbon Oils. [IV]. Conversion of Butylene into Aromatics
Chaim WEIZMANN, Victor HENRI and Ernst BERGMANN
Ind. Eng. Chem., 1951, **43**, 2325–2326

רשימת הפטנטים של וייצמן

בעריכת יגאל בורשטיין

1. Verfahren zur Darstellung von Naphtacenchinonderivaten.
Chr. DEICHLER und Ch. WEIZMANN
D.R.P. 134,985 (D.10969) K1. 12h. Sept. 14, 1900; F.P. 320,327, Apr. 10, 1902.

2. Process of manufacturing dihydroxynaphthacenquinones.
Chr. DEICHLER und Ch. WEIZMANN
D.R.P. 138,324 (D.11226) K1. 12q. Sept. 14, 1900; B.P. 9,038, Apr. 18, 1902.

3. Verfahren zur Darstellung von Naphtacenchinonderivaten.
Chr. DEICHLER und Ch. WEIZMANN
D.R.P. 138,325 (D.11579) K1. 12 q. Sept. 14, 1900.

4. Verfahren zur Darstellung von *o*-Oxynaphtheylbenzoesäure.
Chr. DEICHLER und Ch. WEIZMANN
D.R.P. 141,025 (D.11135) K1. 12 q. Nov. 30, 1900

5. Process of manufacturing bromo-derivatives of naphtheybenzoic acid from bromophthalic acids.
Charles WEIZMANN
U.S.P. 753,372, July 5, 1903.

* התאריכים מציינים את יום הגשת הפטנט.

6. Improvements in the manufacture of anthracene derivatives and dye stuffs therefrom.
Alexander MEYENBERG and Charles WEIZMANN
B.P. 1905 8744, Apr. 25, 1905.

7. Process of manufacturing camphene from pinene-hydrochloride.
Charles WEIZMANN
B.P. 1906 5032, Mar. 1, 1906; F.P. 369,449, Sept. 4, 1906; D.R.P. 197,163, Sept. 8, 1906; U.S.P. 896,962.

8. Improvements in the manufacture of isobornyl-esters.
Charles WEIZMANN
B.P. 1906 8266, Apr. 5, 1906.

9. Improvements in the manufacture of isobornyl esters.
Charles WEIZMANN
B.P. 10,798, May 8, 1906.

10. Improvements in the manufacture of isobornyl esters.
Charles WEIZMANN
B.P. 1906 18,280, Aug. 14, 1906.

11. Improvements in the treatment of turpentine for use in the manufacture of pinene hydrochloride.
Charles WEIZMANN
B.P. 23,875, Oct. 26, 1906.

12. Process of purifying turpentine.
Charles WEIZMANN
B.P. 23,878, Oct. 26, 1906.

13. Process of obtaining fatty acids isobornyl esters.
Charles WEIZMANN

D.R.P. Anm. W. 27,218, Feb. 15, 1907; F.P. 375,007, Feb. 19, 1907; F.P. 379,687, July 6, 1907; D.R.P. 207,155, Feb. 16, 1907.

14. Manufacture of a mixture of camphene isobornylacetate.
Ch. WEIZMANN
D.R.P. 205,849, July 2, 1907.

15. Improvements in the manufacture of isobornyl esters.
Charles WEIZMANN
B.P. 1907 16,605, July 19, 1907; U.S.P. 910,978, Mar. 5, 1908.

16. Improvements in the manufacture of camphor.
Arthur FRIEDL and Charles WEIZMANN
B.P. 21,946, Oct. 4, 1907.

17. Improvements in the treatment of liquid, or oily, pinene-hydro-chloride, and the obtainment of solid pinene-hydrochloride and camphene therefrom.
Charles WEIZMANN and William Henry BENTLEY
B.P. 1908 07319, Apr. 2, 1908.

18. Improvements connected with the synthetic manufacture of caoutchouc and an intermediate product.
William Henry PERKIN, Charles WEIZMANN, Francis Edward MATTHEWS and Edward Halford STRANGE
B.P. 5,932, Mar. 9, 1910; F.P. 427,286, Mar. 7, 1911.

19. Process of manufacturing isoprene.
William Henry PERKIN and Charles WEIZMANN
U.S.P. 991,453, Mar. 17, 1911.

20. Improvements connected with the synthetic manufacture of caoutchouc-like bodies and intermediate products.

William Henry PERKIN, Charles WEIZMANN, Francis Edward MATTHEWS and Edward Halford STRANGE
B.P. 9,722, Apr. 21, 1911.

21. Manufacture of halogen derivatives of organic compounds.
William Henry PERKIN, Charles WEIZMANN and Harold DAVIES
B.P. 277, Jan. 3, 1912; U.S.P. 1,144,237, Dec. 30, 1912; F.P. 452,593, Dec. 28, 1912.

22. Halogen substituted organic compounds.
William Henry PERKIN and Charles WEIZMANN
B.P. 22,653, Oct. 4, 1912; Can. P. 153,266, Dec. 31, 1912 (with Harold DAVIS)

23. Fermentation process for the production of acetone and butyl alcohol.
Charles WEIZMANN
B.P. 4,845, Mar. 29, 1915; U.S.P. 1,437,697, May 1, 1918; D.R.P. 445,982, July 8, 1920; Austrian P. 95,449, July 26, 1920.

24. Improvements relating to fermentation processes for the production of acetone and butyl alcohol.
Charles WEIZMANN
B.P. 149,355, Feb. 24, 1916.

25. Improvements relating to the manufacture of secondary butyl alcohol.
Charles WEIZMANN and David Alliston LEGG
B.P. 161,591, Feb. 24, 1916; U.S.P. 1,408,320, Nov. 10, 1917; Can. P. 202,135, July 20, 1920.

26. Improvements relating to the manufacture of hydrocarbons.
Charles WEIZMANN and David Alliston LEGG
B.P. 165,452, Mar. 7, 1916; U.S.P. 1,395,620, Oct. 11, 1917; Can. P. 203,408, Aug. 31, 1920.

27. Improvements relating to fermentation processes for the production of acetone and butyl alcohol.
Charles WEIZMANN and George Anthony HAMLYN
B.P. 164,023, June 29, 1916; U.S.P. 1,329,214, Nov. 27, 1918.

28. Production of acetone and alcohol by bacteriological processes.
Charles WEIZMANN
U.S.P. 1,315,585, Dec. 26, 1916.

29. Fermentation process for the production of acetone and butyl alcohol.
Charles WEIZMANN
B.P. 150,360, May 25, 1917; U.S.P. 1,437,697, May 1, 1918.

30. Glycols.
Charles WEIZMANN and Ernest Graham BAINBRIDGE
B.P. 131,628, June 3, 1918.

31. Improvements relating to the fermentation of cereals and other starchy materials.
Charles WEIZMANN and Henry Michael SPIERS
B.P. 164,366, June 3, 1918.

32. Improvements relating to the fermentation of starchy material for the production of acetone and butyl alcohol.
Charles WEIZMANN and Henry Michael SPIERS
B.P. 164,762, June 3, 1918.

33. Ethyl methyl ketone.
Charles WEIZMANN
Can. P. 203,264, Aug. 24, 1920.

34. Manufacture of hydrocarbons .
Charles WEIZMANN and David Alliston LEGG
Can. P. 203,408, Aug. 31, 1920.

35. Improvements relating to the production of titanic acid.
Charles WEIZMANN and Joseph BLUMENFELD
B.P. 203,352, Mar. 1, 1922.

36. Improvements relating to titanium compounds.
Charles WEIZMANN and Joseph BLUMENFELD
B.P. 209,441, July 12, 1922.

37. Improvements relating to titanium compounds.
Charles WEIZMANN and Joseph BLUMENFELD
B.P. 209,480, July 12, 1922.

38. Improvements relating to titanium compounds.
Charles WEIZMANN and Joseph BLUMENFELD
B.P. 210,033, July 12, 1922.

39. Improvements relating to titanium pigments.
Charles WEIZMANN and Joseph BLUMENFELD
B.P. 247,296, July 12, 1922; F.P. 575,615; Can. P. 263,084.

40. Treating titanium ore.
Charles WEIZMANN and Joseph BLUMENFELD
U.S.P. 1,489,183, May 17, 1923.

41. Improvements relating to the preparation of titanium hydroxide.
Joseph BLUMENFELD and Charles WEIZMANN
B.P. 225,593, July 31, 1923.

42. Improvements relating to filtration of solutions and the like.
Charles WEIZMANN and Joseph BLUMENFELD
B.P. 227,143, Aug. 3, 1923.

43. Improvements relating to the treatment of solutions for the separation of suspended matter.

Charles WEIZMANN and Joseph BLUMENFELD
B.P. 228,814, Aug. 3, 1923.

44. Improvements relating to the preparation of pigments and paints.
Charles WEIZMANN and Joseph BLUMENFELD
B.P. 256,302, Apr. 22, 1925.

45. Improvements relating to yeast or protein preparations.
Charles WEIZMANN
B.P. 450,529, Oct. 20, 1934.

46. Improvements relating to yeast or protein preparations.
Charles WEIZMANN
B.P. 478,570, July 16, 1936.

47. Improvements relating to foodstuffs.
Charles WEIZMANN
B.P. 483,587, Oct. 28, 1936; F.P. 837,651, Oct. 28, 1937.

48. Improvements relating to the production of fatty acids.
Charles WEIZMANN
B.P. 489,170, Jan. 18, 1937; F.P. 840,785.

49. Improvements in the butyl alcohol-acetone and butyl alcohol.
Charles WEIZMANN
B.P. 496,137, May 24, 1937; F.P. 838,258, Mar. 2, 1939.

50. Preparations of yeast or proteins.
Charles WEIZMANN
F.P. 834,322, July 19, 1937.

51. Improvements relating to protein preparations.
Charles WEIZMANN

B.P. 509,495, Oct. 15, 1937; F.P. 852,540, Feb. 26, 1940; U.S.P. 2,217,264, Oct. 8, 1940; Pal. P. 18,921, 1941; India P. 28,048, 1941.

52. Improvements in and relating to the production of acetone and butyl alcohol by fermentation.
Charles WEIZMANN
B.P. 518,962, Apr. 9, 1938: F.P. 852,298, Mar. 29, 1939.

53. Cracking hydrocarbons.
Victor HENRI, Charles WEIZMANN and Joseph BLUMENFELD
F.P. 849,456, July 29, 1938.

54. Process for the cracking oils.
Alfred Claude JESSUP (to Charles WEIZMANN)
F.P. 854,041, Dec. 5, 1938; B.P. 536,891 (by Jessup), Nov. 16, 1939; U.S.P. 2,313,241, Mar. 9, 1943.

55. Process for the production of isobutylene and its dimers.
Alfred Claude JESSUP (to Charles WEIZMANN)
F.P. 854,042, Dec. 5, 1938; U.S.P. 2,303,362, Nov. 16, 1939; B.P. 536,734 (by Jessup), Nov. 30, 1939.

56. Process of degrading protein products.
Charles WEIZMANN
U.S.P. 2,141,455, Dec. 27, 1938.

57. Improvements relating to alimentary preparations.
Charles WEIZMANN
B.P. 529,775, May 16, 1939.

58. Improvements relating to alimentary preparations.
Charles WEIZMANN
B.P. 537,423, Nov. 20, 1939; U.S.P. 2,316,733, Jan. 21, 1941.

59. Improvements relating to yeast preparations.
Charles WEIZMANN
B.P. 516,343, Jan. 1, 1940; F.P. 859,591; U.S.P. 2,225,576, Dec. 17, 1940.

60. Improvements in and relating to the utilization of coal oil.
Charles WEIZMANN
B.P. 574,963, May 13, 1940.

61. Process of degrading protein products.
Charles WEIZMANN
U.S.P. 2,206,622, July 2, 1940.

62. Improvements in and relating to the manufacture of aromatic hydrocarbons.
Charles WEIZMANN
B.P. 552,115, July 12, 1940; Trinidad 15, 1942; Pal. P. 2,159, 1942.

63. Improvements in and relating to the production of aromatic hydrocarbons.
Charles WEIZMANN
B.P. 552,216, July 12, 1940.

64. Improvements in and relating to the manufacture of aromatics from gaseous olefins with oxides.
Charles WEIZMANN
B.P. 552,551, July 12, 1940; U.S.P. 2,329,672, Oct. 29, 1940; Trinidad 14, 1942; Pal. P. 2,158, 1942.

65. Improvements in and relating to processes for the production of acetone and butyl alcohol by fermentation.
Charles WEIZMANN
B.P. 572,637, Mar. 11, 1941.

66. Improvements in and relating to the production of aromatic hydrocarbons.
Charles WEIZMANN
B.P. 574,973, Mar. 11, 1941.

67. Process for the manufacture of unsaturated ketones.
Charles WEIZMANN (to Percy MAY)
B.P. 569,373, Apr. 11, 1941; U.S.P. 2,388,101, Nov. 6, 1942.

68. Improvements in and relating to the fermentation of molasses.
Charles WEIZMANN
B.P. 572,641, Apr. 11, 1941.

69. Improvements in and relating to the production of aliphatic acids by fermentation of difficultly fermentable materials.
Charles WEIZMANN
B.P. 572,642, Apr. 11, 1941.

70. Improvements in and relating to fermentation processes.
Charles WEIZMANN
B.P. 572,643, Apr. 11, 1941; U.S.P. 2,417,801, Mar. 2, 1942 (to Butacet Ltd.).

71. Improvements in and relating to the utilisation of sulphite waste liquors, namely, by the production of aliphatic acids from sulfite-waste liquor.
Charles WEIZMANN
B.P. 572,644, Apr. 11, 1941; U.S.P. 2,415,777, Mar. 22, 1943 (to Butacet Ltd.).

72. Process for the manufacture of ketones.
Charles WEIZMANN
B.P. 572,645, Apr. 11, 1941.

73. Process for the production of aliphatic ketones.
Charles WEIZMANN
B.P. 573,724, Apr. 11, 1941.

74. Improvements in the fermentation production of a mixture of fatty acids.
Charles WEIZMANN
B.P. 573,930, Apr. 11, 1941.

75. Process for the production of saturated ketones.
Charles WEIZMANN
B.P. 574,446, Apr. 11, 1941.

76. Improvements in the treatment of olefinic hydrocarbons for the production of alcohols, ketones and other substances.
Charles WEIZMANN
B.P. 575,571, Apr. 17, 1941.

77. Process for the production of ketones.
Charles WEIZMANN
B.P. 550,099, Apr. 18, 1941.

78. Improvements relating to the production of carboxylic acids.
Charles WEIZMANN
B.P. 550,134, Apr. 18, 1941.

79. Improvements in the synthesis of secondary and tertiary ethynylcarbinols.
Charles WEIZMANN
B.P. 573,527, Apr. 18, 1941.

80. Improvements in the synthesis of secondary and tertiary ethynylcarbinols.
Charles WEIZMANN
B.P. 580,921, Apr. 18, 1941.

81. Improvements in and relating to the production of aromatic compounds.
Charles WEIZMANN
B.P. 575,766, Apr. 23, 1941.

82. Improvements in and relating to the production of aromatic bodies.
Charles WEIZMANN
B.P. 575,771, Apr. 23, 1941.

83. Improvements in and relating to fermentation processes.
Charles WEIZMANN
B.P. 572,762, May 24, 1941.

84. Improvements in and relating to the construction of cracking plants and the like.
Charles WEIZMANN and Herbert STEINER
B.P. 551,215, Aug. 6, 1941.

85. Improvements in and relating to the fermentation production of acetone and butyl alcohol.
Charles WEIZMANN
B.P. 572,763, Aug. 6, 1941.

86. Improvements in and relating to the carrying out chemical processes and apparatus therefor.
Charles WEIZMANN, Ernst BERGMANN, Herbert STEINER and Henry Ernest CHARLTON
B.P. 575,383, Aug. 6, 1941.

87. Improvements relating to motor fuels.
Charles WEIZMANN
B.P. 575,636, Aug. 11, 1941.

88. Improvements relating to motor fuels.
Charles WEIZMANN
B.P. 575,637, Aug. 11, 1941.

89. Process for the conversion of c.v.r. benzole into a substantially completely aromatic compounds.
Charles WEIZMANN
B.P. 575,768, Sept. 16, 1941.

90. Process for the production of aromatic compounds from solvent naphtha.
Charles WEIZMANN
B.P. 575,769, Sept. 16, 1941.

91. Proteolysis with fig juice.
Charles WEIZMANN
Pal. P. 1,891, 1941; India P. 28,048, 1941.

92. Production of aromatic bodies.
Charles WEIZMANN
U.S.P. 2,397,715, Jan. 9, 1942.

93. Improvements in and relating to the conversion of olefins into diolefins.
Charles WEIZMANN
B.P. 572,821, Feb. 2, 1942.

94. Process for the production of acetone and butyl alcohol by fermentation.
Charles WEIZMANN
U.S.P. 2,377,197, Mar. 2, 1942.

95. Improvements in and relating to fermentation processes.
Charles WEIZMANN
B.P. 572,664, Apr. 23, 1941: U.S.P. 2,386,374, May 2, 1942.

96. Improvements in and relating to the preparation and isolation of ethylene chlorhydrin.
Charles WEIZMANN
B.P. 564,090, Aug. 18, 1942; U.S.P. 2,456,350, Nov. 27, 1943 (to Ketarome Ltd.)

97. Improvements in and relating to the aromatisation of hydrocarbonaceous materials.
Charles WEIZMANN
B.P. 575,770, Aug. 18, 1942.

98. Comprehensive aromatisation patent.
Charles WEIZMANN
Trinidad 24, 1942; S. Africa Pat. 456, 1942.

99. Production of higher ketones.
Charles WEIZMANN
S. Africa Pat. 1,028, 1942.

100. Improvements in and relating to the separation of diolefines from gaseous mixtures.
Charles WEIZMANN
B.P. 572,997, Mar. 17, 1943.

101. Improvements in and relating to the production of acetone and butyl alcohol by fermentation processes.
Charles WEIZMANN
B.P. 573,216, Mar. 17, 1943.

102. Improvements in and relating to the separation of butadiene from gaseous mixtures.
Charles WEIZMANN
B.P. 574,058, Mar. 17, 1943.

103. Dehydration of unsaturated alcohols.
Charles WEIZMANN
U.S.P. 2,381,148, Apr. 1, 1943; B.P. 577,364, Mar. 24, 1944.

104. Process for the preparation of alkoxyisobutyric acids.
Charles WEIZMANN
B.P. 578,082, Apr. 15, 1943.

105. Process for the preparation of methacrylic acid and its esters.
Charles WEIZMANN
B.P. 584,607, Apr. 15, 1943.

106. Lining for hydrocarbon treating apparatus.
Charles WEIZMANN and Herbert STEINER
U.S.P. 2,354,163, May 7, 1943.

107. Manufacture of styrene and ethylbenzene.
Charles WEIZMANN
U.S.P. 2,384,984, June 11, 1943.

108. Process for the production of saturated ketones.
Charles WEIZMANN
U.S.P. 2,367,078, July 7, 1943.

109. Process for the removal of acetylenic hydrocarbons from mixtures of gases or vapours.
Charles WEIZMANN
B.P. 580,922, Sept. 1, 1943.

110. Use of ketones for motor fuel.
Charles WEIZMANN
S. Africa Pat. 277, 1943.

111. Use of ketone for motor fuel.
Charles WEIZMANN
S. Africa Pat. 278, 1943.

112. Improved process for carrying out condensation reactions of substances containing reactive methylene or methine groups.
Charles WEIZMANN
B.P. 582,191, Mar. 2, 1944.

113. Production of aromatic hydrocarbons.
Charles WEIZMANN
U.S.P. 2,349,781, May 23, 1944.

114. Production of mono- and disubstituted alkoxyacetic acids and α, β-unsaturated esters therefrom.
Charles WEIZMANN
B.P. 587,545, July 4, 1944.

115. Making acetylenic alcohols and intermediate formed therein.
Charles WEIZMANN (to Polymerisable Products Ltd.)
U.S.P. 2,435,524, Mar. 16, 1945.

116. Aromatization of oil produced in low temperature carbonization of coal.
Charles WEIZMANN (to Ketarome Ltd.)
U.S.P. 2,430,416, May 3, 1945.

117. Process for carrying out condensation reactions.
Charles WEIZMANN (to Polymerisable Products Ltd.)
U.S.P. 2,474,175, May 3, 1945.

118. Improvements in or relating to the manufacture of condensation products from substances containing reactive methylene or methine groups.

Charles WEIZMANN
B.P. 594,182, June 27, 1945.

119. Improvements relating to the production of unsaturated carboxylic acids.
Charles WEIZMANN and Max SULZBACHER
B.P. 596,034, July 16, 1945.

120. Alkoxy isobutyric acid derivatives.
Charles WEIZMANN (to Polymerisable Products Ltd.)
U.S.P. 2,490,109, Jan. 9, 1946.

121. Manufacture of condensation products.
Charles WEIZMANN (to Polymerisable Products Ltd.)
U.S.P. 2,472,135, Aug. 20, 1946.

122. Preparation of carboxylic acids by the oxidation of aldehydes.
Charles WEIZMANN (to Polymerisable Products Ltd.)
U.S.P. 2,456,549, Jan. 29, 1947.

123. Making alkoxy isobutyric acids and derivatives thereof.
Charles WEIZMANN (to Polymerisable Products Ltd.)
U.S.P. 2,525,249, Jan. 12, 1949.
[וראו תמונה 33 בכרך זה.]

124. Condensation processes.
Charles WEIZMANN (to Polymerisable Products Ltd.)
U.S.P. 2,592,365, Jan. 12, 1949.

רפאל למד ואד באייר

תגלית הצלולוזום

בעקבות חזון הדלק הביולוגי של וייצמן

ד"ר חיים וייצמן היה מאבות הביוטכנולוגיה: הוא היה המדען הראשון שתרגם את תהליך התסיסה מתהליך מעבדתי לתהליך תעשייתי. תהליך ביוטכנולוגי זה הוא הראשון שנעשה בו שימוש בעמילן ובחיידקים, במקום ברֵאָגֶנטים כימיים או בנפט, במטרה ליצור תרכובות וממסים כימיים בקנה מידה תעשייתי. לוייצמן היו מעל 120 פטנטים שפיתח במסגרת עבודתו ככימאי, מספר מרשים אז וגם היום.

תרומתו המדעית הידועה ביותר נרשמה לפני מאה שנה, כשגילה את החיידק קלוסטרידיום אצטובוטיליקום וייצמן (*Clostridium acetobutylicum Weizmann*), הקרוי על שמו. התועלת הכלכלית של חיידק וייצמן נבעה מכך שבתנאים של חוסר חמצן (לא אירוביים) החיידק מפיק בתהליך של תסיסה כמויות גדולות של שלושה דלקים ביולוגיים - אצֵטון, אֶתָנוֹל ובּוּטָנוֹל. תגלית זו ניצל צבא בריטניה במהלך מלחמת העולם הראשונה להפקת אצטון, כימיקל הדרוש ליצירת חומרי נפץ, אשר היה חסר בבריטניה באותה התקופה. התגלית אף העלתה את האפשרות המהפכנית להפקת גומי סינתטי דרך תהליך של תסיסה. כך הפך חיידק וייצמן (שפרופסור פרקין, הממונה על וייצמן באוניברסיטת מנצ'סטר, הציע 'לשפוך אותו לכיור'[1]) לשם דבר בעשורים הראשונים של המאה העשרים.

1 *Trial and Error*, p. 172

חזון הדלק הביולוגי של חיים וייצמן

חזונו של וייצמן חרג מהיישום המידי של תגליתו אל העתיד הרחוק - אל ימינו אנו. הוא האמין שחיידק וייצמן יכול לשמש לייצור דלקים ביולוגיים. קרי, שאפשר להפוך אותו ודומיו למכונה ביולוגית להפקת ביו־דלקים מחומרים אורגניים, כגון תאית (צֶלוּלוֹזה) ועמילן. הוא היה כנראה המדען הראשון שהציע לבסס את תעשיות הדלק והכימיה האורגנית על תסיסה של חומרים צמחיים עשירים בעמילן, סוכר או תאית. הרעיון המהפכני הזה של וייצמן, שנכשל בזמנו בשל הזמינות הרבה והמחיר הנמוך של דלקים טבעיים כגון נפט ופחם, וכן בשל התנגדות עזה מצד תעשיית הנפט, שחששה ממתחרים, החל לזכות לעניין על רקע משבר האנרגייה של שנות השבעים של המאה העשרים.

היום במיוחד יש מודעות בעניין ההִתכלות המהירה של מצבורי הדלק הטבעיים בעולם והצורך הדחוף והבלתי נמנע בפיתוח מקורות אנרגייה חלופיים. זאת ועוד, התגברות המודעות להשפעותיה של שרפת דלקים על מזג האוויר בעולם האיצה את הצורך למצוא מקורות אנרגייה שהשימוש בהם אינו מגביר את תהליך ההתחממות של כדור הארץ ואינו מגדיל את ריכוז הפחמן הדו־חמצני באטמוספרה. כך עלתה קרנם של הביו־דלקים בקרב חוקרי אנרגייה, טווי מדיניות כלכלית־סביבתית ובציבור ברחבי העולם.

כיום, כאשר מחירי הנפט והגז בעלייה ומקורותיהם הולכים ומידלדלים, הרעיון של וייצמן לניצול תסיסה ביולוגית כמקור לדלק מיושם בארצות הברית ובברזיל בייצור כוהל אֶתילי מעמילן תירס ומקנה סוכר, המשמש דלק במנועי שרפה פנימית בכלי רכב ובשימושים אחרים.

מחקרנו התחיל במשבר האנרגייה של שנות השבעים. מטרתנו המדעית הייתה אז, והיא עודנה היום, לפתח תהליך שמאפשר הפיכת חומר צמחי מתחדש לביו־דלק נוזלי (כדוגמת בוטנול). מהבחינה הזאת אנחנו רואים את מחקרנו כהמשך אורגני לחזונו המדעי של וייצמן, וכפי שנתאר להלן, גם למחקרו המעשי.

הקשר בין הג׳ונגלים של בורמה לחקר אנזימים מפרקי תאית

הפחממה המורכבת הנפוצה ביותר היא התאית, ההכרחית ליצירת דופן התא הקשיח של צמחים. כמחצית מן הפסולת הנוצרת על ידי החברה האנושית, המצטברת בערמות הזבל במזבלות, היא תאית מן הצמח. השימוש התעשייתי העיקרי בתאית הוא בענף ייצור הנייר - תעשייה המפיקה מיליארדי טונות של פסולת תאית, הנקברים באדמה והמהווים מטרד סביבתי חמור.

ניצול של פסולת התאית הזאת לייצור ביו־דלקים יפתור את הבעיה הסביבתית של פסולת התאית ויענה על הצורך הגובר במקורות אנרגייה חלופיים. מה עוד שבניגוד למקורות הנפט והגז, שהולכים ומידלדלים, את התאית אפשר להפיק מצמחים, אשר חוזרים וצומחים מדי שנה בשנה.

פירוק סוכרים מורכבים (כגון עמילן ותאית) לסוכרים פשוטים ומסיסים הוא השלב הראשון בתהליך שבו בעלי חיים רבים מפיקים אנרגייה ממזונם. בעוד מערכת העיכול של בני אדם אינה מסוגלת להפיק אנרגייה מתאית, בעלי חיים מעלי גירה מצליחים להשתמש בתאית כמקור אנרגייה. יכולתם זו נובעת מסיוע שהם מקבלים מחיידקים השוכנים במערכת העיכול שלהם ומסוגלים לפרק את התאית לפחממות פשוטות יותר, כגון גלוקוז, המשמשות מקור אנרגייה.

מה הם המנגנונים, התהליכים והאנזימים המאפשרים לחיידקים לפרק תאית, והאם אפשר לנצל אותם לייצור תעשייתי של ביו־דלקים? אלו הן השאלות המרכזיות של מחקרנו.

חקר האנזימים מפרקי התאית החל בשנות הארבעים בג׳ונגלים של בורמה, בזמן מלחמת העולם השנייה. האוהלים של הצבא האמריקני ביערות אלו, עשויים מבד תאית, נאכלו כליל על ידי פטרייה מסוג טריכודרמה ריסיי (*Trichoderma reesei*). חוקרים דאז גילו כי הפירוק נעשה בשיתוף פעולה של לקט אנזימים חופשיים שהופרשו מהפטרייה, נספחו אל בד האוהלים ופירקו אותו. בכל אנזים מסוג זה ישנו חלק האחראי על קישור האנזים לתאית וכן חלק ׳קָטליטי׳, האחראי על פירוק התאית ברגע שהאנזים בא במגע עמה. הפטרייה ניזונה מהסוכרים הפשוטים הנוצרים.

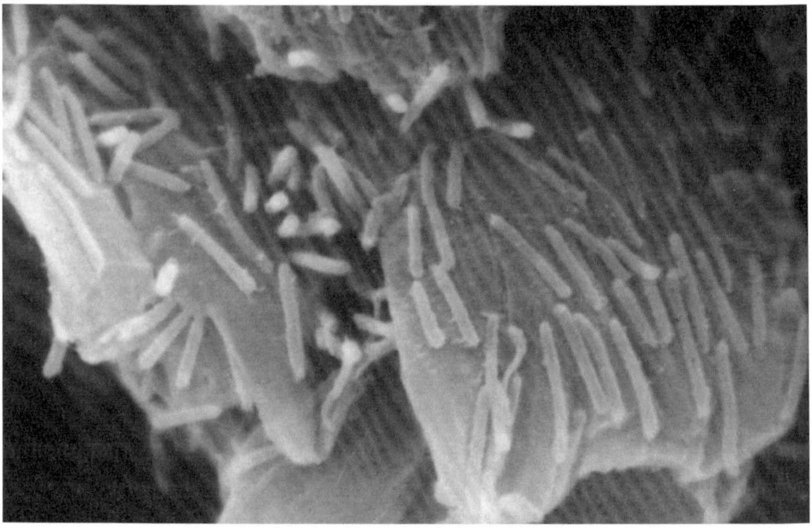

חיידקי קלוסטרידיום תרמוצלום נספחים אל התאית שהם גדלים עליה.

תגלית הצלולוזום

כשבעים שנה לאחר תגלית החיידק של וייצמן, נפגשנו, מחברי המאמר, והחלטנו לשתף פעולה במחקר.[2] בשלב הראשון של מחקרנו החלטנו לאפיין את החלק האחראי לספיחה של חיידק המפרק תאית אל החומר שהוא גדל עליו.[3] לשם כך בחרנו כמודל מחקרי את אחד מקרובי המשפחה של חיידק וייצמן, חיידק הנקרא קלוסטרידיום תרמוצלום (*Clostridium thermocellum*). זהו חיידק לא אירובי תֶרמופילי (אוהב חום) שידוע ביכולתו להמס תאית על ידי פירוקה לסוכרים פשוטים ולהפכם לאתנול.

כיצד חוקרים את מנגנון הספיחה? בשלב הראשון השווינו בין הרכב החלבונים הנמצאים על קרום חיידק הבר לבין הרכב החלבונים המצויים

2 Edward A. Bayer & Raphael Lamed, 'The Cellulosome Saga: Early History', in *Cellulosome*, ed. Vladimir Uversky & Irina A. Kataeva, New York: Nova Science Publishers Inc., 2006, pp. 11–46

3 Edward A. Bayer, Rina Kenig & Raphael Lamed, 'Adherence of *Clostridium thermocellum* to Cellulose', *J. Bacteriol.*, 156 (1983), pp. 818–827

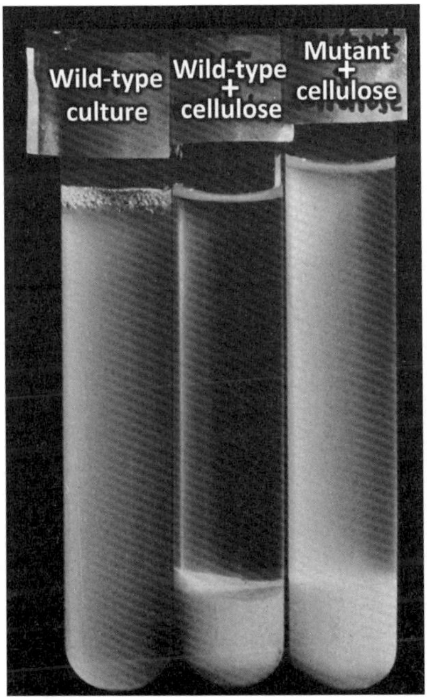

כאשר חיידקי בר (משמאל) באים במגע עם תאית הם נספחים אליה ושוקעים לקרקעית המבחנה (באמצע), בעוד המוטנטים נשארים חופשיים בנוזל (מימין).

על חיידק מוטַנטי אשר בודדנו, שאינו מסוגל להיספח אל תאית. בטכניקות ביולוגיות הצלחנו לבודד את החלבונים הקשורים לתהליך הספיחה ולאפיינם.

התברר לנו שהפירוק של חיידקים לא אירוביים כדוגמת קלוסטרידיום תרמוצלום שונה מזה של פטריות טריכודרמה ריסיי. בעוד הפטריות מפרישות תערובת חלבונים מפרקי תאית בודדים וחופשיים, המפרקים באופן משולב את דופן הצמח, בכמה מהחיידקים מפרקי התאית, כגון קלוסטרידיום תרמוצלום, אנזימים אלו משולבים בתלכיד אנזימטי גדול.[4]

במקרה של החיידק קלוסטרידיום תרמוצלום, החלק הנקשר אל התאית הוא תלכיד גדול ומוגדר המכיל לפחות 14 רכיבים: חלבון מארגן וצֶבר אנזימים רבים.

4 Raphael Lamed, Eva Setter & Edward A. Bayer, 'Characterization of a cellulose-binding, cellulase-containing complex in *Clostridium thermocellum*', *J. Bacteriol.*, 156 (1983), pp. 828–836

בעקבות התגלית משנת 1983 החלטנו לתת לאֵברון זה את השם המקובל עד היום: צֶלוּלוֹזוֹם.[5] ההגדרה הרשמית היום של הצלולוזום היא תלכיד מוגדר של אנזימים הכולל אנזימים מפרקי תאית שונים ומיועד לפירוק דופן התא הצמחי. מאז התגלו עוד זנים רבים של חיידקים הנושאים צלולוזומים על קרומם.

כדי להבהיר את פעולתו של הצלולוזום אפשר לדמות אותו לאולר שווייצי, אשר במקום סכינים וכלים אחרים מכיל אנזימים מפרקי תאית מסוגים שונים, המחוברים לחלבון מארגן על ידי מנגנון הכרה ביולוגי חזק מאוד. כאשר הצלולוזום נמצא במצב רדום הוא מופיע כבליטות על פני קרום החיידק; במגע עם תאית, הבליטות נמתחות ויוצרות שלוחות המופנות לעבר התאית ונקשרות אליה. כל שלוחה נושאת לקט 'סכינים' אנזימיים, המתחילים מיד לפעול.

עד כמה מערכת הצלולוזום יעילה בעבודתה? החלטנו להשוות בין קצב פירוק התאית באמצעות הצלולוזום לבין קצב הפירוק של אוסף אנזימים בודדים, כבמקרה של הפטרייה מבורמה. מצאנו כי כלל תערובת האנזימים של הפטריות פועלת בצורה יעילה הרבה פחות מצבר האנזימים שבתלכיד הצלולוזום. ההנחה הרווחת היום היא שהארגון המתוחכם והמסודר של חלבוני הצלולוזום ויכולת האברון להידבק לתאית הם תנאים הכרחיים לפירוק יעיל של תאית בכלל, ובחיידקים לא אירוביים בפרט.

מהו מבנה הצלולוזום? השקענו מחקר רב באפיון מבנהו של תלכיד הצלולוזום, והצלחנו להגדיר במדויק את החלבונים הבונים אותו, את דרכי הפעולה שלהם ואת ההתקשרות בינם לבין עצמם, בינם לבין התאית, ובינם לבין החיידק. לאחר מכן אפיינו את המבנה של אזורים בעלי תפקיד מוגדר בצלולוזום ואת אופן פעולתם. הצלחנו, לדוגמה, להגדיר את מבנה המקטע הקושר את הצלולוזום לתאית ואת הדרך שבה הוא נספח לפחממה. מחקר זה נעשה בשיתוף ד"ר חוסה תורמו ז"ל מאוניברסיטת ייל.[6]

5 Raphael Lamed, Eva Setter, Rina Kenig & Edward A. Bayer, 'The Cellulosome – A discrete cell surface organelle of *Clostridium thermocellum* which exhibits separate antigenic, cellulose-binding and various cellulolytic activities', *Biotechnol. Bioeng. Symp.*, 13 (1983), pp. 163–181

6 Jose Tormo, Raphael Lamed, Arthur J. Chirino, Ely Morag, Edward A. Bayer, Yuval Shoham & Thomas A. Steitz, 'Crystal Structure of a Bacterial Family-III Cellulose-Binding Domain: A General Mechanism for Attachment to Cellulose', *EMBO J.*, 15 (1996), pp. 5739–5751

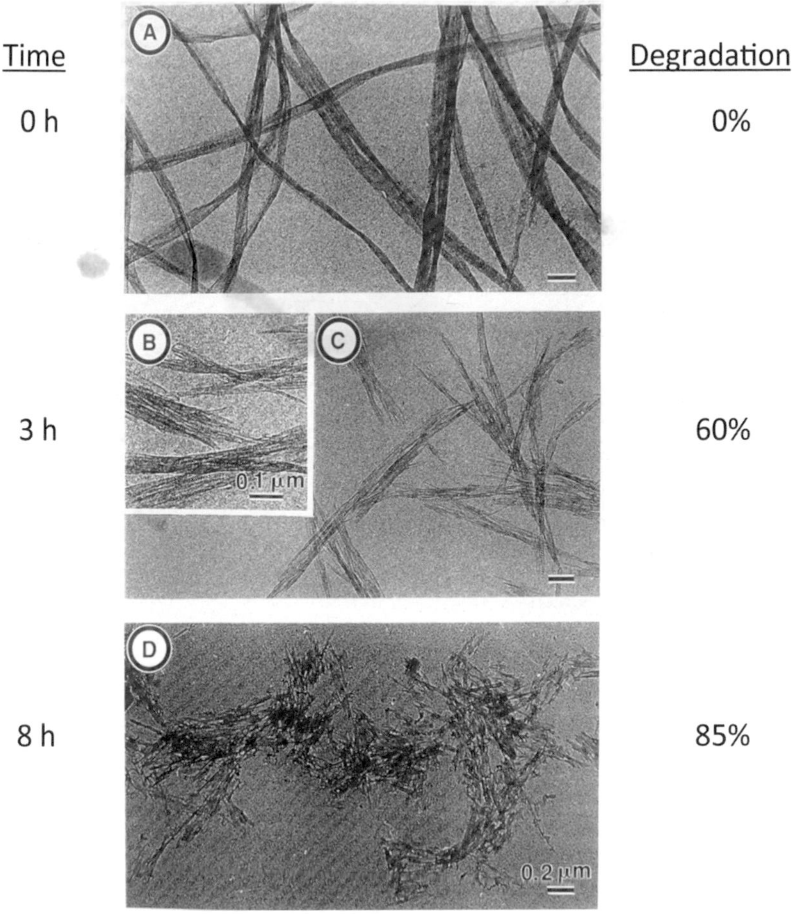

תמונת מיקרוסקופ של תאית גבישית לפני הכנסת צלולוזום למערכת (A), שלוש שעות אחר כך (B, C) ושמונה שעות לאחר הכנסת הצלולוזום (D).

סוד מנגנון הפעולה של הצלולוזום התגלה כנעוץ בהכוונה מדויקת ובקירוב נכון של סוגי האנזימים השונים זה אל זה ואל התאית, הכוונה המאפשרת פעולה משולבת להמסת התאית ולפירוקה לסוכרים פשוטים יותר. ספיגת התוצרים על ידי החיידק, המוצמד אף הוא לתאית דרך התלכיד, מגבירה את יעילות הפירוק.

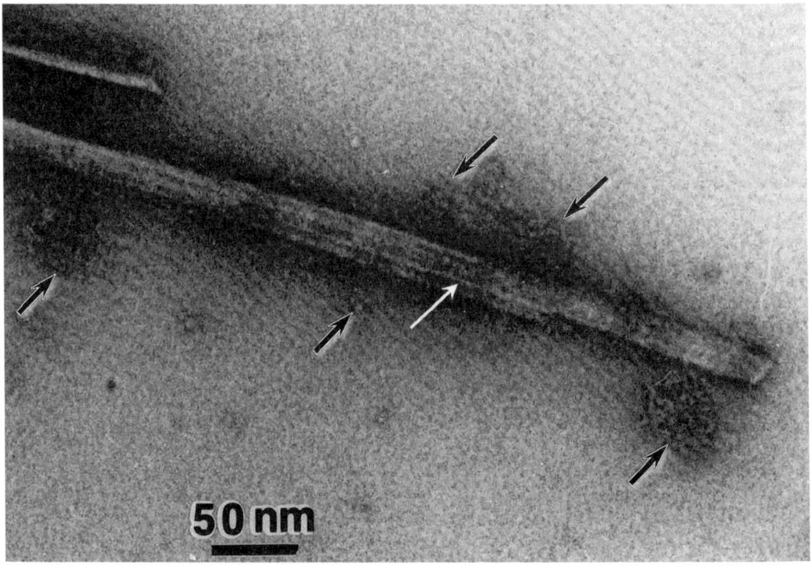

צלולוזום (חצים שחורים) תוקף את התאית (חץ לבן); ניתן לראות את גרגירי (מולקולות) האנזימים השונים ואת מבנהו הגרגירי האופייני של הצלולוזום.

הנדוס 'צלולוזומי־על' מלאכותיים

מחקרים אלה ואחרים הובילו אותנו לרמת הבנה הנדרשת לצורך תרגום הידע הבסיסי לטכנולוגיה יישומית. בידע שצברנו השתמשנו לבניית צלולוזומים מלאכותיים.[7] הפוטנציאל של צלולוזומים מלאכותיים הוכר על ידי משרד האנרגייה האמריקני בתקופת משבר האנרגייה הנוכחי.

צלולוזומים טבעיים מכילים תערובות פחות או יותר אקראיות של אנזימים מפרקי תאית. מבנים אקראיים אלה מספקים את צרכיו של החיידק, ואילו ייצור ביו־דלקים באופן תעשייתי דורש יעילות מרבית של התהליך, ולכן יש למצוא מבנה והרכב צלולוזומי מיטבי מבחינת יעילות הפירוק של מגוון דפנות של תאי צמח שונים. לפיכך, כדי לייצר צלולוזומים מלאכותיים ייעודיים יש להנדס מבנ"ים צלולוזומיים מוגדרים ולחקור את תכונותיהם. וזה אכן היה השלב הבא במחקרנו.

7 Edward A. Bayer, Ely Morag & Raphael Lamed, 'The Cellulosome – A Treasure-Trove for Biotechnology', *Trends Biotechnol.*, 12 (1994), pp. 379–386

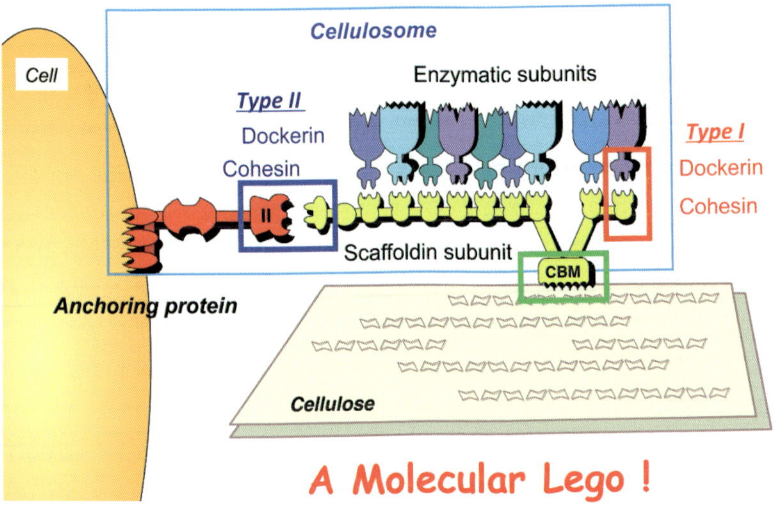

החלבון המארגן של הצלולוזום, הקרוי סְקָפּוֹלְדִין, קושר אנזימים שונים על ידי אזורים ייעודיים המצויים על הסקפולדין ועל האנזימים (ריבוע אדום). יש גם אזור שמפנה וקושר את הצלולוזום לתאית (ריבוע ירוק), וכן אזור הקושר את התלכיד לשטח החיידק (ריבוע כחול), ובכך מקשר את כל החיידק לתאית.

תכנַנו צלולוזומים בעלי הרכבים שונים של תת־יחידות המכילים אנזימי פירוק תאית, שהפקנו אותם ממקורות טבעיים, ומיקמנו אותם בעמדות מוגדרות בצלולוזום המלאכותי. בדרך זו הצלחנו לבנות מערכת צלולוזום יעילה, הכוללת שישה אנזימים מפרקי תאית מחיידקים שונים. המערכת שבנינו קרובה לרמת הפעילות של צלולוזום טבעי. הצלולוזום המלאכותי שבנינו מצליח להפוך נייר גרוס לעיסה של סוכרים מסיסים בתוך יום אחד.

ברגע שנגיע לרמת היעילות הרצויה נמשיך לשלב הבא, שהוא בניית ביורֵאקטורים מפרקי חומר צמחי, המשתמשים ביצורים חיים מהונדסים, כגון חיידקים, פטריות ושמרים, שבתוכם הכנסנו גנים מתאימים כדי לבטא צלולוזום מלאכותי לצורך פירוק תאית.

מן הדמיון אל המעש

באופן מפתיע, בעת האחרונה התגלה שגם החיידק התעשייתי של וייצמן מסוגל לייצר באופן טבעי צלולוזום לא יעיל, הדורש שיפור כדי לפרק תאית במידה מספקת. וכך נסגר מעגל. מה שהתחיל ברעיון של וייצמן יתורגם, אנו מקווים, בעתיד הלא רחוק לשיטה יעילה ליצירת דלקים ביולוגיים. התאית תשמש חומר הגלם, תוצר תעשייתי בעייתי שבמשך שנים לא נמצא לו שימוש. כאמור, תאית היא חומר אורגני מתחדש שאינו בא על חשבון ייצור תוצרי חקלאות למזון, כגון תירס.

מקורם של רבים מרעיונותינו נמצא בחזונו של וייצמן, ולמעשה אנו משתמשים באסטרטגיה שהגה וייצמן לפני שנים רבות. ואכן, גם לנו אמרו בתחילת המחקר שעדיף 'לשפוך את החומר לכיור'. אנחנו תקווה שהחזון יתממש, כך שנוכל להשתמש בחיידקים ובידע שצברנו על צלולוזומים לשם ייצור ביו־דלקים. החיפוש המחודש אחר פתרון לבעיית האנרגייה העולמית, שהוזנח לאחר משבר האנרגייה של שנות השבעים, מקים לתחייה את חזונו של ד"ר חיים וייצמן.

* * *

תוספת בעת ההגהה: בטיוטה של האוטוביוגרפיה של וייצמן, שנתגלתה לאחרונה, הוא כתב אי־אז בשנות הארבעים שהמחקר היחיד בעל החשיבות הטכנית (כלומר, בעל ההשלכות היישומיות) שהוא עדיין מעוניין להשלימו הוא 'התססה של תאית, קש, עץ, נסורת, שיירי עץ וכו'' כדי להפיק - מעץ, ולא מעמילן - אלכוהול, אצטון וחומרים נוספים.[8] מסתבר אפוא שהמחקר שלנו הנו בחזקת מימוש שאיפתו האחרונה של וייצמן בתחום היישומי.

8 [ראו סוף קטע ד בפרק 'קטעים גנוזים' בכרך זה. הערת העורך.]

קטעים גנוזים בענייני מדע מתוך טיוטות האוטוביוגרפיה
Trial and Error

קוראים הקרובים לנושא יודעים שחיים וייצמן החליט לגנוז קטע העוסק במשבר ביחסיו עם דוד בן־גוריון בימי מלחמת העולם השנייה ולא לפרסמו בסוף פרק 41 של *Trial and Error*. ואולם, בדיקת התיק בגנזך ויצמן אשר מכיל את כתב היד של האוטוביוגרפיה מגלה שוייצמן בחר לגנוז גם קטעים אחרים, או להביאם בצורה מקוצרת. להלן מופיעים ארבעה קטעים העוסקים בנושאים הנדונים בכרך הנוכחי; המילים והמשפטים שלא נכללו באוטוביוגרפיה מופיעים באותיות גדולות יותר. תודתי לגב׳ מרב סגל, מנהלת גנזך ויצמן, על שאִפשרה לי לבדוק תיק זה וכן תיקים אחרים. (העורך)

א. על נסיעתו של איינשטיין, בחברת וייצמן, לארצות הברית, והתנגדותו של פריץ האבר (1921) [השוו *Trial and Error*, פרק 32, עמ׳ 434–435]:

It will be remembered that when I made my first visit to America, in 1921, I had been fortunate enough to enlist the co-operation of Einstein. It was somcthing of a triumph for us, and ensured in advance that the Hebrew University in the making – which Einstein was to take as his field on the visit – would receive the right kind of attention. Everything was set for the trip, and we wcrc to meet Einstein in Plymouth, which he was to rcach on a Dutch boat; thence we were to proceed together. A few days before Einstein's departure we learned from some friends in Berlin that he was subjected to great pressure by certain of his colleagues in Dalhem [*sic*], where he lived, to cancel his trip. Chief among these men was Haber, who used all his energy and eloquence to persuade Einstein that he would be doing untold harm to his career and to the name of the Institute of which he was a distinguished member if he threw in his lot with the Zionists, and especially with such a pronounced Zionist as myself. I hardly knew Einstein at the time, and was genuinely disturbed until I learned that this sort of argument made no impression on him.

ב. סוף ביקורו של וייצמן אצל האבר בברלין (1932) [מקומו של הקטע הגנוז בתוך *Trial and Error* פרק 32, אחרי עמ' 435; וראו תמונה 32 בכרך זה]:

During the lunch at Haber's home I turned to him and said: "Your Institute is a great one, marvelous in its program, its equipment and its staff. But it suffers in my humble opinion from one fundamental defect – there are too many Jews in it. Whatever section I came into, the head was a Jew, his first and second and third assistants were Jews, and somewhere at the bottom of the ladder were a few non-Jews. Imagine," I went on, "an institute like that in Palestine, with an Arab at the head, all the important posts occupied by Arabs, and the very subordinate positions allotted to Jews. It's unthinkable. Yet to all intents and purposes you have this abnormal structure here. I don't want to be a Cassandra, but I can't help predicting that one day the subordinates will rise and throw their Jewish chiefs out."

Haber looked at me in astonishment and perplexity, then said: "Dr. Weizmann! You are an anti-Semite! You mustn't say such things. My position in this institute is unchallengeable."

There passed through my mind the story of Wilstetter

[*sic*] and the university in Munich, which must have been known to Haber, but I did not want to enter into an argument with my host.

I left Dahlem heavy-hearted and filled with forebodings, which I remember communicating to my wife on my return to London.

ג. על הישגיהם של מדענים יהודים וההתעלמות מיהדותם, אשר תבוא על תיקונה עם פיתוח המדע בארץ ישראל [מקומו של הקטע הגנוז בתוך *Trial and Error* בפרק 32, אחרי הדיון במאמציו של וייצמן להביא לעלייתם של וילשטטר והאבר, המסתיים בעמ׳ 438]:

These were two of the men – I shall tell of others – whom I wanted in Palestine. But they preferred to serve other gods.

Very few people – Jewish or non-Jewish – have any notion of the role which Jews have played in modern science, and particularly of their astounding share in the development of neuclear [*sic*] physics. I would not like to venture a numerical estimate, but I have heard Einstein speak of ninety percent. In any case, reading on the literature of this and kindred subjects, I am continuously struck by the utter disproportion of the Jewish contribution. For instance, H.D. Smyth, in his 'Atomic Energy for Military Purposes', (Modern Physics, Vols. 16–17, 1944–45, p. 373) states: 'At that time (January, 1939) American born neuclear [*sic*] physicists were so unaccustomed to the idea of using their science for military purposes that they hardly realised what was needed to be done. Consequently the early efforts at restricting publication and at getting government support were stimulated largely by a small group of foreign-born physicists centering on L. Szilard, and including E. Wigner, E. Teller, V.F. Weizzkopf [*sic*][1] and E. Fermi'. All of these, with the exception of the last-named, are Jews.

It would of course be absurd for the fact to be mentioned in a scientific report. But it is seldom mentioned anywhere else either. I must always think of Einstein's words to me during our trip to America. He said: 'If my theory of relativity turns out to be correct, it will be put down as a great achievement of German scientists. If it proves to be wrong it will be the damned Jews who misled the world of science'. If human folly reaches such a stage that atomic energy will be used extensively in the next war about which one hears so much talk, it will be said that the Jews have conspired to destroy the world. If, however, as I hope and believe will be the case, atomic energy will be guided into constructive channels, and humanity will enjoy the benefits of unlimited sources of energy, solving all its problems of fuel and transportation, I doubt whether people will remember the great number of Jews who will have helped to bring these results about. With the exception of a few anti-Semites no one thought of Lilienthal, who became the head of what is probably the greatest atom research station in the world, as a Jew.

Without wishing to see in everything a justification of my Zionist credo, I cannot help reflecting on such matters and arriving at the conclusion that each nation keeps its own account in the general ledger of humanity, and enters its achievements into the record of civilisation. We Jews alone do not keep our own account; it is kept for us by others; therefore the entries figure under different names, and our contributions become invisible. It is only

1 הכוונה היא ל-Victor F. Weisskopf (1908–1922).

in Palestine, where we are building up our normal life, that we begin to keep our own accounts; and this is why Jewry instinctively feels that what we do or fail to do here is likely to reflect credit or discredit on Jews in America or Australia or elsewhere, who may not be taking a direct part in the actual performance.

But, as I have intimated, a great many of the scientists – among others – did not see things my way; I was anxious to secure their services for Palestine, for their sake and ours. I felt that it would be a great accession of moral strength, and a valuable source of technical knowledge, if we could offer to the Hebrew University, or to the Sieff Institute, Albert Einstein, the physicist James Franck, of Göttingen, the mathematician Hermann Weyl, the physicist Placzek, the chemist Wiegener, and others of their standing. But somehow I failed to convince them.

ד. תכניות המחקר של וייצמן [גרסה מקוצרת מופיעה בתוך *Trial and Error* בפרק 43, שכותרתו המקורית 'ציונות ומדע' שונתה ל'מדע וציונות' - עמ' 545-547]:

I referred, in the last chapter, to a friendly meeting with Mr. Ernest Bevin – one in which he sought my services. It occurred in the midst of the war, when the British Government sent out to West Africa a small commission to investigate the short- and long-range possibilities of new sources of raw materials, with fuel chiefly in view.[2] Walter Elliot and Creech-Jones were on the commission, and I had several subsequent meetings with them.

I suggested that they try to determine whether large quantities of various types of starches could not be grown in West Africa. It is known that Central or tropical Africa produces a great many root

2 חמש המילים האחרונות חסרות בכתב היד.

starches, like manioc and tapioca; also cane sugar. I was of the opinion that if one could grow abundant supplies of these commodities, one could introduce a fermentation industry into that part of the world, with a large yield of ordinary alcohol, both for power and for the production of butyl alcohol and acetone. These three materials, in large quantities and at a low price, could form the basis of two or three great industries, among them high-octane fuel, and would make the British empire independent of oil wells.

The commission went out for a survey, and so far nothing has come of it. But I am still of the opinion that the plan is feasible. Nor are its advantages confined to fuel. The materials mentioned would form the basic starting points for a great plastics industry. I have mentioned that in regard to fuel, the British Empire could become independent of oil wells, which are in fixed localities. The most attractive feature, perhaps, of a good fermentation industry, consists in the fact that it is not tied to a geographic point. So, for instance, one could have a great fermentation plant in Simonstown, near the Cape, which is central to the Atlantic and Indian oceans, and it would not be necessary to transport the fuel for the navy all the way from Arabia. Fermentation plants could also be set up at points in India, where the raw material would be rice. At the beginning only a certain proportion of the demand could be met in this way, but once started there is no reason why it should not be developed till it meets one hundred per cent of the demand, thus breaking the world's oil monopoly. From the chemical point of view, the plan is in my opinion possible and realisable; it would undoubtedly meet with the opposition of vested interests, but this could be overcome by a government where private enterprise might fail.

Much of my work and that of my colleagues has been directed to what I believe is a necessary and perhaps inevitable shift in a large sector of modern industry. The three substances I have mentioned, butyl alcohol, acetone and ethyl alcohol, are the bases of a large variety of products. Butyl alcohol fermentation, for instance, yields, as a by-product, large quantities of carbon mon-oxide and hydrogen, out of which one could make methyl alcohol, or if necessary, methane, which are themselves starting materials for other valuable products. Methyl alcohol can be easily reconverted into formaldehyde, one of the best disinfectants. It is, moreover, widely used in synthetic chemistry.

In other words, the fermentation industry could yield a range of substances, all made out of starch, leading to plastics, fuel and various chemicals. A whole set of substances can be made of **methyl butinol, which** is prepared easily and in good yield from acetylene and acetone. Acetylene can be easily obtained by the ordinary method from calcium carbide, or else from methane. The acetylene chemistry derivatives, too, start with methyl butinol; the process is being worked at present on a pilot plant scale, in America, in my laboratory in London, and in the Sieff Institute, in Rehovot.

Methyl butinol, again, leads, by a simple reaction, to the formation of certain amino-alcohols, which are most valuable constituents of dyestuffs. By combining these amino-alcohols with certain derivatives of anthra-quinone, one can obtain red and blue dyes which, I am informed, are so far the best and fastest dyes known. All this work is still in its initial stages, and to elaborate the program would require quite a number of chemists, and a certain period of time, but enough has been done – in Philadelphia, in London, and at Rehovot – to indicate the lines of research on which we should move at present.

One of these lines, which has occupied my attention and that of my collaborators in the last few years leads to the production of cheap but digestible and valuable nutritive products, made from the residues of certain industries. It may be briefly described as the attempt to up-grade materials which are used as cattle food, converting them into human food. The materials are peanuts or peanut cake – after the oil has been extracted – soya beans and similar products. These, when treated enzymatically, are solubilised and degraded into low molecular proteins. The enzymes are obtained from yeast, so if yeast and peanut butter are treated together in a certain way one obtains a palatable food rich in vitamins. The whole process is carried out at a low temperature, not higher than fifty degrees, so that all the valuable ingredients of the yeast remain intact. This product has been tested in many hospitals as nutrition for patients, and for people with ulcerated stomachs, and it has proved very beneficial. It is, moreover, cheaply produced, and is within the reach of the poorest populations, such as the coolies of China or India. A little pilot plant was, in fact, set up in India by a firm with which I was connected, but the whole production has now been transferred to an American firm. The product should be of particular benefit to those eastern countries in which meat is either too expensive or is prohibited for religious reasons. It is entirely of a vegetable nature, is highly nutritive, and without containing a particle of meat has a meaty taste. If an Indian coolie could supplement his regular diet with a little tube of this stuff – which should sell at a fraction of a cent – it would make a tremendous difference to him.

All this side of research is being studied in its technical aspect by a group of capable workers in America, and should come to fruition very soon. My colleagues and I have been occupied with the chemical side since 1935, aided at the beginning by Willstätter, who was a great authority on the chemistry of proteins.

A third branch of research has occupied my attention in recent years, and in this Dr. David Bergmann and one or two others have participated to a considerable degree. In its early stages it was carried out at the Sieff Institute, later it was transferred to London. It is a process for converting crude residues after the distillation of oil – the high-boiling constituents of petrol after the low-boiling gasoline has been removed. By a catalytic process of great simplicity and considerable efficacy the crude material is converted into aromatic substances like benzine, toluene, xylene, naphthalene and certain gaseous substances like butylene, isobutylene, and so on. One hundred parts of the crude oil, if cracked by means of the catalyst, yields fifty parts of gaseous yield as above. Both yields are of great value.

The process was worked out during the war, first, as I have said, at the Sieff Institute in Rehovot, and then at my laboratory in London. Our purpose was to create reserves of toluene, for we remembered our sad experiences in the last war, when we ran out of toluene, the basis of T.N.T. The process proved to have a wider value because of the other constituent parts, which are obtained in a very pure state, not needing a complicated process of rectification, as is the case when they are obtained from coal tar. Moreover, the yields are larger, and the whole thing is simpler. The process was examined and re-examined during the war, and found of great interest. It was taken up by a private firm to which the Manchester Oil Refinery belongs; a company was formed with a capital of two million pounds, with fifty per cent government participation in view of the national importance of the process. A great plant is at present in construction in Trafford Park, Manchester, and should be in operation by April, 1948.

These are my main practical interests, apart from some purely scientific researches.

It has been a long struggle, partly against inertia, and partly against vested interests, to put the enterprise on a proper footing, but I hope it is now over. I have made up my mind not to engage in any more researches which may have technical importance. For that one has to be much younger, and to possess the necessary resilience in order to fight one's way through the maze of difficulties. The one piece of work which still requires completion is the fermentation of cellulose, straw, wood, sawdust, wood residues, etc.

It is well known that cellulose can be saccharified and thus fermented, but a clean and easy method of saccharification, technically simple and accessible, is still to be worked out. Once this problem is solved, it will be possible to produce alcohol, acetone and all the other abovementioned substances from wood instead of from starch. The advantage is obvious. There are millions and millions of tons of cellulose in the form of wood, leaves, branches, grass, straw, etc. going to waste every year. If this can be worked up properly then all the derivatives would be obtainable at a low price. It is still a practical problem, and a great many people are trying to solve it.

The ideas set forth in brief outline in the foregoing pages were germinating in my mind for many years.

ה. באחת מטיוטות הספר השמורות בגנזך ויצמן מחק וייצמן משפטים אחדים המתייחסים לעבודתו המדעית בשווייץ [ושיופיעו בסופו של דבר ללא שינוי בתוך *Trial and Error*, עמ' 76–77] וניסחם מחדש, תוך כדי תיקון של כמה פרטים משמעותיים והוספת אחרים. יש עניין בניסוח מחודש זה, שבסופו של דבר נגנז:

My doctorate thesis was based on some of the researches I started in Berlin. I managed to pass my degree with high marks[3] and the autumn following my graduation I have decided to settle in Geneva which was famous for

3 וייצמן מחק את המילים 'to obtain with my doctorate the coveted top rating of summa cum laude' שהופיעו בסופו של דבר בספר.

its chemical school. Here I began research into a subject which in later years has occupied me a good deal. After having published the first results I could apply for the post of Privat-Dozent. The nearest equivalent to this post in an English or American university is, I think, that of lecturer. In Geneva it meant, at least then, much less than in the German or English university. The Privat-Dozent [received] no salary. The only emolument derived from the fees which the students paid who happened to take this particular course and they were very few as a rule. […]

I do not know how long I would have been able to remain in Geneva to which I was greatly attached if not for a great stroke of luck almost at the outset. My research yielded a practical result in which the Farbenfabriken Bayer in Elberfeld were interested and this provided me at once with a regular income of about four[4] hundred marks a month. […]

As to the actual contract with that gigantic enterprise, the I.G. Farbenindustrie, I paid little attention to it. Hardly anyone thought of it then as the focus of German military might and of German dreams of world conquest. Now it gives me a somewhat queer feeling to remember that I too, like many another innocent Jewish[5] chemist, had some relation with that instrument of German ambition. It is still more strange and in a sense very tragic to think that the scientific achievements of Jewish chemists in Germany have contributed greatly to the efflorescence of the great chemical industry in that country. Names like Haber, Willstätter, Ladenburg, Wallach, Caro, Ehrlich and his collaborators represent the more prominent in a whole gallery of scientists.

4 וייצמן מחק את המילה six, שתופיע בספר.

5 וייצמן מחק את המילה foreign והחליפה ב־Jewish.

יהושע יורטנר

דברי נעילה

מן המפורסמות הוא שעבודתו המדעית של וייצמן מיסדה את מעמדו כאחד המדענים־מדינאים המובילים בעולם המודרני וגם תרמה לתודעתו העצמית. וייצמן עצמו דיבר על עבודתו הציונית ועל המטלות של הציונות במונחים שהיו שאולים מעולם המדע והמעבדה: 'שיטתיות', 'בחינת פתרונות', 'בדיקה זהירה'. גישתו המשלימה למדע ולציונות התבססה על תכנון, התאמה והגשמה של מטרות ואמצעים, ובה למדע נועד תפקיד מרכזי בבניין הארץ, בהתחדשות התודעה הלאומית ובהבטחת הנורמליזציה של העם היהודי.

רשימת המשתתפים

שלמה אבינרי
המחלקה למדע המדינה, האוניברסיטה העברית בירושלים, והאקדמיה הלאומית הישראלית למדעים

יששכר אונא
מכון רקח לפיסיקה, האוניברסיטה העברית בירושלים

רות ארנון
המחלקה לאימונולוגיה, מכון ויצמן למדע, ונשיאת האקדמיה הלאומית הישראלית למדעים

אד באייר
המחלקה לכימיה ביולוגית, מכון ויצמן למדע

יגאל בורשטיין
המחלקה לכימיה אורגנית, מכון ויצמן למדע

חדוה בן־ישראל
החוג להיסטוריה, האוניברסיטה העברית בירושלים

שולמית וולקוב
החוג להיסטוריה כללית, אוניברסיטת תל־אביב, והאקדמיה הלאומית הישראלית למדעים

רשימת המשתתפים

יהושע יורטנר

בית הספר לכימיה, אוניברסיטת תל־אביב, ונשיא לשעבר, האקדמיה הלאומית הישראלית למדעים

שאול כ"ץ

המכון ליהדות זמננו, האוניברסיטה העברית בירושלים

רפאל למד

המחלקה למיקרוביולוגיה וביוטכנולוגיה, אוניברסיטת תל־אביב

בני מוריס

המחלקה ללימודי המזרח התיכון, אוניברסיטת בן־גוריון בנגב

רפאל משולם

הפקולטה לרפואה, האוניברסיטה העברית בירושלים, והאקדמיה הלאומית הישראלית למדעים

ב"ז קדר

החוג להיסטוריה, האוניברסיטה העברית בירושלים, וסגן הנשיאה, האקדמיה הלאומית הישראלית למדעים

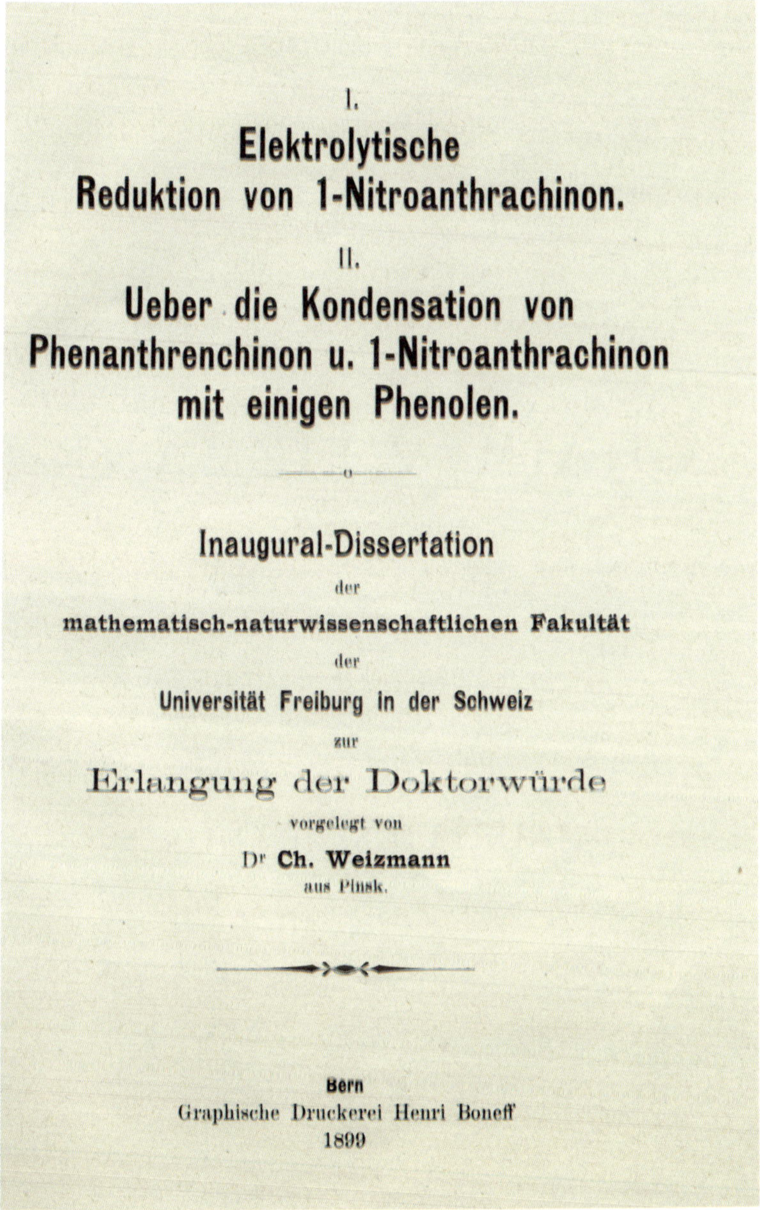

I.

Elektrolytische Reduktion von 1-Nitroanthrachinon.

II.

Ueber die Kondensation von Phenanthrenchinon u. 1-Nitroanthrachinon mit einigen Phenolen.

Inaugural-Dissertation

der

mathematisch-naturwissenschaftlichen Fakultät

der

Universität Freiburg in der Schweiz

zur

Erlangung der Doktorwürde

vorgelegt von

Dr **Ch. Weizmann**

aus Pinsk.

Bern

Graphische Druckerei Henri Boneff

1899

תמונה 1. עבודת הדוקטור של חיים וייצמן, אוניברסיטת פריבור, שווייץ, 1899
באדיבות גנזך ויצמן

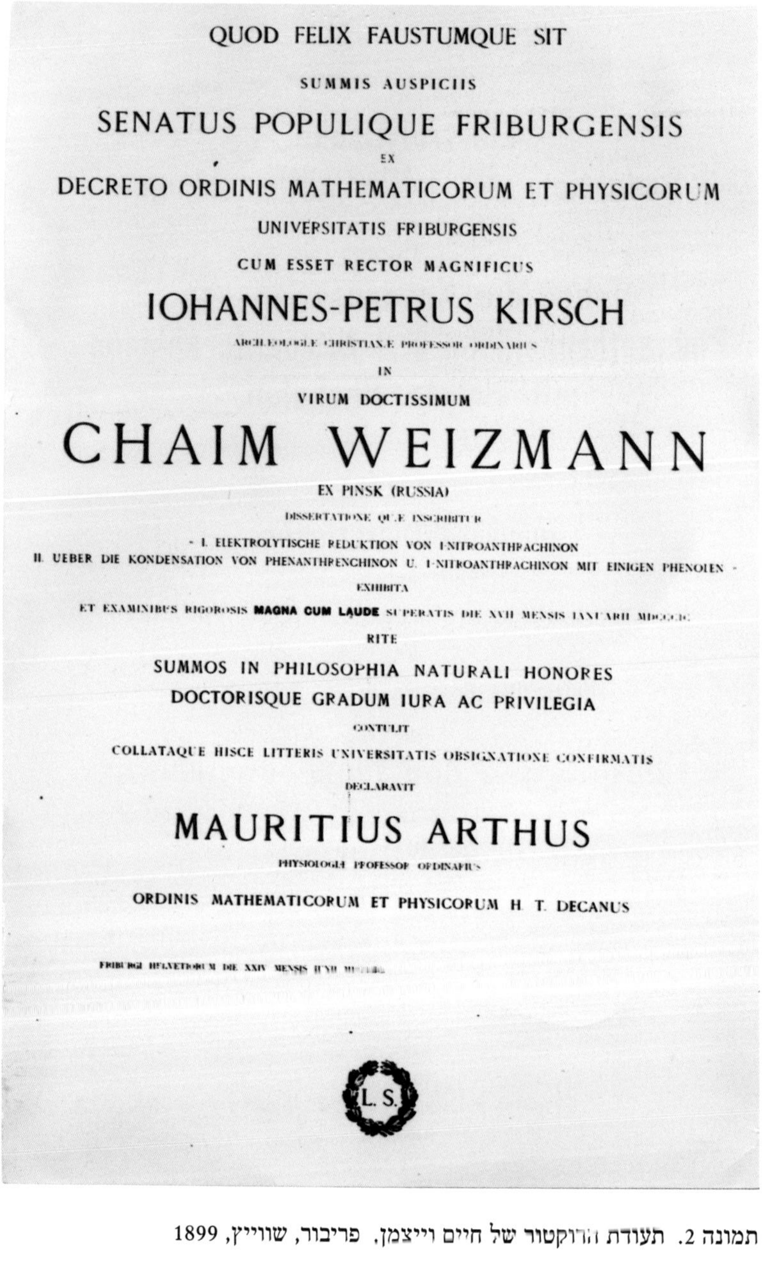

QUOD FELIX FAUSTUMQUE SIT

SUMMIS AUSPICIIS

SENATUS POPULIQUE FRIBURGENSIS

EX

DECRETO ORDINIS MATHEMATICORUM ET PHYSICORUM

UNIVERSITATIS FRIBURGENSIS

CUM ESSET RECTOR MAGNIFICUS

IOHANNES-PETRUS KIRSCH

ARCHAEOLOGIAE CHRISTIANAE PROFESSOR ORDINARIUS

IN

VIRUM DOCTISSIMUM

CHAIM WEIZMANN

EX PINSK (RUSSIA)

DISSERTATIONE QUAE INSCRIBITUR

- I. ELEKTROLYTISCHE REDUKTION VON 1-NITROANTHRACHINON

II. UEBER DIE KONDENSATION VON PHENANTHRENCHINON U. 1-NITROANTHRACHINON MIT EINIGEN PHENOLEN -

EXHIBITA

ET EXAMINIBUS RIGOROSIS **MAGNA CUM LAUDE** SUPERATIS DIE XVII MENSIS IANUARII MDCCCIC

RITE

SUMMOS IN PHILOSOPHIA NATURALI HONORES

DOCTORISQUE GRADUM IURA AC PRIVILEGIA

CONTULIT

COLLATAQUE HISCE LITTERIS UNIVERSITATIS OBSIGNATIONE CONFIRMATIS

DECLARAVIT

MAURITIUS ARTHUS

PHYSIOLOGIAE PROFESSOR ORDINARIUS

ORDINIS MATHEMATICORUM ET PHYSICORUM H. T. DECANUS

FRIBURGI HELVETIORUM DIE XXIV MENSIS IUNII MDCCCIC

L. S.

תמונה 2. תעודת הדוקטור של חיים וייצמן, פריבור, שווייץ, 1899

באדיבות גנזך ויצמן

תמונה 3. ד"ר חיים וייצמן במעבדה בז'נווה, 1902
באדיבות גנזך ויצמן

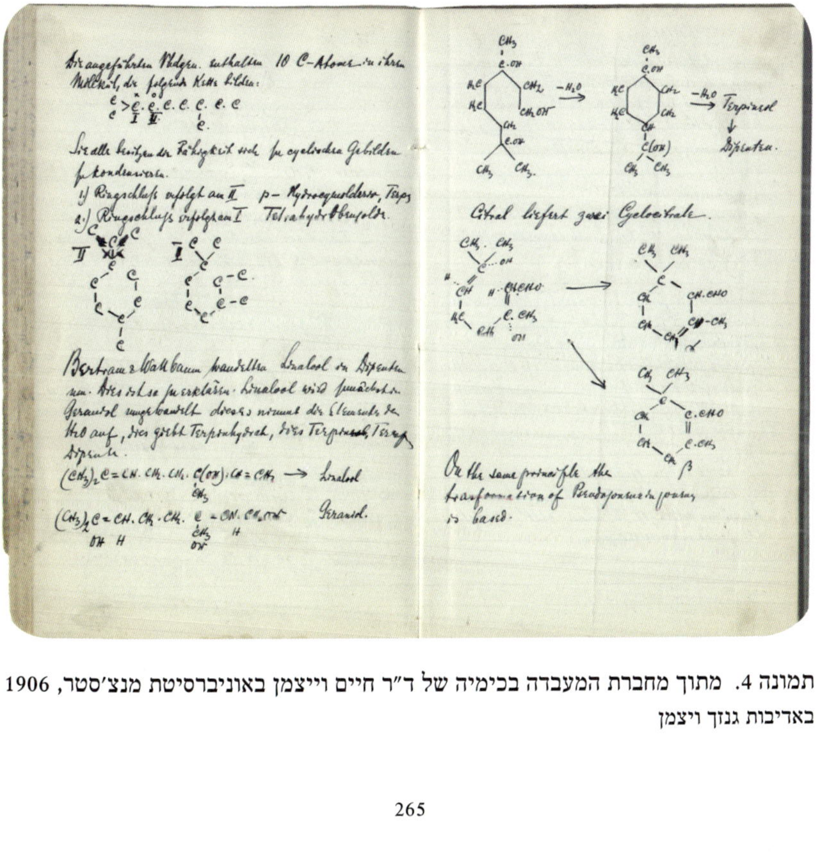

תמונה 4. מתוך מחברת המעבדה בכימיה של ד"ר חיים וייצמן באוניברסיטת מנצ'סטר, 1906
באדיבות גנזך ויצמן

תמונה 5. ד"ר חיים וייצמן במעבדה במנצ'סטר, 1912
באדיבות גנזך ויצמן

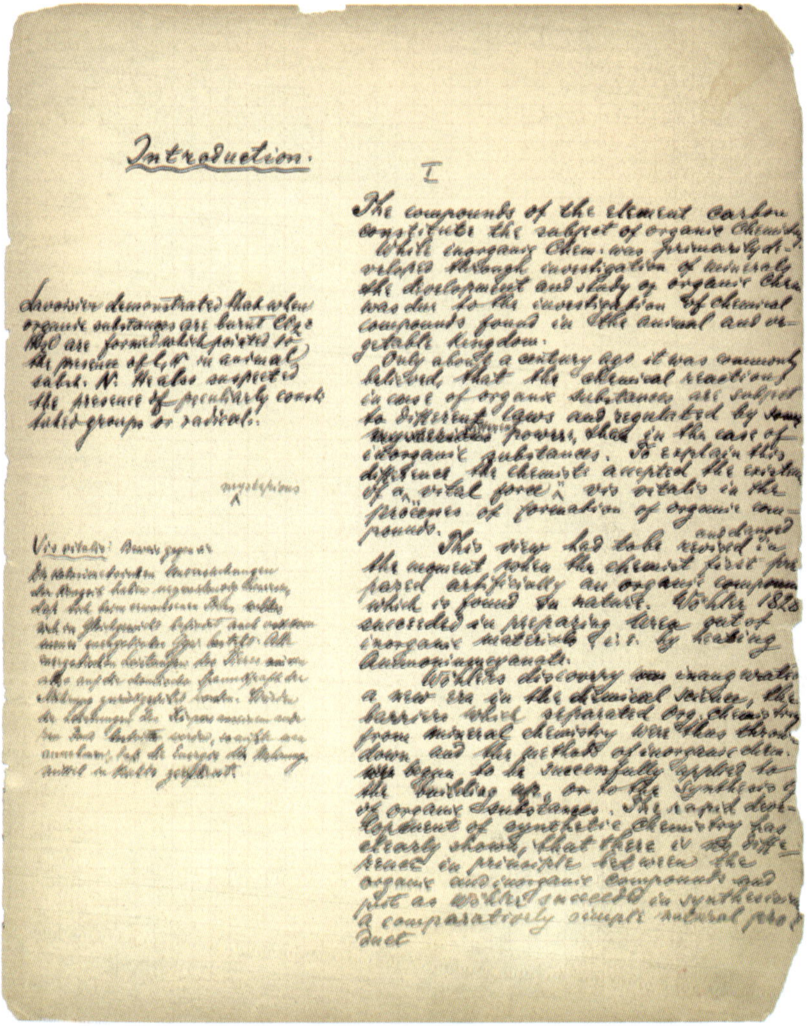

Introduction.

Lavoisier demonstrated that when organic substances are burnt CO_2 [and] H_2O are formed which pointed to the presence of C, H in animal subst. N: He also suspected the presence of peculiarly constituted groups or radicals.

mysterious

Vis vitalis: [illegible]

[illegible]

I

The compounds of the element carbon constitute the subject of organic Chemistry. While inorganic Chem. was primarily developed through investigation of minerals the development and study of organic Chem. was due to the investigation of chemical compounds found in the animal and vegetable kingdom.
Only about a century ago it was commonly believed, that the chemical reactions in case of organic substances are subject to different laws and regulated by [illegible] powers, than in the case of inorganic substances. To explain this difference the chemists accepted the existence of a "vital force" "vis vitalis" in the processes of formation of organic compounds.
This view had to be revised and changed in the moment when the chemist first prepared artificially an organic compound which is found in nature. Wöhler 1828 succeeded in preparing urea out of inorganic materials i.e. by heating Ammoniumcyanate.
Wöhler's discovery [illegible] a new era in the chemical science, the barrier which separated org. chemistry from mineral chemistry was thus thrown down and the methods of inorganic chem. were begun to be successfully applied to the building up, or to the synthesis of organic substances. The rapid development of synthetic chemistry has clearly shown, that there is no difference in principle between the organic and inorganic compounds and just as Wöhler succeeded in synthesising a comparatively simple natural product

תמונה 6. מתוך מחברת ההרצאות של ד"ר חיים וייצמן בקורס כימיה אורגנית באוניברסיטת מנצ'סטר, 1912

באדיבות גנזך ויצמן

תמונה 7. טקס הנחת אבני הפינה לאוניברסיטה העברית בירושלים, ט"ו באב תרע"ח / 24.7.1918

באדיבות האוניברסיטה העברית בירושלים

תמונה 8. אבני הפינה לאוניברסיטה העברית בירושלים, ט"ו באב תרע"ח / 24.7.1918

באדיבות האוניברסיטה העברית בירושלים

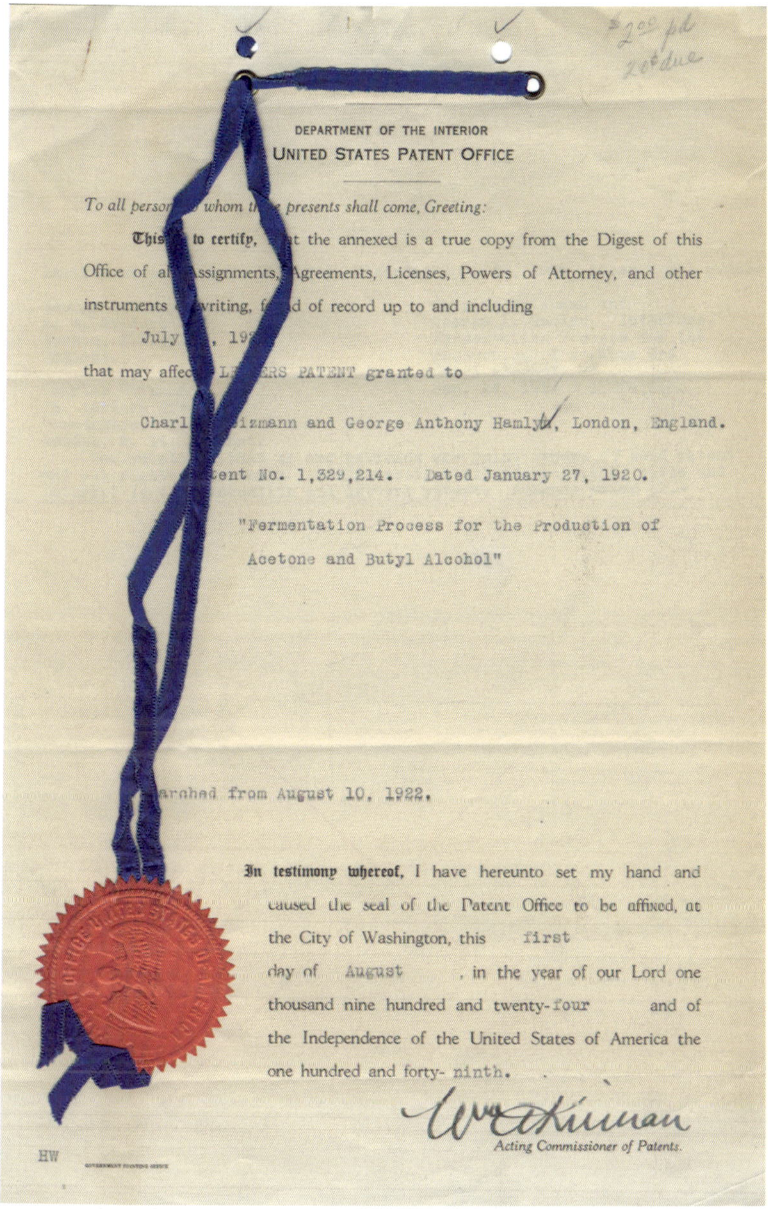
$2.00 pd
20¢ due

DEPARTMENT OF THE INTERIOR
UNITED STATES PATENT OFFICE

To all persons to whom these presents shall come, Greeting:

This is to certify, that the annexed is a true copy from the Digest of this Office of all Assignments, Agreements, Licenses, Powers of Attorney, and other instruments of writing, filed of record up to and including

July [illegible], 19[illegible]

that may affect LETTERS PATENT granted to

Charles Weizmann and George Anthony Hamlyn, London, England.

Patent No. 1,329,214. Dated January 27, 1920.

"Fermentation Process for the Production of Acetone and Butyl Alcohol"

Searched from August 10, 1922.

In testimony whereof, I have hereunto set my hand and caused the seal of the Patent Office to be affixed, at the City of Washington, this first day of August, in the year of our Lord one thousand nine hundred and twenty-four and of the Independence of the United States of America the one hundred and forty-ninth.

Wm. A. Kinnan
Acting Commissioner of Patents.

HW

תמונה 9. רישום פטנט: תהליך תסיסה לייצור אצטון ובוטיל אלכוהול, 27.1.1920
באדיבות גנזך ויצמן

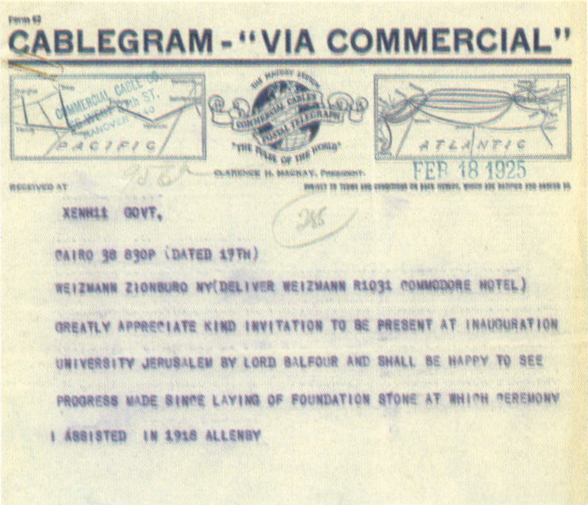

Form 62

CABLEGRAM - "VIA COMMERCIAL"

FEB 18 1925

XENH11 GOVT.

CAIRO 38 830P (DATED 17TH)

WEIZMANN ZIONBURO NY(DELIVER WEIZMANN R1031 COMMODORE HOTEL)

GREATLY APPRECIATE KIND INVITATION TO BE PRESENT AT INAUGURATION UNIVERSITY JERUSALEM BY LORD BALFOUR AND SHALL BE HAPPY TO SEE PROGRESS MADE SINCE LAYING OF FOUNDATION STONE AT WHICH CEREMONY I ASSISTED IN 1918 ALLENBY

תמונה 10. אלנבי מודה לוייצמן על ההזמנה לטקס פתיחת האוניברסיטה העברית בירושלים, 17.2.1925
באדיבות גנזך ויצמן

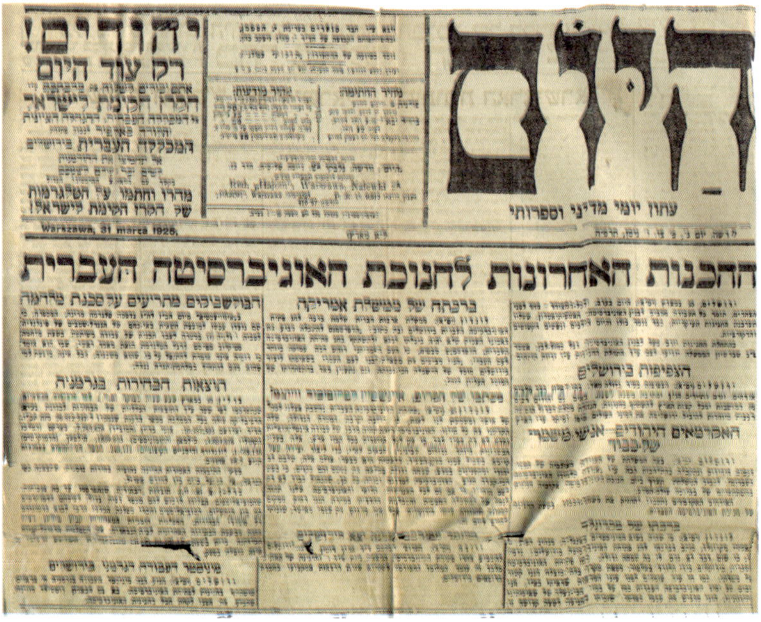

היום

עתון יומי מדיני וספרותי

יהודים! רק עוד היום

Warszawa, 31 marca 1925.

ההכנות האחרונות לחנוכת האוניברסיטה העברית

ברכתה של ממשלת אמריקה

הצפיות בירושלים

תמונה 11. ידיעה ב'היום' על חנוכת האוניברסיטה העברית בירושלים, 31.3.1925
באדיבות גנזך ויצמן

העולם
עתונה המרכזי של ההסתדרות הציונית העולמית

יוצא אחת לשבוע בהשתתפותו הקבועה של נחום סוקולוב.
העורך: משה קלינמן.

גליון יד־טו ✶ לונדון, ט' ניסן, תרפ"ה ✶ LONDON, APRIL 3rd, 1925 ✶ שנה שלש־עשרה

לפתיחת המכללה העברית בירושלים

חיים ווייצמן

תרע"א - תרפ"ה

חיים וייצמן

תמונה 12. ידיעה ב'העולם' על פתיחת האוניברסיטה ('המכללה') העברית בירושלים, 3.4.1925

באדיבות גנזך ויצמן

תמונה 13. ד"ר חיים וייצמן בטקס העשור לאוניברסיטה העברית בירושלים, 1935
באדיבות האוניברסיטה העברית בירושלים

תמונה 14. מעבדתו של ד"ר חיים וייצמן במכון זיו
באדיבות ארכיון מכון ויצמן למדע. צילום: פוטו שלייסנר. כל הזכויות שמורות

תמונה 15. ד"ר חיים וייצמן בחברת עובדי מכון זיו בביקורו של פרופ' קרל נויברג, 1935
באדיבות ארכיון מכון ויצמן למדע. צילום: פוטו שלייסנר. כל הזכויות שמורות

תמונה 16. ד"ר חיים וייצמן במעבדה במכון זיו, 1938
באדיבות גנזך ויצמן

תמונה 17. ד"ר חיים וייצמן במעבדה במכון זיו, 1938
באדיבות גנזך ויצמן

תמונה 18. בניין מכון זיו
באדיבות ארכיון מכון ויצמן למדע. כל הזכויות שמורות למכון ויצמן למדע

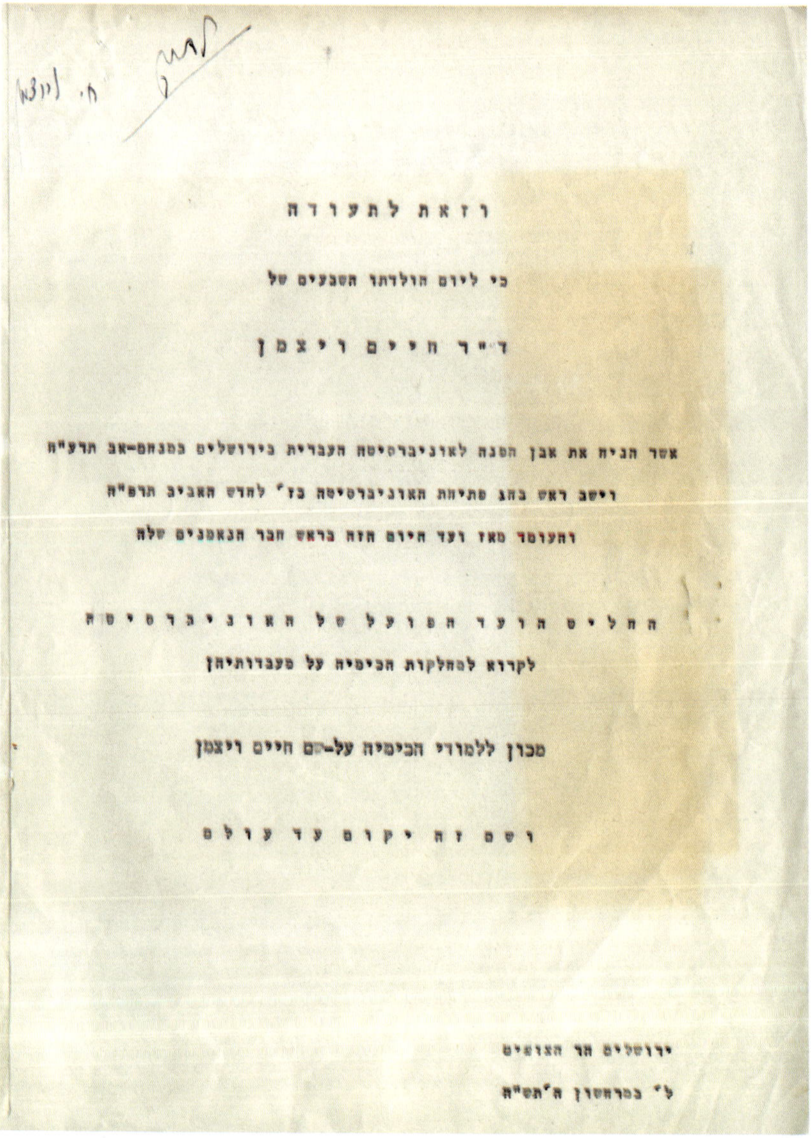

וזאת לתעודה

כי ליום הולדתו השבעים של

ד"ר חיים ויצמן

אשר הניח את אבן הפנה לאוניברסיטה העברית בירושלים במנחם-אב תרע"ח

וישב ראש בחג פתיחת האוניברסיטה בז' לחדש האביב תרפ"ה

והעומד מאז ועד היום הזה בראש חבר הנאמנים שלה

החליט הועד הפועל של האוניברסיטה

לקרוא למחלקות הכימיה על מעבדותיהן

מכון ללמודי הכימיה על-שם חיים ויצמן

ושם זה יקום עד עולם

ירושלים הר הצופים

ל' במרחשון ה'תש"ה

תמונה 19. החלטת האוניברסיטה העברית בירושלים לקרוא למכון ללימודי הכימיה על שם חיים וייצמן, 26.12.1944

באדיבות האוניברסיטה העברית בירושלים

תמונה 20. בניין המכון ללימודי הכימיה על שם חיים וייצמן בהר הצופים
באדיבות האוניברסיטה העברית בירושלים

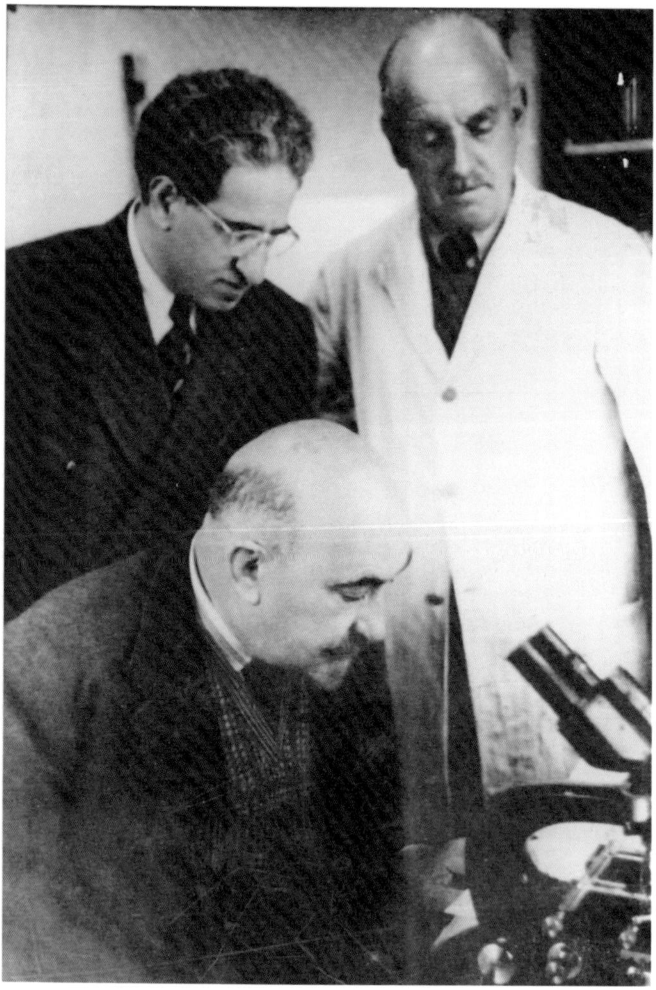

תמונה 21. במעבדה במכון זיו, 1945 יושב: ד"ר חיים וייצמן; עומד
מימין: ד"ר הרולד דייוויס; עומד משמאל: מאיר וייסגל
באדיבות גנזך ויצמן

תמונה 22. הזמנה לתורמים לארוחת ערב לרגל הקמת מכון ויצמן למדע, ניו יורק, 27.1.1945
באדיבות גנזך ויצמן

תמונה 23. ד"ר חיים וייצמן במעבדה במכון זיו, 1947
באדיבות גנזך ויצמן

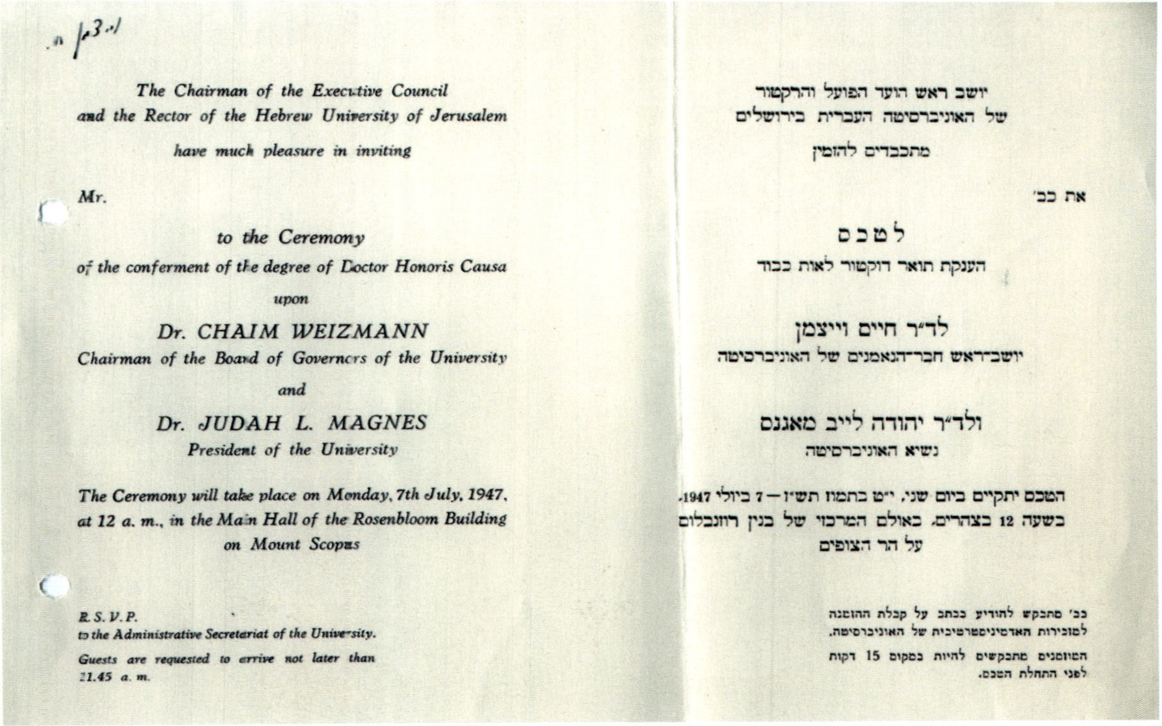

The Chairman of the Executive Council
and the Rector of the Hebrew University of Jerusalem
have much pleasure in inviting

Mr.

to the Ceremony
of the conferment of the degree of Doctor Honoris Causa
upon

Dr. CHAIM WEIZMANN
Chairman of the Board of Governors of the University

and

Dr. JUDAH L. MAGNES
President of the University

The Ceremony will take place on Monday, 7th July, 1947,
at 12 a. m., in the Main Hall of the Rosenbloom Building
on Mount Scopus

R. S. V. P.
to the Administrative Secretariat of the University.

Guests are requested to arrive not later than
11.45 a. m.

יושב ראש הועד הפועל והרקטור
של האוניברסיטה העברית בירושלים
מתכבדים להזמין

את כב'

לטכס
הענקת תואר דוקטור לאות כבוד

לד"ר חיים וייצמן
יושב־ראש חבר־הנאמנים של האוניברסיטה

ולד"ר יהודה לייב מאגנס
נשיא האוניברסיטה

הטכס יתקיים ביום שני, י"ט בתמוז תש"ז — 7 ביולי 1947,
בשעה 12 בצהרים, באולם המרכזי של בנין רוזנבלום
על הר הצופים

כב' מתבקש להודיע בכתב על קבלת ההזמנה
למזכירות האדמיניסטרטיבית של האוניברסיטה.

המוזמנים מתבקשים להיות במקום 15 דקות
לפני התחלת הטכס.

תמונה 24. הזמנה לטקס הענקת התואר דוקטור לאות כבוד, 7.7.1947
באדיבות האוניברסיטה העברית בירושלים

תמונה 25. ד"ר חיים וייצמן (משמאל) וד"ר י"ל מאגנס (מימין, יושב) מקבלים את התואר דוקטור לאות כבוד מידי סר ליאון סיימון בטקס בירושלים, 7.7.1947
באדיבות האוניברסיטה העברית בירושלים

תמונה 26. פרופ' יואל רקח מעניק לחיים וייצמן את התואר דוקטור לאות כבוד, 7.7.1947
באדיבות האוניברסיטה העברית בירושלים

בישיבתו מיום כ"ד באייר שנת התש"ז ציין הסינט של
האוניברסיטה העברית בירושלים לכבוד את שמו של

ד"ר חיים וייצמן

מנהיג האומה והחוקר הדגול,
ואת רוב פעלו לאוניברסיטה העברית.

הוא אשר התמיד בהפצת רעיון האוניברסיטה אף
בשנותיה הראשונות של הציונות; הוא אשר הכין
את ההכנות על יסוד האוניברסיטה העברית לדיון
בקונגרס הציוני האחד־עשר בוינה, ופעל במרץ ובתבונה
להגשמתן; הוא אשר הניח את אבן היסוד לאוניברסיטה
על הר־הצופים בשנת תרע"ח, והעלה אותה לכמילה
של ארץ־ישראל; והוא האיש שעמד בראש חבר־הנאמנים
של האוניברסיטה ושקד על קידומה מאז נוסדה ועד
היום הזה.

על כן החליט הסינט פה אחד להביע לד"ר חיים וייצמן
את רחשי תודתה של האוניברסיטה ואת הוקרתה
הנאמנה על פעלו הרב לטובתה, ולהכתירו לאות כבוד
בתואר

דוקטור לפילוסופיה

של האוניברסיטה העברית.

על ידי מגילה זו ניתנים לד"ר חיים וייצמן כל הכבוד
והזכויות הקשורים בתואר דוקטור.

תמונה 27. מגילת התואר דוקטור לאות כבוד שהוענק לד"ר חיים וייצמן, 1947
באדיבות גנזך ויצמן

תמונה 28. ד"ר חיים וייצמן בטקס
פתיחת מכון ויצמן למדע, 2.11.1949
באדיבות גנזך ויצמן

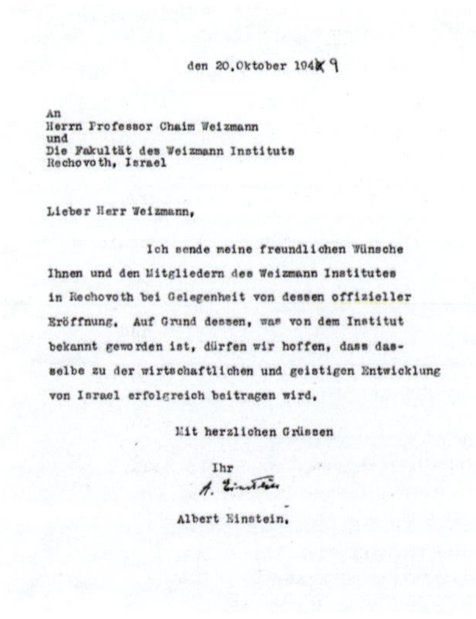

den 20.Oktober 1949

An
Herrn Professor Chaim Weizmann
und
Die Fakultät des Weizmann Instituts
Rechovoth, Israel

Lieber Herr Weizmann,

Ich sende meine freundlichen Wünsche Ihnen und den Mitgliedern des Weizmann Institutes in Rechovoth bei Gelegenheit von dessen offizieller Eröffnung. Auf Grund dessen, was von dem Institut bekannt geworden ist, dürfen wir hoffen, dass dasselbe zu der wirtschaftlichen und geistigen Entwicklung von Israel erfolgreich beitragen wird.

Mit herzlichen Grüssen

Ihr
A. Einstein

Albert Einstein.

תמונה 29. מברק ברכה על הקמת מכון ויצמן
למדע מפרופ' אלברט איינשטיין, 20.10.1949
באדיבות גנזך ויצמן

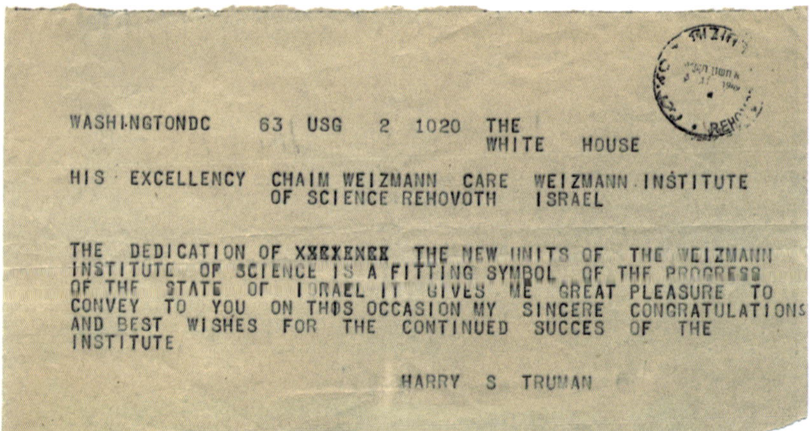

WASHINGTONDC 63 USG 2 1020 THE
WHITE HOUSE

HIS EXCELLENCY CHAIM WEIZMANN CARE WEIZMANN INSTITUTE
OF SCIENCE REHOVOTH ISRAEL

THE DEDICATION OF XXXXXXX THE NEW UNITS OF THE WEIZMANN
INSTITUTE OF SCIENCE IS A FITTING SYMBOL OF THE PROGRESS
OF THE STATE OF ISRAEL IT GIVES ME GREAT PLEASURE TO
CONVEY TO YOU ON THOS OCCASION MY SINCERE CONGRATULATIONS
AND BEST WISHES FOR THE CONTINUED SUCCES OF THE
INSTITUTE

HARRY S TRUMAN

תמונה 30. מברק ברכה על הקמת מכון ויצמן למדע מהארי טרומן, 2.11.1949
באדיבות גנזך ויצמן

-242- (Book two)

During the lunch at Haber's home I turned to him and said: "Your Institute is a great one, marvelous in its program, its equipment and its staff. But it suffers in my humble opinion from one fundamental defect - there are too many Jews in it. Whatever section I came into, the head was a Jew, his first and second and third assistants were Jews, and somewhere at the bottom of the ladder there were a few non-Jews. Imagine," I went on, "an institute like that in Palestine, with an Arab at the head, all the important posts occupied by Arabs, and the very subordinate positions allotted to Jews. It's unthinkable. Yet to all intents and purposes you have this abnormal structure here. I don't want to be a Cassandra, but I can't help predicting that one day the subordinates will rise and throw their Jewish chiefs out."

Haber looked at me in astonishment and perplexity, then said: "Dr. Weizmann! You are an anti-Semite! You mustn't say such things. My position in this institute is unchallengeable."

There passed through my mind the story of Wilstetter and the university in Munich, which must have been known to Haber, but I did not want to enter into an argument with my host.

I left Dahlem heavy-hearted and filled with forebodings, which I remember communicating to my wife on my return to London.

Less than two years had passed when one morning I received a telephone call at my home in London from Haber. He was in the city, staying at the Russell Hotel. He had had to leave Berlin precipitately, stripped of everything - position, fortune, honours - and take refuge in London, a sick man, suffering from ~~severe attacks of asthma~~ angina pectoris, not quite penniless,

תמונה 31. קטע גנוז מתוך טיוטת האוטוביוגרפיה של חיים וייצמן; ראו קטע ב בפרק 'קטעים גנוזים' לעיל.

באדיבות גנזך ויצמן

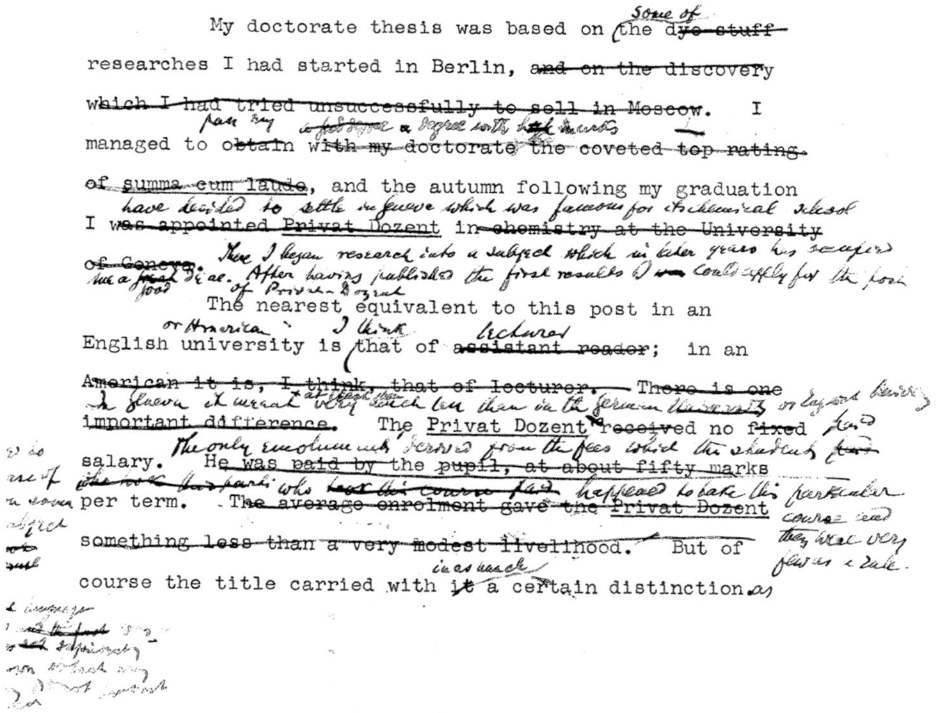

My doctorate thesis was based on the dye-stuff researches I had started in Berlin, and on the discovery which I had tried unsuccessfully to sell in Moscow. I managed to obtain with my doctorate the coveted top rating of summa cum laude, and the autumn following my graduation I was appointed Privat Dozent in chemistry at the University of Geneva.

The nearest equivalent to this post in an English university is that of assistant reader; in an American it is, I think, that of lecturer. There is one important difference. The Privat Dozent received no fixed salary. He was paid by the pupil, at about fifty marks per term. The average enrolment gave the Privat Dozent something less than a very modest livelihood. But of course the title carried with it a certain distinction

תמונה 32: תיקונו של וייצמן לתיאור פעילותו המדעית בשווייץ; התיקון לא נכלל באוטוביוגרפיה. ראו קטע ה בפרק 'קטעים גנוזים' לעיל

באדיבות גנזך וייצמן

Patented Oct. 10, 1950 **2,525,249**

UNITED STATES PATENT OFFICE

2,525,249

MAKING ALKOXY ISOBUTYRIC ACIDS AND DERIVATIVES THEREOF

Charles Weizmann, Rehovoth, Israel, assignor to Polymerisable Products Limited, London, England, a British company

No Drawing. Application January 12, 1949, Serial No. 70,589

16 Claims. (Cl. 260—535)

1

The present application is a continuation-in-part of Ser. No. 591,856, filed May 3, 1945, now abandoned and a continuation-in-part of Ser. No. 640,129, filed Jan. 9, 1946, now Patent No. 2,490,109. This application may be considered as a consolidation of said two pending applications. This application contains certain matter from an earlier application 470,360 filed Dec. 28, 1942, now abandoned.

The present invention has reference to the making of certain alkoxy-isobutyric acids and their derivatives (e. g. esters).

I am aware that previously it was proposed to treat chloretone (a molecular compound or condensation product of chloroform and acetone) with a concentrated aqueous solution of caustic potash and to thereafter add methyl alcohol to the product so produced, and to then boil the mixture. Such a process was stated to yield methyl methacrylate, which could be separated from the other products present by fractional distillation. In said process, the chloretone and the aqueous caustic potash solution were indicated to be at room temperature, when mixed together. Such a process is inoperative to produce the result stated, since the said first reaction is so strongly exothermic that the reaction is violent and a too far-going decomposition of the product is produced.

In accordance with the present invention, the reaction is greatly slowed down by greatly limiting the amount of water present (if any), using a great bulk of an aliphatic alcohol in the reaction mixture, and previously strongly refrigerating the alcoholic solutions before mixing the same and regulating the temperature throughout the mixing operation. Thus the first reaction can be conducted without approaching the high temperatures at which such side reactions (decompositions) can take place.

The present invention has for its object, the safe production of alkoxy-isobutyric acids and their derivatives in yields approaching theoretical, and includes the process of making such bodies. Such substances are of importance for the production of methacrylic acid and its derivatives, in good yield.

The preparation of methacrylic acid derivatives by splitting off water or hydrohalogenic acid from α-hydroxy-isobutyric acid derivatives, or from α-halogeno-isobutyric acid derivatives, respectively, is a very violent reaction which therefore has usually been accompanied by partial polymerization of the product. The alkoxy-isobutyric acids and analogous compounds and

2

their derivatives (which have been made available by a novel and unexpected and unparallelled method) treated as described in the present specification, split off alcohol much more smoothly and give good yields of methacrylic acid derivatives and analogous acids, in a high state of purity, as set out below. The fundamental discovery is the fact that chloretone (readily produced by condensation of acetone and chloroform), or its homologues or derivatives, reacts with alcoholic sodium hydroxide or sodium alcoholate solutions or other corresponding alkali metal compounds, under proper heat control, to give alkali metal salts of alkoxy-isobutyric acids according to the following equation:

$$(CH_3)_2\underset{\displaystyle OH}{\underset{|}{C}}.CCl_3 + EtOH + 4NaOH =$$

$$(CH_3)_2\underset{\displaystyle OEt}{\underset{|}{C}}—COONa + 3NaCl + 3H_2O$$

"Et" means ethyl.

These acids give the usual derivatives, such as esters or phenylhydrazides. The esterification, for instance, can be carried out with alcohols in the presence of sulphuric acid. Under certain conditions, especially in the case of higher alcohols, this process is accompanied by a substantial conversion into methacrylic acid esters.

The alkoxy-isobutyric acid esters can be converted into the corresponding methacrylates by various methods, catalytic and non-catalytic ones, for instance by heating with oxalic acid or by passing the same over activated alumina. Another very convenient method consists in heating in the presence of phosphorus pentoxide which when carried out in the presence of the usual polymerization inhibitors, e. g. hydroquinone, pyrogallol or tannic acid, gives almost quantitative yields.

It is obviously not essential for the method that the alkyl groups in the alcohol and in the acid radical of the alkoxy-isobutyric acid esters are one and the same.

EXAMPLE 1

α-Methoxy-isobutyric acid

A cold solution of 448 grams (8 mols.) of potassium hydroxide in 250 c. c. (about 14 mols.) of water and 1000 c. c. (i. e. 796 grams or about 25 mols.) of methyl alcohol are placed in a vessel provided with a stirrer, a condenser and a superposed tank for the starting material. This is cooled to 0° C., or lower. Then one adds while stirring, a refrigerated solution (e. g. at 0° C.)

תמונה 33. אחד הפטנטים האחרונים של ד"ר חיים וייצמן. אושר ביום 10.10.1950
באדיבות גנזך ויצמן

CONTENTS

ISBN 978–965–208–210–7

Typesetting: Veronika Mostoslavsky
Printed in Israel at Old City Press, Jerusalem

CHAIM WEIZMANN –
SCIENTIST, STATESMAN
AND ARCHITECT OF SCIENCE POLICY

Edited by

BENJAMIN Z. KEDAR

JERUSALEM 2015

THE ISRAEL ACADEMY OF SCIENCES AND HUMANITIES

LEADERSHIP AND SCIENCE IN ISRAEL

PUBLICATIONS OF THE ISRAEL ACADEMY
OF SCIENCES AND HUMANITIES

CHAIM WEIZMANN – SCIENTIST, STATESMAN AND ARCHITECT OF SCIENCE POLICY